电子电气工程师技术丛书

DEVELOPMENT PRACTICE OF MSP432 MCU BASED ON ARM CORTEX-M4F

基于ARM Cortex-M4F内核的MSP432 MCU开发实践

叶国阳 刘铮 徐科军 编著

机械工业出版社
China Machine Press

图书在版编目（CIP）数据

基于ARM Cortex-M4F内核的MSP432 MCU开发实践 / 叶国阳，刘铮，徐科军编著．
—北京：机械工业出版社，2017.12
（电子电气工程师技术丛书）

ISBN 978-7-111-58779-8

I. 基… II. ①叶… ②刘… ③徐… III. 微控制器－研究 IV. TP332.3

中国版本图书馆CIP数据核字（2017）第320123号

本书以基于ARM Cortex-M4F内核的MSP432P401r微控制器为例，全面介绍了MSP432微控制器的结构原理、外设模块、示例程序及应用。全书共分为10章。第1章概述MSP432微控制器；第2章介绍MSP432微控制器软件工程开发基础；第3章介绍MSP432微控制器CPU与存储器；第4章介绍MSP432微控制器中断系统；第5章介绍MSP432微控制器时钟系统与低功耗结构；第6章介绍MSP432微控制器输入输出模块；第7章介绍MSP432微控制器片内通信模块；第8章介绍MSP432微控制器片内控制模块；第9章讲述了MSP432微控制器应用设计实例——口袋实验套件；第10章介绍基于MSP432微控制器的参考设计。

本书可以作为MSP432微控制器初学者快速入门教材，也可为从事自动控制、信号检测及仪器仪表等专业的科研工作者提供学习和参考。

基于ARM Cortex-M4F内核的MSP432 MCU开发实践

出版发行：机械工业出版社（北京市西城区百万庄大街22号 邮政编码：100037）
责任编辑：陈佳媛 责任校对：殷 虹
印 刷：三河市宏图印务有限公司 版 次：2018年1月第1版第1次印刷
开 本：186mm×240mm 1/16 印 张：20
书 号：ISBN 978-7-111-58779-8 定 价：69.00元

凡购本书，如有缺页、倒页、脱页，由本社发行部调换
客服热线：（010）88379426 88361066 投稿热线：（010）88379604
购书热线：（010）68326294 88379649 68995259 读者信箱：hzit@hzbook.com

Preface 前　言

微控制器（俗称单片机）的应用日趋广泛，这对处理器的综合性能提出了更高的要求。美国德州仪器（TI）公司推出的MSP432微控制器是具有极低功耗的基于ARM Cortex-M4F内核的32位微控制器（MCU），其主频为48MHz，有效功耗只有95μA/MHz，实现了功耗与性能的完美兼得。MSP432微控制器性能优良，将在过程控制、便携仪表、无线通信、能源收集、消费类电子产品和公共事业计量等方面得到广泛的应用。MSP432P401r微控制器是MSP432系列中的第一款。本书以此微控制器为代表，全面介绍MSP432微控制器的原理及应用。全书共分10章，具体内容包括：

第1章介绍MSP432微控制器的发展历史、应用领域和技术特点。

第2章介绍MSP432微控制器软件工程的开发基础，主要讲解MSP432微控制器C语言编程基础、MSP432微控制器的软件编程方法，以及软件开发集成环境CCS的基本操作。

第3章以MSP432P401r微控制器为例，简单介绍MSP432微控制器的结构和特性；同时，介绍Cortex-M4架构、内核及其主要功能，重点介绍MSP432微控制器的CPU和存储器。

第4章介绍中断的一些基本概念，讲解MSP432微控制器具有的中断源及中断处理过程，叙述MSP432微控制器的中断嵌套，并以两个例程介绍MSP432微控制器中断的应用。

第5章重点讲述MSP432微控制器的时钟系统及其低功耗结构。

第6章重点讲述各典型输入输出模块的结构、原理及功能，并给出各个模块的简单应用例程。

第7章详细讲述片内通信模块的结构、原理及功能，包括URAT、SPI和I^2C，并给出了简单的数据通信例程。

第8章重点介绍Flash控制器和DMA控制器的结构、原理及功能。

第9章介绍编者实验室自行研制的基于MSP432P401r微控制器的口袋实验套件。实验套件由MSP432P401r LaunchPad（最小系统）和口袋实验板组成，可完成检测、综合和互动三大类实验。

第10章介绍基于MSP432微控制器的参考设计。

本书由徐科军统筹，由叶国阳、刘铮和徐科军编写。其中，叶国阳编写了前言、第1~8章和第10章，刘铮编写第9章，徐科军审阅了全书。美国德州仪器（TI）公司大学计划的王沁工程师和蒋荣慰工程师对于本书的编写给予了极大的支持，就本书框架的确定和目录的编写提出了许多宝贵的意见。在此，表示衷心的感谢。

本书所附的程序代码来源于TI官网或由编者编写。对于TI官网的程序，读者可登录TI官方网站进行下载，编者编写的程序可登录华章图书（www.hzbook.com）官网下载。

由于水平有限，书中可能存在不妥之处，敬请广大读者批评指正。

编者

2017年10月

Contents 目录

Chapter 1 第1章

MSP432微控制器概述

为了实现单片机更低的功耗和更优的性能，2015年3月美国德州仪器公司（简称TI公司）在原有超低功耗MSP430单片机的基础上，推出了32位ARM Cortex-M4F的MCU（微控制器单元，俗称单片机）。ARM Cortex-M4F处理器是由ARM公司专门开发的最新嵌入式处理器，TI公司将其作为MSP432单片机的内核，让用户可以更容易、更方便地设计IoT（物联网）产品，提供面向电动机控制、汽车、电源管理、嵌入式音频和工业自动化市场的解决方案。为了让读者对MSP432单片机有一个初步的认识和了解，本章首先介绍MSP430单片机的发展历史和MSP432单片机的诞生过程，然后叙述MSP432单片机具有的特点及优势，最后简要讲解MSP432单片机的应用选型。

1.1 MSP432微控制器的诞生及应用

1.1.1 MSP430微控制器的发展和MSP432微控制器的诞生

TI公司于1996年推出MSP430单片机。经过20年的发展，MSP430单片机家族的成员不断壮大，特别是MSP430F5xx、MSP430F6xx系列产品，充分体现了MSP430的优点。在MSP430的基础上，TI公司又推出了极低功耗的MSP432单片机。

从MSP430发展到MSP432诞生，经历了4个阶段。

（1）开始阶段

这一阶段是从1996年TI公司推出MSP430单片机开始到2000年年初。在这个阶段，TI公司首先推出了MSP430单片机中的33x、32x和31x等几个系列，而后于2000年年初又推出了11x和11x1系列。

MSP430单片机的33x、32x和31x等系列具有LCD（液晶显示器）驱动模块，有利于提高系统的集成度。每一系列有ROM（只读存储器）型（C）、OTP（一次性可编程存储器）型（P）、EPROM（可擦除可编程只读存储器）型（E）等芯片。因为EPROM型的价格昂贵，运行环境温度范围窄，所以主要用于样机开发。这也反映了TI公司的开发模式：用EPROM型开发样机；用OTP型进行小批量生产；用ROM型进行大批量生产。2000年TI公司推出的11x/11x1系列采用20引脚封装，虽然内存容量、片上功能和I/O引脚数比较少，但是价格比较低廉。

这个时期的 MSP430 单片机已经显露出其特低功耗等技术特点，但是，也有不尽如人意之处。例如：只有 32x 系列才有片内高精度 A/D 转换器；只有 33x 系列才具备片内串行通信接口、硬件乘法器、足够的 I/O 引脚等。33x 系列价格较高，比较适合用于较为复杂的应用系统。当用户在设计时，若需要更多地考虑成本，则 33x 并不一定是最适合的选择。

（2）寻找突破，引入 Flash 技术

随着 Flash（闪存）技术的迅速发展，TI 公司也将这一技术引入 MSP430 单片机中，于 2000 年 7 月推出 F13x/F14x 系列，2001 年 7 月～2002 年又相继推出 F41x、F43x、F44x 系列，这些全部是 Flash 型单片机。

F41x 系列单片机具有 48 个 I/O 口和 96 段 LCD 驱动。F43x 和 F44x 系列在 13x 和 14x 的基础上，增加了 LCD 驱动器，并将驱动 LCD 的段数由 3xx 系列的最多 120 段增加到 160 段，还相应地调整了显示存储器在存储区内的地址，为以后的发展拓展了空间。

MSP430 单片机由于具有 Flash 存储器，在系统设计、开发调试及实际应用上都表现出较为明显的优点。这时 TI 公司推出了具有 Flash 型存储器及 JTAG（联合测试行为组织，常指一种边界扫描技术）的廉价开发工具 MSP-FET430x110，将国际上先进的 JTAG 技术和 Flash 在线编程技术引入 MSP430 单片机。这种以 Flash 技术与 FET（场效应晶体管）开发工具组合的开发方式，具有方便、廉价和实用的特点，给用户提供了一个较为理想的样机开发方式。

另外，2001 年 TI 公司又公布了 BOOTSTRAP LOADER（BSL，引导装入程序）技术，它可在烧断熔丝以后，通过口令更改并运行内部的程序，这为系统软件的升级提供了又一个方便的手段。BSL 具有很高的保密性，口令长度可达到 32 字节。

（3）蓬勃发展阶段

TI 公司在 2003 年年底至 2004 年推出了 F15x 和 F16x 系列产品。这些产品大大增加了 RAM（随机存取存储器）容量，如 F1611 的 RAM 容量增加到了 10kB，以便引入实时操作系统（RTOS）或简单文件系统等。同时，还增加了 I^2C、DMA、DAC12 和 SVS 等外设模块。

TI 公司在 2004 年下半年推出了 MSP430x2xx 系列。该系列进一步精简了 MSP430x1xx 的片内外设，使得单片机具有小型、快速和灵活的特点，且价格低廉，可以用于开发超低功耗医疗、工业与消费类嵌入式系统。与 MSP430x1xx 系列相比，MSP430x2xx 的 CPU 时钟提高到 16MHz（MSP430x1xx 系列是 8Hz），待机电流从 2μA 降到 1μA，具有最小 14 引脚的封装产品。

2003 年以来，TI 公司针对热门的应用领域，利用 MSP430 的超低功耗特性，还推出了一系列专用单片机，如专门用于电能计量的 MSP430FE42x、用于水表计量的 MSP430FW42x 和用于医疗仪器的 MSP430FG4xx 等。

2007 年，TI 公司推出了具有 120kB 闪存、8kB RAM 的 MSP430FG461x 系列超低功耗单片机。该系列产品可满足设计大型应用系统时对内存的要求；同时，高集成度与超低功耗的特性，使它可以应用于便携式医疗设备和无线射频等嵌入式系统。

2008 年，TI 公司推出了具有革命性突破的超低功耗 MSP430F5xx 系列产品。该系列单片机能够针对主频高达 25MHz 的产品实现最低的功耗，并拥有更大的闪存与 RAM 存储器，以及诸如射频（RF）、USB（通用串行总线）、加密和 LCD 接口等片上外设。与 1xx、2xx 以及 4xx 等前几代产品相比，F5xx 器件的处理性能提高了 50% 以上，闪存与 RAM 存储器容量也实现了双倍增长，从而使系统能以极小的功耗执行复杂度极高的任务。

2011 年年底，TI 公司推出了具有 LCD 控制器的 MSP430F6xx 系列产品。该系列产品支持高达 25MHz 的 CPU 时钟，且能够提供不同的内存，如 256kB 闪存和 18kB RAM，可在电能计量和能源监测应用中为开发人员提供更大的发挥空间。

（4）MSP432 诞生

为了将低功耗 MCU 的理念与优势从 16 位领域延伸至 32 位领域，同时实现低功耗与高性能的完美结合，TI 公司于 2015 年 3 月推出了内核为 Cortex-M4F 的 MCU——MSP432 单片机。MSP432 中的 32 代表该 MCU 是 32 位的。相较于 16 位 RISC（精简指令集）的 MSP430 单片机，MSP432 单片机采用的是 32 位 RISC，性能有很大的提升。这一全新的 MCU 充分利用 TI 公司在超低功耗 MCU 方面的独特技术，在实现优化性能的同时降低了功率的损耗，使其有效功耗和待机功耗分别只有 95μA/MHz 和 850nA。MSP430 单片机与 MSP432 单片机的比较如表 1-1 所示。

表 1-1　MSP430 单片机与 MSP432 单片机的比较

MSP430	MSP432
16 位	32 位
1996 年面世	2015 年面世
至今 500 余款，且在不断增加	至今只有一款，后续将增加
超低功耗、丰富外设和模拟集成度方面的行业领导者	目前业内最低功耗的 ARM-Cortex-M4F MCU
适用于低功耗要求、长时间工作在睡眠模式的应用	适用于高效数据处理和增强的低功耗运行的至关重要的应用

MSP432 单片机的内核使用 32 位的 Cortex-M4F 内核，具有 32 位的数据总线、32 位的寄存器组和 32 位的存储器接口。Cortex 系列属于 ARMv7 架构，这是到 2010 年为止 ARM 公司最新的指令集架构。ARMv7 架构定义了三大分工明确的系列：“A”系列面向尖端的、基于虚拟内存的操作系统和用户应用；“R”系列针对实时系统；“M”系列针对微控制器。Cortex-M 系列是一系列针对成本敏感的应用程序进行优化的深层嵌入式处理器。Cortex-M4F 是由 ARM 专门开发的最新嵌入式处理器，在 M3 的基础上强化了运算能力，新加了浮点、DSP、并行计算等功能，用以满足需要有效且易于使用的控制和信号处理功能混合的数字信号控制市场。Cortex-M4F 中的 F 表示具有浮点运算功能（FPU，浮点运算单元）。Cortex-M4F 采用哈佛结构，这意味着它拥有独立的指令总线和数据总线，对指令和数据的访问可以同时进行，数据访问的过程不会影响或干扰指令的流水线，因此，提升了处理器的性能。此特性使得整个 Cortex-M4F 内核中有多个总线和接口，每个总线和接口均可同时使用，以实现最佳的利用率。数据总线和指令总线共享同一存储空间，此空间称为统一的存储系统。

1.1.2　MSP432 微控制器的应用领域

由于 MSP432 单片机与 MSP430 单片机有相同的片上外设，在实际应用中，MSP432 单片机将凭借其超低功耗和高性能特性，受到越来越多设计者的青睐，在 MSP430 的应用领域中得到广泛的使用。

作为一个极低功耗、高性能的 MCU，MSP432 单片机的应用前景十分广阔。MSP432 主要瞄准对于功耗和性能要求都比较严苛的应用领域，包括电动机控制、电源管理、嵌入式音频、楼宇控制、可穿戴设备和传感器检测等。一个典型的应用是智能手表，其组成框图如图 1-1 所示。与 Cortex-M0+内核的 MCU 相比，MSP432 具有巨大的性能优势，可迅速处理距离、心率和卡路里变化等数据；同时，允许电池的充电周期长达数天，甚至一周。在物联网设备和可穿戴设备风靡的今天，相信 MSP432 单片机将大有用武之地。

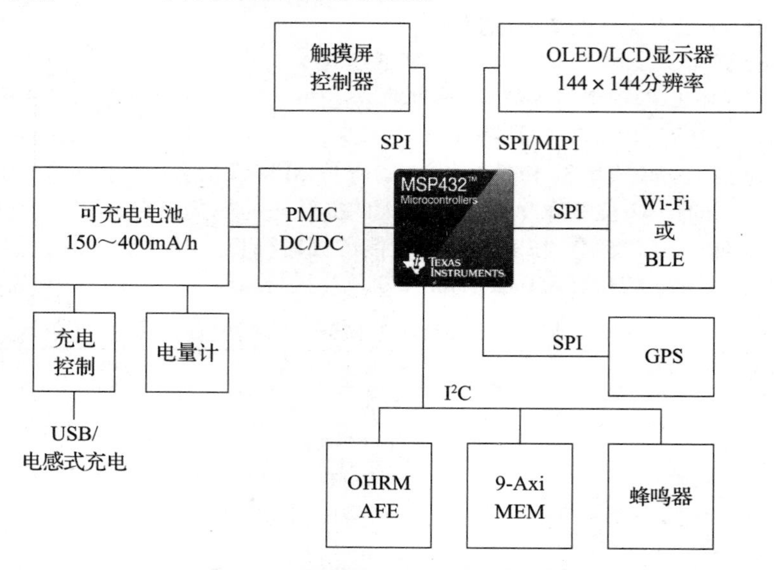

图 1-1　基于 MSP432 的智能手表框图

1.2　MSP432 微控制器的特点

MSP432 单片机凭借 32 位的 48MHz Cortez-M4F 内核及周围设备，实现低功耗与高性能的完美结合。此单片机可提供更高性能，它的性能是 M3 内核的两倍；极低功耗是 MSP432 单片机的另一个重要特点，在工作模式下功耗仅为 95μA/MHz，而待机功耗仅为 850nA，其中包括了 RTC（实时时钟）的功耗。同时，用户能够充分利用 MSP430 的工具链（工具链是将用户写的代码转换为可执行程序，一般由编译器、连接器、解释器和调试器组成），以及 ARM 的工具链，以获得最佳的高性能和低功耗。现在，由于 MSP430 平台的延伸，MSP430 和 MSP432 之间的代码可以无缝移植，即用户可以将现有的基于 MSP430 平台的项目移植到 MSP432 平台。

MSP432 单片机具有以下主要特点。

（1）强大的处理能力

由于性能是设计 MSP432 单片机中的一个关键目标，因此，选择了性能最高的 Cortex M 内核。Cortex-M4F 内核包含对完整 ARM 指令集的访问权限，此外还包含了 DSP 扩展指令和一个浮点 FPU 模块，可以更高效地执行运算。MSP432 单片机的主频可以高达 48MHz，而 MSP430 单片机中最新的 MSP430F6xx 系列只有 25MHz。同时，该单片机内置了高性能的外设且独具特色，例如，把 MCU 驱动部分放到只读存储器里而不是闪存中运行，由于只读存储器中的驱动程序执行速度比闪存中高 200%，所以可以更快地运行程序，并且，可以把节省下来的 Flash 存储器空间直接用于存储用户数据或者进行数据计算。另外，单片机内置的模拟模块是目前为止速度最快的 1MSPS 的 14 位 ADC，这可以让用户以更快的速度进行数据采样，MSP432 单片机中 14

位的 ADC 的采样速度比原来的 MSP430 单片机中 ADC 快了 5 倍。

（2）极低功耗

MSP432 单片机在硅片的级别上就进行了低功耗优化。它加入了宽工作电压范围等功能，可在 1.62V 电压下工作，这包括全速代码运行以及闪存访问。MSP432 单片机还集成了 DC/DC 稳压器（将一个固定的直流电压变换为可变的直流电压），可以在频率超过 24MHz 时提高工作效率，与以前的 LDO（低压差线性稳压器）相比，可把整个功耗再降 40%。而闪存的缓冲器 NTMA 可以最大限度地缩短 CPU 的执行周期。MSP432 单片机包含一种独特的可选 RAM 保持特性，此特性能够为运行所需的 8 个 RAM 段中的每一段提供专用电源，由此每段的功耗可以减少 30nA，从而降低了总体系统功率。

在器件具备低功耗性能的同时，MSP432 单片机也提供帮助实现低功耗的工具和软件。位于 ROM 中的驱动程序库所需要的功耗也低于在闪存中运行驱动程序的功耗。而 TI 提供的 ULP Advisor 和 Energy Trace + 等工具可帮助用户优化代码，从而避免在不必要的情况下产生额外的功耗。

通过硅片级的低功耗优化和针对低功耗的软件优化，MSP432 单片机的有效功耗和待机功耗分别只有 95μA/MHz 和 850nA，如图 1-2 所示。

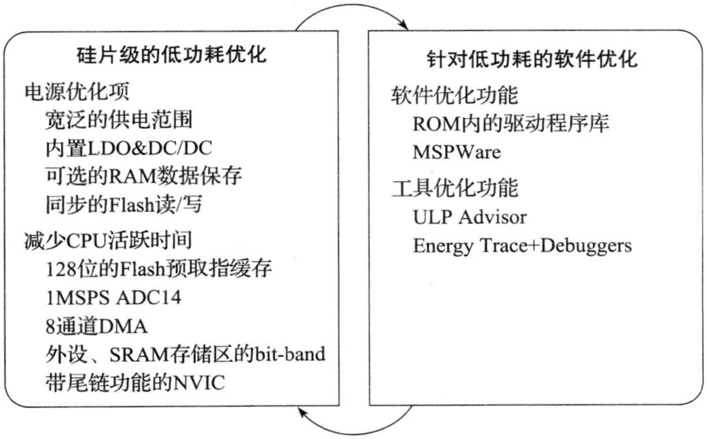

硅片级的低功耗优化

电源优化项
- 宽泛的供电范围
- 内置LDO&DC/DC
- 可选的RAM数据保存
- 同步的Flash读/写

减少CPU活跃时间
- 128位的Flash预取指缓存
- 1MSPS ADC14
- 8通道DMA
- 外设、SRAM存储区的bit-band
- 带尾链功能的NVIC

针对低功耗的软件优化

软件优化功能
- ROM内的驱动程序库
- MSPWare

工具优化功能
- ULP Advisor
- Energy Trace+Debuggers

图 1-2　MSP432 单片机的低功耗优化

很多传感器输出的都是模拟信号，模拟信号只有通过 ADC 转化为数字信号后才能用单片机进行处理。MSP432 单片机中 14 位的 ADC 采样速度比 MSP430 中的 ADC 快了 5 倍。当使用 14 位 ADC 时，以 1MSPS 的速度运行采样传感器数据时，能耗仅有 375μA，非常省电。同时，ADC 的采样速度可调，最低功耗可以低至 200μA。

（3）高性能模拟技术及丰富的片上外设

MSP432 单片机结合 TI 的高性能模拟技术，具有非常丰富的片上外设：时钟模块（UCS）、Flash 控制器、RAM 控制器、DMA（直接存储器存取）控制器、通用 I/O 口（GPIO）、CRC（循环冗余校验）模块、定时器（Timer）、实时时钟模块（RTC）、14 位模数转换器（ADC14）、12 位数模转换器（DAC12）、比较器（COMP）、UART（通用异步收发器）、SPI（串行外设接口）、I^2C（内部串行总线）、USB 模块等。丰富的片上外设不仅给应用系统设计带来了极大的方便，同时也降低了应用系统的成本。

（4）高效灵活的开发环境

MSP432 单片机具有十分方便的开发调试环境，这是由于其内部集成了 JTAG 调试接口和 Flash 存储器，可以在线实现程序的下载和调试，开发人员只需一台计算机、一个 JTAG 调试器和一个软件开发集成环境即可完成系统的开发。目前针对 MSP432 单片机，推荐使用 CCSv6.1 软件开发集成环境。CCSv6.1 为 CCS 软件的最新版本，功能更强大，性能更稳定，可用性更高，是开发 MSP432 单片机软件的理想工具。

1.3 MSP432 微控制器应用选型

目前 TI 公司仅发布了一款 MSP432 单片机——MSP432P401，有 6 种不同的型号，如表 1-2 所示。带 R 的器件具有 256kB 闪存和 64kB SRAM，而带 M 的器件则有 128kB 闪存和 32kB SRAM。TI 提供 3 种不同的封装类型，可以根据具体应用来选择。最小的是 5×5mm 的 BGA（球栅阵列）封装，此外还有 64QFN（方形扁平无引脚）和 100LQFP（薄型方形扁平）封装。

表 1-2 MSP432 单片机部分选型表

单片机型号	Flash (kB)	SRAM (kB)	I/O	定时器	ADC14	eUSCI		比较器		封装
						ChA	ChB	E0	E1	
MSP432P401RIPZ	256	64	84	5	24	4	4	8	8	100 PZ
MSP432P401MIPZ	128	32	84	5	24	4	4	8	8	100 PZ
MSP432P401RIZXH	256	64	64	5	16	3	4	6	8	80 ZXH
MSP432P401MIZXH	128	32	64	5	16	3	4	6	8	80 ZXH
MSP432P401RIRGC	256	64	48	5	12	3	3	2	4	64 RGC
MSP432P401MIRGC	128	32	48	5	12	3	3	2	4	64 RGC

一般来说，在进行 MSP432 单片机选型时，可以考虑以下几个原则：

1）选择内部功能模块最接近应用系统需求的型号；

2）若应用系统开发任务重，且时间比较紧迫，可以首先考虑比较熟悉的型号；

3）所选型号的 Flash 和 RAM 空间是否能够满足应用系统设计的要求；

4）在满足系统设计的前提下，尽量选用价格最低的 MSP432 单片机型号。

1.4 本章小结

TI 公司最新推出的 MSP432 是具有极低功耗的 32 位 ARM Cortex-M4F 的微控制器，兼具低功耗与高性能的特点。MSP432 单片机具有强大的处理能力、极低的功耗、高性能模拟技术，以及丰富的片上外设、高效灵活的开发环境等特点，应用前景十分广阔，包括电源管理、楼宇控制、可穿戴设备等。目前推出的 MSP432P401 有 6 种不同的型号，可根据系统设计需要选择合适的型号。通过本章的学习，读者对 MSP432 单片机具有初步的了解和认识，可为后面章节的学习打下良好的基础。

1.5　思考题与习题

1. 简述 MSP430 单片机的发展和 MSP432 单片机的诞生历史。
2. MSP432 单片机具有哪些特点？可以应用到哪些场合？
3. 为什么 MSP432 单片机具有极低功耗的特性？
4. 相比 MSP430 单片机，MSP432 单片机在性能上具有哪些优点？
5. 列举 MSP432 单片机所具有的片内外设，简述它们的功能。
6. 了解 MSP432 单片机的命名规则。

第 2 章 Chapter 2

MSP432 微控制器软件工程开发基础

MSP432 单片机的内核是 ARM Cortex-M4F，使用了 32 位 RISC（精简指令集计算机）处理器。RISC 的特点是所有指令的格式都是一致的，所有指令的指令周期也是相同的，并且采用流水线技术。RISC 是为高级语言所设计的，因为它在很大程度上降低了编译器的设计难度，有利于产生高效紧凑的代码。初学者完全可以在不深入了解汇编指令系统的情况下，直接开始 C 语言的学习。本章介绍 MSP432 单片机软件工程的开发基础，主要讲解 MSP432 单片机 C 语言编程基础、MSP432 单片机的软件编程方法以及软件集成开发环境的基本操作，使读者对 MSP432 单片机的编程思想有一定的了解。

2.1 MSP432 微控制器 C 语言基础

程序设计语言的发展经历了从机器语言、汇编语言到高级语言的过程。C 语言是一门高级语言，其特征为：语句简洁紧凑、运算符灵活、数据类型丰富、控制语句结构化和可移植性好。使用 C 语言进行程序设计是当前单片机系统开发和应用的必然趋势，这主要有两个方面的因素：一方面，随着芯片行业的快速发展，单片机能够以较低的成本提供较快的运算速度和更大的存储空间，所以，在单片机系统开发过程中，单片机的计算能力和存储空间已经不是考虑的主要因素；另一方面，现在单片机系统处理的任务越来越复杂，产品更新的周期也越来越短，这对开发的进度提出了更高的要求。

现在使用汇编语言进行程序设计已经不能满足要求，并且目前 MSP432 单片机的 C 编译器的性能非常优秀，因此，初学者完全可以在不深入了解汇编指令系统的情况下，直接学习 C 语言的编程。本书的代码均是用 C 语言编写的。

MSP432 单片机使用的 C 语言集成开发环境（CCS）是由 TI 公司提供的。为了叙述方便，以下将 MSP432 的 C 语言简称为 C432。为了让读者更好地理解以后章节中的例程，本节重点介绍 MSP432 单片机的 C 语言基础。C432 语法与标准 C 基本一致，但是也有一些很重要的差异。为此，本节在介绍标准 C 语法的同时，穿插介绍其与 C432 的不同之处。

2.1.1　标识符与关键字

1. 标识符

标识符用来标识程序中某个对象的名字，这些对象可以是语句、数据类型、函数、变量、常量、数组等。标识符的第一个字符必须是字母或下划线，随后的字符必须是字母、数字或下划线。例如：_Data、Hao123、test1 是正确形式，而 2016Y、#123、.COM 是错误形式。标识符长度是由机器的编译系统决定的，一般限制为 8 字符（注：8 字符长度限制是 C89 标准，C99 标准已经扩充长度，其实大部分工业标准的长度都更长）。

C 语言区分大小写字符，所以，在编写程序时，要注意大小写字符的区别。例如：对于 book 和 BOOK 这两个标识符来说，C 语言会认为这是两个完全不同的标识符。

注意：C432 中，标识符的命名应该简洁明了和含义清晰，这样便于程序的阅读和维护。例如，在比较最大值时，最好使用 max 来定义该标识符；在片内模块初始化函数部分，函数命名后面尽量加上_init，如 ADC14_init()表示 ADC14 模块初始化函数。

2. 关键字

关键字又称为保留字，是 C 语言中预定义的符号。它们有固定的含义，用户定义的标识符不得与它们冲突。C 语言中的关键字是由小写字母构成的字符序列，标准 C 提供了 32 个关键字，如表 2-1 所示。

表 2-1　C 语言中的 32 个关键字

关键字	语义	关键字	语义	关键字	语义	关键字	语义
auto	自动	double	双精度	int	整数	struct	结构
break	中断	else	否则	long	长整型	switch	开关
char	字符	enum	枚举	register	寄存器	typedef	类型定义
case	情况	extern	外部	return	返回	union	共用
const	常量	float	浮点	short	短整型	unsigned	无符号
continue	继续	for	对于	signed	带符号	void	空
default	默认	goto	转向	sizeof	字节数	volatile	可变的
do	做	if	如果	static	静态	while	当

32 个关键字可以分为 4 类：

（1）数据类型

int、char、float、double、short、long、void、signed、unsigned、enum、struct、union、const、typedef、volatile

（2）存储类别

auto、static、register、extern

（3）语句命令字

break、case、continue、default、do、else、for、goto、if、return、switch、while

（4）运算符

sizeof

除关键字外，还有一些准关键字，它们也有固定的含义，主要作为库函数名和预处理命令。C 语言允许这些符号另做他用，使这些符号失去原本含义。但是，为了避免出现不必要的麻烦，建议不将这些准关键字另做他用。

编译预处理的准关键字在使用时前应加“#”，常用的有：define、elif、else、endif、error、ifdef、ifndef、include、line、progma、undef。2.1.8 节将对这些准关键字做详细的说明。系统标准库函数的准关键字有：scanf、printf、putchar、getchar、strcpy、strcmp 和 sqrt 等。

2.1.2 变量

在程序中，其值可以改变的量称为变量，它是内存单元的符号地址。变量有两个基本要素：一是变量名，其命名规则要符合标识符的规定；二是变量类型，其类型决定了变量在内存中占据的存储单元的长度。C432 中变量类型及值域如表 2-2 所示。在 C 语言中，变量必须先定义，后使用。程序运行过程中，变量的值存储在内存中。从变量中取值，实际上是根据变量名找到相应的内存地址，从该存储单元中读取数据。在定义变量时，变量的类型必须与其存储的数据类型相匹配，以保证程序中变量能够正确地使用。当指定了变量的数据类型时，系统将为它分配若干字节的内存空间。

表 2-2　C432 中变量类型

变量类型	所占字节数	值　域
char	1	$-128 \sim 127$
unsigned char		$0 \sim 255$
int	2	$-32768 \sim 32767$
unsigned int		$0 \sim 65535$
long	4	$-2^{31} \sim 2^{31}-1$
unsigned long		$0 \sim 2^{32}-1$
long long	8	$-2^{63} \sim 2^{63}-1$
unsigned long long		$0 \sim 2^{64}-1$
float	4	$-3.40282e^{38} \sim 3.40282e^{38}$
doublt	8	$-1.79769e^{308} \sim 1.79769e^{308}$

在定义变量表达式中增加某些关键字，可以给变量赋予某些特殊性质。

1）const：定义常量。在 C432 语言中，const 关键字定义的常量实际上放在 Flash 中，可以用 const 关键字定义常量数组。

2）static：相当于本地全局变量，只能在函数内使用，以避免全局变量混乱。

3）volatile：定义“易失性”变量。编译器将认定该变量的值会随时改变，对该变量的任何操作都不会被优化过程删除。比如，在实际编程的过程中发现，利用变量 i 递减或递加产生的软件延时函数，会被编译器优化而不会执行。因此，若读者遇到这种情况且希望延时函数工作，只需在变量 i 前加关键字 volatile 即可。

2.1.3 C 语言运算符

C 语言内部运算符很丰富，用运算符可以将常量、变量、函数连接成 C 语言表达式。因此，掌握好运算符的使用对编写程序非常重要。

1. 算术运算符

C 语言中有 5 种基本的算术运算符：+、-、*、/和%，具体描述如表 2-3 所示。

表 2-3　5 种基本算术运算符

运算符	含　义	说　明
+	加法或正值运算符	例如：3+7、+3
-	减法或负值运算符	例如：7-3、-3
*	乘法运算符	例如：7*3
/	除法运算符	当两个整数相除时，结果为整数，小数部分舍去，例如：-7/3 的运算结果为 -2
%	模运算符或求余运算符	参加运算的均应是整数，例如：7%3 结果为 1

C 语言中表示加 1 与减 1 时可以采用自增（++）和自减运算符（--）。运算符“++”使操作数加 1，而“--”使操作数减 1。操作数可以在前，也可以在后。它们的作用和差异如表 2-4所示。

表 2-4　自增与自减运算符列表

类型	含　义	举例（设 i 的初值为 5）
i++	自加一在执行语句之后	j=i++；执行语句后 i 为 6，j 为 5
++i	自加一在执行语句之前	j= ++i；执行语句后 i 为 6，j 为 6
i--	自减一在执行语句之后	j=i--；执行语句后 i 为 4，j 为 5
--i	自减一在执行语句之前	j= --i；执行语句后 i 为 4，j 为 4

2. 关系运算符与表达式

将两个表达式用关系运算符连接起来就成为关系表达式。通常关系运算符用来判断某个条件是否成立。当条件成立时，运算的结果为真；当条件不成立时，运算的结果为假。用关系运算符的结果只有“0”和“1”两种，关系运算符如表 2-5 所示。

表 2-5　关系运算符列表

符号	含　义	举例（设：a=4，b=5）
>	大于	a>b 返回值 0
>=	大于等于	a>=b 返回值 0
==	等于	a==b 返回值 0
<	小于	a<b 返回值 1
<=	小于等于	a<=b 返回值 1
!=	不等于	a!=b 返回值 1

3. 逻辑运算符与表达式

C 语言中有 3 种逻辑表达式：与、或、非，具体描述如表 2-6 所示。

表 2-6　逻辑运算符

符号	含　义	举例：(设：a=4，b=5)
&&	逻辑与，二者均为非零数，结果为真，否则为假	a&&b 返回值 1
||	逻辑或，只要有一个非零数，结果为真，否则为假	a|| b 返回值 1
!	逻辑非，非真即假，非假即真	!a 返回值 0

4. 位操作运算符与表达式

位操作运算符主要有 6 种，具体描述如表 2-7 所示。

表 2-7　位操作运算符

位操作运算符	说　明	举　例
&	按位相与，均为 1 时，结果为 1	若 P1 端口输出寄存器 P1OUT=00001111，则执行“P1OUT=P1OUT&111111110;”语句后，P1OUT=00001110，即把最后一位输出拉低，其余位不变
|	按位相或，有 1 则结果为 1，均为 0 时结果为 0	若 P1OUT=00001111，则执行“P1OUT=P1OUT | 10000000;”语句后，P1OUT=10001111，即把第一位输出拉高其余位不变
^	按位异或，两个变量相同时，结果为 0；两个变量不同时，结果为 1	若 P1OUT = 00001111，则执行“P1OUT = P1OUT ^ 00111100;”语句后，P1OUT=00110011
~	按位取反，1 取反后为 0；0 取反后为 1	若 P1OUT=00001111，则执行“P1OUT = ~P1OUT;”语句后，P1OUT=11110000
<<	左移，把第 1 个变量的二进制位左移第 2 个变量指定的位数，其左移出的数据丢弃，变量右侧补 0	若 a=00100010，则执行“a<<2;”语句后，a=10001000
>>	右移，把第 1 个变量的二进制位右移第 2 个变量指定的位数，其右移出的数据丢弃，变量左侧补 0	若 a=00100010，则执行“a>>2;”语句后，a=00001000

注意： MSP432 寄存器的配置中运用了大量的位操作运算，所以，掌握位操作运算对 C432 编程很有帮助。

5. 赋值运算符与表达式

通常把“=”称为赋值运算符，赋值运算符主要有 11 种，具体描述如表 2-8 所示。

表 2-8　赋值运算符

运算符	描　述	运算符	说　明
=	简单赋值	&=	按位与赋值，x&=a；等价于 x=x&a;
+=	加法赋值，x+=a；等价于 x=x+a;	|=	按位或赋值，x|=a；等价于 x=x| a;
-=	减法赋值，x-=a；等价于 x=x-a;	^=	异或赋值，x^=a；等价于 x=x^a;
*=	乘法赋值，x*=a；等价于 x=x*a;	>>=	右移赋值，x>>=a；等价于 x=x>>a;
/=	除法赋值，x/=a；等价于 x=x/a;	<<=	左移赋值，x<<=a；等价于 x=x<<a;
%=	求余赋值，x%=a；等价于 x=x%a;		

6. 特殊运算符与表达式

特殊运算符包括条件运算符、逗号运算符和强制类型转换运算符。

条件运算符主要用于条件求值运算，其表达式一般形式为“表达式 1? 表达式 2：表达式 3”，运算符“?”的作用是在计算表达式 1 之后，如果表达式 1 为真，则执行表达式 2，并将结果作为整个表达式的值；如果表达式 1 的值为假，则执行表达式 3，并以其结果作为整个表达式的值。例如：执行完“y = 'a' > 'b'?3:5;”语句后，y 的值为 5。

逗号运算符的作用是把几个表达式串在一起，成为逗号表达式，其格式为“表达式 1，表达式 2，……，表达式 n”，运算顺序为从左到右，整个逗号表达式的值是最右边表达式的值。

强制类型转换运算符的作用是将一个表达式或变量转换成所需类型，符号为“()”。例如：(int)a 是将 a 转换为整型；(float)(a + b) 是将 a + b 的结果转换为浮点数。

7. 各运算符优先级列表

标准 C 语言中各运算符的优先级如表 2-9 所示。

表 2-9　运算符优先级

优先级	运算符	名称或含义	结合方向	说　明
1	[ ] () . - >	数组下标 圆括号 成员选择（对象） 成员选择（指针）	从左到右	
2	- (类型) ++ -- * & ! sizeof	负号运算符 强制类型转换 自增运算符 自减运算符 取值运算符（指针） 取地址运算符 逻辑非运算符 长度运算符	从右到左	单目运算符
3	* / %	乘法运算符 除法运算符 求余运算符	从左到右	双目运算符
4	+ -	加法运算符 减法运算符	从左到右	双目运算符
5	<< >>	左移运算符 右移运算符	从左到右	双目运算符
6	>、>=、<、<=	关系运算符	从左到右	双目运算符
7	== ! =	等于运算符 不等于运算符	从左到右	双目运算符
8	&	按位与运算符	从左到右	双目运算符
9	^	按位异或运算符	从左到右	双目运算符
10	|	按位或运算符	从左到右	双目运算符
11	&&	逻辑与运算符	从左到右	双目运算符

（续）

优先级	运算符	名称或含义	结合方向	说　明
12	||	逻辑或运算符	从左到右	双目运算符
13	?:	条件运算符	从右到左	三目运算符
14	=、/=、*=、%=、+=、-=、<<=、>>=、&=、^=、|=	赋值运算符	从右到左	双目运算符
15	,	逗号运算符	从左到右	

2.1.4 程序设计的基本结构

为了提高程序设计的质量和效率，C 语言中经常采用结构化设计方法。当然，面向对象程序设计方法在 C++ 中更为常见。不过两者并不矛盾，因为在面向对象程序设计方法中也一定包含了结构化程序设计方法。因此，我们必须熟练掌握结构化程序设计方法。

结构化程序由若干个基本结构组成。每一个基本结构可以包含一个或若干个语句。有 3 种基本结构：顺序结构、选择结构和循环结构。

1. 顺序结构

顺序结构是最基本的程序结构，该结构按语句在程序中的先后顺序依次执行。顺序结构主要由简单语句、复合语句构成。整体看所有的程序，顺序结构是基本结构，只不过中间某个过程是选择结构或循环结构，执行完选择结构或循环结构后，程序又按顺序执行。

2. 选择结构

选择结构又称为选取结构或分支结构，其基本特点是程序的流程由多路分支组成，在程序的一次执行过程中，根据不同的条件，只有一条分支被选中执行，而其他分支上的语句被直接跳过。C 语言提供的选择结构语句有两种：条件语句和开关语句。

（1）条件语句

条件语句（if 语句）用来判定条件是否满足，根据判定的结果决定后续的操作。主要有以下 3 种基本形式：

- if(表达式) 语句
- if(表达式) 语句 1;
  else 语句 2
- if(表达式 1)语句 1;
  else if(表达式 2)语句 2;
  　　else if(表达式 3)语句 3;
  　　　　else 语句 4

（2）开关语句

开关语句（switch 语句）用来实现多方向条件分支的选择。虽然也可用条件语句嵌套实现，但是，使用开关语句可使程序条理分明，运行可靠。其格式如下：

```
switch(表达式)
{
    case 常量表达式 1:语句 1;break;
```

```
    case 常量表达式 2:语句 2;break;
    case 常量表达式 3:语句 3;break;
    ……
    case 常量表达式 n:语句 n;break;
    default:语句 n+1;
}
```

case 后面的常量表达式（又称开关量）应该是一个整型或字符型常量，各个常量表达式的值互不相同。

条件语句和开关语句的区别如下：

1）开关语句只能进行相等性检测，即只检查 switch 中表达式是否与各个 case 中的常量表达式相等；而条件语句不仅可以进行相等性检查，还可以使用关系表达式或逻辑表达式进行比较。因此，用条件语句完全可以代替开关语句，而开关语句只能代替简单的 if，不能完全代替 if。

2）一般情况下，条件语句适合于判断连续区域，开关语句适合于判断离散的数值。

3. 循环结构

循环结构主要用来进行反复多次操作，主要有 3 种语句。其格式如下：

- for(表达式 1;表达式 2;表达式 3)语句
- while(条件表达式)语句
- do 循环体语句 while(条件表达式)

另外，在循环语句控制中有两个重要关键字：break 和 continue。break 的作用是：在循环体中测试到应立即结束循环的条件时，控制程序立即跳出循环结构，转而执行循环语句后的语句；continue 的作用是：结束本次循环，一旦执行了 continue 语句，程序就跳过循环体中位于该语句后的所有语句，提前结束本次循环周期，并开始新一轮循环。

2.1.5　函数

一个 C 语言程序可以由一个主函数和若干子函数构成，主函数是程序执行的开始点，由主函数调用子函数，子函数可以再调用其他子函数。

1. 函数的定义

（1）函数定义的语法形式

```
类型标识符　函数名(形式参数表)
{
    语句序列;
}
```

（2）函数的类型和返回值

类型标识符规定了函数的类型，也就是函数的返回值类型。函数的返回值是需要返回给主调函数的处理结果，由 return 语句给出，例如：return 0。

对于无返回值的函数，其类型标识符为 void，不必写 return 语句。

（3）形式参数与实际参数

函数定义时填入的参数称为形式参数，简称形参。它们同函数内部局部变量的作用相同。

形参的定义于函数名后的括号中。调用时替换的参数是实际参数，简称实参。定义的形参与调用函数的实参类型应该一致，书写顺序应该相同。

```
int imax(int,int,int );                          // 函数声明
void main(void)
{
    Int Max;
    Max = imax(1,3,2) ;                          // 函数调用(1、3、2 为实参)
}
int imax(int a,int b,int c)                      // 函数定义(a、b、c 为形参)
{
    int m;
    if (a >b) m = a;
    else m = b;
    if (c >m) m = c;
    return(m);
}
```

2. 函数的声明

调用函数之前首先要在所有函数外声明函数原型，声明形式如下：

```
类型说明符  被调函数名(含类型说明的形参表);
```

一旦函数原型声明之后，该函数原型在本程序文件中任何地方都有效，也就是说，在本程序文件中任何地方都可以依照该原型调用相应的函数。

```
int imax(int,int,int);                           // 函数声明
```

3. 函数的调用

在一个函数中调用另外一个函数称为函数的调用。调用函数的方式有以下 4 种。

(1) 作为语句调用

把函数作为一个语句，函数无返回值，只是完成一定的操作。例如：ADC14_init()。

(2) 作为表达式调用

函数出现在一个表达式中。例如：sum = c + add(a,b)。

(3) 作为参数调用

函数调用作为一个函数的实参。例如：sum = add(c,add(a,b))。

(4) 递归调用

函数可以自我调用。如果一个函数内部的一个语句调用了函数本身，则称为递归调用。一个比较经典的递归调用举例为计算 n!，程序代码如下：

```
int factorial(int);                              // 函数声明
int factorial(n)                                 // 函数定义
{
int product;
if(n ==1)
{
    return(1);
}
```

```
product = factorial(n - 1) * n;                // 函数调用
return (product);
}
```

4. 函数中变量的类别

根据变量的作用区间以及是在函数的内部还是外部，可将函数中变量的类别分为局部变量和全局变量。

(1) 局部变量

把函数中定义的变量称为局部变量，由于形参相当于函数中定义的变量，所以，形参也是一种局部变量。局部变量仅由被定义的模块内部的语句所访问。模块以“{”开始，以“}”结束，也就是说，局部定义的变量只在“{}”内有效。局部变量在每次函数调用时被分配内存空间，在每次函数返回时释放存储空间。

(2) 全局变量

全局变量也称为外部变量，它是在所有函数外部定义的变量，它不属于哪一个函数，它属于一个源程序文件，其作用域是整个源程序。最好在程序的顶部定义全局变量，全局变量在程序开始运行时分配存储空间，在程序结束时释放存储空间，在任何函数中都可以访问。

局部变量可以和全局变量重名，但是局部变量会屏蔽全局变量，在函数内部引用这个变量时，会用到同名的局部变量，而不会用到全局变量。

注意： 正因为全局变量在任何函数中都可以访问，所以在程序运行过程中全局变量被读写的顺序从源代码中是看不出来的，即源代码的书写顺序并不能反映函数的调用顺序。程序出现 Bug 往往就是因为在某个不起眼的地方对全局变量的读写顺序不正确。如果代码规模很大，就很难发现这种错误。而对局部变量的访问不仅局限在一个函数内部，而且局限在一次函数调用之中，即很容易从函数的源代码中看出访问的先后顺序，所以，比较容易找到 Bug。因此，一定要慎用全局变量，能用局部变量代替的，就不要用全局变量。

5. 内部函数和外部函数

一个 C 语言程序可以由多个函数组成，这些函数可以在一个程序文件中，也可以分布在多个不同的程序文件中。根据这些函数的使用范围，可以把它们分为内部函数和外部函数。

(1) 内部函数

如果一个函数只能被本文件内的其他函数所调用，它称为内部函数。在定义内部函数时，在函数名和函数类型的前面加 static。内部函数的定义一般格式为：

```
static 类型标识符  函数名(形参表)
```

(2) 外部函数

在声明函数时，如果在函数首部的最左端冠以关键字 extern，则表示此函数是外部函数，可供其他文件调用。其定义格式为：

```
extern 类型标识符  函数名(形参表)
```

2.1.6 数组

数组是一个由同种类型变量组成的集合，引入数组就不需要在程序中定义大量的变量，可大大减少程序中变量的数量，使程序简练。另外，数组含义清楚，使用方便，明确地反映了数据之间的联系。熟练地利用数组，可以大大地提高编程的效率。

本节主要介绍一维数组、二维数组和字符数组。

1. 一维数组

一维数组是长度固定的数组，其存储空间是一片连续的区域。

(1) 定义一维数组

在 C 语言中使用数组必须先进行定义。一维数组的定义形式如下：

```
类型说明符   数组名[常量表达式];
```

例如：int a[20]；　　说明整型数组 a 有 20 个元素。

(2) 引用一维数组

引用一维数组元素的一般形式为：

```
数组名[下标]
```

其中，下标只能是整型常量或整型表达式。例如：int list[7]。该语句定义了一个有 7 个元素的数组 list，数组元素分别是 list[0]，list[1]，…，list[6]。

(3) 初始化一维数组

数组初始化赋值是指在数组定义时给数组元素赋予初值。数组初始化是在编译阶段进行的。这样将减少运行时间，提高效率。初始化赋值的一般形式如下：

```
类型说明符 数组名[常量表达式] = {值,值,……,值};
```

其中，在“{}”中的各数据值即为各元素的初值，各值之间用逗号间隔。例如：int a[10] = {0，1，2，3，4，5，6，7，8，9}，相当于 a[0] =0；a[1] =1；……a[9] =9。

注意： 当“{}”中值的个数少于元素个数时，只给前面部分元素赋值，之后的元素自动赋 0 值；如果给全部元素赋值，则在数组说明中可以不给出数组元素的个数。

2. 二维数组

如果说一维数组在逻辑上可以想象成一列长表或矢量，那么二维数组在逻辑上可以想象成由若干行和若干列组成的表格或矩阵。

(1) 定义二维数组

二维数组定义的一般形式如下：

```
类型说明符 数组名[常量表达式1][常量表达式2];
```

其中，“类型说明符”是指数组的数据类型，也就是每个数组元素的类型。“常量表达式 1”指出数组的行数，“常量表达式 2”指出数组的列数，它们必须都是正整数。例如：int score[5][3]；定义了一个 5 行 3 列的二维数组 score。

(2) 引用二维数组

二维数组的元素也称为双下标变量，其表示的形式为：

```
数组名[下标1][下标2]
```

其中，下标 1 和下标 2 为整型常量或整型表达式。例如，之前定义的 score 数组，其中，score[3][2] 表示 score 数组中第 4 行第 3 列的元素。

（3）初始化二维数组

二维数组初始化也是在类型说明时给各下标变量赋初值。二维数组可以按行分段赋值，也可按行连续赋值。

1）按行分段赋值可写为

```
int a[3][4] = {{1,2,3,4},{5,6,7,8},{9,10,11,12}};
```

2）按行连续赋值可写为

```
int a[3][4] = {1,2,3,4,5,6,7,8,9,10,11,12};
```

3. 字符数组

字符数组是用来存放字符串的数组。

（1）定义字符数组

形式与前面定义的数值数组相同。例如：

```
char c[5];
```

（2）初始化字符数组

字符数组也允许在定义时初始化。例如：char c[5] = {'c', 'h', 'i', 'n', 'a'}；把 5 个字符分别赋给了 c[0] ~ c[4] 5 个元素。

如果“{}”中提供的初值个数大于数组长度，则在编译时系统会提示语法错误。如果初值个数小于数组长度，则只将这些字符赋给数组中前面那些元素，其余元素由系统自动定义为空字符'\0'。

（3）引用字符数组

字符数组的逐个字符引用，与引用数组元素类似。

2.1.7　指针

指针是 C 语言中的一个重要概念，也是一个比较难掌握的概念。正确灵活地运用指针可以编写出精炼而高效的程序。

1. 指针和指针变量概念

C 程序中每一个实体，如变量、数组都要在内存中占有一个可标识的存储区域，每一个存储区域由若干字节组成，在内存中每一个字节都有一个“地址”。一个存储区域的“地址”指的是该存储区域中第 1 字节的地址（或称首地址）。在 C 语言中，将地址形象化地称为“指针”，一个变量的地址称为该变量的“指针”。如果有一个变量专门用来存放另一个变量的地址（即“指针”），则它称为“指针变量”。使用指针访问能使目标程序占用内存少、运行速度快。

2. 指针变量的定义

指针变量的定义格式为：

```
类型说明符*指针变量名
```

其中，“*”表示这里定义的是一个指针类型的变量。“类型说明符”可以是任意类型，指的是指针所指向的对象的类型，这说明了指针所指的内存单元可以用于存放什么类型的数据，我们称之为指针的类型。例如：int *pointer；说明 pointer 是指向整型的指针变量，也就是说，在程序中用它可以间接访问整型变量。

3. 与地址相关的运算 * 和 &

C 语言提供了两个与地址相关的运算符：* 和 &。“ * ”称为指针运算符，表示获取指针所指向的变量的值。例如：*i_pointer 表示指针 i_pointer 所指向的数据的值。“&”称为取地址运算符，用来得到一个对象的地址，例如：使用 &i 就可以得到变量 i 的存储单元地址。

4. 指针的运算

指针是一种数据类型，与其他数据类型一样，指针变量也可以参与部分运算，包括：算术运算、关系运算和赋值运算。下面简单介绍这 3 种运算。

（1）算术运算

指针可以和整数进行加减运算，但是，运算规则是比较特殊的。之前，在指针变量的定义中指出，需要说明指针所指的对象是什么类型，这里我们将看到指针进行加减运算的结果与指针的类型密切相关。例如，有指针 p1 和整数 n1，p1 + n1 表示指针 p1 当前所指位置后第 n1 个数的地址，p1-n1 表示指针 p1 当前所指位置前第 n1 个数的地址。“指针 ++”或“指针 --”表示指针当前所指位置的下一个或上一个数据的地址。

一般来说，指针的算术运算是和数据的使用相联系的，因为只有在使用数据时，才会得到连续分布的可操作内存空间。对于一个独立变量的地址，如果进行算术运算，然后对其结果所指向的地址进行操作，有可能会意外破坏该地址中的数据或代码。因此，对指针进行算术运算时，一定要确保运算结果所指向的地址是程序中分配使用的地址。

（2）关系运算

指针变量的关系运算指的是指向相同类型数据的指针之间进行的关系运算。如果两个相同类型的指针相等，就表示这两个指针指向同一个地址。不同类型的指针之间或指针与非零整数之间的关系运算是毫无意义的。

（3）赋值运算

声明了一个指针，只是得到了一个用于存储地址的指针变量。但是，变量中并没有确定的值，其中的地址值是一个随机数。因此，定义指针之后必须先赋值，然后才可以引用。与其他类型的变量一样，对指针赋初值也有两种方法：

1）在声明指针的同时进行初始化赋值，语法形式为：

```
类型说明符 *指针变量名 = 起始地址;
```

数据的起始地址就是数组的名称，例如下面的语句：

```
int a[10];                          // 声明 int 型数组
int *i_pointer = a;                 // 声明并初始化 int 型指针
```

2）在声明之后，单独使用赋值语句，赋值语句的语法形式为：

```
指针变量名 = 地址;
```

举例如下：

```
int *i_pointer;                     // 声明 int 型指针 i_pointer
int i;                              // 声明 int 型数据 i
i_pointer = &i;                     // 取 i 的地址赋给 i_pointer
```

2.1.8　预处理命令

预处理是 C 语言具有的一种对源程序的处理功能。所谓预处理，指的是在正常编译之前对源程序的预先处理。这就是说，源程序在正常编译之前先进行预处理，即执行源程序中的预处理命令，预处理后，源程序再被正常编译。预处理命令包括宏定义、文件包含和条件编译 3 个主要部分。

预处理指令是以“#”开头的代码行。“#”必须是该行除了任何空白字符外的第 1 个字符。“#”后面是指令关键字，在关键字和“#”之间允许存在任意个数的空白字符。预处理指令后面不加“;”。整行语句构成一条预处理指令。该指令将在编译器进行编译之前对源代码做某些转换。部分预处理指令及说明如表 2-10 所示。

表 2-10　部分预处理指令及说明

预处理指令	说　明
#空指令	无任何效果
#include	包含一个源文件代码
#define	定义宏
#undef	取消已定义的宏
#if	如果给定条件为真，则编译下面代码
#ifdef	如果宏已经定义，则编译下面代码
#ifndef	如果宏没有定义，则编译下面代码
#elif	如果前面的#if 给定条件不为真，则编译下面代码
#endif	结束一个#if……#else 条件编译块
#error	停止编译并显示错误信息

1. 宏定义预处理命令

宏是一种规则或模式，或称语法替换，用于说明某一特定输入（通常是字符串）如何根据预定义的规则转换成对应的输出（通常也是字符串）。宏定义了一个代表特定内容的标识符。预处理过程会把源代码中出现的宏标识符替换成宏定义时的值。宏最常见的用法是定义代表某个值的全局符号。宏的第二种用法是定义带参数的宏，这样的宏可以像函数一样调用。但是，它是在调用语句处展开宏，并用调用时的实际参数来代替定义中的形式参数。

（1）#define 指令

#define 预处理指令是用来定义宏的。该指令最简单的格式是：

```
#define 标识符 常量表达式
```

标识符最好大写，宏定义行不要加分号。例如：

```
#define MAX_NUM 10
```

宏定义后，如果需要改变程序中 MAX_NUM 的值，只需更改宏定义即可，程序中的引用会自动进行更改。

（2）带参数的#define 指令

带参数的宏和函数调用看起来有些相似，其一般格式如下：

```
#define 宏符号名(参数表)  宏体
```

例如：

```
#define  Cube(x) (x)*(x)*(x)
```

该宏的作用是求x的立方，在程序中，参数x可以是任何数字表达式或函数。这里再次提醒大家注意括号的使用，宏展开后完全包含在一对括号中，而且参数也包含在括号中，这样就保证了宏和参数的完整性。

2. 文件包含预处理命令

文件包含的含义是在一个程序文件中可以包含其他文件的内容。这样，这个文件将由多个文件组成。用文件包含命令实现这一功能，格式如下：

```
#include<文件名>或#include"文件名"
```

其中，include是关键字，文件名是被包含的文件名。应该使用文件全名，包括文件的路径和扩展名。文件包含预处理命令一般写在文件的开头。举例如下：

```
#include "USB_API/USB_Common/device.h"
```

3. 条件编译预处理指令

条件编译指令将决定哪些代码被编译，而哪些不被编译。可以根据表达式的值或者某个特定的宏是否定义来确定编译条件。条件编译有以下3种形式，下面分别加以说明。

（1）常量表达式条件预处理指令

```
#ifdef 常量表达式1
    程序段1
#elif 常量表达式2
    程序段2
    ……
#elif 常量表达式(n-1)
    程序段(n-1)
#else
    程序段n
#endif
```

它的作用是：检查常量表达式，如为真，编译后续程序段，并结束本次条件编译；若所有常量表达式均为假，则编译程序段n，然后结束。

（2）标识符定义条件预处理指令

```
#ifdef 标识符
    程序段1
#else
    程序段2
#endif
```

它的作用是：若标识符已被#define定义过，则编译程序段1；否则，编译程序段2。

（3）标识符未定义条件预处理指令

```
#ifndef 标识符
```

```
    程序段 1
#else
    程序段 2
#endif
```

它的作用是：若标识符未被#define 定义过，则编译程序段 1；否则，编译程序段 2。

2.2　MSP432 微控制器软件工程基础

2.2.1　MSP432 微控制器标准软件设计流程

由于 MSP432 单片机具有多种低功耗模式，这就决定了 MSP432 单片机具有其独特的软件设计流程。MSP432 单片机软件设计的标准流程如图 2-1 所示。该标准的软件流程可将系统整体功耗降至最低。

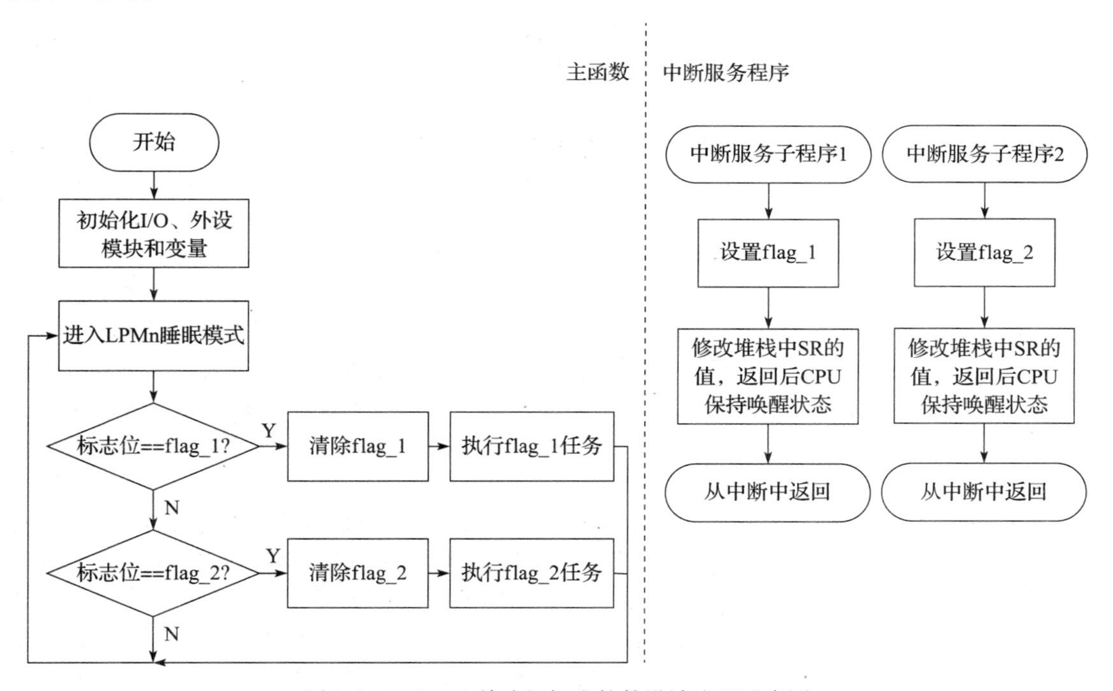

图 2-1　MSP432 单片机标准软件设计流程示意图

图 2-1 所描述的软件流程是基于中断程序的。平时 CPU 处于睡眠状态，直到有中断产生时，CPU 才被唤醒，这样能够最大程度地降低系统功耗。

理解图 2-1 所示的中断服务程序流程，能更好地掌握 MSP432 单片机是怎样处理各种中断事件的。MSP432 单片机的低功耗模式由状态寄存器 SR 的控制位控制，在执行中断服务子程序之前，状态寄存器 SR 的低功耗模式控制位可以被优先压入堆栈。当中断服务子程序返回时，主程序调用之前的低功耗模式控制位，从而进入中断之前的低功耗模式状态。当然，如果我们在中断服务子程序返回前修改了保存在 SR 中的低功耗模式控制位，那么，中断服务子程序执行完之后，主程序流程可以转到另一个不同的低功耗工作模式。

中断唤醒机制作为 MSP432 单片机内部低功耗模式的一部分，允许系统快速被唤醒，响应中断事件。例如，当一个中断事件发生之前 MSP432 单片机处于低功耗 LPM0 模式。MCU 在执行中断服务子程序之前，首先向堆栈保存 SR 中的低功耗模式控制位值，然后清除 SR 值，使 MCU 从 LPM0 模式进入执行中断活动模式状态。在中断服务子程序中，用户可以写一条语句清除 SR 中的低功耗模式控制位。当中断服务程序完成后，MCU 从堆栈中重新装载调用各自寄存器的状态值。如果没有修改 SR 的低功耗模式控制位，系统退出中断后仍然返回进入 LPM0。若此时已经修改 SR 控制位，当从中断服务程序退出后，系统会工作于活动模式，并且按进入中断前的 PC 指针所指的地址继续执行程序。

由于可以在中断服务子程序中改变低功耗模式，所以，用户可以选择在中断服务程序中执行全部任务，也可以选择在中断服务程序唤醒 MCU 后在主程序中处理任务。在中断服务程序中处理时能确保立即响应中断事件，中断事件发生时能立即处理中断任务。但是，当处理一个中断事件时，在默认情况下是不允许嵌套的，所以，其他中断将不能被载入，直到该中断任务完成。这样长时间的中断将会降低系统的响应速度，所以，设计者须根据不同系统的要求来选择合适的处理方式。

在图 2-1 所示的流程图中，主程序需要处理两个中断事件。这两个中断事件的选择，可通过查询主循环中的标志位来完成。在两个中断服务程序中，首先设置相应标志位，之后修改保存在堆栈中的 SR 值，使系统退出中断后进入活动模式工作，最后在主程序中检测该标志位来判断是否执行相应的任务。中断事件可以是任意可用中断事件，例如：定时器、按键处理和 ADC 等。如果需处理的中断事件能在较短的时间内完成，就可以在中断服务子程序中直接执行，无须进入主程序处理。此时，中断服务子程序没必要设置标志位或改变 SR 低功耗控制位退出睡眠模式。当任务执行完成后，MSP432 单片机再次进入低功耗睡眠模式。该流程可以根据系统应用的复杂性来定，例如，只有一个中断事件可唤醒主程序时，则无须设置系统标志位，此时，通过中断唤醒主程序，然后主程序进行相应的任务操作，任务完成后，重新进入低功耗睡眠模式。

图 2-1 中所提到的睡眠模式 LPMn 是 MSP432 单片机系统所要用到的睡眠低功耗模式，每种应用所涉及的模式可能会有所不同，实际的睡眠模式由整个系统所用到的模块（如定时器、ADC、串口等）决定，取决于系统模块在相应的睡眠模式下可否被中断唤醒。例如，若由定时器负责唤醒 CPU，且该定时器的参考时钟选择 ACLK，则 ACLK 必须保持活动状态，MCU 可以工作在 LPM3；但是，如果定时器的参考时钟为 DCOCLK 时，则 MCU 必须工作在 LPM0。

2.2.2 模块化编程介绍

模块化程序设计需理解以下概念：

1）模块由一个 .c 文件和一个 .h 文件组成，头文件（.h）是对该模块接口的声明。

这一条概括了模块化的实现方法和实质：将一个功能模块的代码单独编写成一个 .c 文件，然后把该模块的接口函数放在 .h 文件中。例如，写一个液晶驱动模块，以实现字符、汉字和图像的显示，命名为：lcd_device.c 和 lcd_device.h。

```
// lcd_device.c
void LCD_Init()
{
......
}
void DisplayChar(char casc,char postion_x,char postion_y)
{
......
}
void DisplayString(char *s,char x,char y)
{
......
}
// lcd_device.h
void LCD_Init();
void DisplayChar(char casc,char postion_x,char postion_y)
void DisplayString(char *s,char x,char y);
```

2）某模块提供给其他模块调用的外部函数及变量需在 .h 文件中冠以 extern 关键字声明。

外部函数的使用：假设我们之前创建的 lcd_device.c 提供了最基本的 LCD 驱动函数。

```
void Lcd_PutChar(char NewValue);                    // 在当前位置输出一个字符
```

而我们想在另外一个文件中调用此函数，此时就需要将此函数设为外部函数。设置的方法即是在 .h 文件中声明该函数前加 extern 关键字，并在另外一个文件内包含该 .h 头文件。

外部变量的使用：对于新手来说，使用模块化编程的一个难点是外部变量的设定，初学者往往很难明白模块与模块共用的变量是如何实现的。常规的方法就是在 .h 头文件中声明该变量前加 extern 关键字，并在另外一个模块中包含该 .h 头文件，则不同的模块操作相同的变量，对应于同一片内存空间。

3）模块内的函数和全局变量需在 .c 文件开头冠以 static 关键字声明。

这句话讲述了关键字 static 的作用，在模块内（但在函数体外），一个被声明为静态的变量可以被模块内所有函数访问，但是，不能被模块外其他函数访问，它是一个本地的全局变量。在模块内，一个被声明为静态的函数只可被这一模块内的其他函数调用，不能被模块外的函数调用。

4）永远不要在 .h 文件中定义变量。

请读者注意，一个变量只能定义一次，但是，可以声明多次。一个 .h 文件可以被其他任何一个文件包含，如果在这个 .h 文件中定义了一个变量，那么在包含该 .h 文件的文件内将再次开辟空间定义变量，而它们对应于不同的存储空间。例如：

```
/* module1.h */
int a =5;                                           // 在模块 1 的.h 文件中定义 int a
/* module1.c */
#include"module1.h"                                 // 在模块 1 中包含模块 1 的.h 文件
/* module2.c */
#include "module1.h"                                // 在模块 2 中包含模块 1 的.h 文件
```

以上程序的结果是在模块 1、2 中都定义了整型变量 a，a 将在不同的模块中对应不同的地址单元。这样的编程是不合理的。正确的做法如下：

```
/* module1.h */
extern int a;                              // 在模块 1 的.h 文件中声明 int a
/* module1.c */
#include"module1.h"                        // 在模块 1 中包含模块 1 的.h 文件
int a =5;                                  // 在模块 1 的.c 文件中定义 int a
/* module2.c */
#include"module1.h"                        // 在模块 2 中包含模块 1 的.h 文件
```

这样如果模块 1、2 操作 a 的话，对应的是同一片内存单元。

2.2.3 高质量的程序软件应具备的条件

程序软件质量是一个非常重要的概念，一个高质量的程序软件不仅能使系统无错误且长时间的正常运行，而且程序本身结构清晰，可读性强。高质量的程序软件应具备的条件如下：

1）结果必须正确，功能必须实现，且在精度和其他各方面均满足要求；

2）便于检查、修正、移植和维护；

3）程序具有良好的结构，书写规范、逻辑清晰、可读性强；

4）CPU 运行时间尽可能短，同时，尽可能合理地使用内存。

2.3 MSP432 微控制器软件开发集成环境 CCSv6.1

CCS（Code Composer Studio）是 TI 公司研发的一款具有环境配置、源文件编辑、程序调试、跟踪和分析等功能的集成开发环境，能够帮助用户在一个软件环境下完成编辑、编译、链接、调试和数据分析等工作。CCSv6.1 为 CCS 软件的最新版本，功能更强大、性能更稳定、可用性更高，是 MSP432 软件开发的理想工具。以往，对于 MSP432 单片机的开发，编程人员用得最多的是 IAR 软件。现在 CCSv6.1 对 MSP432 单片机的支持达到了全新的高度，其中的许多功能是 IAR 所无法比拟的，例如，集成了 MSP432Ware 插件和 Grace 图形编程插件等。因此，建议使用最新的 MSP432 软件开发集成环境 CCSv6.1 进行 MSP432 单片机软件的开发。

2.3.1 CCSv6.1 的下载及安装

1. CCSv6.1 的下载途径

TI 公司的 CCSv6.1 开发集成环境为收费软件，但是，可以下载评估版本使用，下载地址为：http://processors.wiki.ti.com/index.php/Download_CCS。

2. CCSv6.1 的安装步骤

1）运行下载的 CCSv6.1 安装程序，当运行到如图 2-2 所示处时，选择安装路径。

2）单击 Next 按钮得到如图 2-3 所示的窗口。为了快捷安装，在此只选择支持 MSP Ultra Low Power MCUs 的选项。单击 Next 按钮，保持默认配置，继续安装。软件安装完成后，弹出如图 2-4 所示的窗口。

3）单击 Finish 按钮，将运行 CCS，弹出如图 2-5 所示窗口。打开“我的电脑”，在某一磁盘下，创建工作区间文件夹路径：- \MSP432 \workspace_v6_1（任意都可，注意不能为中文）。单击图 2-5 中的 Browse 按钮，将工作区间链接到所建文件夹，不勾选 Use this as the default and do not ask again 选项。

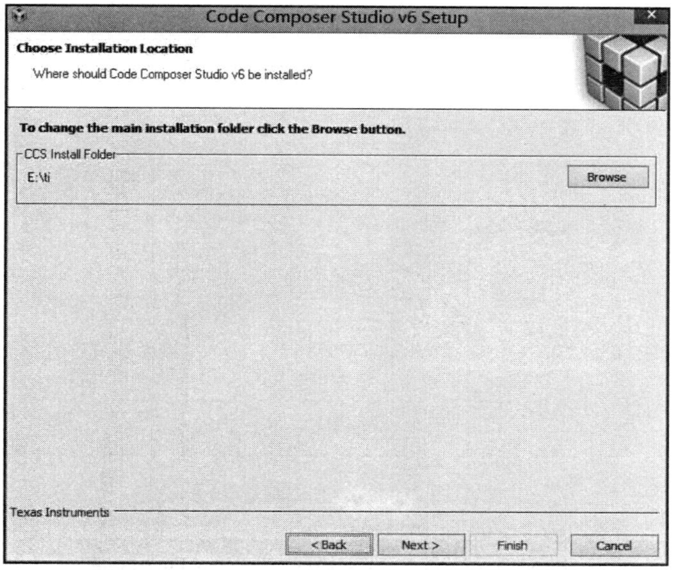

Code Composer Studio v6 Setup

Choose Installation Location

Where should Code Composer Studio v6 be installed?

To change the main installation folder click the Browse button.

CCS Install Folder

E:\ti

Browse

Texas Instruments

< Back　Next >　Finish　Cancel

图 2-2　安装过程 1

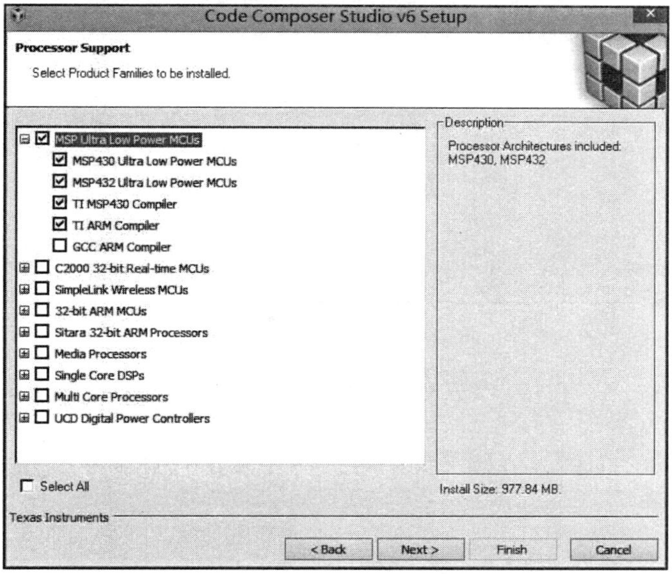

Code Composer Studio v6 Setup

Processor Support

Select Product Families to be installed.

- ☑ MSP Ultra Low Power MCUs
  - ☑ MSP430 Ultra Low Power MCUs
  - ☑ MSP432 Ultra Low Power MCUs
  - ☑ TI MSP430 Compiler
  - ☑ TI ARM Compiler
  - ☐ GCC ARM Compiler
- ☐ C2000 32-bit Real-time MCUs
- ☐ SimpleLink Wireless MCUs
- ☐ 32-bit ARM MCUs
- ☐ Sitara 32-bit ARM Processors
- ☐ Media Processors
- ☐ Single Core DSPs
- ☐ Multi Core Processors
- ☐ UCD Digital Power Controllers

Description

Processor Architectures included:
MSP430, MSP432

☐ Select All

Install Size: 977.84 MB.

Texas Instruments

< Back　Next >　Finish　Cancel

图 2-3　安装过程 2

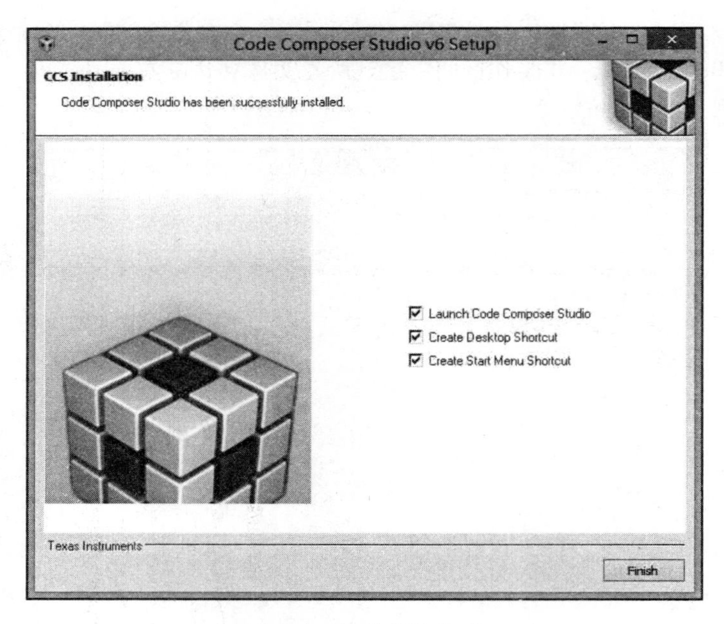

图 2-4　软件安装完成

图 2-5　Workspace 选择窗口

4）单击 OK 按钮，即可进入 CCSv6. 1 软件开发集成环境，如图 2-6 所示。

注意：CCSv6. 1 的安装路径一定不能使用中文；读者的计算机用户名也不能为中文。目前 CCSv6. 1 暂不支持在 Windows10 上安装运行；CCSv6. 1 支持 TI 所有的处理器，但是，应该用到什么装什么，不要贪多，否则，安装会很慢。

2. 3. 2　利用 CCSv6. 1 导入已有工程

1）打开 CCSv6. 1，选择 File→Import，弹出如图 2-7 所示对话框。展开 Code Composer Studio 文件夹，选择 CCS Projects。

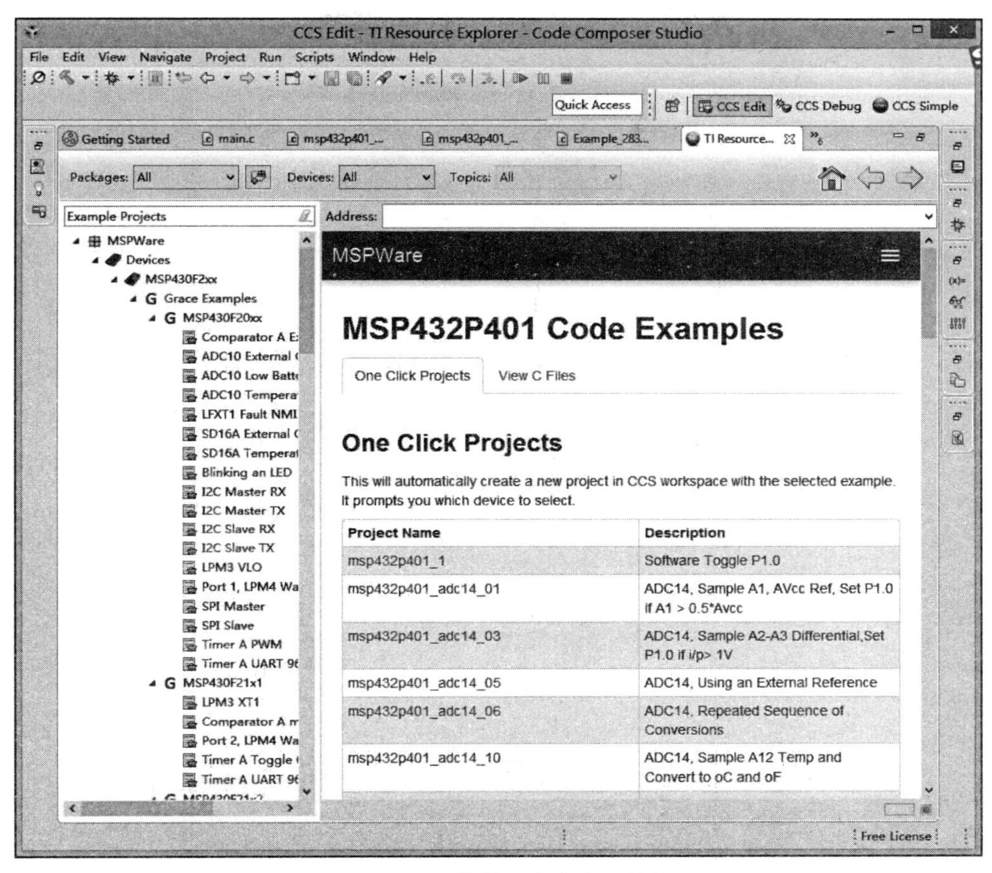

图 2-6　CCSv6 软件开发集成环境界面

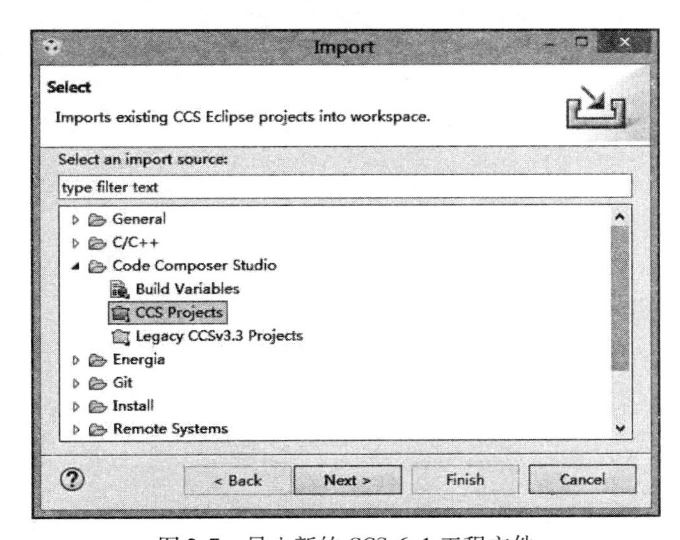

图 2-7　导入新的 CCSv6. 1 工程文件

2）单击 Next 按钮得到如图 2-8 所示对话框。

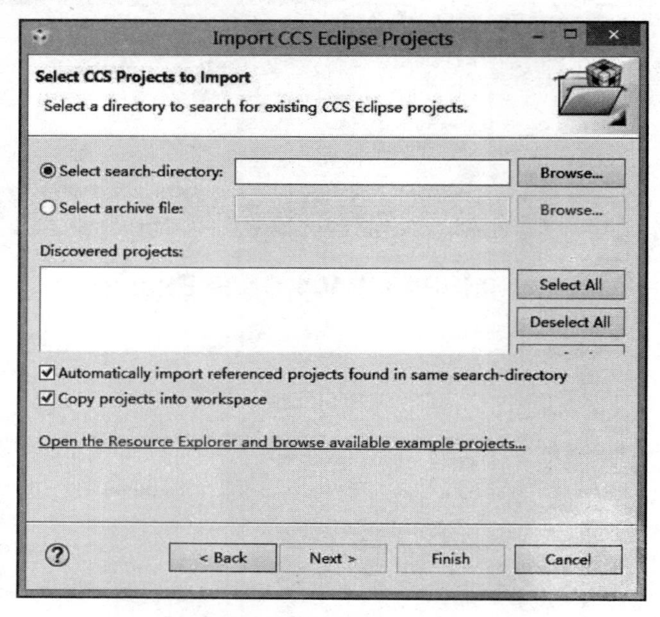

图 2-8 选择导入工程目录

3）单击 Browse 按钮，选择需导入工程所在的目录，如图 2-9 所示。

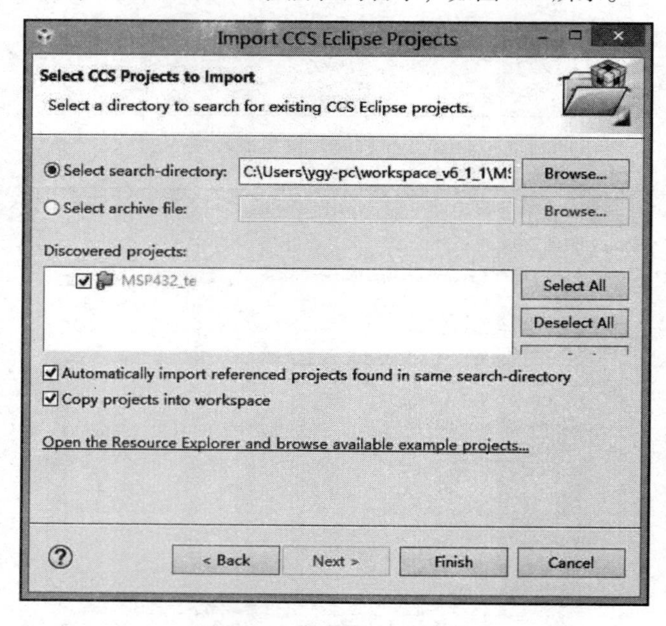

图 2-9 选择需导入的工程

4）单击 Finish 按钮，即可完成已有工程的导入。

2.3.3　利用 CCSv6.1 新建工程

1）打开 CCSv6.1 并确定工作区间，然后选择 File→New→CCS Project，弹出如图 2-10 所示对话框。

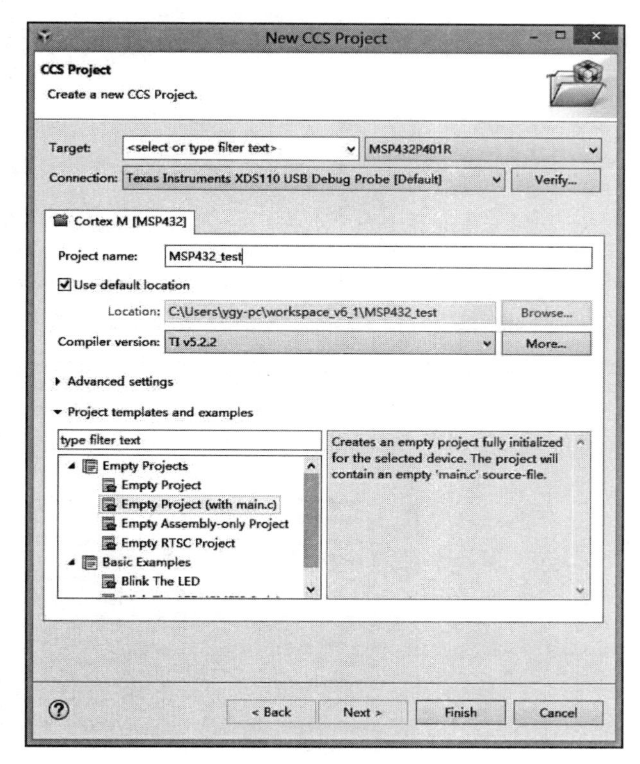

图 2-10　新建 CCS 工程对话框

2）在 Project name 中输入新建工程的名称，在此输入 MSP432_test。

3）在 Target 部分选择器件的型号，在此 Family 选择 MSP432；芯片选择 MSP432P401R。

4）选择 Empty Project，然后单击 Finish 按钮完成新工程的创建。

5）创建的工程将显示在 Project Explorer 中，如图 2-11 所示。

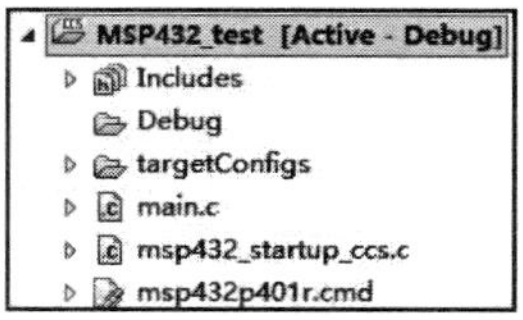

MSP432_test [Active - Debug]
Includes
Debug
targetConfigs
main.c
msp432_startup_ccs.c
msp432p401r.cmd

图 2-11　显示新工程

特别提示：若要新建或导入已有的 .h 或 .c 文件，步骤如下。

①新建 .h 文件：在工程名上右键点击，选择 New→Header File，如图 2-12 所示。在 Header file 中输入头文件的名称，注意必须以 .h 结尾，在此输入 my-01.h。

②新建 .c 文件：在工程名上右键单击，选择 New→source file，如图 2-13 所示。在 Source file 中输入 C 文件的名称，注意必须以 .c 结尾，在此输入 my-01.c。

③导入已有 .h 或 .c 文件：在工程名上右键单击，选择 Add Files，如图 2-14 所示。找到所需导入的文件位置，单击打开，如图 2-15 所示。选择 Copy files 选项，单击 OK 按钮，即可将已有文件导入到工程中。

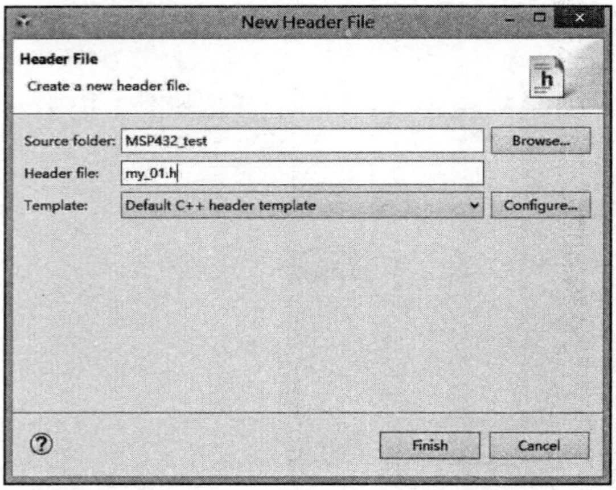

图 2-12　新建 .h 文件对话框

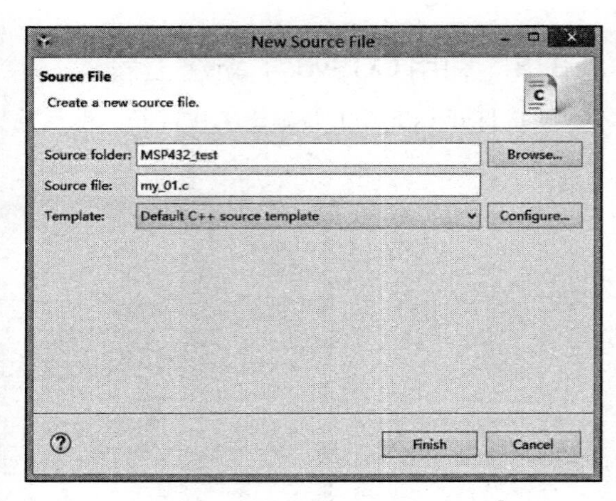

图 2-13　新建 .c 文件对话框

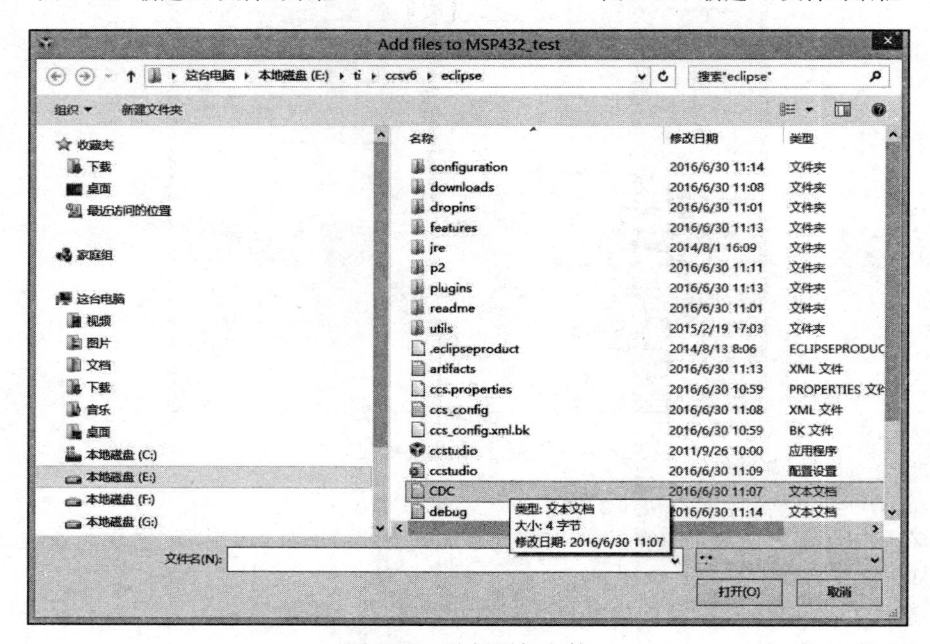

图 2-14　选择添加文件

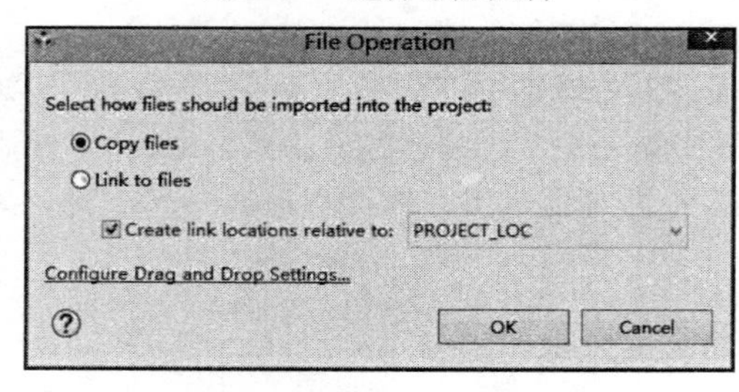

图 2-15　导入现有文件

工程移植步骤：若已用其他编程软件（例如 IAR），完成了整个工程的开发，该工程无法直接移植入 CCSv6，但是，可以通过在 CCSv6 中新建工程，并根据以上步骤新建或导入已有 .h 和 .c 文件，从而完成整个工程的移植。

2.3.4　利用 CCSv6.1 调试工程

1）将所需调试工程进行编译通过：选择 Project→Build Project，编译目标工程。编译结果可通过窗口查看，如图 2-16 所示。若编译没有错误，可以进行下载调试；如果程序有错误，将会在 Problems 窗口中显示。读者需要根据显示的错误修改程序，并重新编译，直到无错误提示。

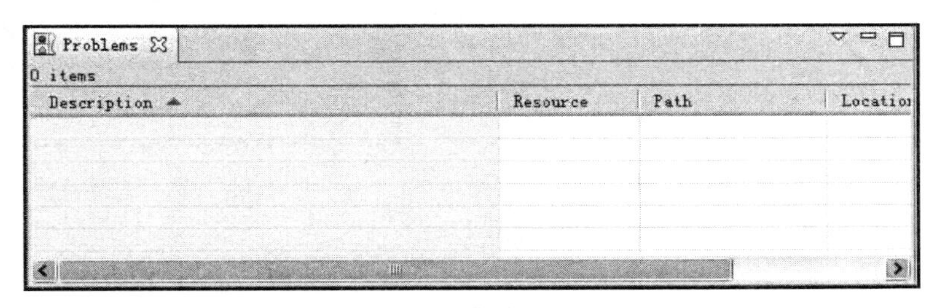

图 2-16　工程调试结果 Problems 窗口

2）单击绿色的 Debug 按钮 进行下载调试，得到图 2-17 所示的界面。

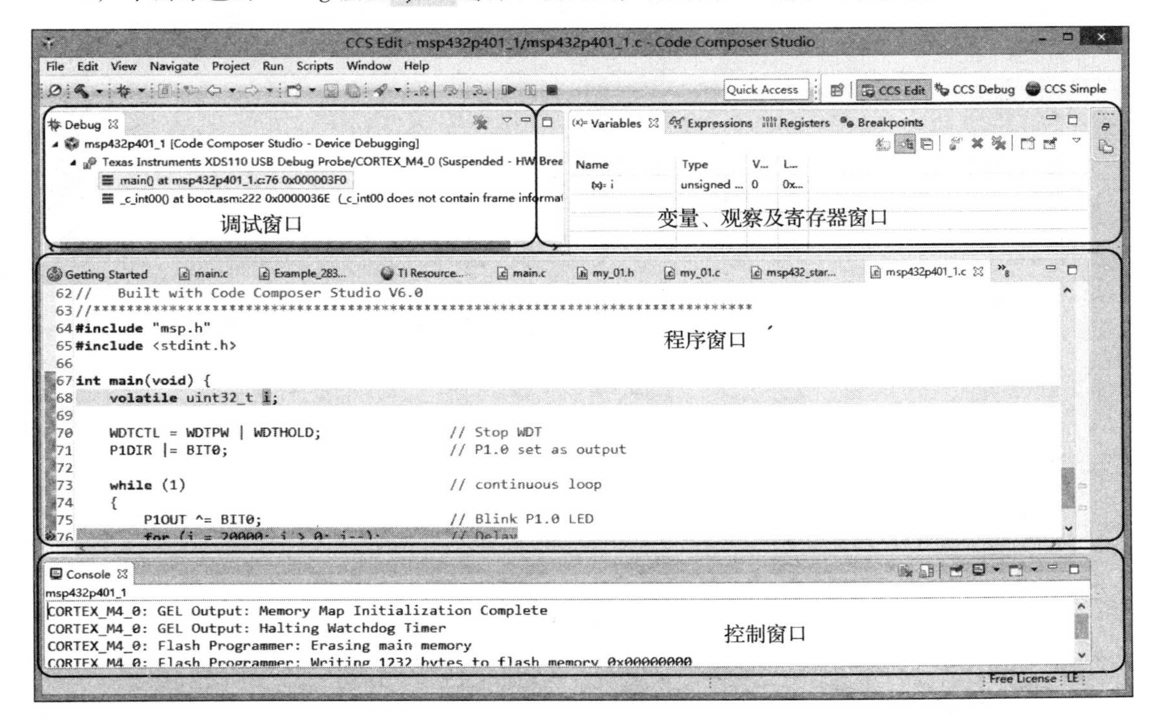

图 2-17　调试窗口界面

3）单击运行图标 运行程序，观察显示的结果。在程序调试的过程中，可通过设置断点来调试程序：选择需要设置断点的位置，右击鼠标选择 Breakpoints→Breakpoint，断点设置成功后将显示图标，可以通过双击该图标来取消该断点。程序运行的过程中可以通过单步调试按钮 配合断点单步的调试程序。单击重新开始图标 可定位到 main()函数，单击复位按钮 可复位。可通过中止按钮 返回编辑界面。

4）在程序调试的过程中，可以通过 CCSv6.1 查看变量、寄存器、汇编程序或者 Memory 等信息，并可显示出程序运行的结果，与预期的结果进行比较，从而顺利地调试程序。单击菜单 View→Variables，可以查看变量的值，如图 2-18 所示。

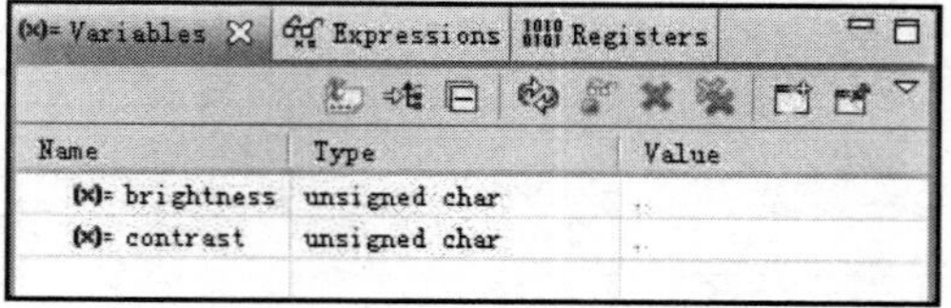

图 2-18　变量查看窗口

5）单击菜单 View→Registers，可以查看寄存器的值，如图 2-19 所示。

6）单击菜单 View→Expressions，可以得到观察窗口，如图 2-20 所示。可以通过 Addnew 添加观察变量，或者在所需观察的变量上右击，选择 Add Watch Expression 添加到观察窗口。

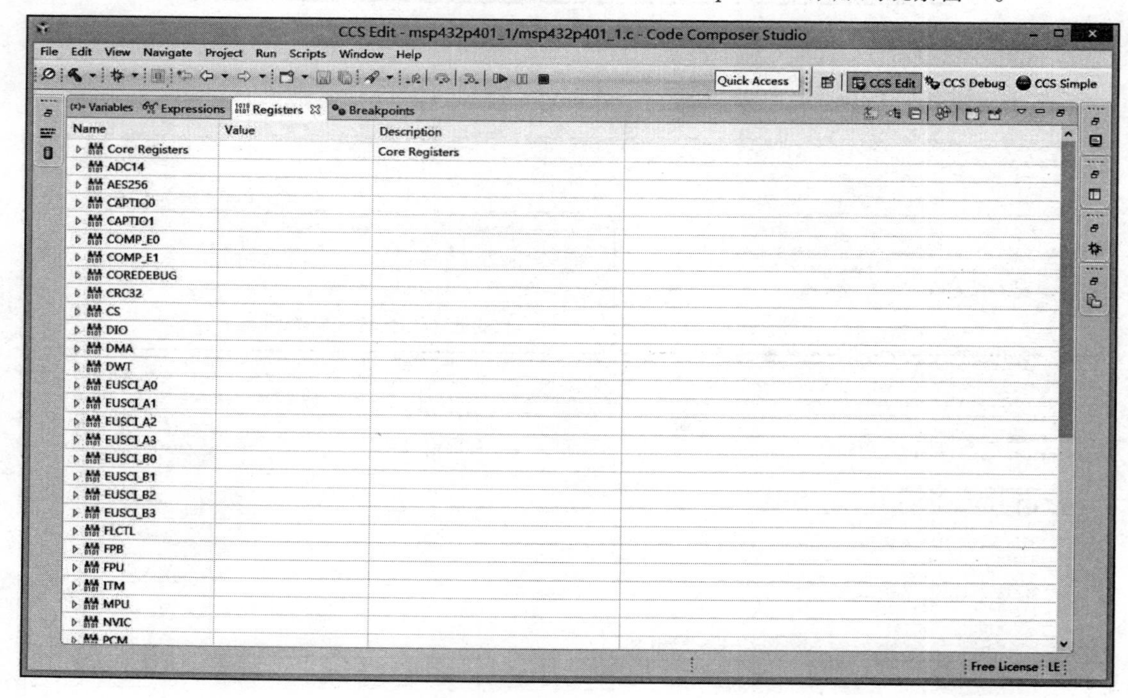

图 2-19　寄存器查看窗口

7）单击菜单 View→Disassembly，可以得到汇编程序观察窗口，如图 2-21 所示。

8）单击菜单 View→Memory Browser，可以得到内存查看窗口，如图 2-22 所示。

9）单击菜单 View→Break points，可以得到断点查看窗口，如图 2-23 所示。

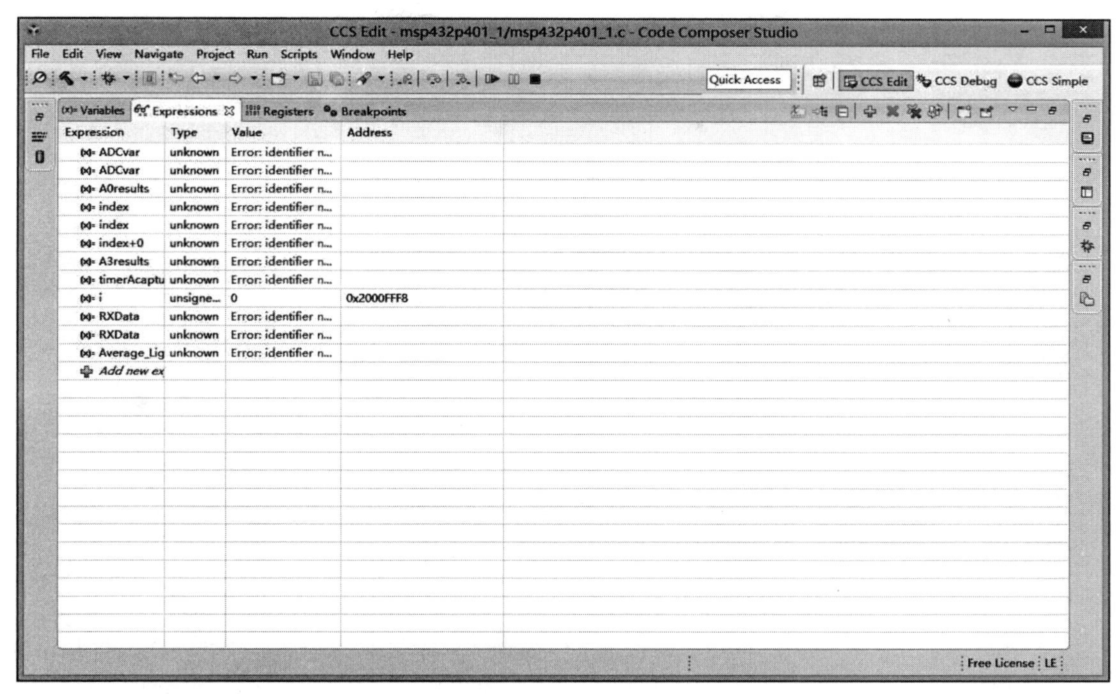

图 2-20　观察窗口

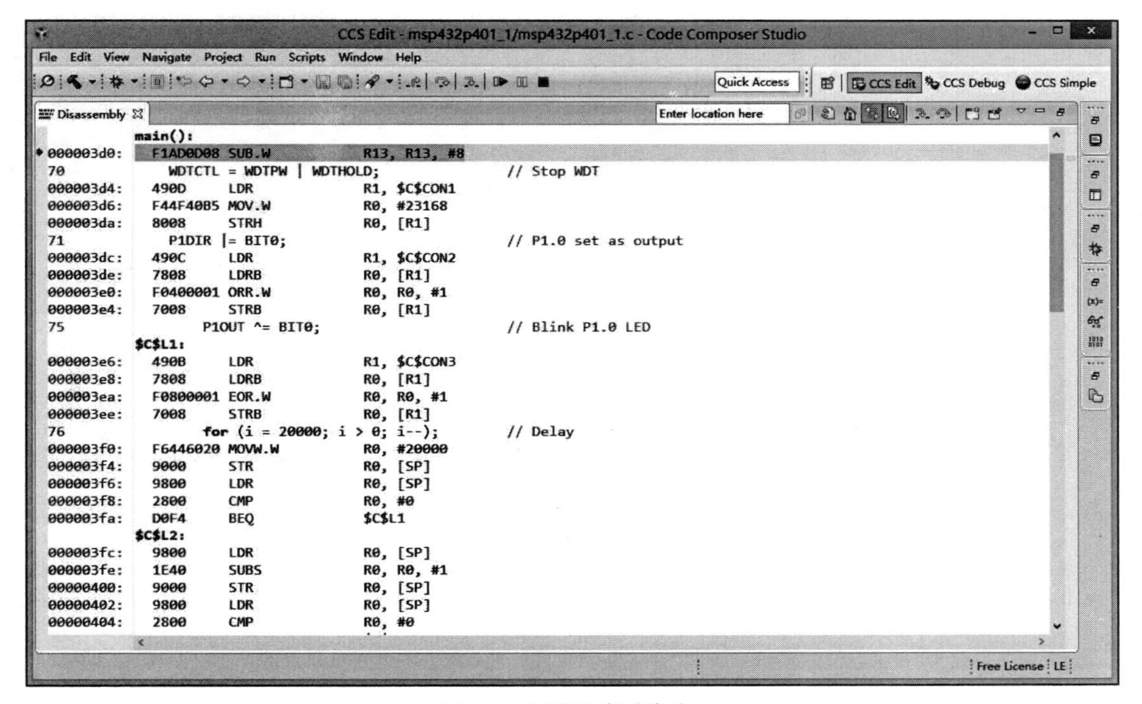

图 2-21　汇编程序观察窗口

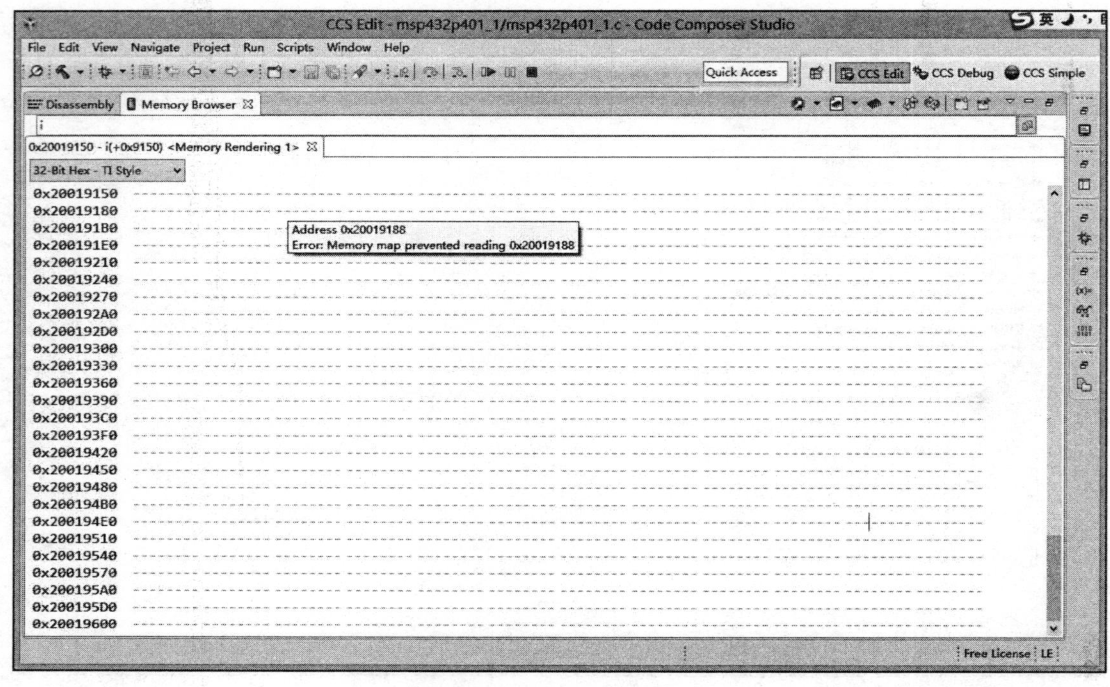

图 2-22　内存查看窗口

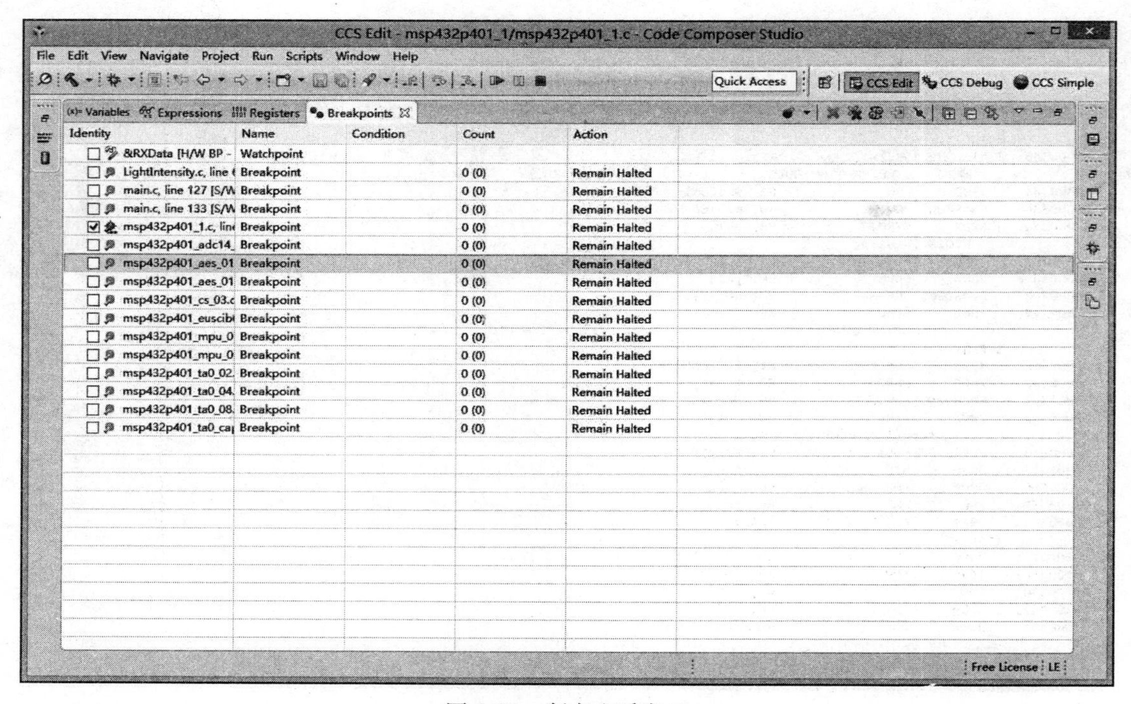

图 2-23　断点查看窗口

2.3.5　MSPWare 使用指南

MSPWare 是 CCSv6.1 中一个附带的应用软件。在安装 CCSv6.1 的时候，可选择同时安装 MSPWare。在 TI 官网上也提供单独的 MSPWare 安装程序下载：http://www.ti.com.cn/tool/cn/mspware。在 MSPWare 中可以很容易地找到 MSP432 所有系列型号的 Datasheet、User' s Guide 以及参考例程。此外，MSPWare 还提供了大多数 TI 开发板的用户指南、硬件设计文档以及参考例程。

1）在 CCSv6.1 中单击 View→Resource Explorer（Examples），在主窗口中会显示如图 2-24 所示界面。其中，Package 右侧的下拉窗口中可以观察目前 CCSv6.1 中安装的所有附件软件。在 Package 旁的下拉菜单中选择 MSPWare，进入 MSPWare 界面，如图 2-25 所示。

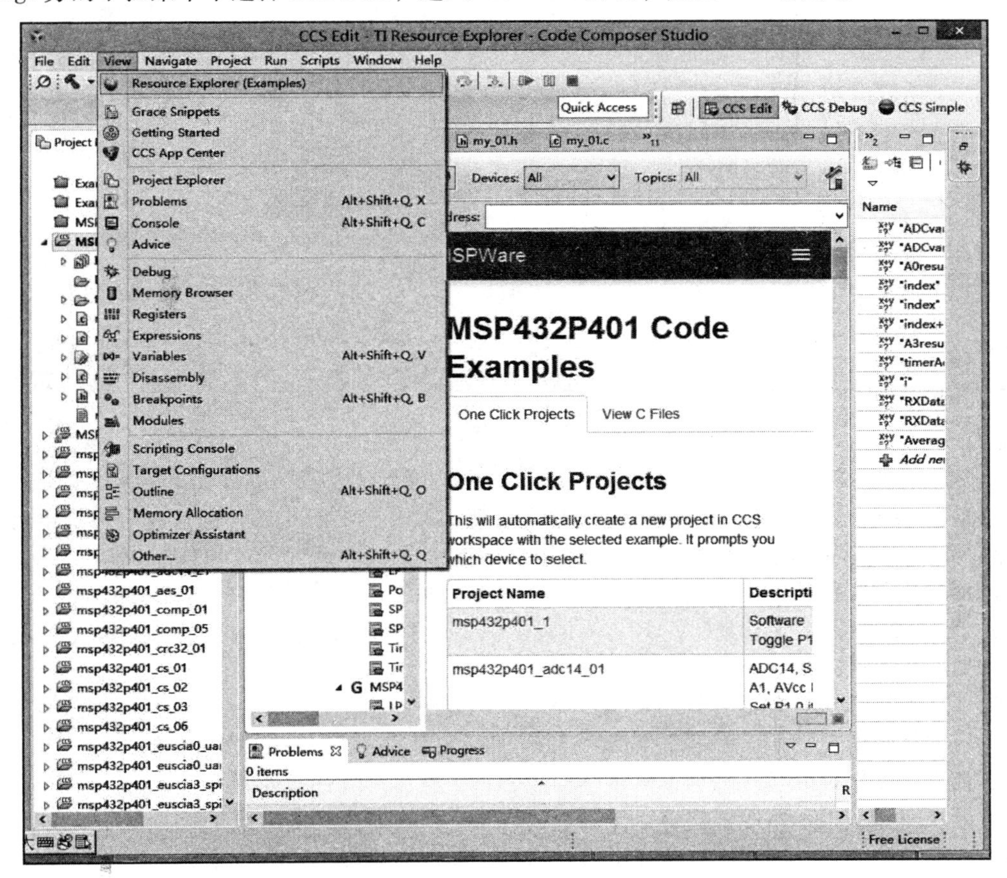

图 2-24　MSPWare 界面

2）MSPWare 的界面左侧可以看到 4 个子菜单：Device，里面包含 MSP432 及 MSP430 所有的系列型号；Development Tools，里面包括 TI MSP432 较新的一些开发套件的资料；Libaries，包含了可用于 MSP432P4xx 系列的驱动库函数以及 USB 的驱动函数；Real Time Operating Systems（实时操作系统），是在指定的时间限制里保证一个特定的能力的操作系统。例如，一个操作系统可被设计确定一个特定的物体可用来在一个装配线上的自动机械。

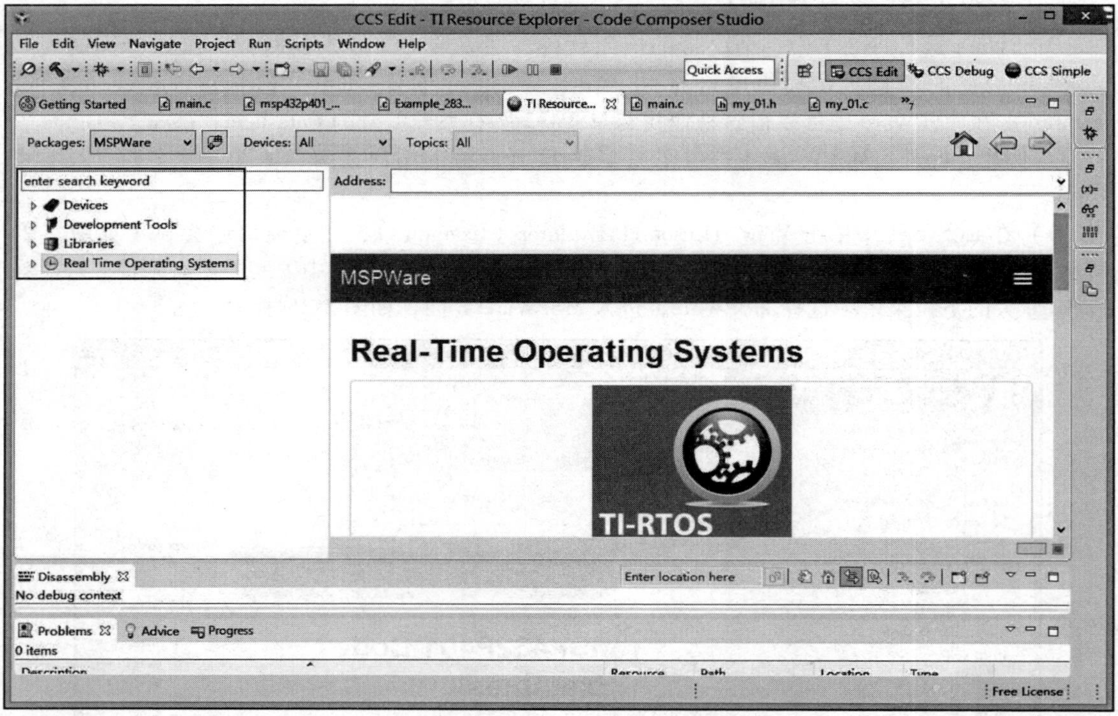

图 2-25 MSPWare 界面

3）单击图 2-25 所示界面菜单中 Devices 前的展开键，可查看其下级菜单，如图 2-26 所示。可以看到在 Devices 的子目录下有 MSP432P4xx 系列，单击文字前的展开键，在子目录中可以找到该系列的 User's Guide（用户指南）。在用户指南中有对该系列 MSP432 的 CPU 以及外围模块，包括寄存器配置、工作模式的详细介绍和使用说明；还可以找到该系列的 Datasheet（数据手册）。因为数据手册与具体的型号有关，所以在 Datasheet 的子目录中会看到不同型号的数据手册。另外，还可以找到参考代码。

4）在 MSPWare 中提供了不同型号的 CCS 示例程序，如图 2-27 所示。选择具体型号后，在右侧窗口中将看到提供的参考示例程序。为了更好地帮助用户了解 MSP432 的外设，MSPWare 提供了基于所有外设的参考例程，从示例程序的名字中可以看出该示例程序所涉及的外设。同时，在窗口中还有关于该例程的简单描述，帮助用户更快地找到最合适的参考例程，如图 2-28 所示。单击选中的参考例程，可在弹出的对话框中选择连接的目标芯片型号。

5）经过上一步操作后，CCSv6.1 会自动生成一个包含该示例程序的工程，用户可在工程浏览器（Project Explorer）中查看，可以直接进行编译、下载和调试。在 Development Tools 子目录中可以找到 TI 基于 MSP432 的开发板，如图 2-29 所示。部分资源已经整合在软件中。另外还有部分型号在 MSPWare 中也给出了链接，以方便用户的查找和使用。在该目录下可以方便地找到相应型号的开发板的用户指南、硬件电路图以及参考例程。

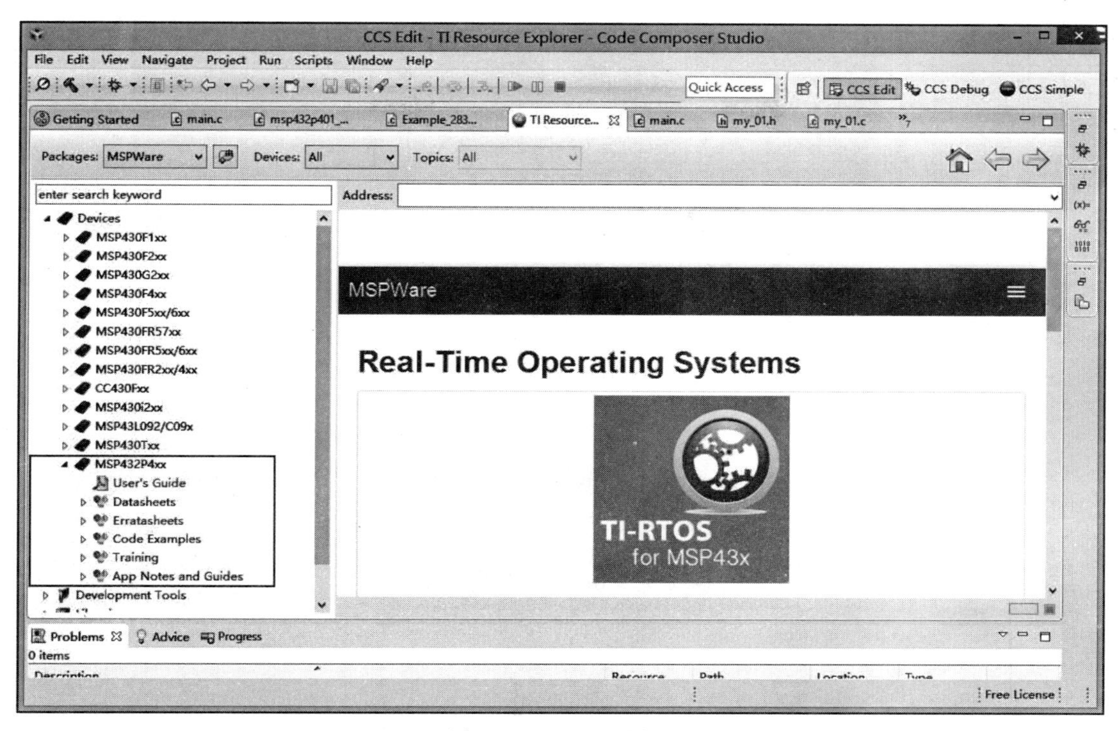

图 2-26　Devices 界面

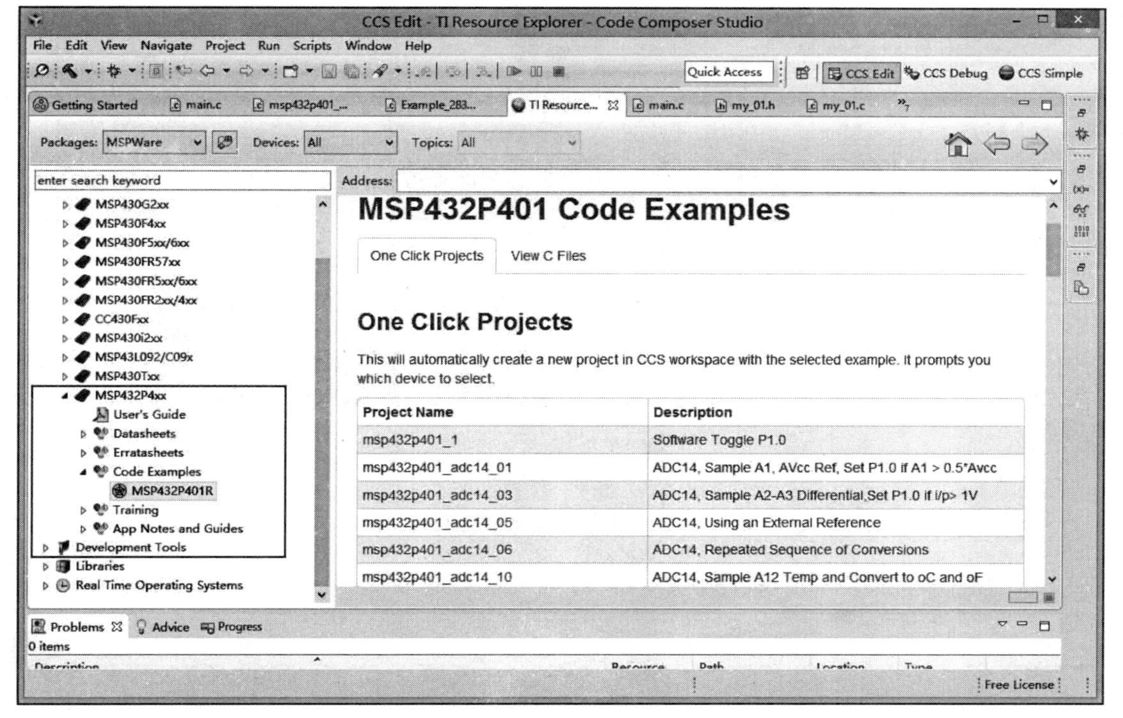

图 2-27　MSP432P4xx 示例程序界面

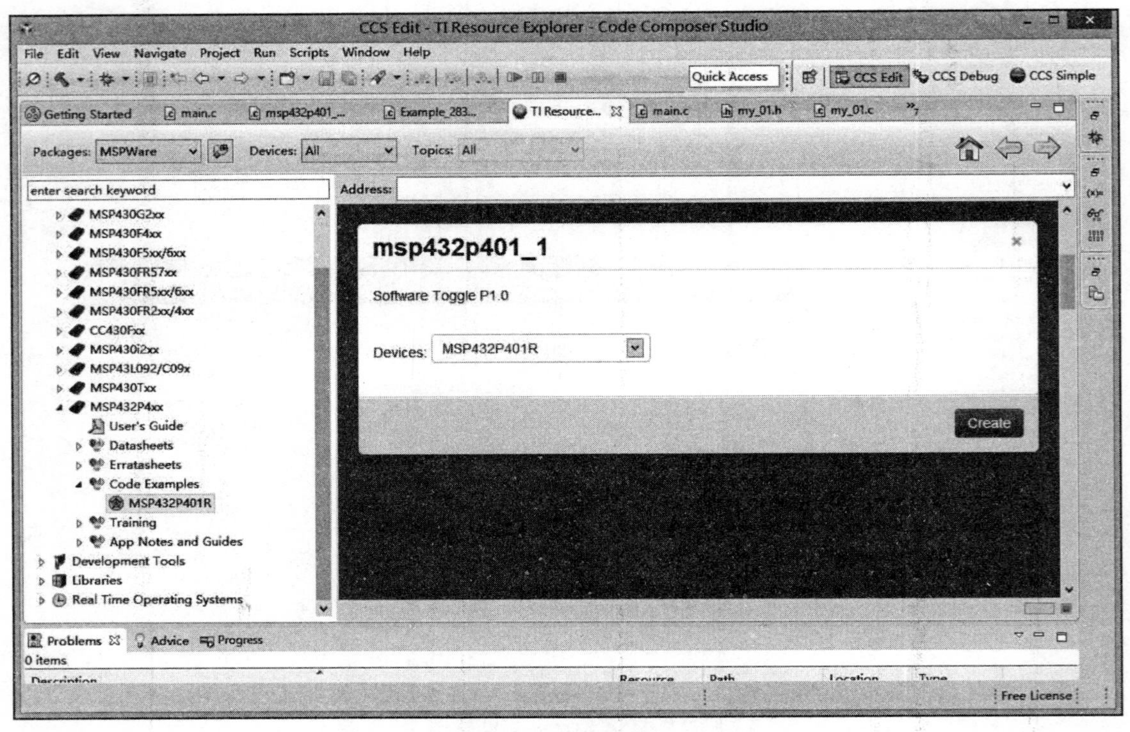

图 2-28　参考例程窗口

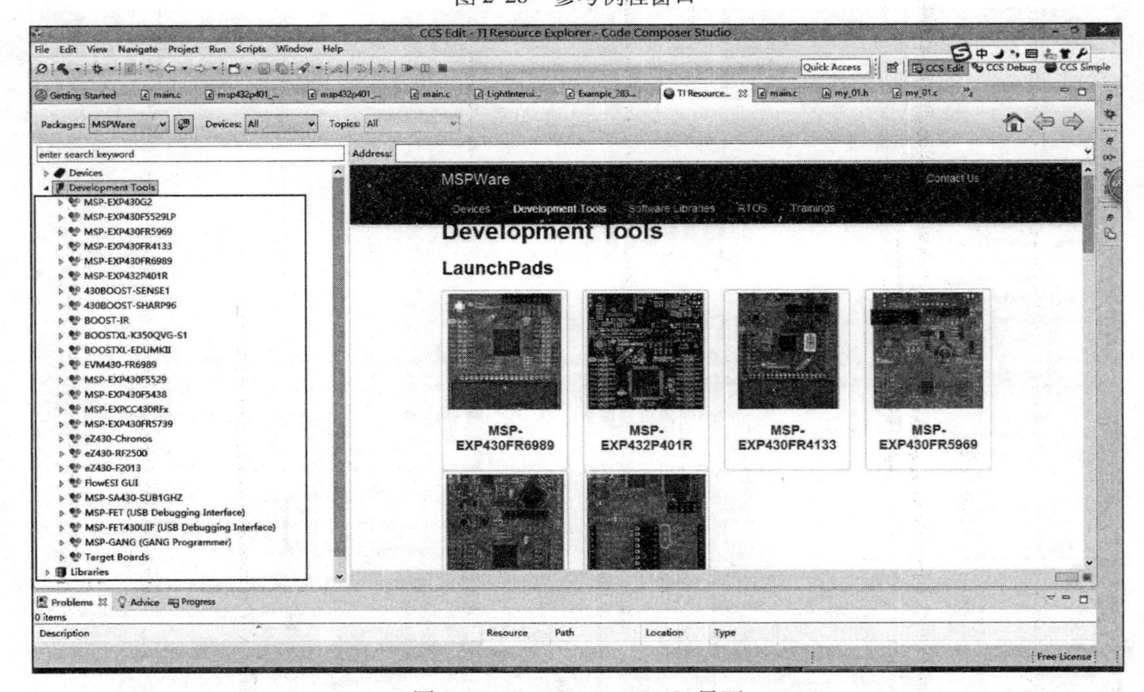

图 2-29　Development Tools 界面

6）为简化用户上层软件开发，TI 给出了 MSP432 外围模块的驱动库函数，如图 2-30 所示。这样用户可以不用过多地去考虑底层寄存器的配置，这些驱动库函数可以在 MSPWare 的 Libraries 子目录中方便地找到。

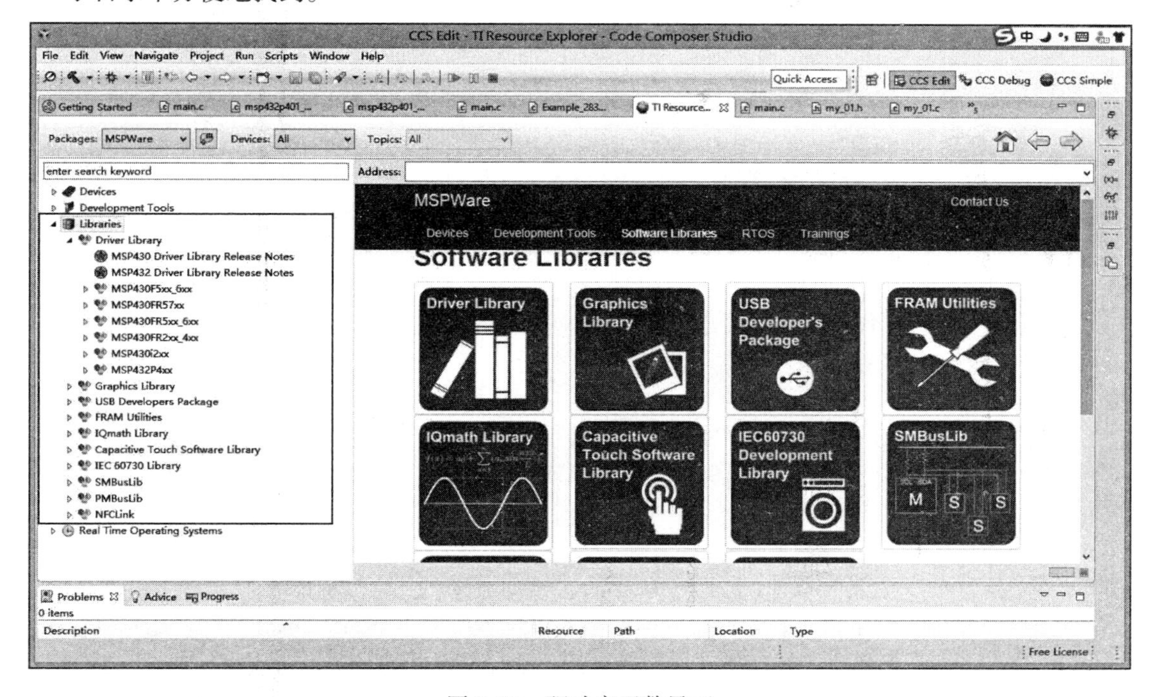

图 2-30　驱动库函数界面

小结： MSPWare 是一个非常有用的工具。利用 MSPWare 可以很方便地找到进行 MSP432 开发所需要的一些帮助，包括用户指南、数据手册和参考例程等。

2.4　本章小结

本章详细介绍了 MSP432 单片机软件工程开发基础。软件是以单片机为核心的应用系统的灵魂，一个高质量的软件工程可以使整个系统运行更稳定，维护更方便。

针对初学者，更适宜采用 C 语言进行 MSP432 单片机软件的开发，因此，本章首先介绍 MSP432 单片机 C 语言基础，使读者不仅熟悉标准 C 语言的语法，还可以了解 C432 与标准 C 语言的区别。

其次，介绍了针对 MSP432 单片机的一种简单清晰的编程方法，即在正常情况下，MSP432 单片机处于低功耗模式，当片内外设产生中断事件时，唤醒 CPU 并执行中断服务程序。相应中断事件程序可在中断服务程序中执行，也可通过设置标志位在主循环中执行。中断事件执行完毕后，MSP432 单片机再次进入低功耗模式。这种编程结构可将 MSP432 单片机的功耗降至最低。

最后介绍了 MSP432 单片机的软件开发集成环境 CCSv6.1。CCSv6.1 为 MSP432 单片机软件开发的理想工具，比之前的 IAR 软件功能更强大，读者应紧跟 MSP432 单片机技术的发展潮流，学习最新的 MSP432 单片机开发软件，其中有很多非常有用的功能，能够最大限度地缩短 MSP432 单片机系统开发的周期。本章介绍的是 CCSv6.1 的基本操作，其他很多有用的功能还需要读者在以后的学习和实践中不断摸索。

2.5 思考题与习题

1. MSP432 单片机的 C 语言与标准 C 语言有哪些区别和联系？
2. 为什么说采用集成开发环境进行程序设计是单片机开发与应用的必然趋势？
3. 请列举 C 语言的运算符，并了解各运算符的优先级。
4. 程序设计的基本结构包括哪 3 种？可通过什么语句来实现？
5. 尝试编程，理解各个关键字的意义。
6. C432 头文件的作用是什么？
7. C432 编译器具有哪些特征？
8. C432 的外围模块变量的作用是什么？
9. 请比较全局变量与局部变量的区别与联系。
10. 请比较内部函数与外部函数的区别与定义方式。
11. 请编程体会自增与自减运算符。
12. 请理解指针和数组的关系？
13. 预处理命令包含哪 3 个主要部分？各部分可通过什么命令来具体实现？
14. 了解 MSP432 单片机标准软件设计流程，并用一段话对其进行描述。
15. 如何实现模块化编程？
16. 试用 MSP432 单片机的 C 语言实现增量式 PID 算法。
17. 请按照 2.3.1 节中的步骤，下载并安装 CCSv6.1 软件。
18. 请按照 2.3.2 节、2.3.3 节和 2.3.4 节中的步骤，学习并熟练掌握 CCSv6.1 的基本操作。
19. 在调试 MSP432 单片机时，当仿真器提示错误时该怎么办？
20. 如何观察编译后产生了多少代码，占用了多少 RAM？
21. MSP432Ware 可提供哪些资源？并请对其进行描述。
22. 请利用 MSP432Ware 下载 MSP432 单片机的用户指导和数据手册。
23. 请利用 MSP432Ware 导入任何一个支持 MSP432P401r 单片机的官方例程。

Chapter 3 第 3 章

MSP432 微控制器 CPU 与存储器

MSP432 单片机的内核使用 32 位的 Cortex-M4F 内核。该内核具有 32 位的数据总线、32 位的寄存器组和 32 位的存储器接口，包含可嵌套的中断向量控制器（NVIC）和浮点单元（FPU），以及随 Cortex-M4 内核一起提供的增强型 DSP（数字信号处理器）指令集。内核采用 Harvard（哈佛）结构，拥有独立的指令总线和数据总线，能够同时进行指令和数据的访问，数据访问的过程不会影响或干扰指令的流水线，因此，提升了处理器的性能。此特性使得整个 Cortex-M4F 内核中有多条总线和多个接口，每条总线和每个接口均可同时使用，以实现最佳的利用率。本章以 MSP432P401r 单片机为例，首先简单介绍 MSP432 单片机的结构和特性，然后重点介绍 MSP432 单片机的 CPU 和存储器。

3.1 MSP432P4xx 系列微控制器结构概述

3.1.1 MSP432 微控制器结构特性

MSP432 单片机采用哈佛结构。与冯·诺依曼结构处理器相比，哈佛结构处理器有两个明显的特点：使用两个独立的存储器模块，分别存储指令和数据，每个存储模块都不允许指令和数据并存；使用两条独立的总线，分别作为 CPU 与每个存储器之间的专用通信路径，而这两条总线之间毫无关联。

MSP432 单片机的结构主要包含 32 位的 Cortex-M4F 内核、存储器、片上外设、时钟系统、仿真系统以及连接它们的数据总线和地址总线，如图 3-1 所示。

MSP432 单片机的内核使用 32 位的 Cortex-M4F 内核。该内核具有 32 位的数据总线、32 位的寄存器组和 32 位的存储器接口。内核采用 Harvard 架构，这样可以提升处理器的性能。数据总线和指令总线共享同一存储空间，此空间称为统一的存储系统。

（1）总线

MSP432 单片机内部具有数据总线和地址总线。数据总线用于传送数据信息，而且是双向总线，它既可以把 CPU 的数据传送到存储器或片上外设等其他部件，也可以将其他部件的数据传送到 CPU。

在计算机中，无论是访问存储器，还是访问片上外设，都是通过地址总线来进行的。地址总线用来传输 CPU 向外传送信息的地址，以便选择需要访问的存储单元或片上外设。地址总线是单向的，即只能由 CPU 向外传送地址信息。

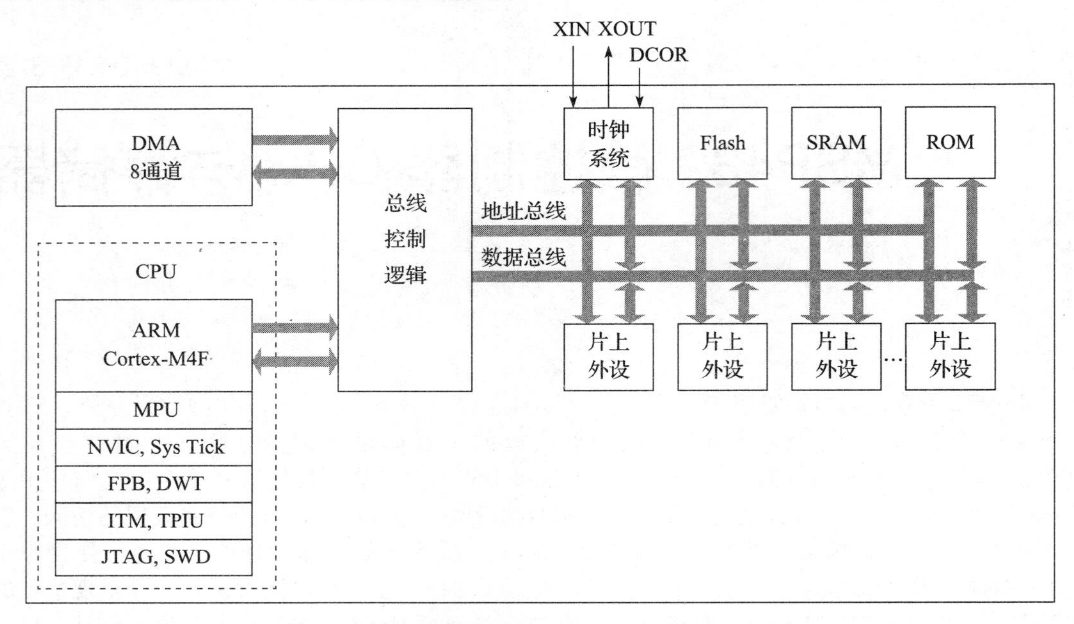

图 3-1　MSP432 单片机的结构

（2）存储器

存储程序、数据以及片上外设的运行控制信息。有程序存储器和数据存储器。对程序存储器访问总是以字的形式取得代码，而对数据存储器可以用字或字节方式访问。本书介绍的 MSP432P401r 芯片的程序存储器为 256kB 的 Flash 存储器，带有 128 位的快速缓存和预取指功能，大大提高了执行速度。

（3）片上外设

MSP432 单片机的片上外设经过数据总线、地址总线与 CPU 相连。MSP432 单片机不同系列的产品所包含的片上外设的种类及数目可能不同。MSP432P401r 单片机包含的片上外设有：时钟系统、看门狗、定时器、比较器、14 位模/数转换器（ADC14）、DMA 控制器和 GPIO 端口等。

（4）嵌入式仿真系统

每个 MSP432 单片机都具有嵌入式仿真系统。该嵌入式仿真系统可以通过 4 线 JTAG 或 2 线 SWD（串行总线调试接口）进行访问和控制，实现编程和调试，这使 MSP432 单片机的开发调试变得十分方便。JTAG 的下载和调试需要 4 根线——TDI（数据输入的接口）、TCK（时钟信号）、TDO（数据输出的接口）、TMS（状态转换）。SWD 的下载和调试只需要 SWDIO 和 SWDCLK，其中，SWDIO 为双向数据口，用于主机与目标的数据传送；SWDCLK 为时钟口，由主机驱动。

3.1.2　Cortex-M4 结构与内核

ARM Cortex-M4 处理器是由 ARM 专门开发的最新的嵌入式处理器。它在 M3 的基础上强化了运算能力，增加了浮点、DSP、并行计算等，用以满足控制和信号处理功能。其具有高效的信号处理功能，结合 Cortex-M 处理器的低功耗、低成本和易于使用的优点，可满足专门面向电动机控制、汽车、电源管理、嵌入式音频和工业自动化市场的需求。

MSP432 单片机选择的 Cortex-M4F 内核提高了内核的复杂性，向指令集添加了更多的指令，并增强了其他特性，如饱和运算能力、增强型 DSP 指令扩展以及浮点运算单元。从 Cortex M0、M0+到 M3、M4，ARM 架构从冯·诺依曼结构变为了哈佛结构，这一过程使得内核在指令总线之外增加了一个数据总线。因为 Cortex-M4F 在增加了更多性能和功能的同时仅增加了极少的功耗，所以，MSP432 单片机选择 Cortex-M4F 内核。这一点将在后续的介绍中进行说明，届时将展示在 MSP432 单片机上采用 Cortex M4F 的结果。

Cortex-M4F 内核包含一个可嵌套的中断向量控制器，简称 NVIC。它还包含一个浮点单元（FPU）、随 Cortex-M4F 内核一起提供的增强型 DSP 指令集，以及标准 Cortex-M 调试模块和串行调试接口，如图 3-2 所示。下面分别介绍可嵌套的中断向量控制器（NVIC）、存储保护单元（MPU）、浮点运算单元（FPU）。

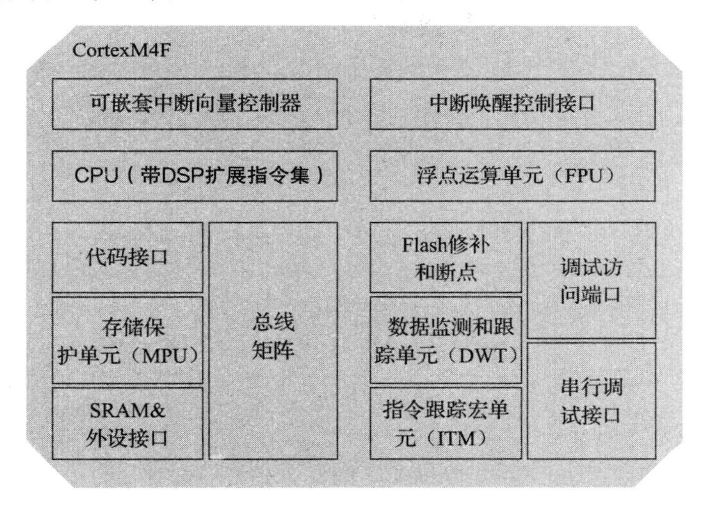

图 3-2 32 位 Cortex-M4F 内核

（1）可嵌套的中断向量控制器

可嵌套的中断向量控制器能提供中断控制器，用于总体异常管理。它与处理器内核紧密相连，具有以下功能：

1）64 个中断；

2）每个中断有 0~7 的可编程优先级，0 级为最高优先级，7 级最低；

3）低延时异常和中断处理；

4）电平和脉冲中断信号检测；

5）动态重新分配中断优先级；

6）中断尾链；

7）外部不可屏蔽中断（NMI）。

处理器自动堆叠在异常入口状态和在退出异常状态下，不需要多余的指令，能够进行低延迟的异常处理。

（2）存储保护单元

存储保护单元将内存映射划分为一块一块的区域，并对这些区域的地址、大小、访问权限和内存属性进行定义。存储保护单元可以独立地设置每个区域的属性，并且支持区域重叠和将内存属性输出给系统。

（3）浮点运算单元

浮点运算单元提供全兼容 IEEE 754 标准的浮点运算功能，支持定点数据和浮点数据的格式转换，支持浮点常量指令。FPU 完全支持浮点的加法、减法、乘法、除法和平方根等运算。而且，大多数编译器中已自动启用对 FPU 的支持，因此，无须任何操作即可在 MSP432 单片机进行开发的过程中使用浮点运算。

3.2 MSP432P401r 微控制器特性、结构和外部引脚

3.2.1 MSP432P401r 微控制器特性

（1）内核

1）32 位 ARM Cortex-M4F 内核，带浮点运算功能和存储保护功能；

2）主频为 48MHz。

（2）存储器

1）高达 256kB 的 Flash 型主存储区；

2）16kB 的 Flash 型信息存储区；

3）高达 64kB 的 SRAM（包括 6kB 的备份内存）；

4）32kB 的 ROM（带 MSPWare 驱动程序库）。

（3）宽泛的工作电压范围

1.62V 到 3.7V。

（4）极低功耗

1）活动模式：90μA/MHz；

2）低功耗模式 3-LPM3（带实时时钟）：850nA；

3）低功耗模式 3.5-LPM3.5（带实时时钟）：800nA；

4）低功耗模式 4.5-LPM4.5：25nA。

（5）灵活的时钟系统

1）高达 48MHz 的可调内部数字时钟（DCO）；

2）32.768kHz 的低频晶振（LFXT）；

3）高达 48MHz 的高频晶振（HFXT）；

4）低频内置参考源（REFO）；

5）低功率或低频率内置时钟源（VLO）；

6）模块振荡器（MODOSC）；

7）系统振荡器（SYSOSC）。

（6）增强型系统

1）可编程的电源电压监督和监测；

2）多级复位，能够更好地控制应用以及调试；

3）8 通道 DMA；

4）日历和报警功能的实时时钟系统。

（7）定时器

1）4 个 16 位定时器，每个定时器都有多达 5 个捕获/比较/PWM 功能；

2）2 个 32 位定时器，每个定时器都有中断产生能力。

（8）串行通信

1）4 个 eUSCI_A 模块：

- 支持自动波特率侦测的 UART；
- IrDA（红外数据通信），编码和解码；
- 串行通信接口 SPI（速度高达 16Mbps）。

2）4 个 eUSCI_B 模块：

- I^2C，支持多从机寻址；
- 串行通信接口 SPI（速度高达 16Mbps）。

（9）灵活的 I/O

1）超低漏电流（最大 ±20nA）；

2）所有 I/O 都具有电容式触摸功能；

3）48 个带中断和唤醒功能的 I/O；

4）8 个具有毛刺脉冲滤波功能的 I/O。

还具有差分和单端输入的 14 位 ADC，速度高达 1MSPS；另外，两个模拟比较器；支持 4 引脚 JTAG 和 2 引脚 SWD 调试接口。

3.2.2　MSP432P401r 微控制器结构

MSP432P401r 单片机的结构如图 3-3 所示。

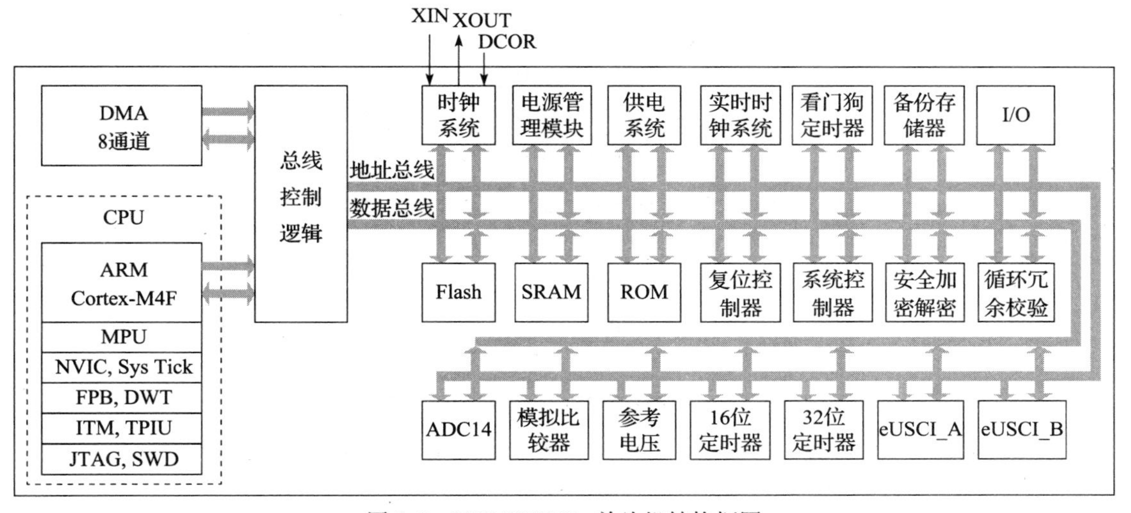

图 3-3　MSP432P401r 单片机结构框图

3.2.3 MSP432P401r 微控制器外部引脚介绍

MSP432P401r 单片机有 100 个引脚，采用 PZ 封装，其引脚分布如图 3-4 所示。

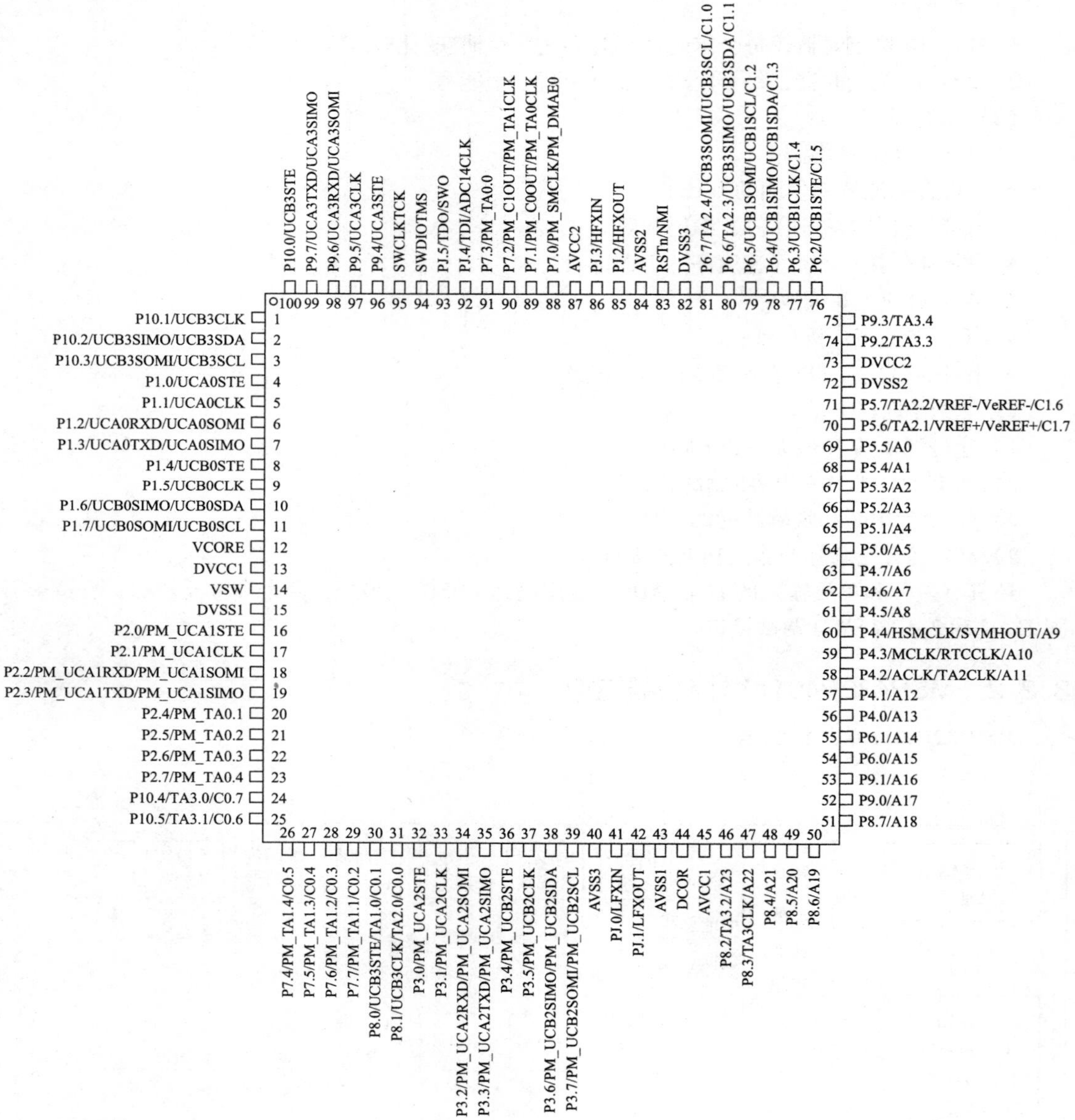

引脚	名称	引脚	名称	引脚	名称	引脚	名称
1	P10.1/UCB3CLK	26	P7.4/PM_TA1.4/C0.5	51	P8.7/A18	76	P6.2/UCB1STE/C1.5
2	P10.2/UCB3SIMO/UCB3SDA	27	P7.5/PM_TA1.3/C0.4	52	P9.0/A17	77	P6.3/UCB1CLK/C1.4
3	P10.3/UCB3SOMI/UCB3SCL	28	P7.6/PM_TA1.2/C0.3	53	P9.1/A16	78	P6.4/UCB1SIMO/UCB1SDA/C1.3
4	P1.0/UCA0STE	29	P7.7/PM_TA1.1/C0.2	54	P6.0/A15	79	P6.5/UCB1SOMI/UCB1SCL/C1.2
5	P1.1/UCA0CLK	30	P8.0/UCB3STE/TA1.0/C0.1	55	P6.1/A14	80	P6.6/TA2.3/UCB3SIMO/UCB3SDA/C1.1
6	P1.2/UCA0RXD/UCA0SOMI	31	P8.1/UCB3CLK/TA2.0/C0.0	56	P4.0/A13	81	P6.7/TA2.4/UCB3SOMI/UCB3SCL/C1.0
7	P1.3/UCA0TXD/UCA0SIMO	32	P3.0/PM_UCA2STE	57	P4.1/A12	82	DVSS3
8	P1.4/UCB0STE	33	P3.1/PM_UCA2CLK	58	P4.2/ACLK/TA2CLK/A11	83	RSTn/NMI
9	P1.5/UCB0CLK	34	P3.2/PM_UCA2RXD/PM_UCA2SOMI	59	P4.3/MCLK/RTCCLK/A10	84	AVSS2
10	P1.6/UCB0SIMO/UCB0SDA	35	P3.3/PM_UCA2TXD/PM_UCA2SIMO	60	P4.4/HSMCLK/SVMHOUT/A9	85	PJ.2/HFXOUT
11	P1.7/UCB0SOMI/UCB0SCL	36	P3.4/PM_UCB2STE	61	P4.5/A8	86	PJ.3/HFXIN
12	VCORE	37	P3.5/PM_UCB2CLK	62	P4.6/A7	87	AVCC2
13	DVCC1	38	P3.6/PM_UCB2SIMO/PM_UCB2SDA	63	P4.7/A6	88	P7.0/PM_SMCLK/PM_DMAE0
14	VSW	39	P3.7/PM_UCB2SOMI/PM_UCB2SCL	64	P5.0/A5	89	P7.1/PM_C0OUT/PM_TA0CLK
15	DVSS1	40	AVSS3	65	P5.1/A4	90	P7.2/PM_C1OUT/PM_TA1CLK
16	P2.0/PM_UCA1STE	41	PJ.0/LFXIN	66	P5.2/A3	91	P7.3/PM_TA0.0
17	P2.1/PM_UCA1CLK	42	PJ.1/LFXOUT	67	P5.3/A2	92	PJ.4/TDI/ADC14CLK
18	P2.2/PM_UCA1RXD/PM_UCA1SOMI	43	AVSS1	68	P5.4/A1	93	PJ.5/TDO/SWO
19	P2.3/PM_UCA1TXD/PM_UCA1SIMO	44	DCOR	69	P5.5/A0	94	SWDIOTMS
20	P2.4/PM_TA0.1	45	AVCC1	70	P5.6/TA2.1/VREF+/VeREF+/C1.7	95	SWCLKTCK
21	P2.5/PM_TA0.2	46	P8.2/TA3.2/A23	71	P5.7/TA2.2/VREF-/VeREF-/C1.6	96	P9.4/UCA3STE
22	P2.6/PM_TA0.3	47	P8.3/TA3CLK/A22	72	DVSS2	97	P9.5/UCA3CLK
23	P2.7/PM_TA0.4	48	P8.4/A21	73	DVCC2	98	P9.6/UCA3RXD/UCA3SOMI
24	P10.4/TA3.0/C0.7	49	P8.5/A20	74	P9.2/TA3.3	99	P9.7/UCA3TXD/UCA3SIMO
25	P10.5/TA3.1/C0.6	50	P8.6/A19	75	P9.3/TA3.4	100	P10.0/UCB3STE

图 3-4 MSP432P401r 单片机引脚图

由于 MSP432 单片机片内资源丰富，需要众多引脚，但受芯片引脚数限制，所以，很多引脚具有复用功能。MSP432P401r 引脚说明如表 3-1 所示。

表 3-1　MSP432P401r 单片机引脚说明

引脚		I/O	描　述
名称	序号		
P10. 1/ UCB3CLK	1	I/O	通用数字 I/O 口/时钟信号输入-eUSCI_B3 SPI 从机模式/时钟信号输出-eUSCI_B3 SPI 主机模式
P10. 2/UCB3SIMO / UCB3SDA	2	I/O	通用数字 I/O 口/从入主出-eUSCI_B3 SPI 模式/ I^2C 数据-eUSCI_B3 I^2C 模式
P10. 3/ UCB3SOMI /UCB3SCL	3	I/O	通用数字 I/O 口/从出主入-eUSCI_B3 SPI 模式/ I^2C 时钟-eUSCI_B3 I^2C 模式
P1. 0/ UCA0STE	4	I/O	具有端口中断的通用数字 I/O 口/从机传输使能-eUSCI_B3 SPI 模式
P1. 1/ UCA0CLK	5	I/O	具有端口中断的通用数字 I/O 口/时钟信号输入-eUSCI_A0 SPI 从机模式/时钟信号输出-eUSCI_A0 SPI 主机模式
P1. 2/ UCA0RXD /UCA0SOMI	6	I/O	具有端口中断的通用数字 I/O 口/接收数据输入-eUSCI_A0 UART 模式/从出主入-eUSCI_A0 SPI 模式
P1. 3/ UCA0TXD /UCA0SIMO	7	I/O	具有端口中断的通用数字 I/O 口/发送数据输出-eUSCI_A0 UART 模式/从入主出-eUSCI_B3 SPI 模式
P1. 4/ UCB0STE	8	I/O	具有端口中断的通用数字 I/O 口/从机传输使能-eUSCI_B0 SPI 模式
P1. 5/ UCB0CLK	9	I/O	具有端口中断的通用数字 I/O 口/时钟信号输入-eUSCI_B0 SPI 从机模式/时钟信号输出-eUSCI_B0 SPI 主机模式
P1. 6/ UCB0SIMO /UCB0SDA	10	I/O	具有端口中断的通用数字 I/O 口/从入主出-eUSCI_B0 SPI 模式/ I^2C 数据-USCI_B0 I^2C 模式
P1. 7/ UCB0SOMI /UCB0SCL	11	I/O	具有端口中断的通用数字 I/O 口/从出主入-eUSCI_B0 SPI 模式/ I^2C 时钟-eUSCI_B0 I^2C 模式
VCORE	12		核心电压输出（仅内部使用）
DVCC1	13		数字电源
VSW	14		DC/DC 转换开关输出
DVSS1	15		数字电源地
P2. 0/ PM_UCA1STE	16	I/O	具有端口中断的通用数字 I/O 口/从机传输使能-eUSCI_A1 SPI 模式
P2. 1/ PM_UCA1CLK	17	I/O	具有端口中断的通用数字 I/O 口/时钟信号输入-eUSCI_A1 SPI 从机模式/时钟信号输出-eUSCI_A1 SPI 主机模式
P2. 2/PM_UCA1RXD/ PM_UCA1SOMI	18	I/O	具有端口中断的通用数字 I/O 口/接收数据输入-eUSCI_A1 UART 模式/从出主入-eUSCI_A1 SPI 模式
P2. 3/PM_UCA1TXD/ PM_UCA1SIMO	19	I/O	具有端口中断的通用数字 I/O 口/发送数据输出-eUSCI_A1 UART 模式/从入主出-eUSCI_A1 SPI 模式
P2. 4/ PM_TA0. 1	20	I/O	具有端口中断的通用数字 I/O 口/TA0 CCR1，捕获：CCI1A 输入，比较：OUT1
P2. 5/ PM_TA0. 2	21	I/O	具有端口中断的通用数字 I/O 口/TA0 CCR2，捕获：CCI2A 输入，比较：OUT2
P2. 6/ PM_TA0. 3	22	I/O	具有端口中断的通用数字 I/O 口/TA0 CCR3，捕获：CCI3A 输入，比较：OUT3

（续）

引脚		I/O	描　　述
名称	序号		
P2. 7/ PM_TA0. 4	23	I/O	具有端口中断的通用数字 I/O 口/TA0 CCR4，捕获：CCI4A 输入，比较：OUT4
P10. 4/TA3. 0/ C0. 7	24	I/O	通用数字 I/O 口/TA3 CCR0，捕获：CCI0A 输入，比较：OUT0/比较器 E0 输入通道 7
P10. 5/TA3. 1/ C0. 6	25	I/O	通用数字 I/O 口/TA3 CCR1，捕获：CCI1A 输入，比较：OUT1/比较器 E0 输入通道 6
P7. 4/ PM_TA1. 4/ C0. 5	26	I/O	通用数字 I/O 口/TA1 CCR4，捕获：CCI4A 输入，比较：OUT4/比较器 E0 输入通道 5
P7. 5/ PM_TA1. 3/ C0. 4	27	I/O	通用数字 I/O 口/TA1 CCR3，捕获：CCI3A 输入，比较：OUT3/比较器 E0 输入通道 4
P7. 6/ PM_TA1. 2/ C0. 3	28	I/O	通用数字 I/O 口/TA1 CCR2，捕获：CCI2A 输入，比较：OUT2/比较器 E0 输入通道 3
P7. 7/ PM_TA1. 1/ C0. 2	29	I/O	通用数字 I/O 口/TA1 CCR1，捕获：CCI1A 输入，比较：OUT4/比较器 E0 输入通道 2
P8. 0/ UCB3STE /TA1. 0/ C0. 1	30	I/O	通用数字 I/O 口/从机传输使能-eUSCI_B0 SPI 模式/ TA1 CCR0，捕获：CCI0A 输入，比较：OUT0/比较器 E0 输入通道 1
P8. 1/ UCB3CLK /TA2. 0/ C0. 0	31	I/O	通用数字 I/O 口/时钟信号输入-eUSCI_A1 SPI 从机模式/时钟信号输出-eUSCI_A1 SPI 主机模式/ TA2 CCR0，捕获：CCI0A 输入，比较：OUT0/比较器 E0 输入通道 0
P3. 0/ PM_UCA2STE	32	I/O	具有端口中断的通用数字 I/O 口/从机传输使能-eUSCI_A2 SPI 模式
P3. 1/ PM_UCA2CLK	33	I/O	具有端口中断的通用数字 I/O 口/时钟信号输入-eUSCI_A1 SPI 从机模式/时钟信号输出-eUSCI_A1 SPI 主机模式
P3. 2/PM_UCA2RXD/ PM_UCA2SOMI	34	I/O	具有端口中断的通用数字 I/O 口/接收数据输入-eUSCI_A2 UART 模式/从出主入-eUSCI_A2 SPI 模式
P3. 3/PM_UCA2TXD/ PM_UCA2SIMO	35	I/O	具有端口中断的通用数字 I/O 口/发送数据输出-eUSCI_A2 UART 模式/从入主出-eUSCI_A2 SPI 模式
P3. 4/ PM_UCB2STE	36	I/O	具有端口中断的通用数字 I/O 口/从机传输使能-eUSCI_B2 SPI 模式
P3. 5/ PM_UCB2CLK	37	I/O	具有端口中断的通用数字 I/O 口/时钟信号输入-eUSCI_B2 SPI 从机模式/时钟信号输出-eUSCI_B2 SPI 主机模式
P3. 6/PM_UCB2SIMO/ PM_UCB2SDA	38	I/O	具有端口中断的通用数字 I/O 口/从入主出-eUSCI_B2 SPI 模式/ I^2C 数据-eUSCI_B2 I^2C 模式
P3. 7/PM_UCB2SOMI/ PM_UCB2SCL	39	I/O	具有端口中断的通用数字 I/O 口/从出主入-eUSCI_B2 SPI 模式/ I^2C 时钟-eUSCI_B2 I^2C 模式
AVSS3	40		模拟电源负输入端
PJ. 0/ LFXIN	41	I/O	通用数字 I/O 口/低频晶体振荡器 LFXIN 的输入口
PJ. 1/ LFXOUT	42	I/O	通用数字 I/O 口/低频晶体振荡器 LFXIN 的输出口
AVSS1	43		模拟电源负输入端

（续）

引脚		I/O	描　　述
名称	序号		
DCOR	44		DCO 外部电阻引脚
AVCC1	45		模拟电源正输入端
P8. 2/TA3. 2/A23	46	I/O	通用数字 I/O 口/TA3 CCR2，捕获：CCI2A 输入，比较：OUT2/ ADC 输入通道 A23
P8. 3/TA3CLK/A22	47	I/O	通用数字 I/O 口/ TA3 时钟信号输入/ ADC 输入通道 A22
P8. 4/A21	48	I/O	通用数字 I/O 口/ ADC 输入通道 A21
P8. 5/A20	49	I/O	通用数字 I/O 口/ ADC 输入通道 A20
P8. 6/A19	50	I/O	通用数字 I/O 口/ ADC 输入通道 A19
P8. 7/A18	51	I/O	通用数字 I/O 口/ ADC 输入通道 A18
P9. 0/A17	52	I/O	通用数字 I/O 口/ ADC 输入通道 A17
P9. 1/A16	53	I/O	通用数字 I/O 口/ ADC 输入通道 A16
P6. 0/A15	54	I/O	具有端口中断的通用数字 I/O 口/ ADC 输入通道 A15
P6. 1/A14	55	I/O	具有端口中断的通用数字 I/O 口/ ADC 输入通道 A14
P4. 0/A13	56	I/O	具有端口中断的通用数字 I/O 口/ ADC 输入通道 A13
P4. 1/ A12	57	I/O	具有端口中断的通用数字 I/O 口/ ADC 输入通道 A12
P4. 2/ ACLK/ TA2CLK/ A11	58	I/O	具有端口中断的通用 I/O 口/ ACLK 时钟输出/TA2 时钟信号输入/ ADC 输入通道 A11
P4. 3/MCLK/ RTCCLK/ A10	59	I/O	具有端口中断的通用 I/O 口/ MCLK 时钟输出/TA2 时钟信号输入/ RTC 输出时钟/ADC 输入通道 A10
P4. 4/HSMCLK/ SVMHOUT/A9	60	I/O	具有端口中断的通用 I/O 口/ HSMCLK 时钟输出/TA2 时钟信号输入/ SVMH 输出/ADC 输入通道 A9
P4. 5/ A8	61	I/O	具有端口中断的通用数字 I/O 口/ ADC 输入通道 A8
P4. 6/ A7	62	I/O	具有端口中断的通用数字 I/O 口/ ADC 输入通道 A7
P4. 7/ A6	63	I/O	具有端口中断的通用数字 I/O 口/ ADC 输入通道 A6
P5. 0/ A5	64	I/O	具有端口中断的通用数字 I/O 口/ ADC 输入通道 A5
P5. 1/ A4	65	I/O	具有端口中断的通用数字 I/O 口/ ADC 输入通道 A4
P5. 2/ A3	66	I/O	具有端口中断的通用数字 I/O 口/ ADC 输入通道 A3
P5. 3/ A2	67	I/O	具有端口中断的通用数字 I/O 口/ ADC 输入通道 A2
P5. 4/ A1	68	I/O	具有端口中断的通用数字 I/O 口/ ADC 输入通道 A1
P5. 5/ A0	69	I/O	具有端口中断的通用数字 I/O 口/ ADC 输入通道 A0
P5. 6/TA2. 1/VREF +/ VeREF +/C1. 7	70	I/O	具有端口中断的通用数字 I/O 口/TA2 CCR1，捕获：CCI1A 输入，比较：OUT1/ ADC 内部正参考电压输出引脚，ADC 外部正参考电压输入引脚/比较器 E1 输入通道 7
P5. 7/TA2. 2/VREF-/ VeREF-/C1. 6	71	I/O	具有端口中断的通用数字 I/O 口/TA2 CCR2，捕获：CCI2A 输入，比较：OUT2/ ADC 输入通道 A9/以 ADC 内部参考电压或外部添加的参考电压作为 ADC 的负参考电压/比较器 E1 输入通道 6
DVSS2	72		数字电源地

（续）

引脚		I/O	描　述
名称	序号		
DVCC2	73		数字电源
P9.2/ TA3.3	74	I/O	通用数字 I/O 口/TA3 CCR3，捕获：CCI3A 输入，比较：OUT3
P9.3/ TA3.4	75	I/O	通用数字 I/O 口/TA3 CCR4，捕获：CCI4A 输入，比较：OUT4
P6.2/ UCB1STE/ C1.5	76	I/O	具有端口中断的通用数字 I/O 口/从机传输使能-eUSCI_B1 SPI 模式/比较器 E1 输入通道 5
P6.3/ UCB1CLK/ C1.4	77	I/O	具有端口中断的通用数字 I/O 口/时钟信号输入-eUSCI_B2 SPI 从机模式/时钟信号输出-eUSCI_B2 SPI 主机模式/比较器 E1 输入通道 4
P6.4/UCB1SIMO/ UCB1SDA/ C1.3	78	I/O	具有端口中断的通用数字 I/O 口/从入主出-eUSCI_B1 SPI 模式/ I^2C 数据-eUSCI_B1 I^2C 模式/比较器 E1 输入通道 3
P6.5/TA2.3/ UCB1SOMI/ UCB1SCL/C1.2	79	I/O	具有端口中断的通用数字 I/O 口/ TA2 CCR3，捕获：CCI3A 输入，比较：OUT3/从出主入-eUSCI_B1 SPI 模式/ I^2C 时钟-eUSCI_B1 I^2C 模式/比较器 E1 输入通道 2
P6.6/ UCB3SOMI /UCB3SCL/ C1.1	80	I/O	具有端口中断的通用数字 I/O 口/从入主出-eUSCI_B3 SPI 模式/ I^2C 数据-eUSCI_B3 I^2C 模式/比较器 E1 输入通道 1
P6.7/TA2.4/ UCB3SOMI/ UCB3SCL/C1.0	81	I/O	具有端口中断的通用数字 I/O 口/ TA2 CCR4，捕获：CCI4A 输入，比较：OUT4/从出主入-eUSCI_B3 SPI 模式/ I^2C 时钟-eUSCI_B3 I^2C 模式/比较器 E1 输入通道 0
DVSS3	82		数字电源地
RSTn/ NMI	83	I	外部复位（低电平有效）/外部不可屏蔽中断
AVSS2	84		模拟电源负输入端
PJ.2/ HFXOUT	85	I/O	通用数字 I/O 口/高频晶体振荡器 LFXIN 的输出口
PJ.3/ HFXIN	86	I/O	通用数字 I/O 口/高频晶体振荡器 LFXIN 的输入口
AVCC2	87		模拟电源正输入端
P7.0/PM_SMCLK/ PM_DMAE0	88	I/O	通用数字 I/O 口/ SMCLK 时钟输出/ DMA 外部触发输入
P7.1/PM_C0OUT/ PM_TA0CLK	89	I/O	通用数字 I/O 口/比较器 E0 输出/ TA0 时钟信号输入
P7.2/PM_C1OUT/ PM_TA1CLK	90	I/O	通用数字 I/O 口/比较器 E1 输出/ TA1 时钟信号输入
P7.3/ PM_TA0.0	91	I/O	通用数字 I/O 口/ TA0 CCR0，捕获：CCI0A 输入，比较：OUT0
PJ.4/ TDI/ ADC14CLK	92	I/O	通用数字 I/O 口/JTAG 测试数据输入/ADC 时钟信号输出
PJ.5/ TDO/ SWO	93	I/O	通用数字 I/O 口/JTAG 测试数据输出端口/串行线跟踪输出
SWDIOTMS	94	I/O	SBW 操作数据传输出/JTAG 测试模式选择
SWCLKTCK	95	I	SBW 操作时钟信号输入/JTAG 时钟信号输入
P9.4/ UCA3STE	96	I/O	通用数字 I/O 口/从机传输使能-eUSCI_A3 SPI 模式
P9.5/ UCA3CLK	97	I/O	通用数字 I/O 口/时钟信号输入-eUSCI_A3 SPI 从机模式/时钟信号输出-eUSCI_A3 SPI 主机模式

（续）

引脚		I/O	描　述
名称	序号		
P9.6/UCA3RXD/UCA3SOMI	98	I/O	通用数字I/O口/接收数据输入-eUSCI_A3 UART模式/从出主入-eUSCI_A3 SPI模式
P9.7/ UCA3TXD/UCA3SIMO	99	I/O	通用数字I/O口/发送数据输出-eUSCI_A3 UART模式/从入主出-eUSCI_A3 SPI模式
P10.0/ UCB3STE	100	I/O	通用数字I/O口/从机传输使能-eUSCI_B3 SPI模式
QFN Pad	N/A		封装包接触热垫，建议接到VSS

3.3　MSP432P401r微控制器CPU的寄存器资源

寄存器是CPU的重要组成部分，是有限存储容量的高速存储部件，可以用来暂存指令数据和地址，以减少访问存储器次数。寄存器位于内存空间中的最顶端。寄存器操作是系统操作最快速的途径，可以减短指令执行时间，能够在一个周期之内完成寄存器与寄存器之间的操作。

在MSP432P401r单片机的CPU中，R0～R12为具有通常用途的寄存器，用来保存参加运算的数据以及运算的中间结果，也可用来存放地址。R13～R20为具有特殊功能的寄存器。MSP432P401r单片机的寄存器资源简要功能说明如表3-2所示。

表3-2　MSP432P401r单片机CPU的寄存器资源说明

寄存器简写	功　能
R0（32位）	通用寄存器
…	…
R12（32位）	通用寄存器
R13（32位）	堆栈指针SP，指向堆栈栈顶
R14（32位）	链接寄存器LR
R15（32位）	程序计数器PC
PSR（32位）	状态寄存器PSR
PRIMASK	中断寄存器
FAULTMASK	
BASEPRI	
CONTROL	控制寄存器

3.3.1　通用寄存器R0～R12

R0～R12是最具通用目的的32位通用寄存器，用于数据操作。32位的thumb-2指令可以访问所有的通用寄存器。但是，绝大多数16位的thumb指令只能访问R0～R7，因而R0～R7又被称为低组寄存器，所有的指令都能访问它们。它们的字长全是32位的，复位后的初始值不可预料。R8～R12被称为高组寄存器。这是因为只有很少的16位thumb指令能访问它们，而32位指令则不受限制。它们也是32位字长，且复位后的初始值也不可预料。

3.3.2　堆栈指针SP（R13）

堆栈是一种具有“后进先出”（Last In First Out，LIFO）特殊访问属性的存储结构。它在RAM中开辟一个存储区域，数据一个一个按顺序存入（也叫“压入”）这个区域中。有一个地址指针总是指向最后一个压入堆栈的数据，存放这个地址指针的寄存器就叫作堆栈指针SP。在系统调用子程序或进入中断服务程序时，堆栈能够保护程序计数器PC，首先将PC压入堆栈，然后，将子程序的入口地址或者中断向量地址送程序计数器，执行子程序或中断服务程序。子程序或者中断服务程序执行完毕，遇到返回指令时，将堆栈保存的执行子程序或中断服务程序前的程序计数器数值恢复到程序计数器中，程序流程又返回到原来的地方，继续执行。此外，堆栈可以在函数调用期间保存寄存器变量、局部变量和参数等。这里所说的寄存器变量是指在程序运行时，如果一个变量在程序中频繁使用，例如循环变量，那么，系统就必须多次访问存在内存中的该变量单元，影响程序的执行效率。因此，C 语言定义了一种变量，不是保存在内存中，而是直接存储在 CPU 中的寄存器中，这种变量称为寄存器变量。

堆栈指针 SP 总是指向堆栈的顶部。系统在将数据压入堆栈时，总是先将堆栈指针 SP 的值减 4，再将数据送到 SP 所指的 RAM 单元。将数据从堆栈中弹出过程正好与压入过程相反，先将数据从 SP 所指示的内存单元取出，再将 SP 的值加 4。

MSP432 单片机针对不同的模式，共设置 6 个堆栈指针（SP），其中，用户模式和系统模式共用一个 SP，每种异常模式都有各自专用的 R13 寄存器（SP）。它们通常指向各模式所对应的专用堆栈，也就是 ARM 处理器允许用户程序有 6 个不同的堆栈空间，ARM 处理器中的 R13 被用作 SP。当不使用堆栈时，R13 也可以用作通用数据寄存器。

由于 MSP432 单片机的每种运行模式均有自己独立的物理寄存器 R13，在用户应用程序的初始化部分，一般都要初始化每种模式下的 R13，使其指向该运行模式的栈空间。这样，当程序的运行进入异常模式时，可以将需要保护的寄存器放入 R13 所指向的堆栈，而当程序从异常模式返回时，则从对应的堆栈中恢复，采用这种方式可以保证异常发生后程序的正常执行。

3.3.3 链接寄存器 LR（R14）

R14 称为子程序链接寄存器 LR（Link Register），当执行子程序调用指令（BL）时，R14 可得到 R15（程序计数器 PC）的备份。在每一种运行模式下，都可用 R14 保存子程序的返回地址。当用 BL 或 BLX 指令调用子程序时，将 PC 的当前值复制给 R14，执行完子程序后，又将 R14 的值复制回 PC，即可完成子程序的调用返回。以上的描述可用指令完成。

```
MOV PC,LR
BX LR
```

R14 也可作为通用寄存器，如果在子程序中保留了返回地址，R14 可用作他用。

3.3.4 程序计数器 PC（R15）

处理器要执行的程序（指令序列）都以二进制代码序列方式预存储在计算机的存储器中，处理器将这些代码逐条地取到处理器中再译码、执行，以完成整个程序的执行。为了保证程序能够连续地执行下去，CPU 必须具有某些手段来确定下一条取指指令的地址。程序计数器（PC）正是起到这种作用，所以，通常又称之为“指令计数器”。CPU 总是按照 PC 的指向对指令序列进行取指、译码和执行，也就是说，最终是 PC 决定了程序运行流向。因此，程序计数器（PC）属于特别功能寄存器范畴，不能自由地用于存储其他运算数据。

在程序开始执行前，将程序指令序列的起始地址，即程序的第一条指令所在的内存单元地址送入 PC，CPU 按照 PC 的指示从内存读取第一条指令（取指）。当执行指令时，CPU 自动地修改 PC 的内容，即每执行一条指令 PC 增加一个量，这个量等于指令所含的字节数（指令字节数），使 PC 总是指向下一条将要取指的指令地址。由于大多数指令都是按顺序来执行的，所以，修改PC的过程通常只是简单地对PC加“指令字节数”。

当程序转移时，转移指令执行的最终结果就是要改变PC的值，此PC值就是转去的目标地址。处理器总是按照PC的指向进行取指、译码、执行，从而实现了程序转移。

3.3.5 状态寄存器PSR

状态寄存器PSR分为CPSR和SPSR。CPSR（当前程序状态寄存器）可以在任何处理器模式下被访问，它包含了条件标志位、中断禁止位、当前处理器模式标志，以及其他的一些控制和状态位。每一种处理器模式下都有一个专用的物理状态寄存器，称为SPSR（备份程序状态寄存器）。当特定的异常中断发生时，这个寄存器用于存放当前程序状态寄存器的内容。在异常中断程序退出时，可以用SPSR中保存的值来恢复CPSR。

SPSR用来进行异常处理，其功能包括：

1）保存ALU中的当前操作信息；

2）控制允许和禁止中断；

3）设置处理器的运行模式。

由于用户模式和系统模式不是异常中断模式，所以，它们没有SPSR。当在用户模式或系统模式中访问SPSR时，将会产生不可预知的结果。

CPSR的格式如表3-3所示。SPSR格式与CPSR格式相同。

表3-3 CPSR格式

31	30	29	28	27	26	7	6	5	4	3	2	1	0
N	Z	C	V	Q	DNM（RAZ）	I	F	T	M4	M3	M2	M1	M0

N(Negative)、Z(Zero)、C(Carry)及V(Overflow)统称为条件标志位。大部分的ARM指令可以根据CPSR中的这些条件标志位来选择性地执行。主要条件标志位的具体含义如表3-4所示。

表3-4 CPSR中的主要条件标志位

标志位	含　义
N	本位设置成当前指令运算结果的bit[31]的值 当两个补码表示的有符号整数运算时，N=1表示运算的结果为负数；N=0表示结果为正数或零
Z	Z=1表示运算的结果为零；Z=0表示运算的结果不为零 对于CMP指令，Z=1表示进行比较的两个数大小相等 下面分4种情况讨论C的设置方法： • 在加法指令中（包括比较指令CMN），当结果产生了进位，则C=1，表示无符号数运算发生上溢出；其他情况下C=0 • 在减法指令中（包括比较指令CMP），当运算中发生借位，则C=0，表示无符号数运算发生下溢出；其他情况下C=1 • 对于包含移位操作的非加/减法运算指令，C中包含最后一次溢出的位数数值 • 对于其他非加/减法运算指令，C位的值通常不受影响
V	对于加/减法运算指令，当操作数和运算结果为二进制的补码表示的带符号数时，V=1表示符号位溢出 通常其他的指令不影响V位，具体可参考各指令的说明

CPSR的bit[27]称为Q标志位，主要用于指示增强的DSP指令是否发生了溢出。同样的，SPSR中的bit[27]也称为Q标志位，用于在异常中断发生时保存和恢复CPSR中的Q标志位。

CPSR 的低 8 位 I、F、T 及 M[4:0]统称为控制位。当异常中断发生时，这些位发生变化。在特权级的处理器模式下，软件可以修改这些控制位。

(1) 中断禁止位

当 I=1 时，禁止 IRQ 中断。

当 F=1 时，禁止 FIQ 中断。

(2) T 控制位

T 控制位用于控制指令执行的状态，即说明本指令是 ARM 指令，还是 thumb 指令。

T=0 表示执行 ARM 指令。

T=1 表示执行 thumb 指令。

(3) M 控制位

控制位 M[4:0]控制处理器模式。

10000：用户模式；　10001：FIQ 模式；　10010：IRQ 模式；　10011：管理模式；
10111：中止模式；　10110：安全监管模式；　11111：系统模式。

3.3.6 特殊寄存器

1. 中断寄存器

3 个中断寄存器用于控制异常的使能和禁用。只有在特权级下，才允许访问这 3 个寄存器。对于时间关键任务来说，PRIMASK（优先级屏蔽寄存器）和 BASEPRI（基本优先级屏蔽寄存器）对于暂时关闭中断是非常重要的。而 FAULTMASK（故障屏蔽寄存器）则可以被操作系统用于暂时关闭错误处理机能，这种处理在某个任务崩溃时可能需要，因为在任务崩溃时，常常伴随着大量的错误。在系统处理这些任务时，通常不再需要响应这些错误。总之，FAULTMASK 是专门留给操作系统用的。3 个中断寄存器的具体功能如表 3-5 所示。

表 3-5　中断寄存器

寄存器	功能描述
PRIMASK	只有 1 位的寄存器。当它置 1 时，就关掉所有可屏蔽的异常，只剩下 NMI 和硬错误可以响应。它的缺省值是 0，表示没有关中断
FAULTMASK	只有 1 位的寄存器。当它置 1 时，只有 NMI 才能响应，它的缺省值是 0，表示没有关异常
BASEPRI	该寄存器最多有 9 位（由表达优先级的位数决定）。它定义了被屏蔽优先级的阈值。当它被设成某个值后，所有优先级号大于等于此值的中断都被关（优先级号越大，优先级越低）。但若被设为 0，则不关闭任何中断。缺省值是 0

2. 控制寄存器

控制寄存器用于定义特权级别，主要用于选择当前使用哪个堆栈指针。主要条件标志位的具体含义如表 3-4 所示。控制寄存器具体含义如表 3-6 所示。

表 3-6　控制寄存器

位	功能描述
CONTROL[1]	堆栈指针选择。0=选择主堆栈指针 MSP（复位后缺省值）；1=选择进程堆栈指针 PSP
CONTROL[2]	0=特权级的进程模式；1=用户级的线程模式；Handler 模式永远都是特权级的

3.4　MSP432 微控制器的存储器

说到存储器，就不得不说目前比较流行的两种存储结构：冯・诺依曼结构和哈佛结构。

1945 年，冯・诺依曼首先提出了“存储程序”的概念，其冯・诺依曼结构（Von Neumann）的处理器使用同一个存储器，经由同一个总线传输。冯・诺依曼结构（也称普林斯顿结构）是一种将程序指令存储器和数据存储器合在一起的存储器结构。冯・诺依曼结构的微控制器的程序和数据共用一个存储空间，程序（指令）存储地址和数据存储地址指向同一个存储器的不同物理位置，采用单一的地址及数据总线，程序指令和数据的宽度相同；处理器执行指令时，先从储存器中取出指令解码，再取操作数执行运算，即使单条指令也要耗费几个甚至几十个机器周期；在高速运算时，在传输通道上会出现瓶颈效应，其存储器结构示意图如图 3-5 所示。

哈佛（Harvard）结构是一种将程序指令存储和数据存储分开的存储器结构。哈佛结构是一种并行体系结构，它的主要特点是将程序和数据存储在不同的存储空间中，即程序存储器和数据存储器是两个相互独立的存储器，每个存储器独立编址、独立访问。与两个存储器相对应的是系统中的 4 套总线：程序的数据总线与地址总线，数据的数据总线与地址总线。这种分离的程序总线和数据总线可允许在一个机器周期内同时获取指令字（来自程序存储器）和操作数（来自数据存储器），从而提高了执行速度，使数据的吞吐率提高了 1 倍。又由于程序和数据存储器在两个分开的物理空间中，因此，取指和执行能完全重叠，其存储结构示意图如图 3-6 所示。

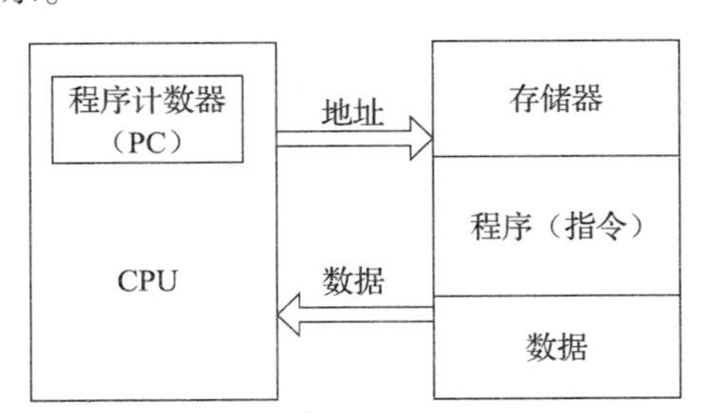

图 3-5　冯・诺依曼存储器结构示意图

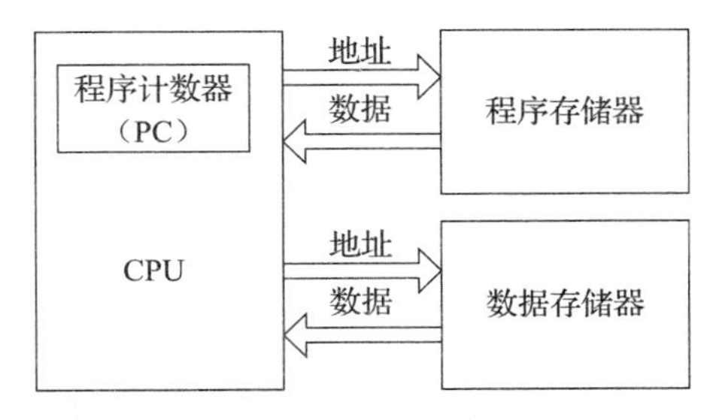

图 3-6　哈佛存储器结构示意图

MSP432 的单片机的存储空间采用哈佛结构，使用两个独立的存储器模块，分别存储指令和数据，每个存储模块都不允许指令和数据并存；使用独立的两条总线，分别作为 CPU 与每个存储器之间的专用通信路径，而这两条总线之间毫无关联。哈佛结构和 MSP432 单片机 CPU 采用精简指令集的形式相互协调，为软件的开发和调试提供了便利。

1. MSP432 微控制器存储空间结构

MSP432 单片机遵循标准的 Cortex-M 内存映射机制。首先，位于存储器首地址（0x00）的是内置的闪存，此处包括中断向量表和用户的应用代码。继而是位于 0x01000000 地址的 ROM 存储器，其中存有 MSP432 单片机的外设驱动程序库（即 DriverLib）。接下来的是位于 0x2000000 地址的 SRAM 存储器，该处存储器支持通过 Bit-Band 方式进行独立的位访问。接着是位于 0x40000000 地址的外围模块寄存器，它也支持通过 Bit-Band 方式对每个外部寄存器的每个位进行单独访问。最后，但也很重要的是，MSP432 单片机还配有检测和调试接口。此类寄存器位于从 0xE0000000 地址开始的内存映射末段。MSP432P401r 单片机存储空间分配情况如图 3-7 所示，MSP432P401r 单片机存储器概览如表 3-7 所示。

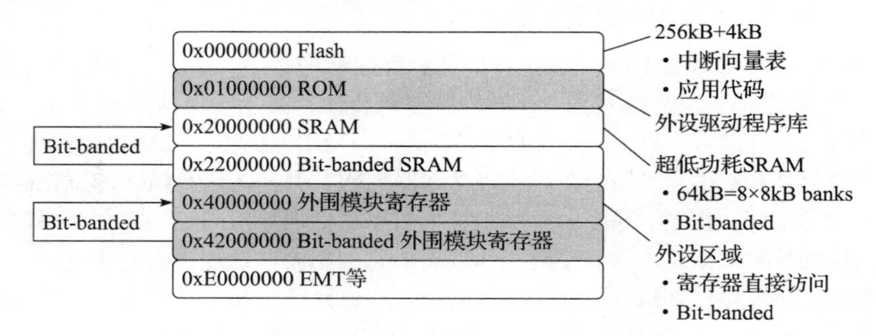

图 3-7 MSP432P401r 单片机存储空间分配情况

表 3-7 MSP432P401r 单片机存储器概览

存储器	容量	速度	特性
Flash	256kB + 4kB 每个扇区：4kB	16MHz	带有 128 位的快速缓存和预取指功能，提高执行性能
			强大的安全性
SRAM	64kB Bank：8kB	48MHz	动态地为不同块区域配置断电 & 保留状态，专为低功耗设计
ROM	32kB	48MHz	内置强健的驱动程序库 API，节省应用程序空间
			低功耗运行
BSL	8kB	16MHz	提供 URAT/I²C/SPI 接口的 Boot Loader

2. Flash 存储器

MSP432 单片机所采用的闪存（Flash）架构将闪存划分为两个区域，每个区域的容量为 128kB。同时，每个区域的闪存也被分为多个扇区，且每个扇区的大小为 4kB，如图 3-8 所示。这样，用户便可以针对每个扇区，分别控制擦除和写入操作，也可分别对每个扇区进行保护或取消保护等操作。因此，在对整个存储器执行大规模擦除操作时，可以轻松地单独保护某些重要的闪存扇区。

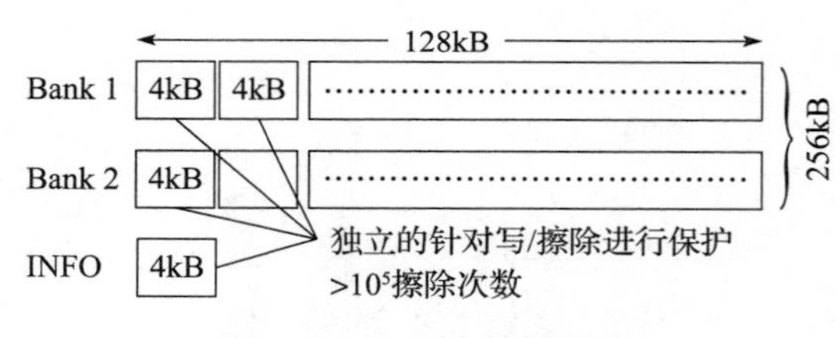

图 3-8 Flash 存储器划分

由于闪存被划分为两个独立的区域，所以可以实现两个闪存区域的交互工作，比如对某一个区域的闪存执行读取操作时，同时对另一个区域的闪存执行擦除或者编程操作。这样一来，用户的应用便不会在闪存的操作上浪费任何时间，可以在更新闪存内容的同时，并行地执行代码。

如前文所述，闪存能以最高 16MHz 的速度访问。这是因为 MSP432 单片机有 128 位的缓冲器，CPU 可将指令预取指到缓冲器中。借助缓冲器可以提升闪存的有效访问速度，从而实现 16MHz 的执行速度。

对于各类闪存编程和擦除操作而言，闪存控制器还提供了硬件引擎来辅助完成某些操作，例如简化验证流程或在写入闪存时采用突发模式。

为了快速体现其主要优点，还可以使用 MSP432 单片机提供的存储器保护单元 MPU 来分别保护针对每个闪存区域的执行、写入或读取操作。此外，软件 IP 封装功能还可利用多达 4 个 IP 封装存储器区域来为用户提供安全的代码黑盒 IP 解决方案。在本书的后续部分，我们会详细探讨此功能。

3. RAM 存储器

MSP432 单片机共配有 64kB 的 RAM 存储器。64kB 的 RAM 划分为 8 个可动态配置的 RAM 组，每组为 8kB 内存。

对于每个 RAM 组，均提供两种面向于优化功耗的选项。

1）完全启用/禁用相关组：从而使能或者关断相关 RAM 组，以便在活跃模式下获得最佳功耗。

2）保留/不保留相关组内容：在 LPM3 模式中，选择保留或不保留某一 RAM 组中的内容，从而尽可能降低 SRAM 的泄漏功耗。

共有 8 个 SRAM 分组可在活跃模式下处于工作状态，对于选择不保留内容的 SRAM 组，可在活跃模式下动态地忽略内容，并在器件进入 LPM3 模式后关闭相关的 SRAM 组。这样便可降低该器件的 SRAM 泄漏功耗，最终可显著降低器件的总功耗。

4. ROM 存储器

MSP432 单片机配有 32kB 的 ROM，而 ROM 中则预存储了强大的 MSP432 单片机外设驱动库 API。通过这些 API，可有效地减小应用的空间；同时，从 ROM 存储器取值并运算所需的功率较低；另外，它还能够提供最高 48MHz 的访问频率。

5. BSL 存储器

MSP432 单片机内置了引导加载程序（或称 BSL）。BSL 会预编程到闪存中，但是，也可选择使用自定义的 BSL。尽管如此，出厂的 BSL 仍支持共计 3 种串行通信接口，即 UART、I^2C 和 SPI。因此，当无法进行 JTAG 访问时，还可借助该串行通信机制来进行固件的现场更新。

3.5　本章小结

本章以 MSP43P401r 单片机为例，简单介绍 MSP432 单片机的结构和特性，重点介绍 MSP432 单片机的 CPU 和存储器。

MSP432 单片机的结构主要包含 CPU、存储器、片上外设、时钟系统、仿真系统，以及连接它们的数据总线和地址总线。

MSP432 单片机的 CPU 采用 32 位精简指令系统 RISC，内部集成有程序计数器、堆栈指针、状态寄存器、通用寄存器等。与以往的 MSP430 系列单片机不同，MSP43P401r 单片机内核使用 32 位的 Cortex-M4F，寻址总线从 16 位扩展到 32 位，这与传统的 16 位地址总线的 MCU 在使用上有一定的差别，请读者注意区分。

MSP432 单片机的存储器采用哈佛结构，使用两个独立的存储器模块，分别存储指令和数据，每个存储模块都不允许指令和数据并存，使用独立的两条总线，分别作为 CPU 与每个存储器之间的专用通信路径，而这两条总线之间毫无关联。

3.6 思考题与习题

1. MSP432 单片机的结构主要包含哪些部件?
2. 列举冯・诺依曼结构和哈佛结构的联系及区别。
3. 简述 Cortex-M4 的结构与内核组成。
4. MSP432P401r 单片机具有哪些特性?
5. 根据 MSP432P401r 单片机的结构框图，详细列出 MSP432P401r 单片机所具有的片内外设。
6. 了解嵌入式的 JTAG 调试器的基本原理。
7. 了解 MSP432P401r 单片机各引脚功能，并注意其引脚命名规则。
8. MSP432 单片机的中央处理器由哪些单元组成? 各单元又具有什么功能?
9. 精简指令集和复杂指令集有何区别? 为什么 MSP432 单片机采用精简指令集系统?
10. MSP432P401r 单片机 CPU 具有哪些寄存器资源? 各寄存器又具有什么功能?
11. MSP432P401r 单片机的 CPU 寄存器有什么特点? 应该如何正确使用?
12. 为什么说 MSP432P401r 单片机还有很大的系统外围模块扩展能力?
13. 简述 MSP432P401r 单片机存储空间分布情况。
14. MSP432 单片机数据存储器的最低地址是什么? 程序存储器的最高地址是什么?
15. 程序存储器一般用来存储哪几类信息? 各类信息的含义是什么?
16. MSP432 单片机内部数据总线有哪些形式? 这样安排有哪些好处?

Chapter 4 第4章

MSP432 微控制器中断系统

中断是 MSP432 单片机的一大特点，有效地利用中断可以简化程序，并提高执行效率。在 MSP432 单片机中，几乎每个外设都能够产生中断，为 MSP432 单片机针对中断事件进行编程打下基础。MSP432 在没有中断事件发生时进入低功耗模式，中断事件发生时通过中断唤醒 CPU，中断事件处理完毕后，CPU 再次进入低功耗状态。由于 CPU 的运行速度和退出低功耗的速度很快，所以，在实际应用中，CPU 大部分时间都处于低功耗的状态。本章首先介绍中断的一些基本概念，接着介绍 MSP432 单片机的可嵌套向量中断控制器 NVIC、中断源及中断处理过程，之后介绍 MSP432 单片机中断嵌套，最后以两个例程简单介绍 MSP432 单片机中断的应用。

4.1 中断的基本概念

1. 中断定义

中断是在需要时，CPU 暂时停止执行当前的程序，转而执行处理新情况的程序和执行过程。即在程序运行过程中，系统出现了一个必须由 CPU 立即处理的情况，此时，CPU 暂时中止程序的执行转而处理这个新的情况的过程就叫作中断。

2. 中断源

引起中断的原因或者能够发出中断请求的信号来源统称为中断源。中断首先需要由中断源发出中断请求，并征得 CPU 允许后才会发生；转去执行中断服务程序前，需保护中断现场；执行完中断服务程序后，应恢复中断现场。

3. 中断优先级

为使 CPU 能及时地响应并处理发生的所有中断，CPU 根据引起中断事件的重要性和紧迫程度，将中断源分为若干个级别，称作中断优先级。引入多级中断是为了使 CPU 能及时地响应和处理所发生的中断，同时又不至于发生中断信号丢失的情况。

4. 断点和中断现场

断点是指 CPU 执行现行程序被中断时下一条指令的地址，又称断点地址。

中断现场是指 CPU 转去执行中断服务程序前的运行状态，包括 CPU 状态寄存器和断点地址等。

4.2 可嵌套的向量中断控制器 NVIC

可嵌套的向量中断控制器（NVIC）提供中断控制，用于总体异常管理，它和处理器内核紧密相连，具有以下功能：

1）支持嵌套和向量中断；

2）自动保存和恢复处理器状态；

3）动态改变优先级；

4）中断向量表读取与处理器状态保存并行处理，从而实现高效的中断输入；

5）支持尾链技术，当处理背靠背的中断时，不需要在两个中断服务子程序之间进行入栈和出栈操作，并且，进出中断的时间可确定：12 个周期或者在尾链情况下 6 个周期。

NVIC 依照优先级处理所有支持的异常，所有异常在“处理器模式”处理。NVIC 结构支持 32 个（IRQ[31:0]）离散中断，每个中断可以支持 4 级离散中断优先级。所有的中断和大多数系统异常可以配置为不同优先级。当中断发生时，NVIC 将比较新中断与当前中断的优先级，如果新中断优先级高，则立即处理新中断。当接受任何中断时，中断服务程序（ISR）的开始地址可从内存的向量表中取得，不需要确定哪个中断被响应，也不要软件分配相关 ISR 的开始地址。当获取中断入口地址时，NVIC 将自动保存处理状态到堆栈中，包括寄存器 PC、PSR、LR、R0 ~ R3、R12 的值。在 ISR 结束时，NVIC 将从堆栈中恢复相关寄存器的值，进行正常操作，因此花费少量且确定的时间处理中断请求。NVIC 支持尾链技术（Tail Chaining），可有效处理背对背中断（back-to-back interrupts），即无须保存和恢复当前状态，从而减少切换当前 ISR 时的延迟时间，如图 4-1 所示。NVIC 还支持迟到（Late Arrival），以改善同时发生的 ISR 的效率。若较高优先级中断请求发生在当前 ISR 开始执行之前（保持处理器状态和获取起始地址阶段），NVIC 将立即处理更高优先级的中断，从而提高了实时性。

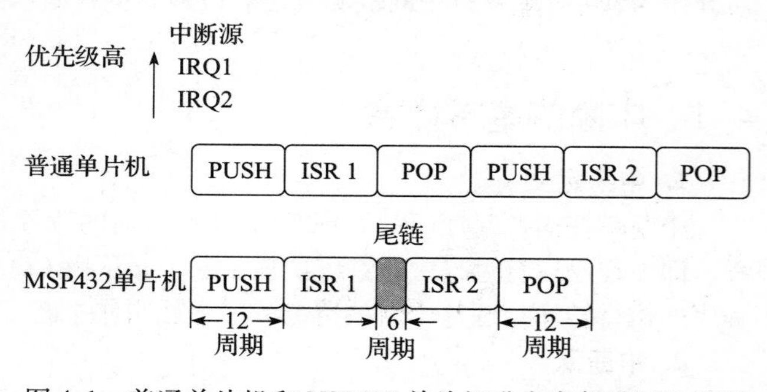

图 4-1 普通单片机和 MSP432 单片机进出中断时间比较图

MSP432 单片机的中断分为组优先级和子优先级，组优先级高的中断可以打断正在执行的组优先级低的中断，相同组优先级的中断不能相互打断。如果有两个相同组优先级的中断在等待执行，那么并不是先来的先执行，而是高子优先级的中断先执行；如果子优先级相同，那么根据中断事件的编号来决定哪个先执行。

4.3 MSP432 微控制器中断源

MSP432 单片机的 NVIC 可管理 64 个外部中断，并具有 8 个优先级。从应用程序的角度来看，中断源分为两类：NMI（不可屏蔽中断）和用户中断。

4.3.1　不可屏蔽中断 NMI

不可屏蔽中断可由以下事件产生：

1）当配置成 NMI 模式时，由复位引脚 RSTn/NMI 触发；

2）振荡器失效；

3）供电系统（PSS）产生的中断；

4）功率控制（PCM）产生的中断。

下面介绍不可屏蔽中断的控制和状态寄存器 SYS_NMI_CTLSTAT。

31	30	29	28	27	26	25	24
保留							
23	**22**	**21**	**20**	**19**	**18**	**17**	**16**
保留				PIN_FLG	PCM_FLG	PSS_FLG	CS_FLG
15	**14**	**13**	**12**	**11**	**10**	**9**	**8**
保留							
7	**6**	**5**	**4**	**3**	**2**	**1**	**0**
保留				PIN_SRC	PCM_SRC	PSS_SRC	CS_SRC

1）PIN_FLG：第 19 位，RSTn/NMI 中断标志位。

0：没有产生中断；　　　　1：产生中断。

2）PCM_FLG：第 18 位，PCM 中断标志位。

0：没有产生中断；　　　　1：产生中断。

3）PSS_FLG：第 17 位，PSS 中断标志位。

0：没有产生中断；　　　　1：产生中断。

4）CS_FLG：第 16 位，CS 中断标志位。

0：没有产生中断；　　　　1：产生中断。

5）PIN_SRC：第 3 位，RSTn/NMI 配置位。

0：配置 RSTn/NMI 为电源开关复位模式；

1：配置 RSTn/NMI 为 NMI 模式。

6）PCM_SRC：第 2 位，PCM 中断使能控制位。

0：PCM 中断禁止；　　　　1：PCM 中断使能。

7）PSS_SRC：第 1 位，PSS 中断使能控制位。

0：PSS 中断禁止；　　　　1：PSS 中断使能。

8）CS_SRC：第 0 位，CS 中断使能控制位。

0：CS 中断禁止；　　　　1：CS 中断使能。

4.3.2　用户中断

下表列出了 MSP432 单片机中的各种中断源及其连接的 NVIC 输入。

表 4-1 NVIC 中断

NVIC 中断输入	中断源	中断标志位
INTISR[0]	PSS	
INTISR[1]	CS	
INTISR[2]	PCM	
INTISR[3]	WDT_A	
INTISR[4]	FPU_INT	
INTISR[5]	Flash 控制器	FLCTL_IFG
INTISR[6]	COMP_E0	CEIFG;, CEIIFG, CERDYIFG (CE0IV)
INTISR[7]	COMP_E1	CEIFG;, CEIIFG, CERDYIFG (CE1IV)
INTISR[8]	Timer_A0	TA0CCTL0. CCIFG
INTISR[9]	Timer_A0	TA0CCTLx. CCIFG (x=1~4), TA0CTL. TAIFG
INTISR[10]	Timer_A1	TA1CCTL0. CCIFG
INTISR[11]	Timer_A1	TA1CCTLx. CCIFG (x=1~4), TA1CTL. TAIFG
INTISR[12]	Timer_A2	TA2CCTL0. CCIFG
INTISR[13]	Timer_A2	TA2CCTLx. CCIFG (x=1~4), TA2CTL. TAIFG
INTISR[14]	Timer_A3	TA3CCTL0. CCIFG
INTISR[15]	Timer_A3	TA3CCTLx. CCIFG (x=1~4), TA3CTL. TAIFG
INTISR[16]	eUSCI_A0	UART/SPI 模式发送/接收状态标志位
INTISR[17]	eUSCI_A1	UART/SPI 模式发送/接收状态标志位
INTISR[18]	eUSCI_A2	UART/SPI 模式发送/接收状态标志位
INTISR[19]	eUSCI_A3	UART/SPI 模式发送/接收状态标志位
INTISR[20]	eUSCI_B0	SPI/I^2C 模式发送/接收状态标志位
INTISR[21]	eUSCI_B1	SPI/I^2C 模式发送/接收状态标志位
INTISR[22]	eUSCI_B2	SPI/I^2C 模式发送/接收状态标志位
INTISR[23]	eUSCI_B3	SPI/I^2C 模式发送/接收状态标志位
INTISR[24]	ADC14	IFG[0-31], LO/IN/HI-IFG, RDYIFG, OVIFG, TOVIFG
INTISR[25]	Timer32_INT1	Timer1 Timer32 中断
INTISR[26]	Timer32_INT2	Timer2 Timer32 中断
INTISR[27]	Timer32_INT3	Timer32 中断
INTISR[28]	AES256	AESRDYIFG
INTISR[29]	RTC_C	OFIFG, RDYIFG, TEVIFG, AIFG, RT0PSIFG, RT1PSIFG
INTISR[30]	DMA_ERR	DMA 错误中断
INTISR[31]	DMA_INT3	DMA 完成中断 3
INTISR[32]	DMA_INT2	DMA 完成中断 2
INTISR[33]	DMA_INT1	DMA 完成中断 1
INTISR[34]	DMA_INT0	DMA 完成中断 0
INTISR[35]	I/O P1 端口	P1IFG. x (x=0~7)
INTISR[36]	I/O P2 端口	P2IFG. x (x=0~7)
INTISR[37]	I/O P3 端口	P3IFG. x (x=0~7)
INTISR[38]	I/O P4 端口	P4IFG. x (x=0~7)
INTISR[39]	I/O P5 端口	P5IFG. x (x=0~7)
INTISR[40]	I/O P6 端口	P6IFG. x (x=0~7)
INTISR[41~63]	保留	

整个中断向量表的声明也非常简单，如下代码所示。

```
#pragma DATA_SECTION(interruptVectors, ".intvecs")
void (* const interruptVectors[])(void) =
{   (void (*)(void))((unsigned long)&__STACK_END),
                                    /* The initial stack pointer      */
    resetISR,                       /* The reset handler              */
    nmiISR,                         /* The NMI handler                */
    faultISR,                       /* The hard fault handler         */
    intDefaultHandler,              /* The MPU fault handler          */
    intDefaultHandler,              /* The bus fault handler          */
    intDefaultHandler,              /* The usage fault handler        */
    0,                              /* Reserved                       */
    0,                              /* Reserved                       */
    0,                              /* Reserved                       */
    0,                              /* Reserved                       */
    intDefaultHandler,              /* SVCall handler                 */
    intDefaultHandler,              /* Debug monitor handler          */
    0,                              /* Reserved                       */
    intDefaultHandler,              /* The PendSV handler             */
    intDefaultHandler,              /* The SysTick handler            */
    intDefaultHandler,              /* PSS ISR                        */
    intDefaultHandler,              /* CS ISR                         */
    intDefaultHandler,              /* PCM ISR                        */
    intDefaultHandler,              /* WDT ISR                        */
    intDefaultHandler,              /* FPU ISR                        */
    intDefaultHandler,              /* FLCTL ISR                      */
    intDefaultHandler,              /* COMP0 ISR                      */
    intDefaultHandler,              /* COMP1 ISR                      */
    intDefaultHandler,              /* TA0_0 ISR                      */
    intDefaultHandler,              /* TA0_N ISR                      */
    intDefaultHandler,              /* TA1_0 ISR                      */
    intDefaultHandler,              /* TA1_N ISR                      */
    intDefaultHandler,              /* TA2_0 ISR                      */
    intDefaultHandler,              /* TA2_N ISR                      */
    intDefaultHandler,              /* TA3_0 ISR                      */
    intDefaultHandler,              /* TA3_N ISR                      */
    intDefaultHandler,              /* EUSCIA0 ISR                    */
    intDefaultHandler,              /* EUSCIA1 ISR                    */
    intDefaultHandler,              /* EUSCIA2 ISR                    */
    intDefaultHandler,              /* EUSCIA3 ISR                    */
    intDefaultHandler,              /* EUSCIB0 ISR                    */
    intDefaultHandler,              /* EUSCIB1 ISR                    */
    intDefaultHandler,              /* EUSCIB2 ISR                    */
    intDefaultHandler,              /* EUSCIB3 ISR                    */
    ADC14IsrHandler,                /* ADC14 ISR                      */
    intDefaultHandler,              /* T32_INT1 ISR                   */
    intDefaultHandler,              /* T32_INT2 ISR                   */
    intDefaultHandler,              /* T32_INTC ISR                   */
    intDefaultHandler,              /* AES ISR                        */
```

```
    intDefaultHandler,          /* RTC ISR              */
    intDefaultHandler,          /* DMA_ERR ISR          */
    intDefaultHandler,          /* DMA_INT3 ISR         */
    intDefaultHandler,          /* DMA_INT2 ISR         */
    intDefaultHandler,          /* DMA_INT1 ISR         */
    intDefaultHandler,          /* DMA_INT0 ISR         */
    intDefaultHandler,          /* PORT1 ISR            */
    intDefaultHandler,          /* PORT2 ISR            */
    intDefaultHandler,          /* PORT3 ISR            */
    intDefaultHandler,          /* PORT4 ISR            */
    intDefaultHandler,          /* PORT5 ISR            */
    intDefaultHandler,          /* PORT6 ISR            */
    intDefaultHandler,          /* Reserved 41          */
    intDefaultHandler,          /* Reserved 42          */
    intDefaultHandler,          /* Reserved 43          */
    intDefaultHandler,          /* Reserved 44          */
    intDefaultHandler,          /* Reserved 45          */
    intDefaultHandler,          /* Reserved 46          */
    intDefaultHandler,          /* Reserved 47          */
    intDefaultHandler,          /* Reserved 48          */
    intDefaultHandler,          /* Reserved 48          */
    intDefaultHandler,          /* Reserved 49          */
    intDefaultHandler,          /* Reserved 50          */
    intDefaultHandler,          /* Reserved 51          */
    intDefaultHandler,          /* Reserved 52          */
    intDefaultHandler,          /* Reserved 53          */
    intDefaultHandler,          /* Reserved 54          */
    intDefaultHandler,          /* Reserved 55          */
    intDefaultHandler,          /* Reserved 56          */
    intDefaultHandler,          /* Reserved 57          */
    intDefaultHandler,          /* Reserved 58          */
    intDefaultHandler,          /* Reserved 59          */
    intDefaultHandler,          /* Reserved 60          */
    intDefaultHandler,          /* Reserved 61          */
    intDefaultHandler,          /* Reserved 62          */
    intDefaultHandler,          /* Reserved 63          */
    intDefaultHandler           /* Reserved 64          */
};
```

由于 MSP432 单片机的内核是 Cortex-M4F，可以使用嵌套向量中断控制器，也就是 NVIC。这与 MSP430 单片机的中断模块相比是一个巨大的进步。NVIC 拥有可配置的优先级中断以及各种增强功能。作为典型的 Cortex-M 器件，中断向量表通常在单独的文件中被定义为单独的数据结构。可以看到，在中断向量表中可以插入需要的中断处理程序，例如上面的“ADC14IsrHandler”。

在 MSP432 单片机上使用中断时还要注意一点，这一点对曾经使用过 MSP430 单片机的用户尤其重要，即 MSP430 单片机上的中断控制器是 CPU 的一部分，因此不需要进行实际的处理。而在 MSP432 单片机上，NVIC 是在单独外设和中断之间的真实模块，因此，在 MSP432 单片机上需要增加一个操作步骤。

在 MSP430 平台上，需要先启用片上外设的中断触发器，然后，启用中断主使能。但是，在 MSP432 单片机平台上，在启用片上外设的中断触发器后，需要将单独的模块中断映射到 NVIC 表中，从而从 NVIC 启动模块中断，如下所示。

```
NVIC_ISER0 = 1 << ((INT_ADC14 - 16) & 31);
// 系统异常 16 个,外部中断 56 个,一共 72 个,NVIC_ISER0 和 NVIC_ISER1
// 寄存器不包括系统异常,所以要减掉 16,&31 是为了避免结果超出范围
```

在中断服务程序（ISR）中，必须确保在从 ISR 返回之前清除相关中断源的中断标志。如果没有这样做，即使事件已经被 ISR 处理，同样的中断可能会被重新触发为一个新的事件。由于写入命令的执行与外设的中断标志寄存器中的实际写入之间可能存在几个周期的延迟，建议在退出 ISR 之前，执行写入并等待几个周期。或者，在程序中可以进行读取中断标志，以确保在退出 ISR 之前清除该标志。

4.4　中断响应过程

中断响应过程为从 CPU 接收一个中断请求开始至执行第一条中断服务程序指令结束，共需要 12 个时钟周期。中断响应过程如下：

1）执行完当前正在执行的指令；

2）将程序计数器（PC）压入堆栈，程序计数器指向下一条指令；

3）将状态寄存器（PSR）压入堆栈，状态寄存器保存了当前程序执行的状态；

4）如果有多个中断源请求中断，选择最高优先级，并挂起当前的程序；

5）清除中断标志位，如果有多个中断请求源，则予以保留等待下一步处理；

6）清除状态寄存器 PSR；

7）将中断服务程序入口地址加载给程序计数器（PC），转向执行中断服务子程序。

中断响应过程示例图如图 4-2 所示。

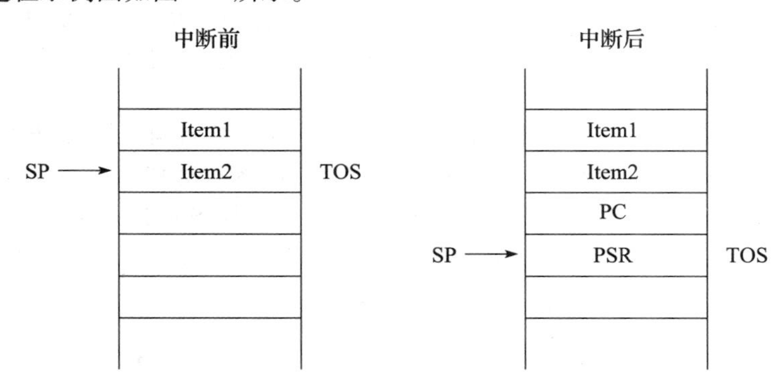

图 4-2　中断响应过程示例图

4.5　中断返回过程

执行中断服务程序终止指令完成中断的返回，中断返回过程需要 12 个时钟周期，主要包含以下过程：

1）从堆栈中弹出之前保存的状态寄存器给 PSR；

2）从堆栈中弹出之前保存的程序计数器给 PC；

3）继续执行中断时的下一条指令。

中断返回过程示意图如图 4-3 所示。

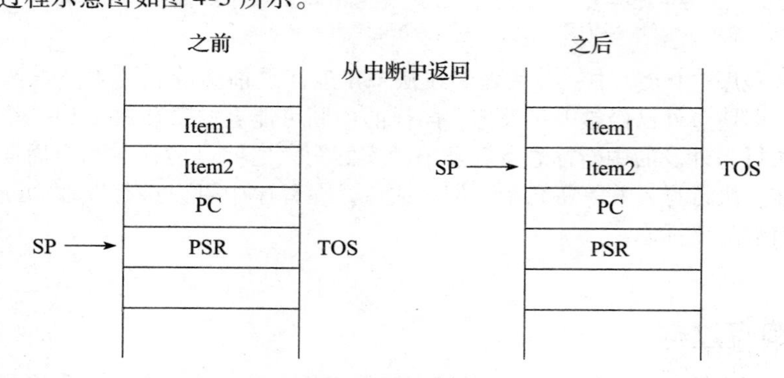

图 4-3 中断返回过程示意图

执行中断返回后，程序返回到原断点处继续执行，程序运行状态被恢复。假设中断发生前 CPU 是在某种休眠模式下，中断返回后 CPU 仍然在该休眠模式下，程序执行将暂停；如果希望唤醒 CPU，继续执行下面的程序，需要在退出中断前，修改 PSR 状态寄存器的值，清除掉休眠标志。此步骤可以通过调用退出低功耗模式内部函数进行实现，只需在退出中断之前调用此函数，即可修改被压入堆栈的 PSR 值，从而在退出中断服务程序时唤醒 CPU。

4.6 中断应用

MSP432 单片机的中断系统较为复杂，若能够巧妙地应用中断，将能够使编写的程序结构更加合理，执行效率更加高，功耗更加低。此处仅以两个简单的例子来介绍一下如何使用 MSP432 单片机的中断。

【例 4.6.1】 利用 P1.1 口外部中断，在低功耗模式下，实现对 LED 亮灭的控制。

分析： 在本例中 P1.1 引脚连接一个按键，按下该按键将触发 P1.1 引脚中断；P1.0 引脚连接一个 LED，按下按键后，LED 亮灭的状态将会反转。实例程序如下所示。

```
#include "msp.h"
#include <stdint.h>
int main(void) {
    WDTCTL = WDTPW | WDTHOLD;                          // 关闭看门狗定时器
    P1DIR = BIT0;                                      // 设置 P1.0 为输出
    P1DIR &= ~ BIT1;                                   // 设置 P1.1 为输入,默认为输入
    P1OUT = BIT1;
    P1REN = BIT1;                                      // 以上两句启用 P1.1 口上拉电阻
    P1IFG = 0;                                         // 清除 P1.1 口中断标志位
    P1IE = BIT1;                                       // P1.1 口中断使能
    P1IES = BIT1;                                      // P1.1 口中断下降沿触发
    NVIC_ISER1 = 1 << ((INT_PORT1 - 16) & 31);         // 使能 P1 口 NVIC 中断
```

```
    // 系统异常 16 个,外部中断 56 个,一共 72 个,NVIC_ISER0 和 NVIC_ISER1
    // 寄存器不包括系统异常,所以要减掉 16,&31 是为了避免结果超出范围
    __sleep();                                          // 进入 LPM3 模式
}
// P1 口中断服务程序
void Port1Handler(void)
{
    volatile uint32_t i;
    if(P1IFG & BIT1)
        P1OUT ^= BIT0;                                  // 反转 P1.0 口状态
    P1IFG &= ~BIT1;                                     // 清除 P1.1 口中断标志位
}
```

【例 4.6.2】 利用定时器中断，在低功耗模式下，实现对 LED 亮灭的控制。

分析：本例采用定时器模块的定时功能，实现 LED 的闪烁。

```
#include "msp.h"
int main(void) {
    WDTCTL = WDTPW | WDTHOLD;
    P1DIR |= BIT0;
    P1OUT |= BIT0;
    TA0CCTL0 = CCIE;                                    // CCR0 中断使能
    TA0CCR0 = 50000;
    TA0CTL = TASSEL__SMCLK | MC__CONTINUOUS;            // SMCLK,增计数模式
    SCB_SCR |= SCB_SCR_SLEEPONEXIT;                     // 使能中断退出睡眠模式
    __enable_interrupt();                               // 开中断
    NVIC_ISER0 = 1 << ((INT_TA0_0 - 16) & 31);
    while (1)
    {
        __sleep();
    }
}
// 定时器 A0 中断服务程序
void TimerA0_0IsrHandler(void)
{
    TA0CCTL0 &= ~CCIFG;                                 // 清除 CCR0 中断标志
    P1OUT ^= BIT0;
}
```

4.7　本章小结

本章详细讲解了 MSP432 单片机的中断系统。MSP432 单片机的几乎所有片内外设都可产生中断，也都可利用中断请求将 CPU 从低功耗模式下唤醒。为了让读者更清楚地了解 MSP432 单片机中断的工作原理，我们简单介绍了中断的一些基本概念，例如中断的定义、中断向量表、中断优先级、中断响应过程和中断返回过程等。

MSP432 单片机具有可嵌套的向量中断控制器（NVIC），能够管理 MSP432 单片机中所有的中断源，包含不可屏蔽中断（NMI）和用户中断。NVIC 还能动态改变中断优先级，支持尾链技

术，从而提高了系统的实时性。

4.8 思考题与习题

1. 了解中断的基本概念，包括中断定义、中断源、中断优先级、断点及中断现场。
2. MSP432 单片机具有哪些中断源？
3. MSP432 单片机很多片内外设都有多源中断，如何通过程序判断是哪一个中断标志位产生了中断请求？以 ADC14 模块为例进行说明。
4. 简述 MSP432 单片机中断响应过程。
5. MSP432 单片机产生中断，但没有中断处理函数会怎么样？
6. MSP432 单片机具有怎样的中断处理能力？
7. 简述 MSP432 单片机中断返回过程。
8. 主程序要为中断处理子程序提供哪些服务？
9. MSP432 单片机如何实现中断嵌套？
10. 中断功能在 MSP432 单片机的低功耗实现中起到什么作用？

MSP432 微控制器时钟系统与低功耗结构

MSP432 单片机各部件能有条不紊地自动工作，实际上是在其系统时钟作用下，由 CPU 指挥芯片内各个部件自动协调工作，使内部逻辑硬件产生各种操作所需要的脉冲信号而实现的。MSP432 单片机通过软件控制时钟系统，可以使其工作在多种模式，包括 6 种活动模式和 5 种低功耗模式。通过这些工作模式，可合理地利用单片机内部资源，从而实现低功耗。时钟系统是 MSP432 单片机中非常关键的部件，通过时钟系统可以在功耗和性能之间寻求最佳的平衡点，为单芯片系统的超低功耗设计提供了灵活的实现手段。本章重点讲述 MSP432 单片机的时钟系统及其低功耗结构。

5.1 时钟系统结构与原理

时钟系统可为 MSP432 单片机提供时钟，是 MSP432 单片机中最为关键的部件之一。MSP432 单片机的时钟系统极具灵活性，同时具备宽泛的时钟源和灵活的时钟分配。实际上，可以根据所要使用的外设，对时钟源进行选择。

整个时钟系统可分为两个部分：一部分适用于高速和高性能的操作，另一部分则专门针对超低功耗应用进行了优化。这两部分时钟可涵盖从 10kHz 直至 48MHz 较大的工作频率范围，可以适用于各种应用场合。该时钟系统还内置了许多其他功能，从而确保可及时、轻松地配置各种功能强大的操作。同时，其失效防护机制还可在外部时钟源失效（例如晶体或振荡器故障）时自动切换回内部时钟源，保证单片机的安全运行。

知识点：时钟系统可以通过软件配置成不需要外部晶振、需要一个或两个外部晶振、外部时钟输入等方式。在 MSP432 单片机最小系统中，无须外接任何部件，单片机内部具有自身的振荡器，可以为 CPU 及外设提供系统时钟。

5.1.1 时钟系统结构与原理

1. 时钟系统结构

时钟系统模块具有 7 个时钟来源。

1）LFXTCLK：低频振荡器，可以使用 32768Hz 的手表晶振、标准晶体、谐振器，或低于 32kHz 的外部时钟源。

2）VLOCLK：内部超低功耗低频振荡器，典型频率为 9.4kHz。

3）REFOCLK：内部低功率低频振荡器，典型频率为 32 768Hz 或 128kHz。

4）DCOCLK：内部数字时钟振荡器，频率可选，默认频率为 3MHz。

5）MODCLK：内部低功耗振荡器，典型频率为 25MHz。

6）HFXTCLK：高频振荡器，可以是标准晶振、谐振器或 1MHz～48MHz 的外部时钟源，在旁路模式下，HFXTCLK 还可以通过外部方波信号驱动。

7）SYSOSC：内部振荡器，典型频率为 5MHz。

时钟系统模块可以产生 5 个时钟信号供 CPU 和外设使用。

1）ACLK：辅助时钟（Auxiliary clock）。可以通过软件选择 LFXTCLK、VLOCLK、REFOCLK。ACLK 可以进行 1/2/4/8/16/32/64/128 分频，频率最高可达 128kHz，主要用于低频外设。

2）MCLK：主时钟（Master clock）。可以通过软件选择 LFXTCLK、VLOCLK、REFOCLK、DCOCLK、MODCLK、HFXTCLK。MCLK 可以进行 1/2/4/8/16/32/64/128 分频，用于 CPU 和外围模块。

3）HSMCLK：子系统主时钟（Subsystem master clock）。HSMCLK 的时钟来源与 MCLK 相同，HSMCLK 主要用于高速外设，也可以进行 1/2/4/8/16/32/64/128 分频。

4）SMCLK：低速子系统主时钟（Low-speed subsystem master clock）。SMCLK 的时钟来源与 MCLK 相同，SMCLK 的最大频率为 HSMCLK 最大频率的一半，用于外围模块，也可以进行 1/2/4/8/16/32/64/128 分频。

5）BCLK：低速备份域时钟（Low-speed backup domain clock）。可以通过软件选择 LFXTCLK 和 REFOCLK。当外围设备在低功耗模式时，可使用 BCLK，最高频率为 32kHz。

时钟系统模块的时钟源和时钟信号间的关系如表 5-1 所示。表中的“√”为可选配置，例如，可以用 DCO 来驱动 MCLK，也可以用 MDOSC 来驱动 MCLK，以此类推。

表 5-1　时钟系统模块的时钟源和时钟信号间的关系

频率		振荡器	MCLK	SMCLK	HSMCLK	ACLK	BCLK	备注
高频	1MHz～48MHz	DCO	✓	✓	✓			内部集成的数控振荡器
	1MHz～48MHz	HFXT	✓	✓	✓			高频晶体
	24MHz	MODOSC	✓	✓	✓			内置 OSC，可为一些外设（如 ADC）提供时钟
	5MHz	SYSOSC						内置，在 HFXT 失效时为 ADC 提供直接时钟
低频	32kHz	LFXT	✓	✓	✓	✓	✓	低频振荡器
	32kHz 128kHz	REFO	✓	✓	✓	✓	✓	内置低频振荡器，在 LFXT 失效时提供时钟（32kHz）
	10kHz	VLO	✓	✓	✓	✓		内置低功耗低频振荡器，可为 WDT 提供时钟

以上 5 种时钟相互独立，关闭任何一种时钟，并不影响其余时钟的工作。时钟系统对 5 种时钟不同程度的关闭，实际上就是进入了不同的休眠模式。关闭的时钟越多，休眠就越深，功

耗就越低，待机功耗仅为 850nA，其中还包括了 RTC 的功耗。

MSP432 单片机的时钟系统结构框图如图 5-1 所示。

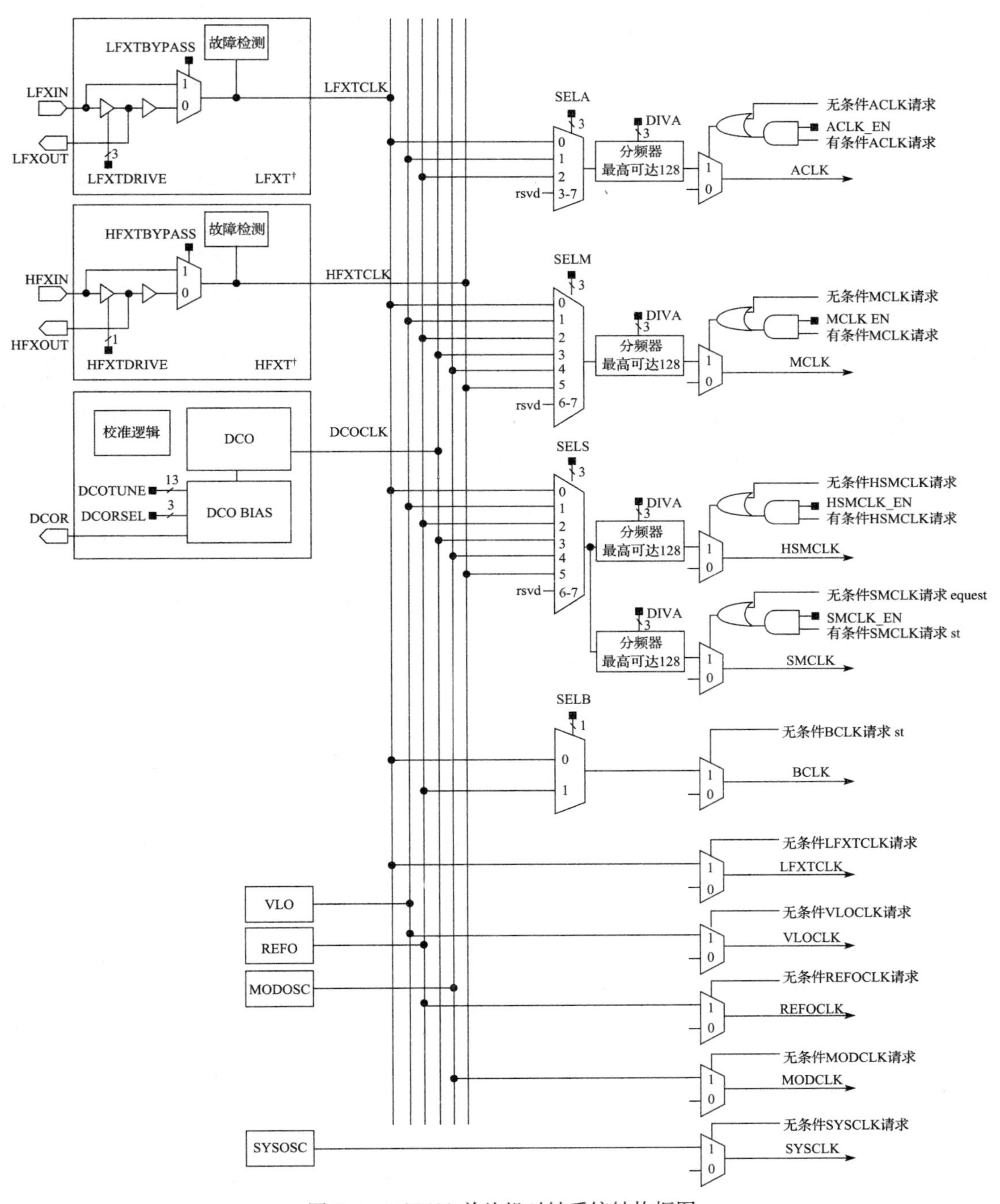

图 5-1　MSP432 单片机时钟系统结构框图

从图 5-1 中可以看出：只要通过软件配置各控制位，就可以改变硬件电路的连接关系、开启或关闭某些部件、控制某些信号的路径和通断等。这种情况在其他外部模块中也大量存在，甚至在某些模块中能通过软件直接设置模拟电路的参数。这些灵活的硬件配置功能，使得 MSP432 单片机具有极强的适应能力。

为了便于读者理解和学习结构框图，在此对 MSP432 单片机时钟系统结构框图的表示规则进行简单介绍。

1）图中每个框表示一个部件，每个正方形黑点表示一个控制位。若黑点的引出线直接和某部件相连，说明该控制位“1”有效；若黑点直线末端带圆圈与某部件连接，说明该位“0”有效。

2）对于紧靠在一起的多个同名控制位，以总线的形式表示这些控制位的组合。例如结构框图中右上角的 DIVA 控制位，虽然只有一个黑点，但是其下面的连线上标着“\3”，说明这是 3 位总线，共有 8 种组合（000、001、010、011、100、101、110、111），其中前 6 种组合分别代表对 ACLK 进行 1、2、4、8、16、32、64、128 分频后输出（具体请参考 5.1.2 节介绍）。

3）梯形图表示多路选择器，它负责从多个输入通道中选择一个作为输出，具体由与其连接的控制位决定。例如，SELA 控制位所连接的梯形图的主要功能为选择一个时钟源作为 ACLK 模块的参考时钟，具体控制位配置和参考时钟对应关系如图 5-1 所示。

> **提示：** 读懂结构框图和对结构框图的配置是进行 MSP432 单片机系统开发设计的基本功，希望读者认真学习。MSP432 单片机的所有片内外设都可用结构框图进行表示。了解结构框图的表示规则，将有利于对 MSP432 单片机片内外设工作原理的学习和掌握。

2. 时钟系统的原理

系统复位后，进入活动模式 0(AM0_LDO)。在活动模式 0 下，时钟系统的默认配置如下。

1）设备有 LFXT 晶振可用时：

- LFXT 晶振被选为 LFXTCLK 时钟源；
- ACLK 选择 LFXTCLK(SELAx = 0)，ACLK 不可分频（DIVAx = 0)；
- BCLK 选择 LFXTCLK(SELBx = 0)；
- LFXT 保持禁用，LFXT 晶体引脚与通用 I/O 复用。

2）设备没有 LFXT 晶振可用时：

- ACLK 选择 REFOCLK(SELAx = 0 或 2)，ACLK 不可分频（DIVAx = 0)；
- BCLK 选择 REFOCLK(SELBx = 1)；
- REFOCLK 可启用。

3）设备有 HFXT 晶振可用时：

- HFXIN 和 HFXOUT 引脚设置为通用 I/O。

4）DCOCLK 被 MCLK、HSMCLK 和 SMCLK 选择时（SELMx = SELSx = 3），所有时钟都不可分频（DIVMx = DIVSx = DIVHSx = 0)。

时钟系统模块可以在程序执行期间的任何时间进行配置或重新配置。

（1）内部超低功耗低频振荡器（VLO）

内部超低功耗低频振荡器在无须外部晶振的情况下，可提供 10kHz 的典型频率。当不需要精确的时钟基准时，VLO 可提供一个低成本、超低功耗的时钟源。

为实现低功耗，在不需要的情况下，VLO 可以关闭，只在需要时启用。

VLO 在以下情况下将启用。

1）在所有活动模式和低功耗模式 0（LMP0）下：

- VLO_EN = 1；
- VLO 为 ACLK 参考时钟源（SELAx = 1）；
- VLO 为 MCLK 参考时钟源（SELMx = 1）；
- VLO 为 HSMCLK 参考时钟源（SELSx = 1）；
- VLO 为 SMCLK 参考时钟源（SELSx = 1）。

2）在 LPM3 和 LPM3.5 下：

- VLO_EN = 1。

3）在 LPM4.5 下：

- VLO 关闭，VLO_EN 无效。

（2）内部低功率低频振荡器（REFO）

在不要求或不允许使用晶振的应用中，REFO 可以用作高灵敏时钟。REFO 的典型频率为 32768Hz，在无须外部晶振的情况下，提供了灵活的大范围系统时钟，且比 VLO 更准确。为实现低功耗，在不需要的情况下，REFO 可以关闭，只在需要时启用。

REFO 在以下情况下将启用。

1）在所有活动模式和低功耗模式 0（LMP0）下：

- REFO_EN = 1；
- REFO 为 ACLK 参考时钟源（SELAx = 2）；
- REFO 为 BCLK 参考时钟源（SELBx = 1）；
- REFO 为 MCLK 参考时钟源（SELMx = 2）；
- REFO 为 HSMCLK 参考时钟源（SELSx = 2）；
- REFO 为 SMCLK 参考时钟源（SELSx = 2）。

2）在 LPM3 和 LPM3.5 下：

- REFO_EN = 1；
- REFO 为 BCLK 参考时钟源（SELB = 1）。

3）在 LPM4.5 下：

- REFO 关闭，REFO_EN 无效。

REFO 支持两种操作频率——32.768kHz 和 128kHz。可通过 REFOFSEL 位进行选择。

（3）LFXT 振荡器

LFXT 振荡器支持超低功耗的 32768Hz 的手表晶振。手表晶振连接在 LFXIN 和 LFXOUT 的引脚上，需要外加负载电容。

LFXIN 和 LFXOUT 与通用 I/O 口共用引脚。上电复位时，默认操作为 LFXT 模式，然而，此时 LFXT 仍被保持禁止，需要将相应端口配置为 LFXT 功能。可以通过设置 PSEL 和 LFXTBYPASS 控制位完成对引脚功能的配置。以 MSP432P401r 单片机为例，具体配置方法如表 5-2 所示。

表 5-2 PJ. 0 和 PJ. 1 引脚功能配置

引脚名称	引脚功能	控制位配置			
		PJDIR. x	PJSEL. 0	PJSEL. 1	LFXTBYPASS
PJ. 0/LFXIN	PJ. 0(I/O)	输入：0；输出：1	0	X	X
	晶振模式下 LFXIN	X	1	X	0
	旁路模式下 LFXIN	X	1	X	1
PJ. 1/LFXOUT	PJ. 1(I/O)	输入：0；输出：1	0	X	X
	晶振模式下 LFXOUT	X	1	X	0
	PJ. 1(I/O)	X	1	X	1

LFXT 在以下情况下将被启用。

1）在所有活动模式和低功耗模式 0(LMP0）下：

- LFXT_EN = 1；
- LFXT 为 ACLK 参考时钟源（SELAx = 0）；
- LFXT 为 BCLK 参考时钟源（SELBx = 0）；
- LFXT 为 MCLK 参考时钟源（SELMx = 0）；
- LFXT 为 HSMCLK 参考时钟源（SELSx = 0）；
- LFXT 为 SMCLK 参考时钟源（SELSx = 0）。

2）在 LPM3 和 LPM3. 5 下：

- LFXT_EN = 1；
- LFXT 为 BCLK 参考时钟源（SELB = 0）。

3）在 LPM4. 5 下：

- LFXT 关闭，REFO_EN 无效。

（4）HFXT 振荡器

HFXT 振荡器用来产生高频的时钟信号 HFXTCLK，晶振的选择范围为 1MHz ~ 48MHz，具体范围由 HFXTDRIVE 控制位进行设置，对应关系如表 5-3 所示。

表 5-3 XT1DRIVE 控制位配置值与晶振或谐振器频率范围的对应关系

XT1DRIVE 控制位	高速晶振或高频谐振器频率范围
000	1MHz ~ 4MHz
001	4MHz ~ 8MHz
010	8MHz ~ 16MHz
011	16MHz ~ 24MHz
100	24MHz ~ 32MHz
101	32MHz ~ 40MHz
110	40MHz ~ 48MHz

HFXT 在以下情况下将启用。

1）在活动模式（AM_LDO_VCOREx 和 AM_DCDC_VCOREx）和低功耗模式 0(LPM0_LDO_VCOREx 和 LPM0_DCDC_VCOREx）下：

- HFXT_EN = 1；
- HFXT 为 MCLK 参考时钟源（SELMx = 5）；
- HFXT 为 HSMCLK 参考时钟源（SELSx = 5）；
- HFXT 为 SMCLK 参考时钟源（SELSx = 5）。

2）在活动模式（AM_LF_VCOREx）和低功耗模式 0(LPM0_LF_VCOREx）下：

- HFXT 关闭，REFO_EN 无效。

3）在 LPM3、LPM4、LPM3. 5 和 LPM4. 5 下：

- HFXT 关闭，REFO_EN 无效。

（5）模块振荡器（MODOSC）

CS 时钟模块还包含一个内部振荡器 MODOSC，能够产生约 4.8MHz 的 MODCLK 时钟，如图 5-2 所示。内部外设 ADC14 模块可使用 MODCLK 作为内部参考时钟。

为了降低功耗，当不需要使用 MODOSC 时，可将其关闭。当产生有条件或无条件启用请求时，MODOSC 可自动开启。设置 MODOSCREQEN 控制位将允许有条件启用请求使用 MODOSC 模块。对于利用无条件启用请求的模块无须置位 MODOSCREQEN 控制位，例如 ADC14 模块。ADC14 模块可随意使用 MODCLK 作为其转换时钟，在转换的过程中，ADC14 模块将发出一个无条件启用请求，开启 MODOSC。

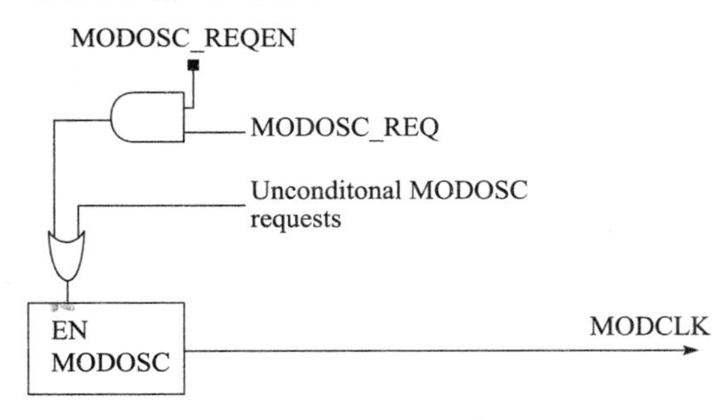

图 5-2　MODOSC 结构框图

（6）系统振荡器（SYSOSC）

在某些模块中，通常需要振荡器，但对振荡器的精准性要求不高时，可以使用系统振荡器。为了降低功耗，SYSOSC 在不需要时关闭，只在需要时开启。

SYSOSC 有以下用途：

1）内存控制器（Flash/SRAM）状态机的时钟；

2）HFXT 的失效保护时钟源；

3）功率控制和供电控制状态机的时钟；

4）在 eUSCI 模块中为 SMBus（系统管理总线）提供时钟超时功能。

（7）数控振荡器（DCO）

DCO 是一个集成的数字控制振荡器，它有 6 个频率范围，通过 DCORSEL 位进行选择，每个频率范围都有一个经过校准的中心频率。相邻的频率范围会有重叠，以保证所有频率能在整个频率范围内被选择。例如，DCO 的一个频率范围为 1MHz ~ 2MHz，默认的中心频率是 1.5MHz，可通过 DCOTUNE 位选择频率范围内的不同频率。DCOTUNE 以补码形式给出，表示从中心频率的偏移量，如式（5-1）所示。

$$f_{DCO}=\frac{(f_{RSELx\_CTR})}{1-[(K_{DCOCONST}*N_{DCOTUNE})/[8*(1+K_{DCOCONST}*(768-FCAL_{CSDCOxRCAL}))]]} \tag{5-1}$$

式中，f_{DCO}为数控振荡器的最终输出频率；f_{RSELx_CTR}为 DCO 的频率范围；$K_{DCOCONST}$为 DCO 常量；$N_{DCOTUNE}$为 DCOTUNE 的大小；$FCAL_{CSDCOxRCAL}$为内部/外部频率校准值。

DCORSEL 与 DCOTUNE 相互配合，可完成对 DCO 频率的选择。具体设置如表 5-4 所示。

表 5-4　DCO 频率范围

参数	设置条件	最小值	最大值
频率范围 0	DCORSEL = 0，DCOTUNE = N	0.98MHz	2.7MHz
频率范围 1	DCORSEL = 1，DCOTUNE = N	1.96MHz	5.4MHz
频率范围 2	DCORSEL = 2，DCOTUNE = N	3.92MHz	10.8MHz
频率范围 3	DCORSEL = 3，DCOTUNE = N	7.84MHz	21.6MHz
频率范围 4	DCORSEL = 4，DCOTUNE = N	15.68MHz	43.2MHz
频率范围 5	DCORSEL = 5，DCOTUNE = N	31.36MHz	86.5MHz

在常见的 DCO 系统中，用户可以从多种预校准的频率中进行选择，一般此类经预校准的频率通常极为精确（即便在不同的温度和电压的环境下）。但尽管如此，若要使用不属于预校准值范围内的某一自定义频率，则极难在常见的 DCO 系统中实现。因为 DCO 频率通常需要进行校准，而校准又需在生产期间完成。

MSP432 单片机的 DCO 系统引入了一种实现即时校准的新方式。首先，DCO 仍会提供 6 个从 1.5MHz、3MHz、6MHz 直至 48MHz 的预校准频率。不过，此套 DCO 系统的独到之处在于，它可以将频率调整为介于这些频率范围之间的任意特定频率。以选择 12MHz 的预校准频率为例，此时该 DCO 的可调频率范围为 8MHz ~ 16MHz，可以使用 DCO 调整寄存器和相关机制来实现这个微调。实际上，可以将频率调整为介于 8MHz 到 16MHz 之间的、精度为 2^{12} 阶的任意频率值。利用此功能，可以即时将 DCO 重新调整为所需要的任意频率。MSP432 单片机上的 DCO 不仅可提供调整功能，还可在不同温度和电压环境下保持高精度。通过使用内部电阻器，可实现 2.65% 的高精度。若需要提高精度，还可通过使用一个电阻值为 91kΩ 且容差为 0.1 的外部电阻器，将此精度提升为 0.4% 的高精度。

DCO 在以下情况下将启用。

1）在活动模式（AM_LDO_VCOREx 和 AM_DCDC_VCOREx）和低功耗模式 0（LPM0_LDO_VCOREx 和 LPM0_DCDC_VCOREx）下：

- DCO_EN = 1；
- DCO 为 MCLK 参考时钟源（SELMx = 3）；
- DCO 为 HSMCLK 参考时钟源（SELSx = 3）；
- DCO 为 SMCLK 参考时钟源（SELSx = 3）。

2）在 LPM3、LPM4、LPM3.5 和 LPM4.5 下：

- DCO 关闭，REFO_EN 无效。

（8）时钟失效保护操作

MSP432 单片机的时钟模块包含检测 LFXT、HFXT 和 DCO 振荡器故障失效的功能。振荡器故障失效检测逻辑如图 5-3 所示。

晶振故障失效有以下 4 种情况：

1）LFXT 振荡器在低频模式下失效（LFXTIFG）；

2）HFXT 振荡器在高频模式下失效（HFXTIFG）；

3）DCO 振荡器失效（DCORIFG）；

4）所有旁路模式下外部时钟失效。

当时钟刚打开或没有正常工作时，晶振故障失效标志位 LFXTIFG 或 HFXTIFG 将置位，一旦被置位，即使晶振恢复到正常状态也将一直保持置位，直到手动用软件将故障失效标志位清零。清零之后，若晶振故障失效情况仍然存在，晶振故障失效标志位将自动再次被置位。

如果使用 LFXT 作为任何系统时钟的时钟源（ACLK，BCLK，MCLK，HSMCLK，SMCLK 或 LFXTCLK），且 LFXT 振荡器失效，系统时钟将自动选择 REFOCLK 作为其参考时钟源。LFXT 故障逻辑适用于所有的电源模式，包括 LPM3 模式。同样，如果使用 HFXT 作为 MCLK、HSMCLK 或 SMCLK 的时钟源，且 HFXT 振荡器失效，系统时钟将自动选择 SYSOSC 作为其参考时钟源。

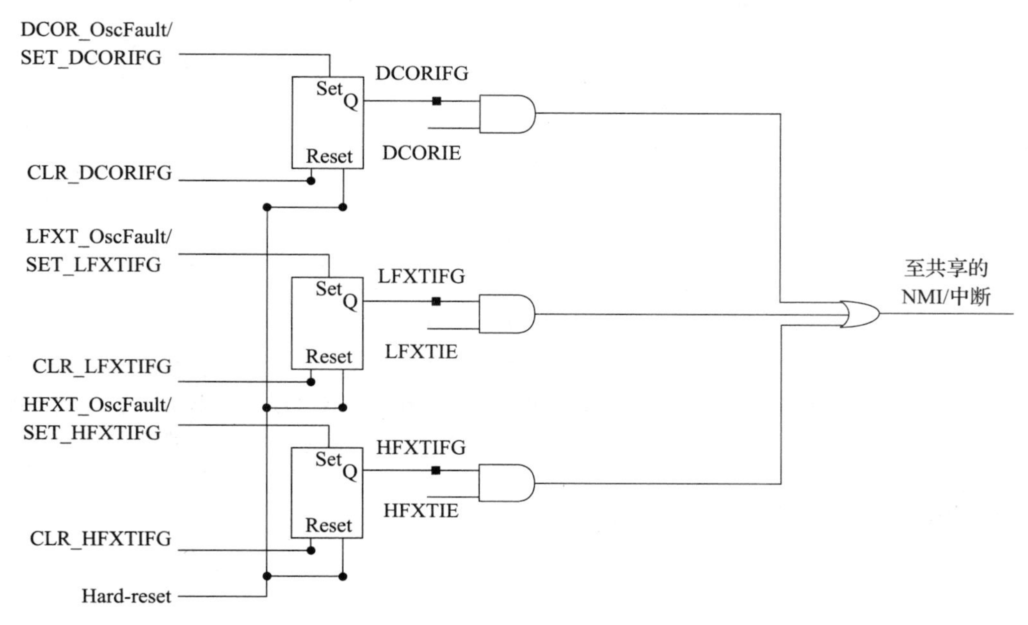

图 5-3　振荡器故障失效检测逻辑

上电复位或晶振发生故障失效时，晶振故障失效中断标志位（LFXTIFG，HFXTIFG）置位并锁存。当晶振故障失效中断标志位置位且晶振故障失效允许位使能后，将引起不可屏蔽中断（MNI）。在中断执行的过程中，OFIFG 中断标志位将一直置位，需要手动用软件清除。

5.1.2　时钟模块控制寄存器

UCS 时钟模块控制寄存器汇总如表 5-5 所示。

表 5-5　MSP432 单片机时钟模块寄存器汇总（基址：0x40010400）

寄存器	简写	类型	偏移地址	初始状态
时钟模块密钥寄存器	CSKEY	读/写	00h	0000_A596h
时钟模块控制寄存器 0	CSCTL0	读/写	04h	0001_0000h
时钟模块控制寄存器 1	CSCTL1	读/写	08h	0000_0033h
时钟模块控制寄存器 2	CSCTL2	读/写	0Ch	0001_0003h
时钟模块控制寄存器 3	CSCTL3	读/写	10h	0000_00BBh
时钟模块使能寄存器	CSCLKEN	读/写	30h	0000_000Fh
时钟模块状态寄存器	CSSTAT	读	34h	0000_0003h
时钟模块中断使能寄存器	CSIE	读/写	40h	0000_0000h
时钟模块中断标志寄存器	CSIFG	读	48h	0000_0001h
DCO 外部电阻校准寄存器	CSDCOERCAL	读/写	60h	0000_0100h

注意：以下有下划线的配置为时钟模块控制寄存器初始状态或复位后的默认配置。

（1）时钟模块密钥寄存器（CSKEY）

31	30	29	28	27	26	25	24
保留							
23	**22**	**21**	**20**	**19**	**18**	**17**	**16**
保留							
15	**14**	**13**	**12**	**11**	**10**	**9**	**8**
CSKEY							
7	**6**	**5**	**4**	**3**	**2**	**1**	**0**
CSKEY							

CSKEY：第 0 ~ 15 位，时钟模块密钥。当 CSKEY = xxxx_695Ah 时，CSCTL0、CSCTL1、CSCTL2、CSCTL3、CSCTL4、CSCTL6、CSIE、CSSETIFG 和 CSCLRIFG 寄存器被解锁。当 CSKEY 为其他值时，这些寄存器将会被锁定，对这些寄存器的写操作都将被忽略，读这些寄存器的结果始终是 A596h。

（2）时钟模块控制寄存器 0（CSCTL0）

31	30	29	28	27	26	25	24
保留							保留
23	**22**	**21**	**20**	**19**	**18**	**17**	**16**
DCOEN	DCORES	保留			DCORSEL		
15	**14**	**13**	**12**	**11**	**10**	**9**	**8**
保留			保留			DCOTUNE	
7	**6**	**5**	**4**	**3**	**2**	**1**	**0**
DCOTUNE							

1）**DCOEN**：第 23 位，使能 DCO 振荡器，不管是否用作时钟源。

0：当 MCLK、HSMCLK 或 SMCLK 需要 DCO 作为其时钟源时，使能 DCO，否则禁止 DCO；1：使能 DCO。

2）**DCORES**：第 22 位，启用 DCO 外部电阻模式。

0：内部电阻模式；　　　　1：外部电阻模式。

3）**DCORSEL**：第 16 ~ 18 位，DCO 频率范围选择。频率范围选择请参考表 5-4。

4）**DCOTUNE**：第 0 ~ 9 位，DCO 频率选择。以二进制补码形式给出，表示中心频率的偏移量。

（3）时钟模块控制寄存器 1（CSCTL1）

31	30	29	28	27	26	25	24
保留	DIVS			保留	DIVA		
23	**22**	**21**	**20**	**19**	**18**	**17**	**16**
保留	DIVHS			保留	DIVM		
15	**14**	**13**	**12**	**11**	**10**	**9**	**8**
保留	保留		SELB	保留	SELA		
7	**6**	**5**	**4**	**3**	**2**	**1**	**0**
保留	SELS			保留	SELM		

1）DIVS：第28～30位，SMCLK时钟源分频器，分频后作为SMCLK时钟。

000：$f_{SMCLK}/1$；　001：$f_{SMCLK}/2$；　010：$f_{SMCLK}/4$；　011：$f_{SMCLK}/8$；

100：$f_{SMCLK}/16$；　101：$f_{SMCLK}/32$；　110：$f_{SMCLK}/64$；　111：$f_{SMCLK}/128$。

2）DIVA：第24～26位，ACLK时钟源分频器，分频后作为ACLK时钟。

000：$f_{ACLK}/1$；　001：$f_{ACLK}/2$；　010：$f_{ACLK}/4$；　011：$f_{ACLK}/8$；

100：$f_{ACLK}/16$；　101：$f_{ACLK}/32$；　110：$f_{ACLK}/64$；　111：$f_{ACLK}/128$。

3）DIVHS：第20～22位，HSMCLK时钟源分频器，分频后作为HSMCLK时钟。

000：$f_{HSMCLK}/1$；　001：$f_{HSMCLK}/2$；　010：$f_{HSMCLK}/4$；　011：$f_{HSMCLK}/8$；

100：$f_{HSMCLK}/16$；　101：$f_{HSMCLK}/32$；　110：$f_{HSMCLK}/64$；　111：$f_{HSMCLK}/128$。

4）DIVM：第16～18位，MCLK时钟源分频器，分频后作为MCLK时钟。

000：$f_{MCLK}/1$；　001：$f_{MCLK}/2$；　010：$f_{MCLK}/4$；　011：$f_{MCLK}/8$；

100：$f_{MCLK}/16$；　101：$f_{MCLK}/32$；　110：$f_{MCLK}/64$；　111：$f_{MCLK}/128$。

5）SELB：第12位，BCLK参考时钟源选择控制位。

0：LFXTCLK；　1：REFOCLK。

6）SELA：第8～10位，ACLK参考时钟源选择控制位。

000：当LFXT有效时，选择LFXTCLK，否则，选择REFOCLK；

001：VLOCLK；　010：REFOCLK；

011～111：保留为以后用，默认为REFOCLK。

7）SELS：第4～6位，SMCLK和HSMCLK参考时钟源选择控制位。

000：当LFXT有效时，选择LFXTCLK，否则，选择REFOCLK；

001：VLOCLK；　010：REFOCLK；　011：DCOCLK；　100：MODOSC；

101：当HFXT有效时，选择HFXT CLK，否则，选择DCOCLK；

110：保留为以后用，默认为DCOCLK；

111：保留为以后用，默认为DCOCLK。

8）SELM：第0～2位，MCLK参考时钟源选择控制位。

000：当LFXT有效时，选择LFXTCLK，否则，选择REFOCLK；

001：VLOCLK；　010：REFOCLK；　011：DCOCLK；　100：MODOSC；

101：当HFXT有效时，选择HFXT CLK，否则，选择DCOCLK；

110：保留为以后用，默认为DCOCLK；

111：保留为以后用，默认为DCOCLK。

（4）时钟模块控制寄存器2（CSCTL2）

31	30	29	28	27	26	25	24
保留						HFXTBYPASS	HFXT_EN
23	**22**	**21**	**20**	**19**	**18**	**17**	**16**
保留	HFXTFREQ			保留		保留	HFXTDRIVE
15	**14**	**13**	**12**	**11**	**10**	**9**	**8**
保留						LFXTBYPASS	LFXT_EN
7	**6**	**5**	**4**	**3**	**2**	**1**	**0**
保留	保留					LFXTDRIVE	

1）HFXTBYPASS：第 25 位，HFXT 旁路选择控制器。

0：HFXT 来源于外部晶振；　　1：HFXT 来源于外部方波。

2）HFXT_EN：第 24 位，HFXT 打开控制位。

0：当 HFXT 被用作 MCLK、HSMCLK 或 SMCLK 的时钟源，且没有设置为旁路模式时，HFXT 打开；

1：当 HFXT 引脚设置为 HFXT 功能且没有设置为旁路模式时，HFXT 打开。

3）HFXTFREQ：第 20 ~ 22 位，HFXT 频率选择位，HFXTFREQ 的大小应根据所连接的晶振的频率。

000：1MHz ~ 4MHz；　　001：4MHz ~ 8MHz；

010：8MHz ~ 16MHz；　　011：16MHz ~ 24MHz；

100：24MHz ~ 32MHz；　　101：32MHz ~ 40MHz；

110：40MHz ~ 48MHz；　　011：保留为以后用。

4）HFXTDRIVE：第 16 位，HFXT 振荡器驱动调节控制位。

0：HFTX 振荡器最小驱动能力，此时，HFXTFREQ 设置为 000；

1：HFTX 振荡器最大驱动能力、最大电流消耗，此时，HFXTFREQ 设置为 001 ~ 110。

5）LFXTBYPASS：第 9 位，LFXT 旁路选择控制器。

0：LFXT 来源于外部晶振；　　1：LFXT 来源于外部方波。

6）LFXT_EN：第 8 位，LFXT 打开控制位。

0：当 LFXT 被用作 ACLK、HSMCLK 或 MCLK 的时钟源且没有设置为旁路模式时，LFXT 打开；

1：当 LFXT 引脚设置为 LFXT 功能且没有设置为旁路模式时，LFXT 打开。

7）LFXTDRIVE：第 0 ~ 1 位，LFXT 振荡器驱动调节控制位。当 LFXT 可用时，复位值为 7，当 LFXT 不可用时，复位值为 0。

0：最低电流消耗；　　1 ~ 2：增强 LFTX 振荡器的驱动能力；

3：增强 LFTX 振荡器的驱动能力。

（5）时钟模块控制寄存器 3（CSCTL3）

31	30	29	28	27	26	25	24
保留							
23	**22**	**21**	**20**	**19**	**18**	**17**	**16**
保留							
15	**14**	**13**	**12**	**11**	**10**	**9**	**8**
保留							
7	**6**	**5**	**4**	**3**	**2**	**1**	**0**
FCNTHF_EN	RFCNTHF	FCNTHF		FCNTLF_EN	RFCNTLF	FCNTLF	

1）FCNTHF_EN：第 7 位，为 HFXT 启动故障计数器使能位。当 HFXT 可用时，复位值为 1，当 HFXT 不可用时，复位值为 0。

0：禁止故障计数器；　　1：使能故障计数器。

2）RFCNTHF：第 6 位，重新为 HFXT 启动故障计数器。只能进行写操作，并只能写入 1，写操作完成后，自动清 0。当 HFXT 可用时，复位值为 1，当 HFXT 不可用时，复位值为 0。

0：不使用；　　　　　　　　　　　1：重新启动故障计数器。

3）**FCNTHF**：第 4～5 位，在 HFXTIFG 可清除前，选择 HFXT 周期数。当 HFXT 可用时，复位值为 3，当 HFXT 不可用时，复位值为 0。

00：2048；　　　01：4096；　　　10：8192；　　　11：16384。

4）**FCNTLF_EN**：第 3 位，为 LFXT 启动故障计数器使能位。当 LFXT 可用时，复位值为 1，当 LFXT 不可用时，复位值为 0。

0：禁止故障计数器；　　　　　　　1：使能故障计数器。

5）**RFCNTLF**：第 2 位，重新为 LFXT 启动故障计数器。只能进行写操作，并只能写入 1，写操作完成后，自动清 0。当 LFXT 可用时，复位值为 1，当 LFXT 不可用时，复位值为 0。

0：不使用；　　　　　　　　　　　1：重新启动故障计数器。

6）**FCNTLF**：第 0～1 位，在 LFXTIFG 可清除前，选择 LFXT 周期数。当 LFXT 可用时，复位值为 3，当 LFXT 不可用时，复位值为 0。

00：4096；　　　01：8192；　　　10：16384；　　　11：32768。

（6）时钟模块使能寄存器（CSCLKEN）

<table>
<tr><td>31</td><td>30</td><td>29</td><td>28</td><td>27</td><td>26</td><td>25</td><td>24</td></tr>
<tr><td colspan="8">保留</td></tr>
<tr><td>23</td><td>22</td><td>21</td><td>20</td><td>19</td><td>18</td><td>17</td><td>16</td></tr>
<tr><td colspan="8">保留</td></tr>
<tr><td>15</td><td>14</td><td>13</td><td>12</td><td>11</td><td>10</td><td>9</td><td>8</td></tr>
<tr><td>REFOFSEL</td><td colspan="4">保留</td><td>MODOSC_EN</td><td>REFO_EN</td><td>VLO_EN</td></tr>
<tr><td>7</td><td>6</td><td>5</td><td>4</td><td>3</td><td>2</td><td>1</td><td>0</td></tr>
<tr><td>保留</td><td colspan="3">保留</td><td>SMCLK_EN</td><td>HSMCLK_EN</td><td>MCLK_EN</td><td>ACLK_EN</td></tr>
</table>

1）**REFOFSEL**：第 15 位，选择 REFO 标称频率。

0：32.768kHz；　　　　　　　　　1：128kHz。

2）**MODOSC_EN**：第 10 位，MODOSC 振荡器打开控制位。

0：当 MODOSC 被用作 ACLK、HSMCLK、SMCLK 或 MCLK 的时钟源时，MODOSC 打开；

1：MODOSC 打开。

3）**REFO_EN**：第 9 位，REFO 振荡器打开控制位。

0：当 REFO 被用作 ACLK、HSMCLK、SMCLK 或 MCLK 的时钟源时，REFO 打开；

1：REFO 打开。

4）**VLO_EN**：第 8 位，VLO 振荡器打开控制位。

0：当 VLO 被用作 ACLK、HSMCLK、SMCLK 或 MCLK 的时钟源时，VLO 打开；

1：VLO 打开。

5）**SMCLK_EN**：第 3 位，SMCLK 时钟条件请求控制位。

0：SMCLK 条件请求禁止；　　　　　1：SMCLK 条件请求允许。

6）**HSMCLK_EN**：第 2 位，HSMCLK 时钟条件请求控制位。

0：HSMCLK 条件请求禁止；　　　　1：HSMCLK 条件请求允许。

7）MCLK_EN：第 1 位，MCLK 时钟条件请求控制位。

0：MCLK 条件请求禁止；　　1：MCLK 条件请求允许。

8）ACLK_EN：第 0 位，ACLK 时钟条件请求控制位。

0：ACLK 条件请求禁止；　　1：ACLK 条件请求允许。

（7）时钟模块状态寄存器（CSSTAT）

31	30	29	28	27	26	25	24
保留			BCLK_READY	SMCLK_READY	HSMCLK_READY	MCLK_READY	ACLK_READY
23	22	21	20	19	18	17	16
REFOCLK_ON	LFXTCLK_ON	VLOCLK_ON	MODCLK_ON	SMCLK_ON	HSMCLK_ON	MCLK_ON	ACLK_ON
15	14	13	12	11	10	9	8
保留							
7	6	5	4	3	2	1	0
REFO_ON	LFXT_ON	VLO_ON	MODOSC_ON	保留	HFXT_ON	DCOBIAS_ON	DCO_ON

1）BCLK_READY：第 28 位，BCLK 就绪状态位，表明频率设定后，BCLK 是否稳定。

0：没有准备好；　　1：准备好。

2）SMCLK_READY：第 27 位，SMCLK 就绪状态位，表明频率设定后，SMCLK 是否稳定。

0：没有准备好；　　1：准备好。

3）HSMCLK_READY：第 26 位，HSMCLK 就绪状态位，表明频率设定后，HSMCLK 是否稳定。

0：没有准备好；　　1：准备好。

4）MCLK_READY：第 25 位，MCLK 就绪状态位，表明频率设定后，MCLK 是否稳定。

0：没有准备好；　　1：准备好。

5）ACLK_READY：第 24 位，ACLK 就绪状态位，表明频率设定后，ACLK 是否稳定。

0：没有准备好；　　1：准备好。

6）REFOCLK_ON：第 23 位，REFOCLK 状态。

0：没有准备好；　　1：准备好。

7）LFXTCLK_ON：第 22 位，LFXTCLK 状态。

0：没有准备好；　　1：准备好。

8）VLOCLK_ON：第 21 位，VLOCLK 状态。

0：没有准备好；　　1：准备好。

9）MODCLK_ON：第 20 位，MODCLK 状态。

0：没有准备好；　　1：准备好。

10）SMCLK_ON：第 19 位，SMCLK 状态。

0：没有准备好；　　1：准备好。

11）HSMCLK_ON：第 18 位，HSMCLK 状态。

0：没有准备好；　　1：准备好。

12）MCLK_ON：第 17 位，MCLK 状态。
0：没有准备好；　　1：准备好。
13）ACLK_ON：第 16 位，ACLK 状态。
0：没有准备好；　　1：准备好。
14）REFO_ON：第 7 位，REFO 状态。
0：没有准备好；　　1：准备好。
15）LFXT_ON：第 6 位，LFXT 状态。
0：没有准备好；　　1：准备好。
16）VLO_ON：第 5 位，VLO 状态。
0：没有准备好；　　1：准备好。
17）MODOSC_ON：第 4 位，MODOSC 状态。
0：没有准备好；　　1：准备好。
18）HFXT_ON：第 2 位，HFXT 状态。
0：没有准备好；　　1：准备好。
19）DCOBIAS_ON：第 1 位，DCO 偏置状态。
0：没有准备好；　　1：准备好。
20）DCO_ON：第 0 位，DCO 状态。
0：没有准备好；　　1：准备好。
（8）时钟模块中断使能寄存器（CSIE）

31	30	29	28	27	26	25	24
保留							
23	22	21	20	19	18	17	16
保留							
15	14	13	12	11	10	9	8
保留	保留	保留	保留	保留	保留	FCNTHFIE	FCNTLFIE
7	6	5	4	3	2	1	0
保留	DCOR_OPNIE	保留	保留	保留	保留	HFXTIE	LFXTIE

1）FCNTHFIE：第 9 位，HFXT 故障计数器中断使能位。
0：禁止中断；　　1：允许中断。
2）FCNTLFIE：第 8 位，LFXT 故障计数器中断使能位。
0：禁止中断；　　1：允许中断。
3）DCOR_OPNIE：第 6 位，DCO 外部电阻故障中断使能位。
0：禁止中断；　　1：允许中断。
4）HFXTIE：第 1 位，HFXT 晶振故障中断使能位。
0：禁止中断；　　1：允许中断。
5）LFXTIE：第 0 位，LFXT 晶振故障中断使能位。
0：禁止中断；　　1：允许中断。

（9）时钟模块中断标志寄存器（CSIFG）

31	30	29	28	27	26	25	24
保留							
23	**22**	**21**	**20**	**19**	**18**	**17**	**16**
保留							
15	**14**	**13**	**12**	**11**	**10**	**9**	**8**
保留	保留	保留	保留	保留	保留	FCNTHFIFG	FCNTLFIFG
7	**6**	**5**	**4**	**3**	**2**	**1**	**0**
保留	DCORIFG	保留	保留	保留	保留	HFXTIFG	LFXTIFG

1）**FCNTHFIFG**：第9位，HFXT故障计数器中断标志位，该位置位时，FCNTIFG也被置位。

0：没有中断挂起；　　1：中断挂起。

2）**FCNTLFIFG**：第8位，LFXT故障计数器中断标志位，该位置位时，FCNTIFG也被置位。

0：没有中断挂起；　　1：中断挂起。

3）**DCORIFG**：第6位，DCO外部电阻故障标志位。

0：DCO外部电阻存在，没有中断挂起；　　1：DCO外部电阻失效，中断挂起。

4）**HFXTIFG**：第1位，HFTX晶振故障标志位。

0：上电复位后，没有故障产生；　　1：上电复位后，HFXT产生故障。

5）**LFXTIFG**：第0位，LFTX晶振故障标志位。

0：上电复位后，没有故障产生；　　1：上电复位后，LFXT产生故障。

（10）DCO外部电阻校准寄存器（CSDCOERCAL）

31	30	29	28	27	26	25	24
保留					DCO_FCAL		
23	**22**	**21**	**20**	**19**	**18**	**17**	**16**
DCO_FCAL							
15	**14**	**13**	**12**	**11**	**10**	**9**	**8**
保留							
7	**6**	**5**	**4**	**3**	**2**	**1**	**0**
保留						DCO_TCCAL	

1）**DCO_FCAL**：第16~26位，DCO频率校准。

2）**DCO_TCCAL**：第0~1位，DCO频率温度补偿校准。

5.1.3 时钟系统应用举例

MSP432单片机具有多种时钟源，可外接低频或高频晶振，也可使用内部振荡器。用户可通过软件配置控制寄存器，选择相应的时钟源作为系统参考时钟，使用灵活方便。此处，以几个简单实用的实例介绍时钟系统的应用。

【例5.1.1】 使用内部数字时钟振荡器DCO和内部低功率低频振荡器RFEO，配置ACLK为REFOCLLK（约32kHZ），且将ACLK通过P4.2口输出；配置MCLK和SMCLK为DCOCLK

（约 3MHz），且将 MCLK 通过 P4.3 口输出（MSP432P401r 单片机中引脚 P4.2 和 ACLK 复用，引脚 P4.3 和 MCLK 复用）。

```
#include"msp.h"
int main(void) {
    WDTCTL = WDTPW |WDTHOLD;                    // 关闭看门狗
    P4DIR| = BIT2 |BIT3;                        // 设置 ACLK 通过 P4.2 输出
    P4SEL0 | = BIT2 |BIT3;                      // 设置 MCLK 通过 P4.3 输出
    P4SEL1 & =~(BIT2 |BIT3);
    CSKEY = CSKEY_VAL;                          // 解锁时钟寄存器,CSKEY_VAL = 0x0000695A
    CSCTL1 = SELA_2 |SELS_3|SELM_3;             // ACLK = REFO, SMCLK = MCLK = DCO
    CSKEY = 0;                                  // 锁定时钟寄存器
}
```

【例 5.1.2】 使用内部数字时钟振荡器 DCO，配置 DCO 频率范围为 12MHz，从而将 SMCLK 和 MCLK 配置为 12MHz，并将 SMCLK 和 MCLK 通过相应端口输出。

> **技巧：** MSP432 单片机时钟系统是单片机得以运行的基础，时钟系统产生时钟的准确性将影响单片机系统的性能。例如，定时器模块的 PWM 输出、ADC14 模块的采样频率、eUSCIA 模块的通信速率等都需要明确所用时钟的频率。因此，建议读者在开发系统功能前，将单片机运行的 3 种时钟：MCLK、SMCLK 和 ACLK，通过相应引脚输出，然后通过示波器观察，确定时钟频率。

```
#include"msp.h"
int main(void) {
    WDTCTL = WDTPW |WDTHOLD;                    // 关闭看门狗
    P4DIR | = BIT2 |BIT3;                       // 设置 ACLK 通过 P4.2 输出,
    P4SEL0 | = BIT2 |BIT3;                      // 设置 MCLK 通过 P4.3 输出
    P4SEL1 & =~(BIT2 |BIT3);
    CSKEY = CSKEY_VAL;                          // 解锁时钟寄存器,CSKEY_VAL = 0x0000695A
    CSCTL0 = 0;                                 // 复位时钟模块控制寄存器 0
    CSCTL0 = DCORSEL_3;                         // 设置 DCO 频率为 12MHz(频率范围为 8MHz~16MHz)
    CSCTL1 = SELA_2 |SELS_3 |SELM_3;            // ACLK = REFO, SMCLK = MCLK = DCO
    CSKEY = 0;                                  // 锁定时钟寄存器
    __sleep();                                  // 进入低功耗
    __no_operation();
}
```

【例 5.1.3】 XIN 和 XOUT 引脚接 32768Hz 低频手表晶振，将 ACLK 配置为 32768Hz，且将 ACLK 通过 P4.2 口输出。

```
#include"msp.h"
int main(void)
{
    WDTCTL = WDTPW |WDTHOLD;                    // 关闭看门狗
    P4DIR |= BIT2;                              // 设置 ACLK 通过 P4.2 输出
    P4SEL0 |= BIT2;
    PJSEL0 |= BIT0 |BIT1;                       // PJ0.0 和 PJ.1 选择 LFXT 晶振功能
```

```
    CSKEY = CSKEY_VAL;                          // 解锁时钟寄存器,CSKEY_VAL = 0x0000695A
    CSCTL2 |= LFXT_EN;                          // 使能 LFXT
    // 测试晶振是否产生故障失效,并清除故障失效标志位
    do
    { // 清除 XT2、XT1、DCO 故障标志位
        CSCLRIFG |= CLR_DCORIFG | CLR_HFXTIFG | CLR_LFXTIFG;
        SYSCTL_NMI_CTLSTAT & = ~ SYSCTL_NMI_CTLSTAT_CS_SRC;
    } while (SYSCTL_NMI_CTLSTAT & SYSCTL_NMI_CTLSTAT_CS_FLG);
                                                // 测试晶振故障时效中断标志位
    CSCTL1 = CSCTL1 & ~(SELS_M | DIVS_M) | SELA_0;      // ACLK 时钟来源 LFXT 晶振
    CSKEY = 0;                                  // 锁定时钟寄存器
    __sleep();                                  // 进入低功耗
    __no_operation();
}
```

【例 5.1.4】 XT2IN 和 XT2OUT 引脚接高频晶振，晶振频率为 48MHz，将 MCLK 和 HSMCLK 配置为 HFXTCLK，且将 MCLK 通过 P4.3 口输出，将 HSMCLK 通过 P4.4 口输出。

```
#include"msp.h"
void main(void)
{
    WDTCTL = WDTPW | WDTHOLD;                   // 关闭看门狗
    P4DIR |= BIT3 | BIT4;                       // 设置 MCLK 通过 P4.3 输出
    P4SEL0 |= BIT3 | BIT4;                      // 设置 HSMCLK 通过 P4.4 输出
    P4SEL1 & = ~(BIT3 | BIT4);
    PJSEL0 |= BIT2 | BIT3;                      // PJ0.2 和 PJ.3 选择 HFXT 晶振功能
    PJSEL1 & = ~(BIT2 | BIT3);
    CSKEY = CSKEY_VAL ;                         // 解锁时钟寄存器,CSKEY_VAL = 0x0000695A
    CSCTL2 |= HFXT_EN | HFXTFREQ_6 | HFXTDRIVE;
// 使能 HFXT,并设置频率范围为 40MHz ~ 48MHz
// 测试晶振是否产生故障失效,并清除故障失效标志位
    do
    { // 清除 XT2、XT1、DCO 故障标志位
        CSCLRIFG |= CLR_DCORIFG | CLR_HFXTIFG | CLR_LFXTIFG;
        SYSCTL_NMI_CTLSTAT & = ~ SYSCTL_NMI_CTLSTAT_CS_SRC;
    } while (SYSCTL_NMI_CTLSTAT & SYSCTL_NMI_CTLSTAT_CS_FLG);
    // 测试晶振故障时效中断标志位
    CSCTL1 = SELM__HFXTCLK | SELS__HFXTCLK;
                                                // MCLK 时钟来源 HFXT 晶振,HSMCLK 时钟来源 HFXT 晶振
    CSKEY = 0;                                  // 锁定时钟寄存器
    __sleep();                                  // 进入低功耗
    __no_operation();
}
```

5.2 低功耗结构及应用

MSP432 单片机引入了在 MSP430 单片机上类似的功耗模式，其中包括活动模式、LPM0、LPM3.5 和 LMP4.5 等模式。另外，MSP432 单片机还引入了两个新的低功耗模式。

首先介绍 MSP432 单片机的活动模式。在活动模式下，可以根据所需的功耗和性能，选择不同的内核电压。当 CPU 或外设需要在 0～24MHz 之间运行时，可使用 Vcore0 内核电压。此时可使用任意稳压器：LDO 或 DC/DC 稳压器。为了在较高的工作频率下实现高性能，例如 CPU 运行在 24～48MHz 之间时，建议采用 DC/DC 稳压器。使用 LDO 时，电流消耗约为 166μAh，而在活动模式下，电流消耗约为 100mAh。

LPM0 模式与 MSP430 单片机的 LPM0 模式很相似；在此模式下，除 CPU 和主时钟外的所有外设和时钟均处于工作状态。在此模式下，电流消耗为 65～100μA/MHz，具体值取决于所使用的稳压器。

接下来的 LPM3 和 LPM4 也是以前在 MSP430 单片机上的低功耗模式。在这些模式下，MSP432 单片机的所有模块都必须工作在 32kHz 的频率下。在该模式下，CPU 处于关闭状态，SRAM 数据保留，RTC 看门狗和 GPIO 口均处于工作模式。这些工作的模块均可作为低功耗模式的唤醒源，可以唤醒单片机，并进入活动模式。在 LPM3 模式下，MSP432 单片机的功耗约为 850nA。

LPM3.5 和 LMP4.5 也类似于 MSP430 单片机的相应模式。在这些模式中，整个单片机系统均被关闭。在 LPM3.5 模式下，SRAM 数据仍可保留，但内核逻辑和所有其他部分均关闭，必须且只能由 RTC 来管理低功耗模式持续的时间。在 LPM3.5 模式下，可通过 RTC 中断，或者通过其他端口的中断事件来唤醒。在 LPM3.5 模式下，也可通过复位或 GPIO 口使单片机恢复工作状态。

MSP432 单片机还引入了两种新模式，这两种新模式均为低频模式。低频模式属于特殊模式，这种模式保持单片机系统中的所有部分都处于工作状态。但是，所有时钟必须小于或等于 120kHz。这样一来，整个单片机的电流消耗为 70μAh 或更少。

MSP432 单片机将 MSP 与 Cortex M 架构完美融合，可以使用同这两种架构相同的睡眠或唤醒机制来进入睡眠状态或者唤醒单片机，即可以使用多种方法来指示器件进入睡眠状态或唤醒。可以使用 Cortex M 的 CMSIS 指令，也可以按照 MSP 固有的惯例，例如 GoTo LPM0 或 GoTo LPM3 来进入各种低功耗模式。除了固有惯例，MSP432 单片机还提供了一组驱动程序库的调用 API，可以轻松进行模式切换。

5.2.1 低功耗模式

各工作模式、控制位、CPU、时钟活动状态之间的相互关系如表 5-6 所示。

表 5-6 MSP432 单片机工作模式列表

MSP432		PCMCTL0		特征和应用约束
		AMR [3:0]	LPMR [3:0]	
活跃模式	AM_LDO_VCORE0	0h	×	基于 LDO 或 DC-DC 调节器的核心电压电平等级为 0 的有源模式 CPU 处于活动状态，所有的外设功能可用 CPU 和 DMA 最大工作频率为 24MHz 外设最大输入时钟频率为 12MHz 所有低频和高频时钟源都可以被激活 Flash 和所有使能的 SRAM 存储体都处于活动状态
	AM_DCDC_VCORE0	4h	×	

（续）

<table>
<tr><th colspan="2" rowspan="2">MSP432</th><th colspan="2">PCMCTL0</th><th rowspan="2">特征和应用约束</th></tr>
<tr><th>AMR［3:0］</th><th>LPMR［3:0］</th></tr>
<tr><td rowspan="2">活跃模式</td><td>AM_LDO_VCORE1</td><td>1h</td><td>×</td><td rowspan="2">基于 LDO 或 DC-DC 调节器的有源模式在核心电压电平等级为 1
CPU 处于活动状态，所有的外设功能可用
CPU 和 DMA 最大工作频率为 48MHz
外设最大输入时钟频率为 24MHz
所有低频和高频时钟源都可以被激活
Flash 和所有使能的 SRAM 存储体都处于活动状态</td></tr>
<tr><td>AM_DCDC_VCORE1</td><td>5h</td><td>×</td></tr>
<tr><td rowspan="2">低频活跃模式</td><td>AM_LF_VCORE0</td><td>8h</td><td>×</td><td rowspan="2">核心电压等级为 0 或 1，基于 LDO 的低频有源模式
CPU 处于活动状态，所有的外设功能可用
CPU、DMA 和外设最大工作频率为 128kHz
只能使用低频时钟源（LFXT、REFO 和 VLO）
所有高频时钟源都需要被禁用
Flash 和所有使能的 SRAM 存储体都处于活动状态
Flash 擦除/编程操作和 SRAM 库使能或保持使能
DC-DC 调节器不能使用</td></tr>
<tr><td>AM_LF_VCORE1</td><td>9h</td><td>×</td></tr>
<tr><td colspan="2">LPM0</td><td>—</td><td>×</td><td>睡眠模式，外设使能，CPU 关闭</td></tr>
<tr><td colspan="2">低频 LPM0</td><td>—</td><td>×</td><td>睡眠模式，CLK < 128kHz</td></tr>
<tr><td colspan="2">LPM3</td><td>×</td><td>0h</td><td>基于 LDO 的工作模式，核心电压为 0 或 1 级
CPU 不活动，外设功能减少
只有 RTC 和 WDT 模块可以工作，最大输入时钟频率为 32.768kHz
所有其他外设和保留使能的 SRAM 组都保持在状态保持电源门控状态
Flash 被禁用。SRAM 组被禁用
只能使用低频时钟源（LFXT、REFO 和 VLO）
所有高频时钟源都被禁用
器件 I/O 引脚状态被锁存并保持
DC-DC 调节器不能使用</td></tr>
<tr><td colspan="2">LPM4</td><td>×</td><td>0h</td><td>基于 LDO 的工作模式为核心电压 0 或 1 级
CPU 关闭，无外设功能
所有外设和保留使能的 SRAM 组都保持在状态保持电源门控状态
Flash 被禁用。SRAM 组被禁用
所有低频和高频时钟源都被禁用
器件 I/O 引脚状态被锁存并保持
DC-DC 调节器不能使用</td></tr>
<tr><td colspan="2">LPM3.5</td><td>×</td><td>Ah</td><td>基于 LDO 的工作模式为核心电压等级 0
只有 RTC 和 WDT 模块可以工作，最大输入时钟频率为 32.768kHz
CPU 和所有其他外设都掉电
只有 SRAM 的 Bank-0 处于数据保留状态。所有其他 SRAM 库和 Flash 都被关闭
只能使用低频时钟源（LFXT、REFO 和 VLO）
所有高频时钟源都被禁用
I/O 引脚状态被锁存并保持
DC-DC 调节器不能使用</td></tr>
</table>

（续）

MSP432	PCMCTL0		特征和应用约束
	AMR [3:0]	LPMR [3:0]	
LPM4.5	×	Ch	核心电压关闭 CPU、Flash、所有SRAM存储区以及所有外围设备都关闭电源 所有低频和高频时钟源都掉电 I/O引脚状态被锁存并保持

1. LPM0模式的进入与退出

要进入LPM0模式，需要使用单片机的系统控制寄存器（SCR）。LPM0模式与活动模式请求不同，因为写入SCR寄存器不会立即导致进入LPM0模式。只有启动低功耗模式，且WFI、WFE或SLEEPONEXIT事件发生后，才能进入LPM0模式。使用SCR寄存器是进入LPM0模式的前提条件。基本步骤如下：

1）应用程序通过在SCR中写入SLEEPDEEP=0来选择睡眠模式；

2）LPM0模式被激活并等待WFE、WFI或睡眠退出事件。

以下事件导致从LPM0模式唤醒：

1）外部复位或NMI(RSTn/NMI)；

2）启用中断和锁存事件，包括通用I/O事件；

3）调试器事件，如停止、复位等。

2. LPM3、LPM4模式的进入与退出

要进入LPM3或LPM4模式，还需要使用单片机的系统控制寄存器（SCR）。同样，在启动低功耗模式后，需要WFI、WFE或SLEEPONEXIT事件发生后，才能进入LPM3或LPM4模式。使用SCR寄存器是进入LPM3或LPM4模式的前提条件。基本步骤如下：

1）在程序中，设置PCMCTL0中SLEEPDEEP=1或SCR中的LPMR=0h，来选择LPM3或LPM4模式。

2）此时，LPM3或LPM4正在等待WFE、WFI或睡眠退出事件。

3）在WFI事件中，PCM会检查从当前活动模式到LPM3或LPM4的转换是否有效。如果转换无效，则PCM置位LPM_INVALID_TR_IFG标志，然后中止LPM3或LPM4。如果LPM_INVALID_TR_IFG=1，并且LPM_INVALID_TR_IE=0，则单片机进入对应于活动模式的LPM0模式，直到中断事件唤醒为止。

4）如果转换有效，则PCM锁定PCMCTL0和CS寄存器。此外，禁止任何新的时钟请求、任何新的硬件复位（RSTn/NMI）和调试器复位（DBGRSTREQ）请求。

5）PCM将检查当前时钟设置，以确定在LPM3模式期间是否有不支持的未完成时钟请求。在有违反LPM3模式的时钟出现时，时钟无效标志LPM_INVALID_CLK_IFG被置1，且FORCE_LPM_ENTRY=0。当出现此情况时，PCM不会进入LPM3模式。如果时钟设置不违反系统时钟要求或FORCE_LPM_ENTRY=1，则PCM开始初始化到LPM3的转换。在这种情况下，LPM_INVALID_CLK_IFG不置位。在LPM_INVALID_CLK_IFG设置为1、LPM_INVALID_CLK_IE=0的情况下，单片机进入与活动模式对应的LPM0模式，直到中断事件唤醒为止。

6）在LPM3模式中禁用RTC和WDT模块，即可进入LPM4模式。当有不满足进入LPM3

模式的时钟要求时，无法进入 LPM4 模式。

7）PCM 调整 LPM3 或 LPM4 模式的电源系统。当电源系统调整稳定后，PCM 解锁 PCM-CTL0 和 CS 寄存器并启用时钟请求。当 PCM 完成其操作时，PMR 忙标志被清零（PMR_BUSY = 0），PCMCTL0 和 CS 寄存器被解锁。

从 LPM3/LPM4 模式唤醒的唤醒源有多个。LPM3 或 LPM4 模式的所有可能的唤醒源如表 5-7 所示。唤醒后，设备将返回进入 LPM3 或 LPM4 模式前的活动模式。

表 5-7 低功耗模式的唤醒源

外 设	唤醒源	LPM0	LPM3	LPM4	LPM3. 5	LPM4. 5
eUSCI_A	任何启用的中断	Yes	—	—	—	—
eUSCI_B	任何启用的中断	Yes	—	—	—	—
Timer_A	任何启用的中断	Yes	—	—	—	—
Timer32	任何启用的中断	Yes	—	—	—	—
Comparator_E	任何启用的中断	Yes	—	—	—	—
ADC14	任何启用的中断	Yes	—	—	—	—
AES256	任何启用的中断	Yes	—	—	—	—
DMA	任何启用的中断	Yes	—	—	—	—
系统时钟	任何启用的中断	Yes	—	—	—	—
电源控制管理器（PCM）	任何启用的中断	Yes	—	—	—	—
FLCTL	任何启用的中断	Yes	—	—	—	—
WDT_A(看门狗模式)	看门狗驱动复位	Yes	—	—	—	—
RTC_C	任何启用的中断	Yes	Yes	—	Yes	—
WDT_A(定时器模式)	启用的中断	Yes	Yes	—	Yes	—
I/O	任何启用的中断	Yes	Yes	Yes	—	—
NMI	外部 NMI	Yes	Yes	Yes	—	—
PSS	启用的中断	Yes	Yes	Yes	Yes	Yes
调试器上电请求	SYSPWRUPREQ 事件	—	Yes	Yes	Yes	Yes
调试器复位请求	DBGRSTREQ 事件	Yes	Yes	Yes	Yes	Yes
RSTn	外部复位事件	Yes	Yes	Yes	Yes	Yes

3. LPM3. 5、LPM4. 5 模式的进入与退出

LPM3. 5 和 LPM4. 5 进出的处理方式与其他低功耗模式不同。若能够正确使用 LPM3. 5 和 LPM4. 5 模式，则可以实现最低功耗。为了实现这一点，进入 LPM3. 5 和 LPM4. 5 模式需要卸载电源来禁用设备上的大多数电路。因为从电路中去除电源电压，大部分寄存器内容以及 SRAM 内容都会丢失。对于 LPM3. 5，唯一可用的模块是 RTC 和 WDT，以及保留模式下 SRAM 的 bank 0。这些模块的活动状态是可由用户选择的。对于 LPM4. 5，没有模块可用。在 LPM4. 5 中，完整的核心逻辑电源被关闭，电源从所有电路中被完全移除。在 LPM4. 5 操作期间，只有最低限度的电路才能启动，以唤醒设备。

以下是进入 LPM3. 5 和 LPM4. 5 模式的基本步骤：

1）确保 LOCKLPM5 = 0 和 LOCKBKUP = 0。

2）正确配置 I/O。

将所有端口设置为通用。配置每个端口，且状态确定，以确保外部的浮动输入对 I/O 端口没有影响；如果需要从 I/O 唤醒，需要配置相应的 I/O 端口。

3）对于 LPM3.5，如果需要 RTC 操作，需要使能 RTC。此外，如果需要 LPM3.5 唤醒事件，配置 RTC 中断。有关详细信息，请参阅 6.4.3 节。

4）在 LPMR 写入 Ah（LPM3.5 模式）或写入 Ch（LPM4.5 模式），并在 SCR 中设置 SLEEP-DEEP = 1。

5）等待 WFI、WFE 或睡眠退出事件。在进入 LPMx.5 模式时，I/O 引脚条件保持锁定在其当前状态。此外，LOCKLPM5、LOCKBKUP 位在进入 LPM3.5 模式的情况下自动设置，只有在进入 LPM4.5 模式时才设置 LOCKLPM5 位。

从 LPM3.5 和 LPM4.5 模式退出会导致 POR 事件，从而强制单片机完全重置。因此，在退出 LPM3.5 和 LPM4.5 模式时，在程序中需要重新设置各模块。LPM3.5 和 LPM4.5 模式的唤醒时间明显长于其他低功耗模式的唤醒时间，因此，LPM3.5 和 LPM4.5 模式的使用应限制在非常低的占空比事件。表 5-7 显示了 LPM3.5 和 LPM4.5 支持的各种唤醒源。

以下是从 LPM3.5 和 LPM4.5 模式退出的基本步骤：

1）LPM3.5 和 LPM4.5 唤醒事件（例如，I/O 唤醒中断或 RTC 事件）会导致单片机重新初始化整个 POR 事件。所有外设寄存器均设置为默认条件。

2）PCMCTL0 寄存器被清零。

3）在进入 LPM3.5 和 LPM4.5 模式时配置的 I/O 端口，由于 LOCKLPM5 = 1 而保持其引脚状态。保持 I/O 引脚锁定，确保所有引脚条件在进入活动模式时保持稳定。所有其他端口配置寄存器如 PxDIR、PxREN、PxOUT、PxDS、PxIES 和 PxIE 内容都将丢失。

4）处于活动模式时，在 LPM3.5 和 LPM4.5 模式下未保留的 I/O 配置和 I/O 中断配置应恢复为进入 LPM3.5 和 LPM4.5 模式之前的值。

5）如果从 LPM3.5 退出，在 LPM3.5 中未保留的 RTC 中断配置也应恢复为进入 LPM3.5 之前的值。

6）清除 LOCKLPM5 和 LOCKBKUP 位。

7）如果需要中断服务，则应为端口或 RTC 模块配置 NVIC 中断使能寄存器。

8）要重新输入 LPM3.5 和 LPM4.5 模式，LOCKLPM5 和 LOCKBKUP 位必须在重新输入之前清零，并且应遵循 LPM3.5 和 LPM4.5 的进入顺序。

5.2.2 MSP432 微控制器各模式下电流消耗

活动模式下的 Flash 执行存储器 MSP432 电流消耗如表 5-8 所示。具体请参考 MSP432 数据手册第 32 页。

表 5-8　活动模式下流入 VCC 的电流（不包含外部电流）

参数	VCC	频率 fMCLK										单位
		1MHz		8MHz		24MHz		32MHz		48MHz		
		典型	最大	典型	最大	典型	最大	典型	最大	典型	最大	
IAM_DCDC_VCORE0	3.0V	400	475	925	1 050	2 060	2 300					μA
IAM_DCDC_VCORE1	3.0V	430	550	1 100	1 280	2 650	3 000	3 290	3 700	4 720	5 300	μA

各低功耗模式下的 MSP432 电流消耗如表 5-9 所示。具体请参考 MSP432 数据手册第 38 页。

表 5-9　低频模式和低功耗模式下流入 VCC 的电流（不包含外部电流）

参数	V_{CC}	-40℃		25℃		60℃		85℃		单位
		典型	最大	典型	最大	典型	最大	典型	最大	
$I_{AM\_LF\_VCORE0}$	2.2V	75	—	80	—	95	—	115	—	μA
	3.0V	78	—	83	100	98	—	118	200	μA
$I_{AM\_LF\_VCORE1}$	2.2V	78	—	85	—	105	—	125	—	μA
	3.0V	81	—	88	110	105	—	128	245	μA
$I_{LPM0\_LF\_VCORE0}$	2.2V	58	—	63	—	78	—	94	—	μA
	3.0V	61	—	66	82	81	—	97	180	μA
$I_{LPM0\_LF\_VCORE1}$	2.2V	60	—	66	—	84	—	104	—	μA
	3.0V	63	—	69	90	87	—	107	220	μA
$I_{LPM3\_VCORE0\_RTCLF}$	2.2V	0.52	—	0.64	—	1.11	—	2.43	—	μA
	3.0V	0.54	—	0.66	0.85	1.13	—	2.46	5	μA
$I_{LPM3\_VCORE1\_RTCLF}$	2.2V	0.72	—	0.93	—	1.47	—	2.95	—	μA
	3.0V	0.75	—	0.95	1.35	1.5	—	2.98	6	μA
I_{LPM4_VCORE0}	2.2V	0.37	—	0.48	—	0.92	—	2.19	—	μA
	3.0V	0.4	—	0.5	0.65	0.94	—	2.2	4.8	μA
I_{LPM4_VCORE1}	2.2V	0.54	—	0.7	—	1.2	—	2.58	—	μA
	3.0V	0.56	—	0.72	0.98	1.23	—	2.6	5.6	μA
$I_{LPM3.5\_RTCLF}$	2.2V	0.48	—	0.6	—	1.07	—	2.36	—	μA
	3.0V	0.5	—	0.63	0.81	1.1	—	2.38	4.9	μA
$I_{LPM4.5}$	2.2V	10	—	20	—	45	—	125	—	nA
	3.0V	15	—	25	35	50	—	150	300	nA

5.2.3　低功耗模式应用举例

【例 5.2.1】　列举与低功耗模式相关的内部函数。

分析： MSP432 的软件开发环境（CCSv6.1）为低功耗模式的设置与控制提供了以下内部函数。

```
__sleep();                                          // 进入低功耗模式 0

SCB_SCR |= (SCB_SCR_SLEEPDEEP);                     // 进入低功耗模式 3
__sleep();

    SCB_SCR |= (SCB_SCR_SLEEPDEEP);                 // 进入低功耗模式 3.5
    PCMCTL0 = PCM_CTL_KEY_VAL |LPMR__LPM35;
__sleep();

    SCB_SCR |= (SCB_SCR_SLEEPDEEP);                 // 进入低功耗模式 4.5
    PCMCTL0 = PCM_CTL_KEY_VAL |LPMR__LPM45;
```

```
__sleep();
```

【例 5.2.2】 分别利用软件延迟和定时器实现 LED 闪烁。

分析： MSP432P401 单片机的 P1.0 引脚外接一个红色的小 LED，本实例分别利用软件延迟和定时器的方法实现 LED 的闪烁，并通过对比对低功耗模式的应用进行解释。

1）利用软件延时的方法实现 LED 闪烁的实例程序，代码如下所示。

```
#include "msp.h"
{
volatile unsigned int i;
WDTCTL = WDTPW + WDTHOLD;                        // 关闭看门狗
P1DIR |= BIT0;                                   // 将 P1.0 设置为输出
while(1)                                         // 主循环
{
    P1OUT ^= BIT0;                               // 反转 P1.0 引脚输出状态
    for(i = 65535;i >0;i --);                    // 延时一段时间
}
}
```

2）利用定时器延时实现 LED 闪烁的实例程序，代码如下所示。

```
#include "msp.h"
int main(void)
{
WDTCTL = WDTPW |WDTHOLD;                         // 关闭看门狗
P1DIR |= BIT0;                                   // 设 P1.0 为输出方向
    P1OUT |= BIT0;                               // 设 P1.0 为输出高
TA0CTL = TASSEL_1 |MC_2 |TACLR |TAIE;
// ACLK,连续计数模式,清除 TAR,并使能 TAIFG 中断
SCB_SCR |= SCB_SCR_SLEEPONEXIT;                  // 退出中断的同时从低功耗模式唤醒
__enable_interrupt();                            // 使能全局中断
NVIC_ISER0 = 1 << ((INT_TA0_N - 16) & 31);       // 在 NVIC 模块中使能 TA0 中断
__sleep();
__no_operation();
}
// 定时器中断服务函数
void TimerA0_NIsrHandler(void)
{
TA0CTL & = ~TAIFG;                               // 清除 TAIFG 中断标志位
P1OUT ^= BIT0;                                   // 反转 P1.0 口输出状态
}
```

通过对以上两个程序分析可知，在利用软件延时的方法实现 LED 闪烁的程序中，CPU 从 65 535 开始一直递减计数，直到 i 等于 0，反转一次 P1.0 口状态，之后继续计数，从未停止。而在利用定时器延时的方法实现 LED 闪烁的程序中，当程序将定时器 TA0 配置完成之后，MSP432 单片机就进入了 LPM0 模式，CPU 即被停止，只有当定时时间到（65 535 个 SMCLK 时钟周期），CPU 才被唤醒执行 TA0 中断服务程序，进而反转 P1.0 口输出状态，之后再次进入 LPM0，等待定时时间到反转 P1.0 口输出状态。利用软件延时的方法就好像一个人一直从 65 535开始递减数数，当数到 0 后，按下电灯开关，之后再从 65 535 开始递减数数，如此循环

往复，从不休息；利用定时器延迟的方法就好像一个人手中有一个闹钟，他首先将闹钟定时一段时间，当定时时间到，他就按下电灯开关，在定时时间未到的时间内，他可以打扫房间、做饭，甚至睡觉。从这个生活实例中可以很清晰地明白 MSP432 低功耗模式的工作原理。

MSP432 单片机低功耗模式还有很多其他的应用，需要读者在以后的学习和应用中不断摸索。

5.3 本章小结

本章详细介绍了 MSP432 单片机时钟系统与低功耗结构的工作原理。时钟系统可为 MSP432 单片机提供系统时钟，是 MSP432 单片机中最为关键的部件之一。MSP432 单片机具有多种时钟源，可外接低频或高频晶振，也可使用内部振荡器而无须外部晶振，具体可通过配置相应控制寄存器实现。MSP432 单片机低功耗模式与时钟系统息息相关，从本质上来说，不同的低功耗模式是通过关闭不同的系统时钟来实现的，关闭的系统时钟越多，MSP432 单片机所处的低功耗模式就越深，功耗也越低。读者可充分利用 MSP432 单片机时钟系统和低功耗模式编写出高效、稳定的程序代码，且使单片机的功耗降至最低。

5.4 思考题与习题

1. 简述 MSP432 单片机时钟系统的作用。
2. MSP432 单片机时钟系统模块的时钟来源有哪些？时钟系统能产生哪 3 类时钟？每类时钟具有哪些特点？
3. 简述 MSP432 单片机片内模块结构框图的表示规则。
4. 内部超低功耗低频振荡器和内部调整低频参考时钟振荡器的典型时钟频率分别为多少？
5. MSP432 低功耗模式电流有多大？
6. 若 LFXT 振荡器采用超低功耗的 32 768Hz 手表晶振，与之匹配的负载电容为多大？
7. LFXT 振荡器有哪些工作模式？在各工作模式下，LFXT 所支持的晶振类型是什么？
8. DCO 默认的频率是 3MHz，若想提高 DCO，怎么设置？
9. DCO 时钟能否精确配置？如何配置？
10. 晶振故障失效标志有哪些？各晶振故障失效标志所代表的含义是什么？
11. 列举 MSP432 单片机所具有的低功耗模式，并比较各低功耗模式下 CPU 和系统时钟的活动状态。
12. 简述时钟系统与低功耗模式之间的联系。
13. 列举与低功耗模式相关的内部函数。

MSP432微控制器输入输出模块

单片机中的输入输出模块是供信号输入、输出所用的模块化单元。MSP432单片机的片内输入输出模块非常丰富，典型的输入输出模块有：通用I/O端口、模/数转换模块、比较器E、定时器。本章重点讲述MSP432单片机的各个典型输入输出模块的结构、原理及功能，并针对各个模块给出了简单的应用例程。

6.1 通用I/O端口

6.1.1 MSP432微控制器端口概述

通用I/O端口是单片机最重要也是最常用的外设模块。通用I/O端口不但可以直接用于输入/输出，而且可以为MSP432单片机应用系统扩展提供必要的逻辑控制信号。

MSP432单片机最多可以提供11个通用I/O端口（P1～P10和PJ）。大部分端口有8个引脚，少数端口引脚少于8个。每个I/O引脚都可以独立地设置为输入或者输出方向，并且每个I/O引脚都可以独立地读取或者写入，所有的端口寄存器都可以独立地置位或者清零。

P1～P6引脚具有中断能力。从P1～P6端口的各个I/O引脚引入的中断可以独立地使能，并且可以设置为上升沿或者下降沿触发中断。所有的P1端口的I/O引脚的中断都来源于同一个中断向量P1IV，同理，P2端口的中断源都来源于另一个中断向量P2IV。

每个独立的端口可以进行字节访问，或者两个结合起来进行字节访问。端口P1/P2、P3/P4、P5/P6、P7/P8等结合起来分别叫作PA、PB、PC、PD等。当进行字操作写入PA口时，所有的16位数据都被写入这个端口，利用字节操作写入PA端口的低字节时，高字节保持不变；类似地，利用字节指令写入PA端口高字节时，低字节保持不变。其他端口也是一样。当写入的数据长度小于端口的最大长度时，那些没有用到的位保持不变。所有端口都利用这个规则来访问，而中断向量寄存器，例如P1IV和P2IV，它们只能进行字节操作，也就是说，不存在中断向量寄存器PAIV。

6.1.2 通用 I/O 端口输出特性

> **基础知识**：在介绍 MSP432 单片机端口输出特性之前，首先介绍什么是灌电流和拉电流。简而言之，灌电流是外部电源输入单片机引脚的电流，外部是源，形象地称为灌入；拉电流是单片机引脚输出的电流，单片机内部是源，形象地称为拉出。

MSP432 单片机在默认输出驱动（PxDS. y = 0 即欠驱动强度）且单片机供电电压 V_{CC}为 3V 的条件下，端口低电平和高电平的输出特性分别如图 6-1 和图 6-2 所示。其中，电流输入为正，输出为负。

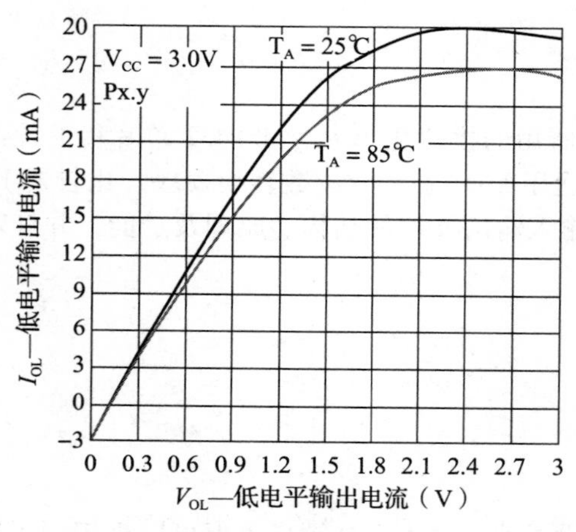

图 6-1 低电平输出特性（PxDS. y = 0）

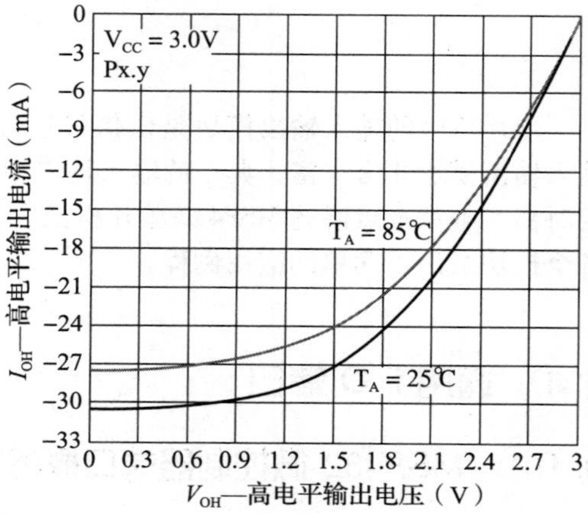

图 6-2 高电平输出特性（PxDS. y = 0）

低电平的测试条件示意图如图 6-3 所示。在低电平输出特性测试时，内部接地，外接可变电源，电流灌入单片机引脚，即 I_{OL}为灌电流。通过更改外部可变电源，测得 MSP432 单片机的低电平输出特性，由图 6-1 可知，在常温下，MSP432 单引脚最大输入电流约为 29mA。另外，在输出低电平时，单引脚输入电流越大，内部分压越大，因此，会相应抬高低电平时的输出电压。

高电平的测试条件示意图如图 6-4 所示。在高电平输出特性测试时，内部接 VCC，外接可变电源，电流拉出单片机引脚，即 I_{OL}为拉电流。通过更改外部可变电源，测得 MSP432 单片机的高电平输出特性，由图 6-2 可知，在常温下，MSP432 单引脚最大输出电流约为 31mA。另外，在输出高电平时，单引脚输出电流越大，内部分压越大，因此，会相应降低低电平的输出电压。

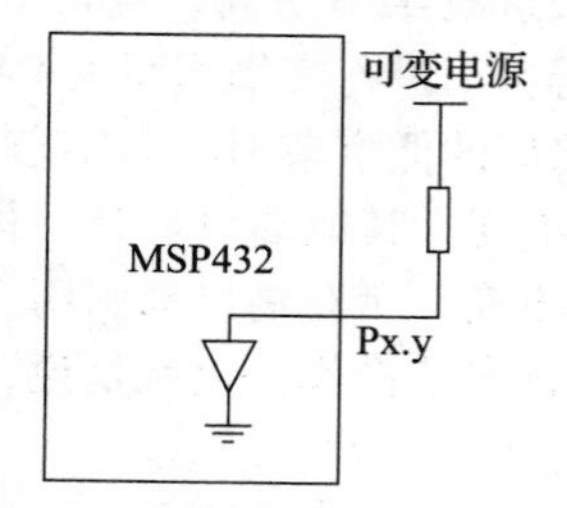

图 6-3 低电平测试条件示意图

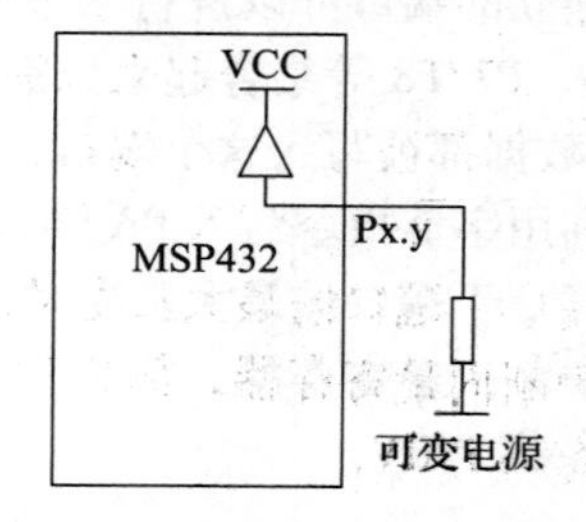

图 6-4 高电平测试条件示意图

当 PxDS. y 控制位被配置为 1 时，即单片机端口被配置为强驱动模式。在强驱动模式下，端口的低电平和高电平输出特性分别如图 6-5 和图 6-6 所示。

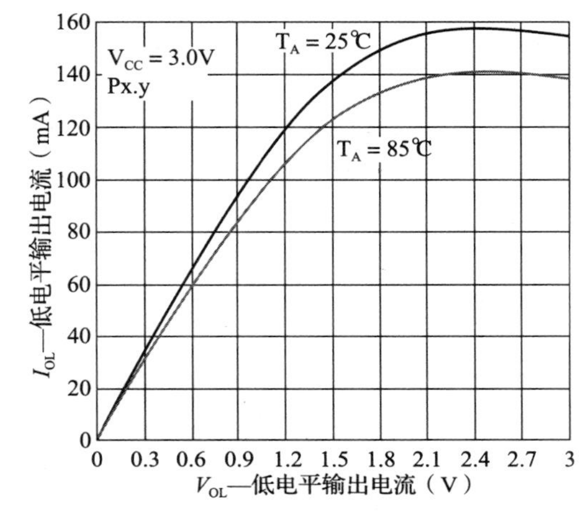

图 6-5　低电平输出特性（PxDS. y = 1）

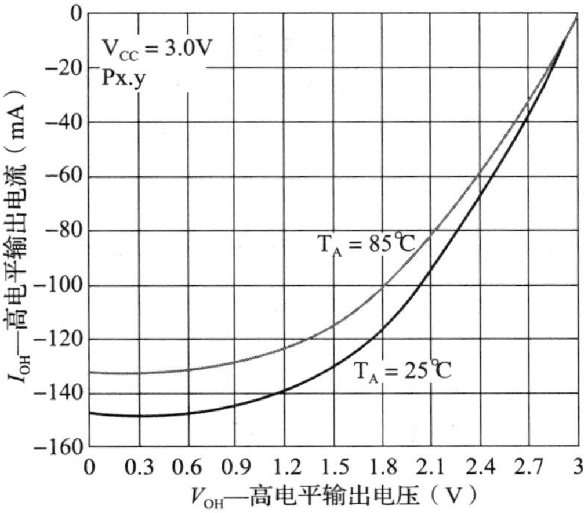

图 6-6　高电平输出特性（PxDS. y = 1）

由图 6-5 和图 6-6 可知，在常温和强驱动模式下，MSP432 单片机的单引脚低电平和高电平的最大输出为 ±160mA。但是，MSP432 单片机的总体输入或输出电流仍然不能超过 100mA。在 1.8V 条件下的低电平和高电平输出特性，请参考相关芯片数据手册，在此不赘述。

6.1.3　端口 P1 ~ P6

端口 P1 ~ P6 具有输入/输出、中断和外部模块功能，这些功能可以通过各自的 9 个控制寄存器的设置来实现。下面所述 Px 代表 P1 ~ P6。

1. 输入寄存器 PxIN

输入寄存器是 CPU 扫描 I/O 引脚信号的只读寄存器，用户不能对其写入，只能通过读取该寄存器的内容获取 I/O 端口的输入信号，此时引脚的方向必须选定为输入。输入寄存器中某一位为 0，表明该位输入为低；某一位为 1，表明该位输入为高。

2. 输出寄存器 PxOUT

该寄存器为 I/O 端口的输出缓冲寄存器。其内容可以像操作内存数据一样写入，以达到改变 I/O 口输出状态的目的。在读取时输出缓存的内容与引脚方向定义无关。改变方向寄存器的内容，输出缓存的内容不受影响。

0：输出为低；　　　　1：输出为高。

3. 方向寄存器 PxDIR

相互独立的 8 位分别定义了 8 个引脚的输入/输出方向。8 位在 PUC 之后都复位。使用输入或者输出功能时，应该先定义端口的方向，输入/输出才能满足设计者的要求。作为输入时，只能读；作为输出时，可读可写。

0：输入模式；　　　　1：输出模式。

4. 上拉/下拉电阻使能寄存器 PxREN

该寄存器的每一位可以使能相应 I/O 引脚的上拉/下拉电阻。该寄存器需与输出寄存器配合使用，才能完成上拉/下拉电阻的配置。

0：上拉/下拉电阻禁止；　　　　1：上拉/下拉电阻使能。

上拉电阻和下拉电阻的使用方法： 若需要将 MSP432 单片机的某一引脚配置为内部电阻上拉，应首先将 PxREN 寄存器中的该位配置为 1，再将 PxOUT 寄存器中的该位也配置为 1，则实现内部电阻上拉；若需要将 MSP432 单片机的某一引脚配置为内部电阻下拉，应首先将 PxREN 寄存器中的该位配置为 0，再将 PxOUT 寄存器中的该位也配置为 0，则实现内部电阻下拉。

5. 输出驱动能力调节寄存器 PxDS

PxDS 寄存器的每一位可使相关引脚选择全驱动模式和次驱动模式（减弱驱动能力）。默认的是次驱动模式。

0：次驱动模式；　　　　1：全驱动模式。

6. 功能选择寄存器 PxSEL

P1 ~ P6 端口还有其他片内外设功能，为了减少引脚，将这些功能与芯片外的联系通过复用 P1 ~ P6 引脚的方式来实现。PxSEL 用来选择引脚的 I/O 端口功能与外围模块功能。

0：选择引脚为普通 I/O 功能；　1：选择引脚为外围模块功能。

注意： 设置 PxSELx = 1 不会自动设置引脚的输入输出方式，其他外围模块功能需要根据模块功能所要求的输入输出方向设置 PxDIRx 位。例如，P4.2 引脚复用 3 种功能：GPIO、TA2CLK 输入和 MCLK 输出。若需将 P4.2 引脚设为 MCLK 输出功能，应将 P4SEL.2 和 P4DIR.2 设置为 1。在 P4SEL.2 为 1 的前提下，P4DIR.2 为 0，则 P4.2 引脚的功能为 TA2CLK 输入。具体每个引脚的功能设置请参考相关芯片的数据手册。

7. 中断使能寄存器 PxIE

该寄存器的各引脚都有一位用以控制该引脚是否允许中断。该寄存器的定义如下：

7	6	5	4	3	2	1	0
PxIE. 7	PxIE. 6	PxIE. 5	PxIE. 4	PxIE. 3	PxIE. 2	PxIE. 1	PxIE. 0

0：该位禁止中断；　　　　1：该位允许中断。

8. 中断触发边沿选择寄存器 PxIES

如果允许 Px 口的某个引脚中断，还需定义该引脚的中断触发沿。该寄存器的 8 位分别定义了 Px 口的 8 个引脚的中断触发沿。

7	6	5	4	3	2	1	0
PxIES. 7	PxIES. 6	PxIES. 5	PxIES. 4	PxIES. 3	PxIES. 2	PxIES. 1	PxIES. 0

0：上升沿使相应标志位置位；　　　　1：下降沿使相应标志位置位。

9. 中断标志寄存器 PxIFG

该寄存器有 8 个标志位，它们含有相应引脚是否有待处理中断的信息，即相应引脚是否有中断请求。如果 Px 的某个引脚允许中断，同时选择上升沿，则当该引脚发生由低电平向高电平跳变时，PxIFG 的相应位就会置位，表明该引脚上有中断事件发生。8 个中断标志位分别对应 Px 的 8 个引脚，如下所示。

7	6	5	4	3	2	1	0
PxIFG. 7	PxIFG. 6	PxIFG. 5	PxIFG. 4	PxIFG. 3	PxIFG. 2	PxIFG. 1	PxIFG. 0

0：没有中断请求；　　　　1：有中断请求。

6.1.4　端口 P7 ~ P10、PJ

这些端口没有中断能力，其余功能与 P1 ~ P6 端口一样，能实现输入/输出功能和外围模块功能。每个端口有 6 个寄存器供用户使用，用户可通过这 6 个寄存器对它们进行访问和控制。每个端口的 6 个寄存器分别为：输入寄存器（PxIN）、输出寄存器（PxOUT）、方向选择寄存器（PxDIR）、输出驱动能力调节寄存器（PxDS）、上拉/下拉电阻使能寄存器（PxREN）和功能选择寄存器（PxSEL）。具体用法同 P1 ~ P6 端口。

6.1.5　端口的应用

端口是单片机中最经常使用的外设资源。一般在程序的初始化阶段对端口进行配置，配置时，先配置功能选择寄存器 PxSEL，若为 I/O 端口功能，则继续配置方向寄存器 PxDIR；若为输入，则继续配置中断使能寄存器 PxIE；若允许中断，则继续配置中断触发沿选择寄存器 PxIES。

需要注意的是，P1 ~ P6 端口的中断为多源中断，即 P1 端口的 8 位共用一个中断向量 P1IV，P2 端口的 8 位也共用一个中断向量 P2IV。当 Px 端口上的 8 个引脚中的任何一个引脚有中断触发时，都会进入同一个中断服务程序。在中断服务程序中，首先应该通过 PxIFG 判断是哪一个引脚触发的中断，再执行相应的程序，最后还要用软件清除相应的 PxIFG 标志位。

【例 6.1.1】　在 MSP432 单片机系统中，P1.0、P1.1、P1.2 发生中断后执行不同的代码。

```
/* Port1 ISR */
void Port1Handler(void)                    // P1 口中断服务程序
{
    if(P1IFG & BIT0)                       // 判断 P1 中断标志第 0 位
    {
        ……                                 // 在这里是 P1.0 中断服务程序
    }
    if(P1IFG & BIT1)                       // 判断 P1 中断标志第 1 位
    {
        ……                                 // 在这里是 P1.1 中断服务程序
    }
    if(P1IFG & BIT2)                       // 判断 P1 中断标志第 2 位
    {
        ……                                 // 在这里是 P1.2 中断服务程序
    }
    P1IFG = 0;                             // 清除 P1 所有中断标志位
}
```

【例 6.1.2】　利用软件循环查询 P6.7 引脚的输入状态，若 P6.7 输入为高电平，则使 P1.0

输出高电平；若 P6.7 输入为低电平，则使 P1.0 输出低电平。该程序可利用查询的方式检测按键是否按下。为了调试方便，P1.0 引脚可接 LED。

```
#include"msp.h"
int main(void)
{
    WDTCTL = WDTPW | WDTHOLD;                    // 关闭看门狗
    P1DIR |= BIT0;                               // 设 P1.0 为输出方向
    P6DIR & = ~BIT7;                             // 设 P6.7 为输入方向(默认为输入)
    while(1)                                     // 循环查询 P6.7 引脚输入状态
    {
        if(P6IN & BIT7)
            P1OUT |= BIT0;                       // 如果 P6.7 输入为高,则使 P1.0 输出高
        else
        P1OUT & = ~BIT0;                         // 否则,使 P1.0 输出低电平
    }
}
```

【例 6.1.3】 利用按键外部中断方式，实现反转 P1.0 引脚输出状态。P1.1 选择 GPIO 功能，内部上拉电阻使能，且使能中断。当 P1.1 引脚产生下降沿时，触发 P1 端口外部中断，在中断服务程序中，反转 P1.0 口输出状态。按键外部中断实时性较高，用途非常广泛，可以处理对响应时间要求比较苛刻的事件。在【例 6.1.2】程序中，若主循环一次的时间比较长，P6.7 引脚置位时间比较短，则有可能在一个主循环周期内漏掉一次或多次 P6.7 引脚置位事件，因此在该种情况下，采用【例 6.1.2】端口查询的方式，可能就无法满足设计的要求，可以采用按键外部中断的方式实现。

```
#include"msp.h"
intmain(void)
{
    WDTCTL = WDTPW | WDTHOLD;                    // 关闭看门狗
    P1DIR |= BIT0;                               // 设 P1.0 为输出方向
    P1DIR & = ~(BIT1);                           // 设 P1.1 为输入方向(默认为输入)
    P1OUT = BIT1;
    P1REN = BIT1;                                // 以上两句组合功能为使能 P1.1 引脚上拉
    P1IFG = 0;                                   // 清除 P1 口所有中断标志位
    P1IE = BIT1;                                 // P1.1 中断使能
    P1IES = BIT1;                                // P1.1 中断下降沿触发
    NVIC_ISER1 = 1 << ((INT_PORT1 - 16) & 31);   // 使能 P1 口中断 NVIC

    // 设置其他引脚为输出方向,输出低
    P2DIR |= 0xFF; P2OUT = 0;
    P3DIR |= 0xFF; P3OUT = 0;
    P4DIR |= 0xFF; P4OUT = 0;
    P5DIR |= 0xFF; P5OUT = 0;
    P6DIR |= 0xFF; P6OUT = 0;
    P7DIR |= 0xFF; P7OUT = 0;
    P8DIR |= 0xFF; P8OUT = 0;
    P9DIR |= 0xFF; P9OUT = 0;
```

```
    P10DIR |= 0xFF; P10OUT = 0;
    __sleep();                                    // 进入 LPM3 模式
    while(1);
}
/* Port1 ISR */
voidPort1Handler(void)                            // 中断服务函数
{
    volatile uint32_t i;
    if(P1IFG & BIT1)                              // 判断 P1 中断标志第 0 位
         P1OUT ^= BIT0;                           // 反转 P1.0 端口输出状态
    for(i = 0; i < 10000; i ++);                  // 延时(达到软件消抖的目的)
    P1IFG &= ~BIT1;                               // 清除 P1.1 中断标志位
}
```

例程解读： 对功耗有要求的系统，应将未使用的 GPIO 口的电平固定。

为了使 MSP432 单片机最大限度地实现低功耗，对于 MSP432 单片机未使用的 GPIO，应该将其设置为输出或者输入，并且将引脚的电平固定。可以通过外部电路将引脚连接至 Vcc 或者 GND，也可使能内部上下拉电阻，将引脚电平固定。

对于 MSP432 单片机而言，大部分情况下，测量到的功耗与数据手册不符，均是由对 MSP432 单片机未使用的 GPIO 处理不当引起的。在默认情况下，MSP432 单片机的 GPIO 是作为输入的，其等效电路为推挽模式，如图 6-7 所示。

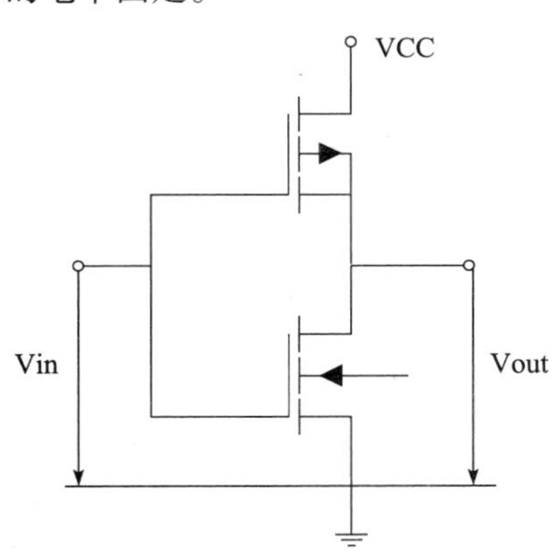

图 6-7 I/O 口内部等效电路

当 GPIO 引脚配置为输入引脚且外部电平处于浮动状态（$0 < Vin < Vcc$）时，内部的 MOSFET 管的导通电流本身就处于一个不稳定的值，会导致整体功耗的升高。另外，过高或过低的温度会加剧这种不稳定，且当供电电压升高时，MOSFET 管本身的导通电流也会变大。故在高压和低温双重作用下，就会出现功耗升高现象。

6.2 模/数转换模块 ADC14

6.2.1 模/数转换概述

在 MSP432 单片机的实时控制和智能仪表等实际应用中，常常会遇到连续变化的物理量，如温度、流量、压力和速度等。利用传感器把这些物理量检测出来，转换为模拟电信号，再经过模/数转换器（ADC）转换成数字量，才能够被 MSP432 单片机处理和控制。

对于很多刚刚接触单片机的读者，可能对模/数（A/D）转换的基础知识不是很了解，在此进行简单的介绍。若对模数转换原理比较熟悉，基础知识可以略去不读。

1. 模数转换基本过程

在 ADC 中，因为输入的模拟信号在时间上是连续的，而输出的数字信号是离散的，所以

ADC 在进行转换时，必须在一系列选定的瞬间（时间坐标轴上的一些规定点上）对输入的模拟信号采样，然后把这些采样值转换为数字量。因此，一般的模数转换过程是通过采样保持、量化和编码这 3 个步骤完成的，即首先对输入的模拟电压信号采样，采样结束后进入保持时间，在这段时间内将采样的电压量转换为数字量，并按一定的编码形式给出转换结果，然后开始下一次采样。图 6-8 给出模拟量到数字量转换过程的框图。

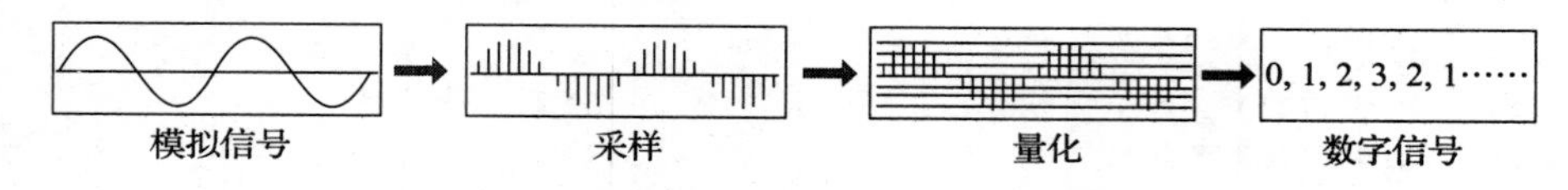

图 6-8　模拟量到数字量转换过程框图

2. ADC 的位数

ADC 的位数代表 ADC 模块采样转换后输出代码的位数。例如一个 14 位的 ADC 模块，采样转换后的代码即为 14 位，表示数值的取值范围为 0 ~ 16383。

3. 分辨率

ADC 模块的分辨率以输出二进制数的位数表示。从理论上讲，n 位输出的 ADC 转换器能区分 2^n 个不同等级的输入模拟电压，能区分输入电压的最小值为满量程输入的 $1/2^n$。在最大输入电压一定时，输出位数越多，量化单位越小，分辨率越高，因此，分辨率与 ADC 的位数有关。例如一个 8 位 ADC 模块的分辨率为满刻度电压的 1/256。如果满刻度输入电压为 5V，该 ADC 模块的分辨率即为 5V/256≈20mV。

4. 量化误差

量化误差和分辨率是统一的，量化误差是由于有限数字对模拟数值进行离散取值（量化）而引起的误差。因此，量化误差在理论上为一个单位分辨率，即 ±1/2LSB，这就表明实际输出的数字量和理论上应得到的输出数字量之间的误差小于最低有效位的一半。量化误差无法消除，但提高分辨率可以减少量化误差。

5. 采样周期

采样周期是每两次采样之间的时间间隔。采样周期包括采样保持时间和转换时间。采样保持时间是指 ADC 模块完成一次采样和保持的时间；转换时间是指 ADC 模块完成一次模数转换所需要的时间。在 MSP432 单片机的 ADC14 模块中，采样保持时间可通过控制寄存器进行设置，而转换时间一般需要 16 个 ADCCLK 的时间。

6. 采样频率

采样频率也称为采样速率或者采样率，定义了每秒从连续信号中提取并组成离散信号的采样个数，用赫兹（Hz）来表示。采样频率的倒数是采样周期。为了确定对一个模拟信号的采样频率，在此简单介绍采样定理。采样定理又称香农采样定理或者奈奎斯特采样定理，即在进行模拟/数字信号的转换过程中，当采样频率 fs. max 大于信号中最高频率分量 fmax 的 2 倍时（fs. max >= 2fmax），采样之后的数字信号能保留原始信号中的信息。在一般应用中，采样频率应为被采样信号最高频率的 5 ~ 10 倍。

7. 采样保持电路

采样保持（Sample Hold，S/H）电路是模数转换系统中的一种重要电路，其作用是采集模拟输入电压在某一时刻的值，并在模数转换器进行转换期间保持输出电压不变，以供模数转换。该电路存在的原因在于模数转换需要一定时间，在转换过程中，如果送给 ADC 的模拟量发生变化，则不能保证采样的精度。为了简单起见，在此只分析单端输入 ADC 的采样保持电路，如图 6-9 所示。

采样保持电路有两种工作状态：采样状态和保持状态。当控制开关 S 闭合时，输出跟随输入变化，称为采样状态；当控制开关 S 断开时，由保持电容 C 维持该电路的输出不变，称为保持状态。

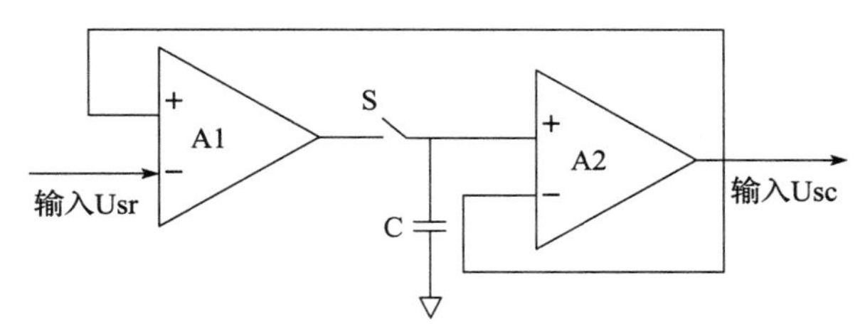

图 6-9 采样保持电路示意图

8. 多通道同步采样和分时复用

大多数单片机都集成了 8 个以上的 ADC 通道，这些单片机内部的 ADC 模块大多是多通道分时复用的结构，其内部其实只有一个 ADC 内核，依靠增加模拟开关的方法轮流使用 ADC 内核，所以，有多个 ADC 的输入通道。MSP432 单片机也采用这种结构，如图 6-10 所示。

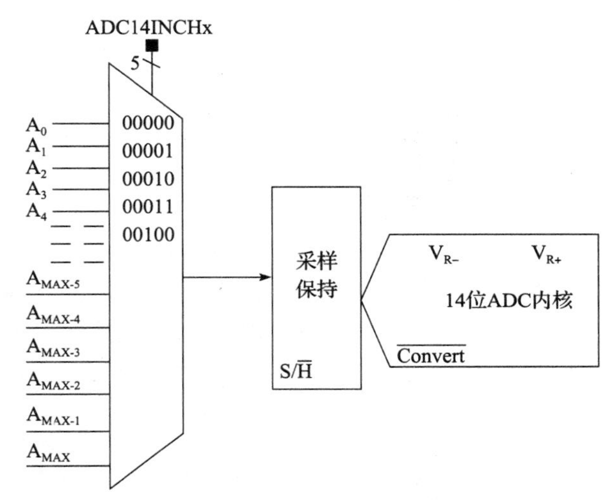

图 6-10 MSP432 集成的 ADC14 模块局部

在何种情况下适合使用多通道分时复用的 ADC 呢？最重要的一点就是各通道的信号没有时间关联性。比如同时测量温度、压力，就可以使用分时复用 ADC。

同步采样 ADC 实际上就是多个完整独立的 ADC。图 6-11 所示为 3 通道同步采样 ADC 的示意图。每一组通道都有各自独立的采样保持电路和 ADC 内核，3 个 ADC 模块共用控制电路和输入输出接口。

同步采样可以完成以下两项特殊工作：

1）同时采集具有时间关联性的多组信号。例如，在交流电能计量中，需要同时对电流和电压进行采样，才能正确得出电流电压波形的相位差，进而算出功率因数。

2）将 *N* 路独立 ADC 均匀错相位地对同一信号进行采样，可以"实质"上提高 *N* 倍采样率（这与等效时间采样不同）。在实际应用中，当由于多种原因难以获取高采样率 ADC 时，就可以使用多个 ADC 同步采样的方法来提高总的采样率。相比分立的多个 ADC，集成在一个芯片上的同步 ADC 在均匀错相位控制方面更简单。

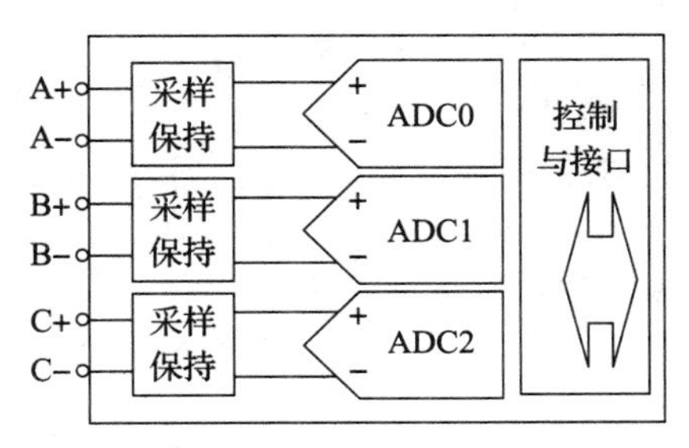

图 6-11 三通道同步采样 ADC 示意图

MSP432 单片机内有高速 14 位 ADC 模块。因此，本节主要以 ADC14 模块为例，介绍模数转换模块。

6.2.2 ADC14 模块介绍

ADC14 模块的特性如下：

1）高达 1Msps 的最大转换率；

2）无数据丢失的单调的 14 位转换器，可以通过软件选择 8 位、10 位、12 位和 14 位模数转换；

3）采样周期可由软件或定时器编程控制的采样保持功能；

4）可通过软件或定时器启动转换；

5）可通过软件选择片内参考电压（1.2V、1.45V 或 2.5V）；

6）可通过软件选择内部或外部参考电压；

7）高达 32 路可单独配置的外部输入通道，可选择单端输入或差分输入；

8）可为内部温度传感器、0.5AVCC 和外部参考电压分配转换通道；

9）正或负参考电压通道可独立选择；

10）转换时钟源可选；

11）具有单通道单次、单通道多次、序列通道单次和序列通道多次的转换模式；

12）ADC 内核和参考电压都可独立关闭；

13）具有 38 路快速响应的 ADC 中断；

14）具有 32 个转换结果存储寄存器。

ADC14 模块的结构框图如图 6-12 所示。ADC14 模块支持快速的 14 位模数转换。该模块具有一个 14 位的逐次渐进（SAR）内核、模拟输入多路复用器、参考电压发生器、采样及转换所需的时序控制电路和 32 个转换结果缓冲及控制寄存器。转换结果缓冲及控制寄存器允许在没有 CPU 干预的情况下，进行多达 32 路 ADC 采样、转换和保存。下面对 ADC14 内部各模块进行介绍。

1. 14 位 ADC 内核

ADC 内核是一个 14 位的模/数转换器，并能够将结果存储在转换存储器中，其结构如图 6-12 中①所示。该内核采用两个可编程/选择的参考电压（V_{R+} 和 V_{R-}）作为转换的上限和下限。当输入模拟信号大于或等于 V_{R+} 时，ADC14 输出满量程值 3FFFh，而当输入信号小于或等于 V_{R-} 时，ADC14 输出 0。输入模拟电压的最终转换结果满足公式（6-1）。

$$N_{ADC} = 16384 \times (V_{in+} - V_{R-})/(V_{R+} - V_{R-}) \tag{6-1}$$

ADC14 内核由两个控制寄存器 ADC14CTL0 和 ADC14CTL1 配置，并可由 ADC14ON 使能。当 ADC14 没有被使用时，为了节省电流消耗可关闭 ADC14 模块。ADC14 的控制位只能在 ADC14ENC = 0 时被修改。任何转换发生前必须将 ADC14ENC 置为 1。

2. 模拟输入多路复用器

MSP432 单片机的 ADC14 模块配置有 32 路外部输入通道和 6 路内部输入通道，其结构如图 6-12 中②所示。38 路输入通道共用一个转换器内核，当需要对多个模拟信号进行采样转换时，模拟输入多路复用器分时地将多个模拟信号接通，即每次接通一个信号采样并转换，通过这种方式实现对 38 路模拟输入信号进行测量和控制。

输入多路复用器是先开后合型的，这样可以减少通道切换时引入的噪声，其结构如图 6-13 所示。输入多路复用器也是一个 T 形开关，能尽量减少通道间的耦合，那些未被选用的通道则将被 ADC 模块隔离，中间节点和模拟地相连，可以使寄生电容接地，消除串扰。

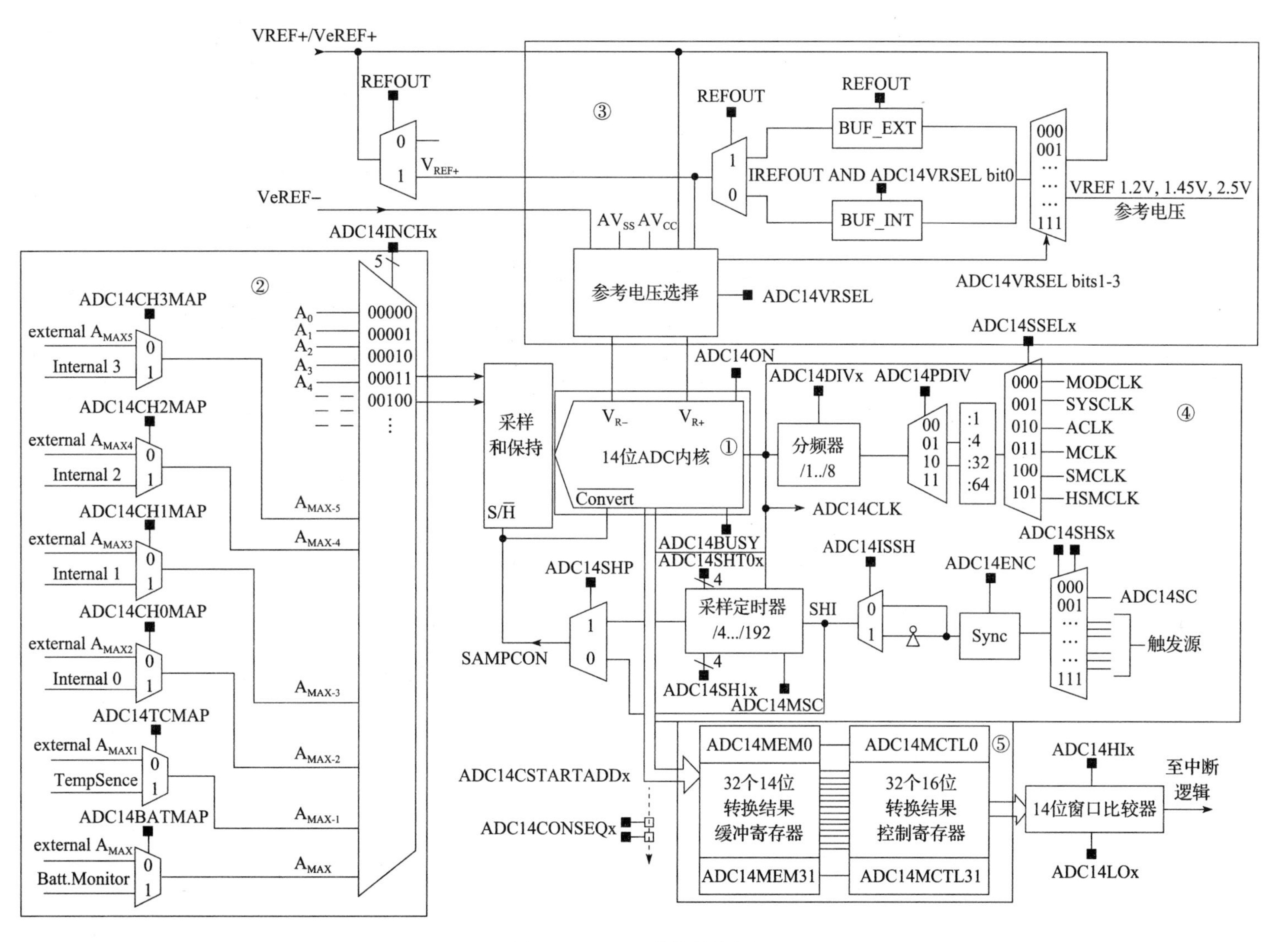

图6-12　ADC14模块结构框图

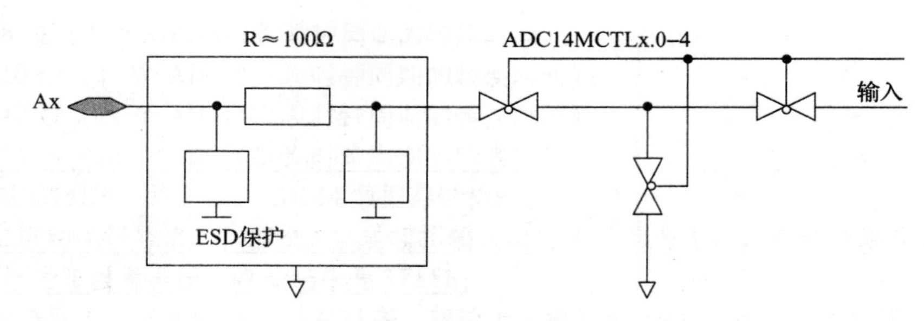

图 6-13　模拟输入多路复用器

3. 参考电压发生器

所有的模数转换器（ADC）和数模转换器（DAC）都需要一个基准信号，通常为电压基准。ADC 的数字输出表示模拟输入相对于它的基准的比率；DAC 的数字输入表示模拟输出相对于它的基准的比率。有的转换器具有内部基准，有的需要外加外部基准。

MSP432 单片机的 ADC14 模块内置参考电源，MSP432P401r 单片机的 ADC14 模块内部参考电压发生器可以产生 3 种可选的电压等级：1.2V、1.45V 和 2.5V。每一个参考电压都可以作为内部参考电压或者输出到外部引脚 Vref +。设置 REFON = 1，将使能内部参考电压发生器，当 REFVSEL = 0 时，内部参考电压为 1.2V，当 REFVSEL = 1 时，内部参考电压为 1.45V，当 REFVSEL = 3 时，内部参考电压为 2.5V。内部参考模块在不使用时，可以关闭以降低功耗。如果 ADC14REFBURST = 0，输出可以连续使用。如果 ADC14REFBURST = 1，输出仅在 ADC14 转换期间可用。

ADC14 模块的参考电压有 6 种可编程选择，分别为 V_{R+} 和 V_{R-} 的组合，其结构如图 6-12 中③所示。其中，V_{R+} 从 AV_{CC}（模拟电压正端）、V_{REF+}（A/D 转换器内部参考电源的输出正端）和 V_{REF+}/V_{eREF+}（外部参考源的正输入端）3 种参考电源中选择。V_{R-} 可以从 AV_{SS}（模拟电压负端）和 V_{eREF-}（A/D 转换器参考电压负端，内部或外部）两种参考电源中选择。

4. 采样和转换所需的时序控制电路

时序控制电路提供采样及转换所需要的各种时钟信号，包括 ADC14CLK 转换时钟、SAMPCON 采样及转换信号、SHT 控制的采样周期、SHS 控制的采样触发源选择、ADC14SSEL 选择的内核时钟、ADC14DIV 选择的分频系数等，其结构如图 6-12 中④所示。详细情况请参考相关寄存器说明。在时序控制电路的指挥下，ADC14 的各部件能够协调工作。

5. 转换结果缓冲及控制寄存器

ADC14 模块包含 32 个 32 位转换结果缓冲寄存器 ADC14MEMx 和 32 个 32 位转换结果控制寄存器 ADC14MCTLx，其结构如图 6-12 中⑤所示。32 位转换结果缓冲寄存器用于暂存转换结果，32 位转换结果控制寄存器用于控制选择与各缓冲寄存器相连的输入通道。设置合理的话，ADC14 模块硬件会自动将控制寄存器所配置的输入通道的转换结果暂存在缓冲寄存器中。具体请参考 6.2.4 节中 ADC14MEMx 和 ADC14MCTLx 寄存器的说明。

6.2.3　ADC14 模块操作

1. ADC14 的转换模式

ADC14 模块有 4 种转换模式，可以通过 CONSEQx 控制位进行选择，具体转换模式说明如

表 6-1 所示。

表 6-1　各种转换模式说明列表

ADC14CONSEQx	转换模式	操作说明
00	单通道单次转换	一个单通道转换一次
01	序列通道单次转换	一个序列多个通道转换一次
10	单通道多次转换	一个单通道重复转换
11	序列通道多次转换	一个序列多个通道重复转换

（1）单通道单次转换模式

该模式对单一通道实现单次转换。模数转换结果被写入由 CSTARTADDx 位定义的存储寄存器 ADC14MEMx 中。单通道单次转换的流程图如图 6-14 所示。当用户利用软件使 ADC14SC 启动转换时，下一次转换可以通过简单地设置 ADC14SC 位来启动。当有其他任何触发源用于转换时，ADC14ENC 位必须在每次转换之前置位。其他的采样输入信号将在 ADC14ENC 复位并置位之前被忽略。

在此模式下，复位 ADC14ENC 位可以立即停止当前转换，但是，结果是不可预料的。为了得到正确的结果，可以测试 ADC14BUSY 位，当 ADC14BUSY 位为 0 时，再清除 ENC 位。同时设置 CONSEQx = 0 和 ADC14ENC = 0 可以立即停止当前转换，但是，转换结果是不可靠的。

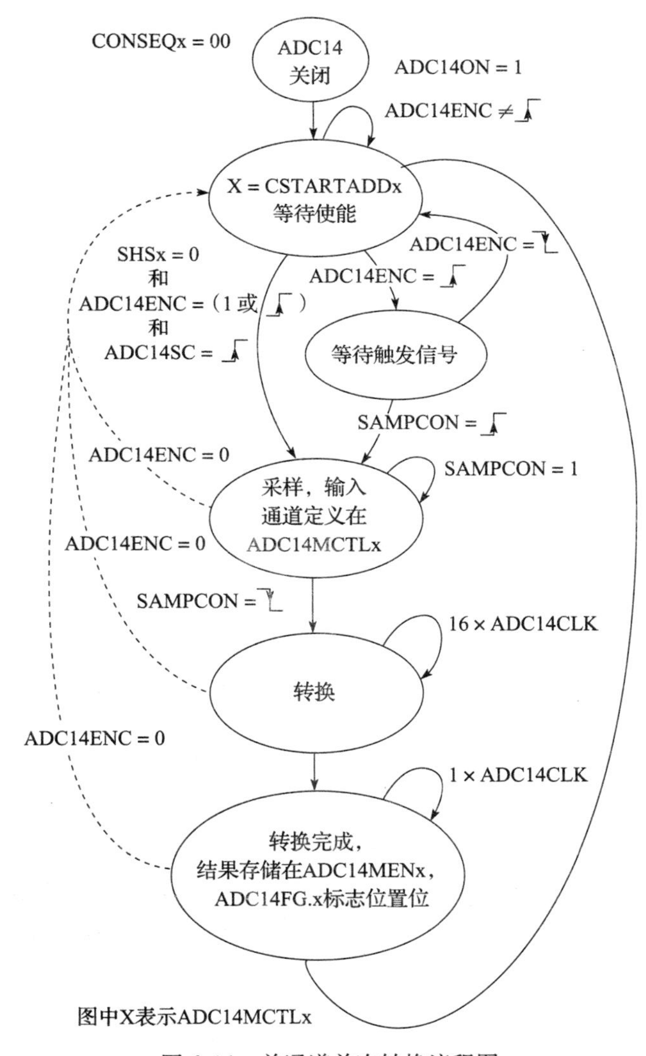

图 6-14　单通道单次转换流程图

【例 6.2.1】　单通道单次转换举例。

分析：本实例采用单通道单次转换模式，参考电压对选择：$V_{R+} = AV_{CC}$、$V_{R-} = AV_{SS}$，设置为 12 位的模数转换，ADC14 采样参考时钟源选择内部默认参考时钟 MODCLK。在主函数中，ADC14 在采样转换的过程中时，MSP432 单片机进入低功耗模式以降低功耗。当采样转换完成，会自动进入 ADC14 中断服务程序，唤醒 CPU 并读取采样转换结果。最终实现当输入模拟电压信号大于 0.5 倍 AV_{CC} 时，使 P1.0 引脚输出高电平；否则，使

P1.0 引脚输出低电平。下面给出实例程序。

```
#include"msp.h"
int main(void)
{
    volatile unsigned int i;
    WDTCTL = WDTPW | WDTHOLD;                    // 关看门狗
    P1OUT &= ~BIT0;                              // 设置 P1.0 输出低
    P1DIR |= BIT0;                               // 设置 P1.0 为输出方向
    P5SEL1 |= BIT4;
    P5SEL0 |= BIT4;                              // 以上两句配置 P5.4 为 ADC(A1)
    __enable_interrupt();                        // 使能全局中断
    NVIC_ISER0 = 1 << ((INT_ADC14 - 16) & 31);   // 在 NVIC 模块中使能 ADC 中断
    ADC14CTL0 = ADC14SHT0_2 | ADC14SHP | ADC14ON;
// 打开 ADC,设置采样保持时间(16 个 ADC14CLK),选择采样定时器作为采样触发信号
    ADC14CTL1 = ADC14RES_2;                      // 设置采样结果为 12 位
    ADC14MCTL0 |= ADC14INCH_1;                   // channel = A1
    ADC14IER0 |= ADC14IE0;                       // 使能 ADC 采样中断
    SCB_SCR &= ~SCB_SCR_SLEEPONEXIT;             // 退出中断,同时从低功耗模式唤醒
    while (1)
    {
        for (i = 20000; i > 0; i--);             // 延时
        ADC14CTL0 |= ADC14ENC | ADC14SC;         // 启动采样转换
        __sleep();                               // 进入 LPM3 模式
        __no_operation();                        // 可在此处设置断点,方便查看转换结果
    }
}
// ADC14 中断服务程序
void ADC14IsrHandler(void)
{
    if (ADC14MEM0 >= 0x7FF)                      // 判断 ADC12MEM0 > 0.5AVcc?
        P1OUT |= BIT0;                           // P1.0 = 1
    else
        P1OUT &= ~BIT0;                          // P1.0 = 0
}
```

(2）序列通道单次转换模式

该模式对序列通道做单次转换。ADC14 转换结果将顺序写入由 CSTARTADDx 位定义的、以 ADCMEMx 开始的转换存储器中。当由 ADC14MCTLx 寄存器中 ADC14EOS 位定义的最后一个通道转换完成之后，整个序列通道转换完成。序列通道单次转换的流程图如图 6-15 所示。当在程序中使用 ADC14SC 位启动转换时，下一次转换可以通过简单地设置 ADC14SC 位来启动。当有其他任何触发源用于开始转换时，ADC14ENC 位必须在每次转换之前置位。其他的采样输入信号将在 ADC14ENC 复位并置位之前被忽略。

在此模式下，如果 ADC14EOS 位置 1，复位 ADC14ENC，则在序列中的最后一次转换完成之后，转换立即停止。但是，如果在 ADC14EOS 位为 0 时，ADC14ENC 复位并不能停止序列转换。同时设置 CONSEQx = 0 和 ADC14ENC = 0 可以立即停止当前转换，但是，转换结果是不可靠的。

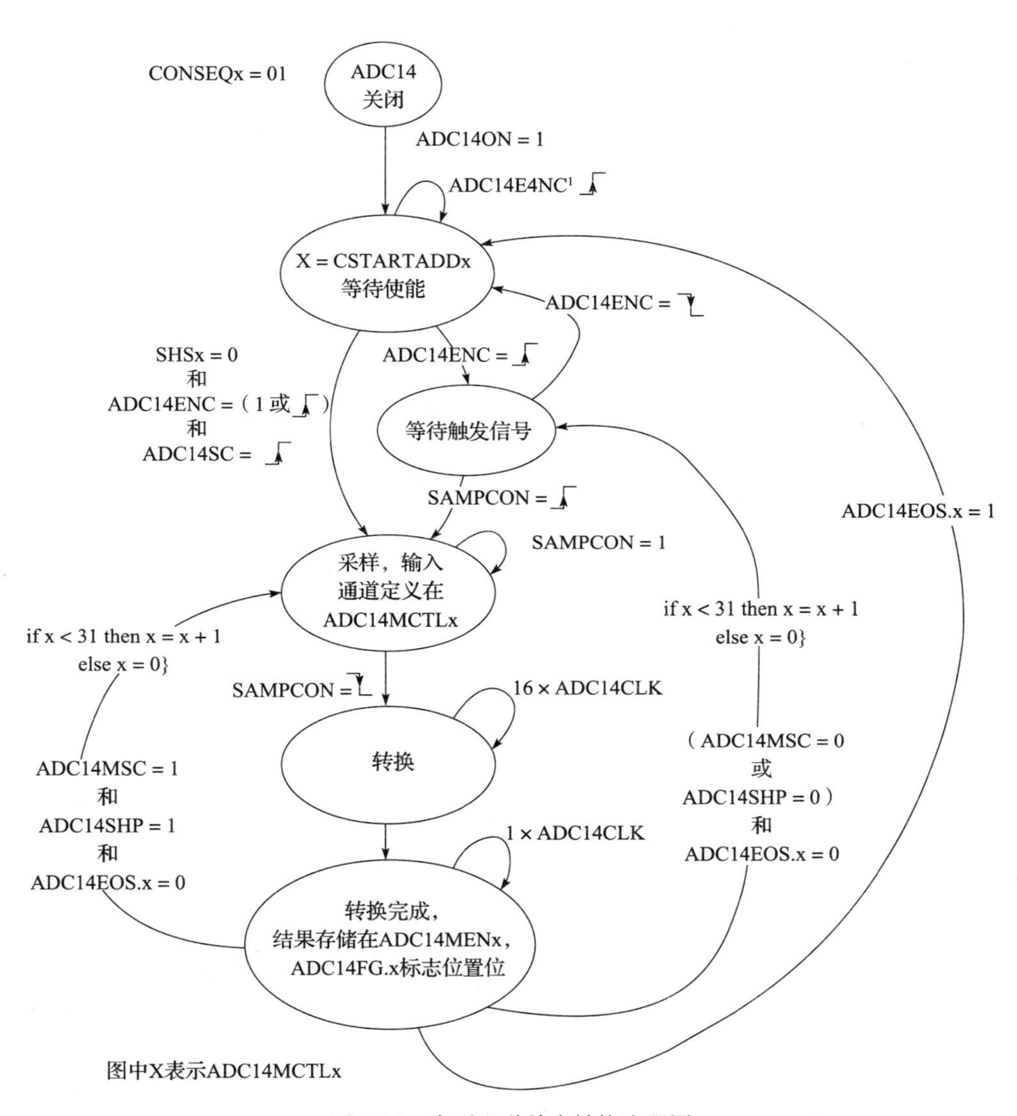

图 6-15　序列通道单次转换流程图

【例 6.2.2】　序列通道单次转换举例。

分析： 本实例采用序列通道单次转换模式，选择的采样序列通道为 A0、A1、A2 和 A3。每个通道都选择 AV_{CC} 和 AV_{SS} 作为参考电压，采样结果被顺序存储在 ADC14MEM0、ADC14MEM1、ADC14MEM2 和 ADC14MEM3 中，本实例程序最终将采样结果存储在 Aresults[]数组中。下面给出实例程序代码。

```
#include"msp.h"
#include <stdint.h>
volatile uint16_t Aresults[4];
```

```
int main(void)
{
    WDTCTL = WDTPW + WDTHOLD;                              // 关闭看门狗
    P5SEL1 |= BIT5 | BIT4 | BIT3 | BIT2;                  // 配置 P5.5、P5.4、P5.3、P5.2 为 ADC
    P5SEL0 |= BIT5 | BIT4 | BIT3 | BIT2;
    __enable_interrupt();                                  // 使能全局中断
    NVIC_ISER0 = 1 << ((INT_ADC14 - 16) & 31);            // 在 NVIC 模块中使能 ADC 中断
    ADC14CTL0 = ADC14ON | ADC14MSC | ADC14SHT0__192 | ADC14SHP | ADC14CONSEQ_1;
    // 打开 ADC,设置采样保持时间(192 个 ADC14CLK),选择采样定时器作为采样触发信号,设置为序列通道单次
    // 转换模式
    ADC14MCTL0 = ADC14INCH_0;                              // ref + = AVcc, channel = A0
    ADC14MCTL1 = ADC14INCH_1;                              // ref + = AVcc, channel = A1
    ADC14MCTL2 = ADC14INCH_2;                              // ref + = AVcc, channel = A2
    ADC14MCTL3 = ADC14INCH_3 + ADC14EOS;                   // ref + = AVcc, channel = A3,停止采样
    ADC14IER0 = ADC14IE3;                                  // 使能 ADC 采样中断
    SCB_SCR & = ~SCB_SCR_SLEEPONEXIT;                      // 退出中断,同时从低功耗模式唤醒
    while(1)
    {
        ADC14CTL0 |= ADC14ENC | ADC14SC;                   // 启动采样转换
        __sleep();                                         // 进入 LPM3 模式
        __no_operation();                                  // 可在此处设置断点,方便查看转换结果
    }
}
// ADC14 中断服务程序
void ADC14IsrHandler(void)
{
        if (ADC14IFGR0 & ADC14IFG3)
        {
        Aresults[0] = ADC14MEM0;                           // 读 A0 结果,清除 IFG0
        Aresults[1] = ADC14MEM1;                           // 读 A1 结果,清除 IFG1
        Aresults[2] = ADC14MEM2;                           // 读 A2 结果,清除 IFG2
        Aresults[3] = ADC14MEM3;                           // 读 A3 结果,清除 IFG3
        __no_operation();                                  // 可在此处设置断点,方便查看转换结果
    }
}
```

（3）单通道多次转换模式

单通道多次转换模式是在选定的通道上进行多次转换。模数转换的结果被存入由CSTARTADDx位定义的ADC14MEMx寄存器中。在这种转换模式下，每次转换完成后必须读取ADC14MEMx寄存器的值，否则在下一次转换中ADC14MEMx寄存器的值会被覆盖。单通道多次转换模式的流程图如图6-16所示。在此模式下，复位ADC14ENC位则在当前转换完成之后转换立即停止。同时设置CONSEQx = 0和ADC14ENC = 0可以立即停止当前转换，但是，转换结果是不可靠的。

【例6.2.3】 单通道多次转换举例。

分析： 本实例采用单通道多次转换模式，选择的采样通道为A1，参考电压选择AV_{CC}和AV_{SS}。在内存中开辟出8个16位内存空间A1results[]，将多次采样转换结果循环存储在

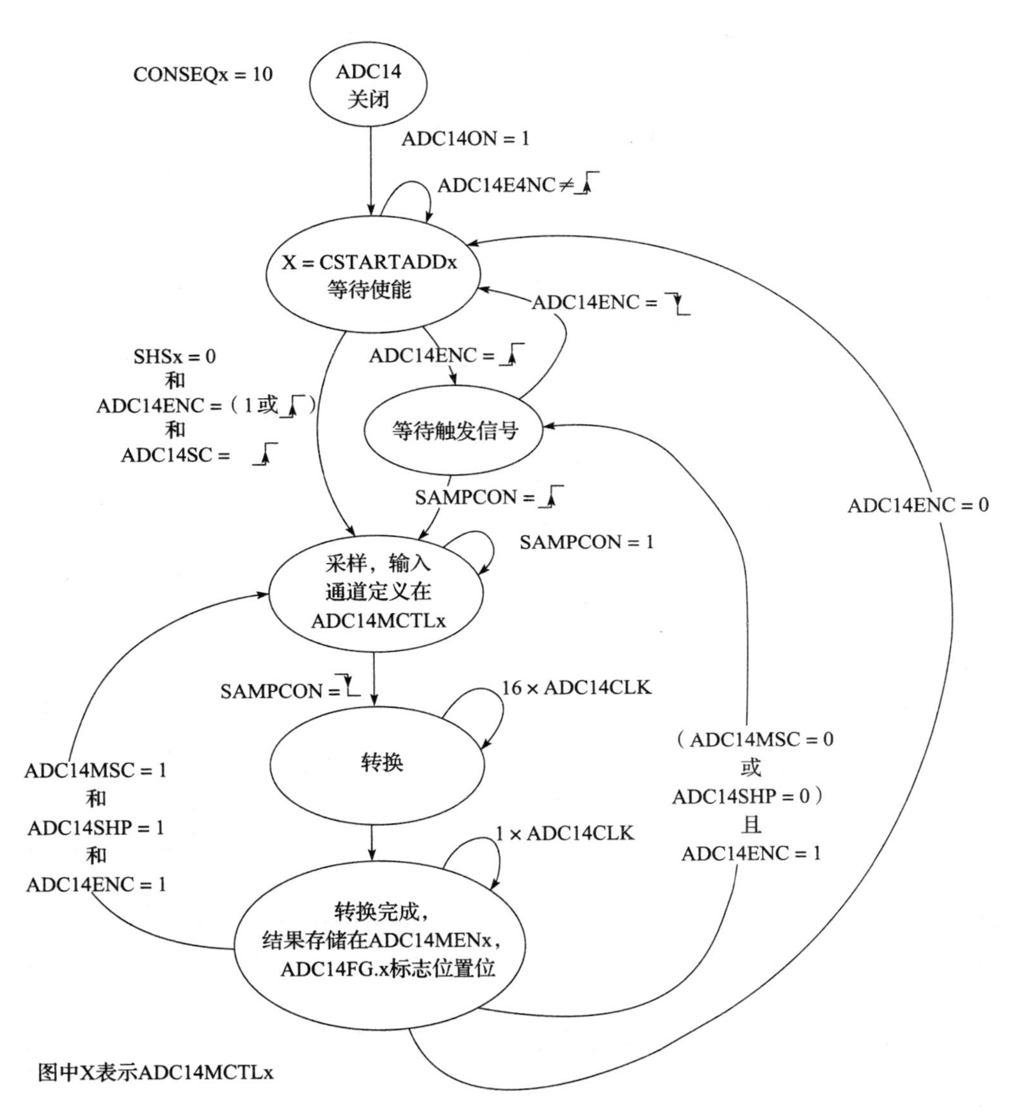

图 6-16 单通道多次转换模式流程图

A1results[]数组中。实例程序代码如下所示：

```
#include"msp.h"
#include <stdint.h>
#define Num_of_Results 8
volatile uint16_t A1results[Num_of_Results];      // 开辟 8 个 16 位内存空间
int main(void)
{
    WDTCTL = WDTPW + WDTHOLD;                       // 关闭看门狗
    P5SEL1 |= BIT4;                                 // P5.4 为 ADC
    P5SEL0 |= BIT4;
```

```
    __enable_interrupt();                              // 使能全局中断
    NVIC_ISER0 = 1 << ((INT_ADC14 - 16) & 31);         // 在 NVIC 模块中使能 ADC 中断
    ADC14CTL0 = ADC14ON |ADC14MSC |ADC14SHT0__192 |ADC14SHP |ADC14CONSEQ_2;
        // 打开 ADC,设置采样保持时间(192 个 ADC14CLK)
    // 选择采样定时器作为采样触发信号,设置为单通道多次转换模式
    ADC14MCTL0 = ADC14INCH_1;                          // channel = A1
    ADC14IER0 = ADC14IE0;                              // 使能 ADC 采样中断
    ADC14CTL0 |= ADC14ENC |ADC14SC;                    // 启动采样转换
    __sleep();                                         // 进入 LPM3 模式
}
// ADC14 中断服务程序
void ADC14IsrHandler(void)
{
    static uint8_t index =0;
    if (ADC14IFGR0 & ADC14IFG0)
    {
        A1results[index] = ADC14MEM0;                  // 读 A0 结果,清除 IFG0
        index = (index + 1) & 0x7;                     // 当数组存满 8 个数后,从 0 开始存储
        __no_operation();                              // 可在此处设置断点,方便查看转换结果
    }
}
```

例程解读：C 语言中 static 变量详解。

static 翻译出来是“静态”“静止”的意思，在 C 语言中的意思其实和它的本意差不多，表示“静态”或者“全局”的意思，用来修饰变量和函数。经 static 修饰过后的变量或者函数的作用域或者存储域会发生变化，而由 static 修饰的变量在初始值方面也会表现出 static 关键字的优势。

全局静态变量：在全局变量之前加上关键字 static，全局变量就被定义成为一个全局静态变量。

1）内存中的位置：静态存储区（静态存储区在整个程序运行期间都存在）；

2）初始化：未经初始化的全局静态变量会被程序自动初始化为 0(自动对象的值是任意的，除非它被显式初始化)；

3）作用域：全局静态变量在声明它的文件之外是不可见的。准确地讲从定义之处开始到文件结尾。

定义全局静态变量的好处如下：

1）不会被其他文件所访问和修改；

2）其他文件中可以使用相同名字的变量，不会发生冲突。

局部静态变量：在局部变量之前加上关键字 static，局部变量就被定义成为一个局部静态变量。

1）内存中的位置：静态存储区；

2）初始化：未经初始化的局部静态变量会被程序自动初始化为 0(自动对象的值是任意的，除非它已经被初始化)；

3）作用域：作用域仍为局部作用域，当定义它的函数或者语句块结束的时候，作用域随之结束。

注：当 static 用来修饰局部变量的时候，它就改变了局部变量的存储位置，从原来存储在栈中改为静态存储区中。但是局部静态变量在离开作用域之后，并没有被销毁，而是仍然驻留在内存中，直到程序结束，只不过我们不能再对它进行访问。

当 static 用来修饰全局变量的时候，它就改变了全局变量的作用域（在声明它的文件之外是不可见的），但是没有改变它的存放位置，还是在静态存储区中。

静态函数：在函数的返回类型前加上关键字 static，函数就被定义成为静态函数。

函数的定义和声明默认情况下是 extern 的，但静态函数只是在声明它的文件中可见，不能被其他文件所用。

定义静态函数的好处如下：

1）其他文件中可以定义相同名字的函数，不会发生冲突；

2）静态函数不能被其他文件所用。

存储说明符 auto、register、extern、static，对应两种存储期：自动存储期和静态存储期。

auto 和 register 对应自动存储期。具有自动存储期的变量在进入声明该变量的程序块时被建立，它在该程序块活动时存在，退出该程序块时被撤销。

关键字 extern 和 static 用来说明具有静态存储期的变量和函数。用 static 声明的局部变量具有静态存储期（static storage duration）或静态范围（static extent）。虽然它的值在函数调用之间保持有效，但是，其名字的可视性仍限制在其局部域内。静态局部对象在程序执行到该对象的声明处时被首次初始化。

（4）序列通道多次转换模式

序列通道多次转换模式用来进行多通道的连续转换。模数转换结果将顺序写入由 CSTARTADDx 位定义的、以 ADCMEMx 开始的转换存储器中。当由 ADC14MCTLx 寄存器中 ADC14EOS 位定义的最后一个通道转换完成之后，一次序列通道转换完成，触发信号会触发下一次序列通道转换。序列通道多次转换模式的流程图如图 6-17 所示。

在此模式下，如果 ADC14EOS 位为 1，复位 ADC14ENC 位，则在序列最后一次转换完成之后，转换立即停止。但是，如果 ADC14EOS 位为 0，则 ADC14ENC 复位并不能停止序列转换。同时设置 CONSEQx = 0 和 ADC14ENC = 0，可以立即停止当前转换，但是，转换结果是不可靠的。

MSP432 单片机 ADC14 模块使用多次采样/转换控制位（MSC）来控制实现尽可能快的连续转换。当 MSC = 1、CONSEQx > 0 时，采样定时器被激活，首次转换由 SHI 的第一个上升沿触发。后续的转换会在每次转换完成之后立即自动触发启动。在序列通道单次转换模式下，在所有的转换完成之前 SHI 的其他上升沿将被忽略；在单通道多次转换模式和序列通道多次转换模式下，ADC14ENC 位被改变之前 SHI 的其他上升沿都将被忽略；使用 MSC 位不改变 ADC14ENC 控制位的原有功能。

【例 6.2.4】 序列通道多次转换举例。

分析：本实例采用序列通道多次转换模式，选择的采样序列通道为 A0、A1、A2 和 A3。每个通道都选择 AV_{CC} 和 AV_{SS} 作为参考电压，采样结果被自动顺序存储在 ADC14MEM0、ADC14MEM1、ADC14MEM2 和 ADC14MEM3 中。在本实例中，最终将 A0、A1、A2 和 A3 通道的采样结果分别存储在 A0results[]、A1results[]、A2results[]、A3results[]数组中。下面给出实例程序代码。

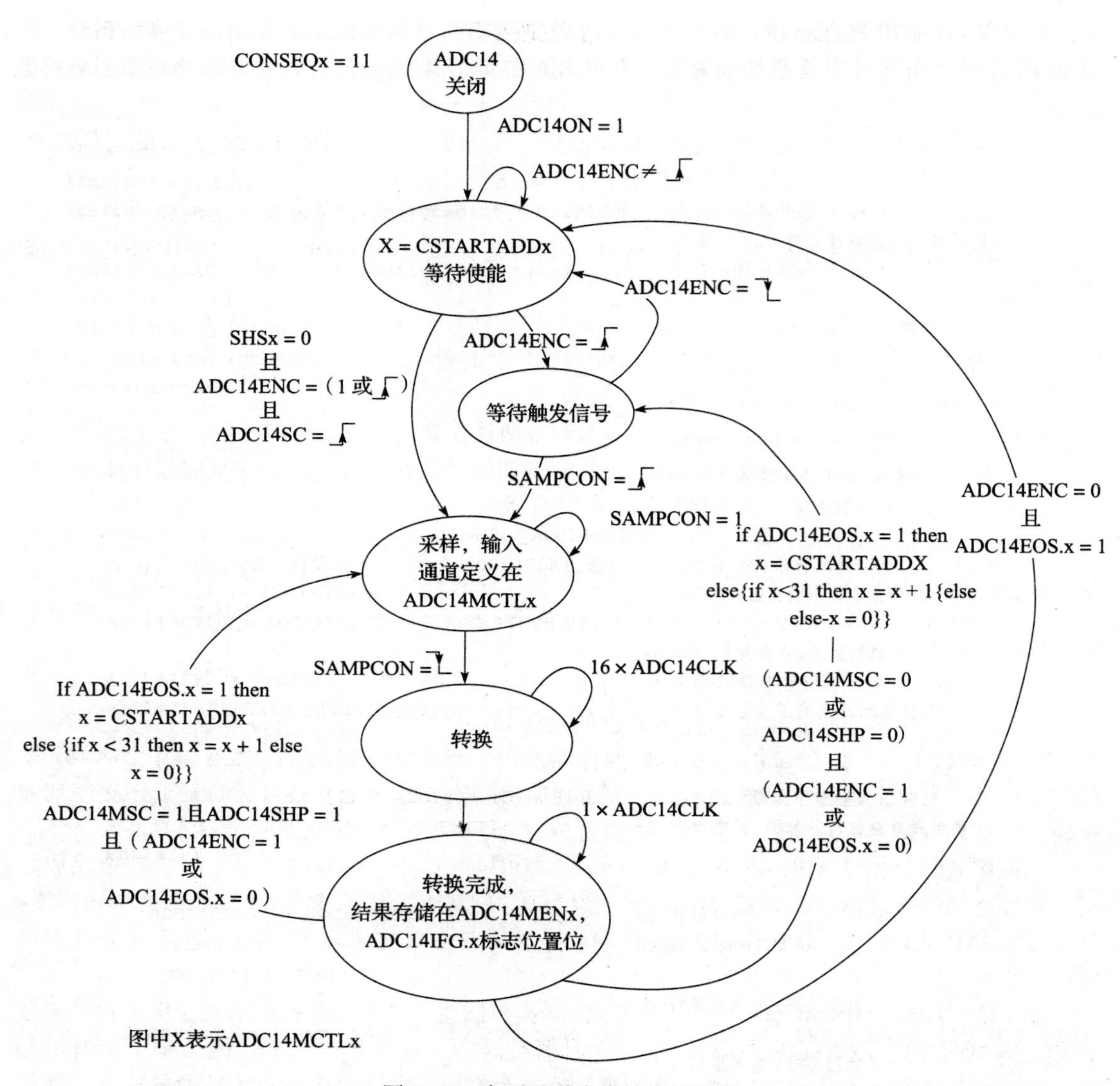

图 6-17 序列通道多次转换流程图

```
#include "msp.h"
#include <stdint.h>
#define Num_of_Results 8
volatile uint16_t A0results[Num_of_Results];              // 开辟 8 个 16 位内存空间
volatile uint16_t A1results[Num_of_Results];
volatile uint16_t A2results[Num_of_Results];
volatile uint16_t A3results[Num_of_Results];
static uint8_t index = 0;
int main(void)
{   WDTCTL = WDTPW + WDTHOLD;                              // 关闭看门狗
```

```
    P5SEL1 |= BIT5 |BIT4 |BIT3 |BIT2;                  // 配置 P5.5、P5.4、P5.3、P5.2 为 ADC
    P5SEL0 |= BIT5 |BIT4 |BIT3 |BIT2;
    __enable_interrupt();                              // 使能全局中断
    NVIC_ISER0 = 1 << ((INT_ADC14 - 16) & 31);         // 在 NVIC 模块中使能 ADC 中断
    ADC14CTL0 =ADC14ON |ADC14MSC |ADC14SHT0__32 |ADC14SHP |ADC14CONSEQ_3;
        // 打开 ADC,设置采样保持时间(192 个 ADC14CLK),选择采样
        // 定时器作为采样触发信号,设置为序列通道多次转换模式
    ADC14MCTL0 = ADC14INCH_0;                          // channel = A0
    ADC14MCTL1 = ADC14INCH_1;                          // channel = A1
    ADC14MCTL2 = ADC14INCH_2;                          // channel = A2
    ADC14MCTL3 = ADC14INCH_3 +ADC14EOS;                // channel = A3 结束采样
    ADC14IER0 = ADC14IE3;                              // 使能 ADC 采样中断
    ADC14CTL0 |= ADC14ENC |ADC14SC;                    // 启动采样转换
    __sleep();                                         // 进入 LPM3 模式
    __no_operation();    // 对比 ADC14SHT0__32 和 ADC14SHT0__64,在此设置断点,是否能暂停
    while (1);
}
void ADC14IsrHandler(void)                             // ADC14 中断服务程序
{   if (ADC14IFGR0 & ADC14IFG3)
    {
        A0results[index] = ADC14MEM0;                  // 读 A0 结果,清除 IFG0
        A1results[index] = ADC14MEM1;                  // 读 A1 结果,清除 IFG1
        A2results[index] = ADC14MEM2;                  // 读 A2 结果,清除 IFG2
        A3results[index] = ADC14MEM3;                  // 读 A3 结果,清除 IFG3
        index = (index + 1) & 0x7;                     // 当数组存满 8 个数后,从 0 开始存储
        __no_operation();                              // 可在此处设置断点,方便查看转换结果
    }
}
```

例程解读：ADC14SHT0__32、ADC14SHT0__64 程序的影响。

ADC14SHT0 = 32 时，在__no_operation()；处设置断点，会发现程序不会在断点处暂停，而是一直进出中断服务函数。主要原因是中断服务函数的执行时间大于中断请求间隔，也就是说，在执行中断服务函数时，会有新的中断请求不断产生。当 ADC14SHT0 = 64，程序就能够在__no_operation()暂停。在程序中，一般不希望出现中断服务函数的执行时间大于中断请求间隔的现象。在 ADC 中断服务函数中，有新的 ADC 中断请求产生，如果在退出中断前，将 ADC 中断标志位清除了，则退出中断后，程序会恢复到主函数中去，而不会再去响应 ADC 中断，如图 6-18 左所示。除非退出中断后又有新的 ADC 中断请求产生，如图 6-18 右所示。

2. 采样和转换

当采样输入信号 SHI 出现上升沿时将启动模数转换。SHI 信号源可以通过 SHSx 位进行定义，有 8 种选择：ADC14SC、TA0_C1、TA0_C2、TA1_C1、TA1_C2、TA2_C1、TA2_C2、TA3_C1。ADC14 支持 8 位、10 位、12 位及 14 位分辨率模式，可以通过 ADC14RES 控制位进行选择，模数转换分别需要 9、11、14 及 16 个 ADC14CLK 周期。采样输入信号的极性用 ISSH 控制位来选择。采样转换信号 SAMPCON 可以来自于采样输入信号 SHI 或采样定时器，能够控制采样的周期及转换的开始。当 SAMPCON 信号为高电平时采样被激活，SAMPCON 的下降沿将触发模数转换。

ADC14SHP 定义了两种不同的采样时序方法：扩展采样时序模式和脉冲采样时序模式。

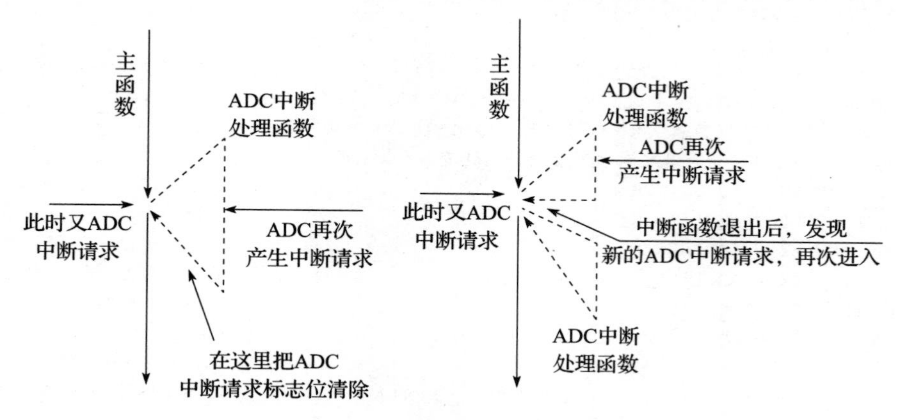

图 6-18　中断响应情况示意图

（1）扩展采样时序模式

当 ADC14SHP = 0 时，采样信号工作在扩展采样时序模式。SHI 信号直接作为 SAMPCON 信号，并定义采样周期 t_{sample} 的长度。如果使用 ADC 内部缓冲区，需要声明采样触发，等待 ADC14RDYIFG 标志置 1（表示 ADC14 本地缓冲参考值已置位），然后在取消分频之前将采样触发设置为期望的采样周期。当 ADC14VRSEL = 0001 或 1111 时，使用 ADC 内部缓冲器。当 SAMPCON 为高电平时，采样被激活。SAMPCON 信号的下降沿与 ADC14CLK 同步后开始转换。扩展采样时序如图 6-19 所示。

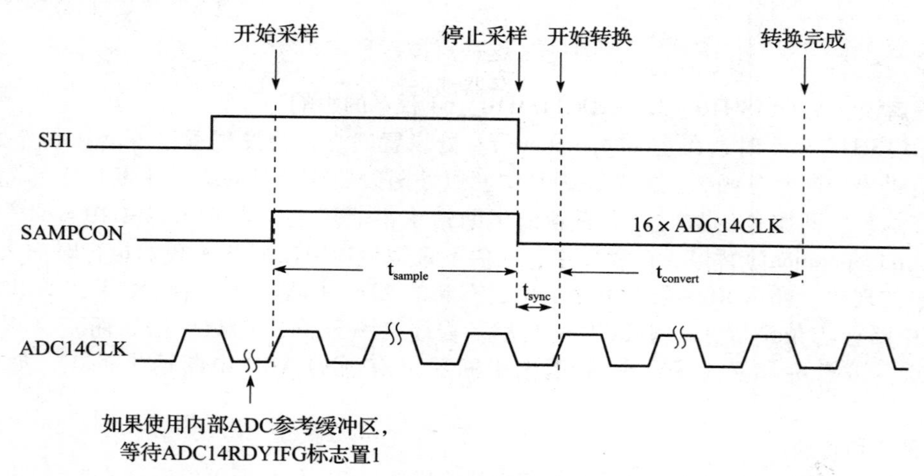

图 6-19　扩展采样时序图

（2）脉冲采样时序模式

当 ADC14SHP = 1 时，采样信号工作在脉冲采样时序模式。SHI 信号用于触发采样定时器。ADC14CTL0 寄存器中的 ADC14SHT0x 和 ADC14SHT1x 位用来控制采样定时器的间隔，该间隔定义 SAMPCON 的采样周期 t_{sample} 的长度。采样定时器在与 ADC14CLK 同步后，在 t_{sample} 时间内继续保持

SAMPCON 信号为高电平，因此整个采样时间为 t_{sample} 加 t_{sync}，如图 6-20 所示。采样时间由 ADC14SHT0x 和 ADC14SHT1x 控制，ADC14SHT0x 位选择控制 ADC14MCTL8 ~ ADC14MCLT23 的采样时间，ADC14SHT1x 选择控制 ADC14MCTL0 ~ ADC14MCTL7 和 ADC14MCTL24 ~ ADC14MCTL31 的采样时间。

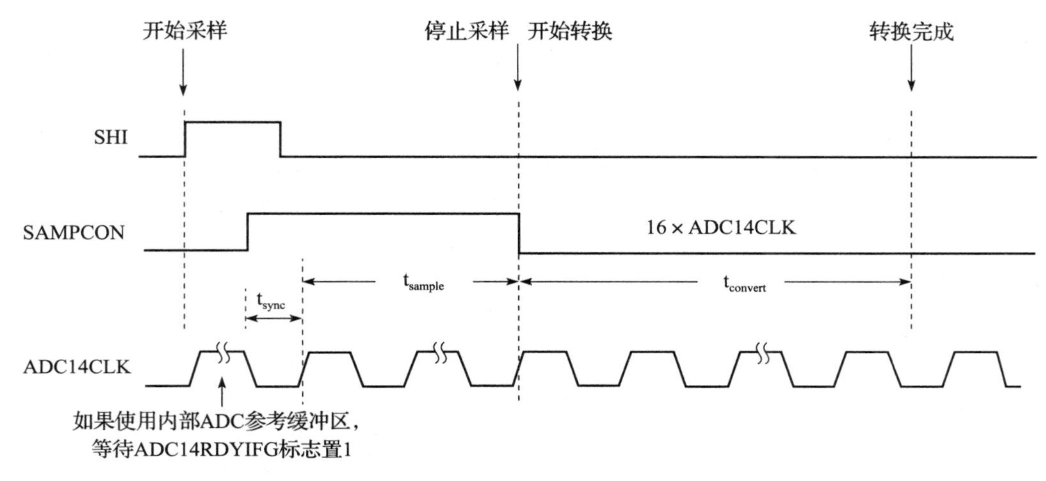

图 6-20　脉冲采样时序图

3. 转换存储器

典型的模数操作通常用中断请求的方式来通知模数转换的结束，并需要在下一次 ADC 执行前将转换结果转存到另一位置。ADC14 中的 32 个转换存储缓冲寄存器（ADC14MEMx）使得 ADC 可以进行多次转换而不需要软件干预。这一点提高了系统性能，也减少了软件开销。

ADC14 模块的每个 ADC14MEMx 缓冲寄存器都可通过相关的 ADC14MCTLx 控制寄存器来配置，为转换存储提供了很大的灵活性。ADC14VRSEL 控制位定义了参考电压，ADC14INCHx 和 ADC14DIF 控制位选择输入通道。当使用序列通道转换模式时，ADC14EOS 控制位定义了转换序列的结束。当 ADC14MCTL31 中的 ADC14EOS 位未置 1 时，序列从 ADC14MEM31 翻转到 ADC14MEM0。

CSTARTADDx 控制位定义任意转换中所用到的 ADC14MCTLx。如果是单通道单次转换模式或者单通道多次转换模式，CSTARTADDx 用于指向所用的单一 ADC14MCTLx。如果选择序列通道单次转化模式或者序列通道多次转换模式，CSTARTADDx 指向序列中第一个 ADC14MCTLx 位置，当每次转换完成后，指针自动增加到序列的下一个 ADC14MCTLx。序列一直处理到最后的控制字节 ADC14MCTLx 中的 ADC14EOS 置位，CSSTARTADD 可以取值 0h ~ 1Fh，分别指向 ADC14MEM0 ~ ADC14MEM32。

当转换结果写到选择的 ADC14MEMEx 时，ADC14IFGx 寄存器中相应的标志将置位。转换结果 ADC14MEMx 又有两种存储格式。当 ADC14DF = 0 时，转换结果是右对齐的无符号数，对于 8 位、10 位及 12 位分辨率，ADC14MEMx 的高 8 位、高 6 位及高 4 位总是 0；当 ADC14DF = 1 时，转换结果是左对齐，以补码形式存储，对于 8 位、10 位及 12 位分辨率，在 ADC14MEMx 中相应的低 8 位、低 6 位及低 4 位总是 0。

4. 阈值比较器

阈值比较器能够在没有 CPU 干预的情况下监测模拟信号。通过 ADC14MCTLx 寄存器中的 ADC14WINC 位使能阈值比较。阈值比较器中断包括：

1）如果 ADC14 转换的当前结果小于寄存器 ADC14LO 中定义的低阈值，则 ADC14LO 中断标志（ADC14LOIFG）置 1。

2）如果 ADC14 转换的当前结果大于寄存器 ADC14HI 中定义的高阈值，则 ADC14HI 中断标志（ADC14HIIFG）置 1。

3）如果 ADC14 转换的当前结果大于或等于寄存器 ADC14LO 中定义的低阈值且小于或等于寄存器 ADC14HI 中定义的高阈值，则 ADC14IN 中断标志（ADC14INIFG）置 1。

这些中断是独立于转换模式生成的。阈值比较器的中断标志位在 ADC14IFGx 置位之后更新。

ADC14 中有两组阈值比较器的门限寄存器：ADC14LO0、ADC14HI0，ADC14LO1、ADC14HI1。转换存储控制寄存器（ADC14MCTLx）中的 ADC14WINCTH 位在两组门限寄存器之间进行选择。当 ADC14WINCTH 设置为 0 时，选择 ADC14LO0 和 ADC14HI0 门限寄存器，当 ADC14WINCTH 设置为 1 时，选择 ADC14LO1 和 ADC14HI1 门限寄存器对模数转换结果进行比较。

ADC14LOx 和 ADC14HIx 寄存器中的低阈值和高阈值必须以正确的数据格式表示。如果 ADC14DF =0，选择二进制无符号数据格式，则 ADC14LOx 和 ADC14HIx 寄存器中的阈值必须写为二进制无符号数值。如果 ADC14DF = 1，则选择带符号的二进制补码数据格式，那么寄存器 ADC14LOx 和 ADC14HIx 中的阈值必须写为带符号的二进制补码。更改 ADC14DF 位或 ADC14RES 位可复位门限寄存器。

5. 使用片内集成温度传感器

如果需要使用 MSP432 片内集成的温度传感器，用户可以选择模拟输入通道 INCHx = 31。与选择外部输入通道一样，需要进行其他的寄存器配置，包括参考电压选择、转换存储寄存器选择等。温度传感器典型的转换函数如图 6-21 所示，该转换函数仅仅作为一个示例，实际的参数可以参考具体芯片的数据手册。当使用温度传感器时，采样周期必须大于 5 微秒。温度传感器的偏移误差比较大，在大多数实际应用中需要进行校准。选择温度传感器会自动地开启片上参考电压发生器作为温度传感器的电源。使用温度传感器，REF 模块中的 REFON 位必须置 1。温度传感器的参考电压设置与其他通道相同。

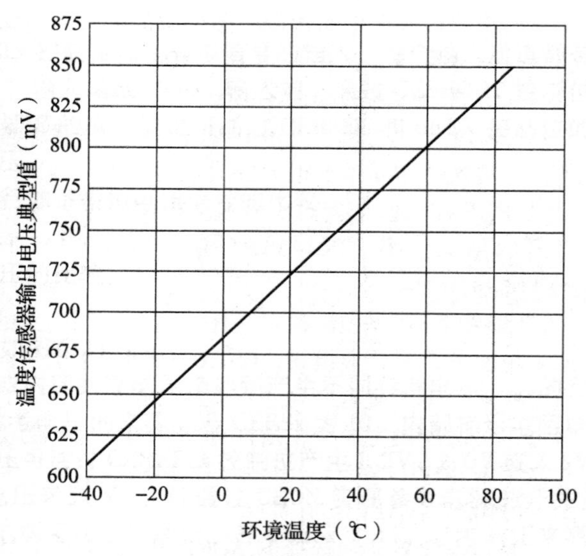

图 6-21　片内集成温度传感器温度转换函数

6.2.4 ADC14 模块寄存器

ADC14 模块寄存器如表 6-2 所示。用户可通过实际需要灵活配置 ADC14 的各功能模块。

表 6-2　ADC14 模块寄存器列表（基址为 0x4001_2000）

寄存器名称	缩写	类型	访问方式	偏移地址	初始状态
ADC14 控制寄存器 0	ADC14CTL0	读/写	字访问	000h	00000000h
ADC14 控制寄存器 1	ADC14CTL1	读/写	字访问	004h	00000030h
ADC14 阈值比较器低阈值寄存器 0	ADC14LO0	读/写	字访问	008h	00000000h
ADC14 阈值比较器高阈值寄存器 0	ADC14HI0	读/写	字访问	00Ch	00003FFFh
ADC14 阈值比较器低阈值寄存器 1	ADC14LO1	读/写	字访问	010h	00000000h
ADC14 阈值比较器高阈值寄存器 1	ADC14HI1	读/写	字访问	014h	00003FFFh
ADC14 存储控制寄存器	ADC14MCTL0 ~ 31	读/写	字访问	018h ~ 094h	00000000h
ADC14 缓冲寄存器	ADC14MEM0 ~ 31	读/写	字访问	098h ~ 114h	未定义
ADC14 中断使能寄存器 0	ADC14IER0	读/写	字访问	13Ch	00000000h
ADC14 中断使能寄存器 1	ADC14IER1	读/写	字访问	140h	00000000h
ADC14 中断标志寄存器 0	ADC14IFGR0	读	字访问	144h	00000000h
ADC14 中断标志寄存器 1	ADC14IFGR1	读	字访问	148h	00000000h
ADC14 清除中断标志寄存器 0	ADC14CLRIFGR0	写	字访问	14Ch	00000000h
ADC14 清除中断标志寄存器 1	ADC14CLRIFGR1	写	字访问	150h	00000000h
ADC14 中断向量寄存器	ADC14IV	读	字访问	154h	00000000h

以下对各寄存器进行详细介绍。注意，其中下划线配置为初始状态或复位后的默认配置。

（1）ADC14 控制寄存器 0（ADC14CTL0）

31	30	29	28	27	26	25	24
ADC14PDIV		ADC14SHSx			ADC14SHP	ADC14ISSH	ADC14DIVx

23	22	21	20	19	18	17	16
ADC14DIVx		ADC14SSELx			ADC14CONSEQx		ADC14BUSY

15	14	13	12	11	10	9	8
ADC14SHT1x				ADC14SHT0x			

7	6	5	4	3	2	1	0
ADC14MSC	保留		ADC14ON	保留		ADC14ENC	ADC14SC

注意：控制寄存器列表中灰色底纹部分控制寄存器只有在 ADC10ENC = 0 时，才可被修改。

1）**ADC14PDIV**：第 30 ~ 31 位，ADC14 预分频器。该位对 ADC14 的参考时钟源进行预分频；

00：1 倍预分频；　01：4 倍预分频；　10：32 倍预分频；　11：64 倍预分频。

2）**ADC14SHSx**：第 27 ~ 29 位，ADC14 采样保持触发源选择。

000：ADC14SC 控制位；　001：TA0 定时器 CCR1 输出；

010：TA0 定时器 CCR2 输出；　011：TA1 定时器 CCR1 输出；

100：TA1 定时器 CCR2 输出；　101：TA2 定时器 CCR1 输出；

110：TA2 定时器 CCR2 输出；　111：TA3 定时器 CCR1 输出。

3）**ADC14SHP**：第26位，采样保持信号SAMPCON选择控制位。

0：SAMPCON信号来自采样输入信号；

1：SAMPCON信号来自采样定时器，由采样输入信号的上升沿触发采样定时器。

4）**ADC14ISSH**：第25位，ADC14采样保持输入信号方向选择位。

0：采样输入信号为同相输入；　　1：采样输入信号为反相输入。

5）**ADC14DIVx**：第22～24位，ADC14时钟分频控制位。该3位选择分频因子，则分频因子为该3位二进制数所表示的十进制数加一，例如该3位配置为100，则分频因子为5。

6）**ADC14SSELx**：第19～21位，ADC14参考时钟源选择控制位。

000：MODCLK；　001：SYSCLK；　010：ACLK；　011：MCLK。

100：SMCLK；　101：HSMCLK；　110：保留；　111：保留。

7）**ADC14CONSEQx**：第17～18位，ADC14转换模式选择控制位。

00：单通道单次转换模式；　01：序列通道单次转换模式；

10：单通道多次转换模式；　11：序列通道多次转换模式。

8）**ADC14BUSY**：第16位，ADC14忙标志位。

0：没有活动的操作；　1：ADC14模块正在进行采样或转换。

9）**ADC14SHT1x**：第12～15位，ADC14采样保持时间控制位。这些位定义了ADC14MEM8～ADC14MEM23采样周期所需的ADC14CLK个数。

10）**ADC14SHT0x**：第8～11位，ADC14采样保持时间控制位。这些位定义了ADC14MEM0～ADC14MEM7采样周期所需的ADC14CLK个数。具体设置如表6-3所示。

表6-3　采样周期配置表

ADC14SHTx位	所需ADC14CLK个数
0000	4
0001	8
0010	16
0011	32
0100	64
0101	96
0110	128
0111	192
1000～1111	保留

11）**ADC14MSC**：第7位，多次采样转换控制位。适用于序列转换或者重复转换模式。

0：每次采样转换都需要一个SHI信号的上升沿触发采样定时器；

1：仅首次转换需要有SHI信号的上升沿触发采样定时器，而后采样转换将在前一次转换完成后自动进行。

12）**ADC14ON**：第4位，ADC模块内核控制位。

0：ADC内核关闭；　1：ADC内核打开。

13）**ADC14ENC**：第1位，ADC14转换使能控制位。只有在该位为高电平时，才能用软件或者外部信号启动A/D转换，而且有些控制寄存器中很多位只有在该位为低电平时才能被修改。

0：ADC14禁止转换；　1：使能A/D转换。

14）**ADC14SC**：第0位，ADC14转换启动位。当ADC14ENC为1时，可用软件修改作为转换控制。如果采样信号SAMPCON由采样定时器产生（SHP=1），ADC14SC由0变为1将启动转换操作，A/D转换完成后ADC14SC将自动复位；如果采样直接由ADC14SC控制（SHP=

0），则在 ADC14SC 保持在高电平时采样，当 ADC14SC 复位时启动一次转换。使用软件控制 ADC14SC 时，必须满足采样转换的时序要求。

0：没有启动采样转换；　　　　1：启动采样转换。

（2）ADC14 控制寄存器 1（ADC14CTL1）

31	30	29	28	27	26	25	24
保留				ADC14 CH3MAP	ADC14 CH2MAP	ADC14 CH1MAP	ADC14 CH0MAP
23	22	21	20	19	18	17	16
ADC14 TCMAP	ADC14 BATMAP	保留	ADC14CSTARTADDx				
15	14	13	12	11	10	9	8
保留							
7	6	5	4	3	2	1	0
保留		ADC14RES		ADC14DF	ADC14 REFBURST	ADC14PWRMD	

注意：控制寄存器列表中灰色底纹部分控制寄存器只有在 ADC10ENC = 0 时，才可被修改。

1）**ADC14CH3MAP**：第 27 位，控制内部通道 3 连接到 ADC 输入通道 MAX-5。

0：没有选择 ADC 内部输入通道 3，此时选择外部输入；

1：选择 ADC 内部输入通道 3 连接到 ADC 输入通道 MAX-5。

2）**ADC14CH2MAP**：第 26 位，控制内部通道 2 连接到 ADC 输入通道 MAX-4。

0：没有选择 ADC 内部输入通道 2，此时选择外部输入；

1：选择 ADC 内部输入通道 2 连接到 ADC 输入通道 MAX-4。

3）**ADC14CH1MAP**：第 25 位，控制内部通道 1 连接到 ADC 输入通道 MAX-3。

0：没有选择 ADC 内部输入通道 1，此时选择外部输入；

1：选择 ADC 内部输入通道 1 连接到 ADC 输入通道 MAX-3。

4）**ADC14CH0MAP**：第 24 位，控制内部通道 0 连接到 ADC 输入通道 MAX-2。

0：没有选择 ADC 内部输入通道 0，此时选择外部输入；

1：选择 ADC 输入通道内部 0 连接到 ADC 输入通道 MAX-2。

5）**ADC14TCMAP**：第 23 位，控制内部温度传感器连接到 ADC 输入通道 MAX-1。

0：没有选择内部温度传感器，此时选择外部输入；

1：选择内部温度传感器连接到 ADC 输入通道 MAX-1。

6）**ADC14BATMAP**：第 22 位，控制内部温度传感器连接到 ADC 输入通道 MAX。

0：没有选择内部 1/2 × AVCC，此时选择外部输入；

1：选择内部 1/2 × AVCC 连接到 ADC 输入通道 MAX。

7）**ADC14CSTARTADDx**：第 16 ~ 20 位，ADC14 转换开始地址定义位。该 5 位定义了在 ADC14MEMx 中作为单次转换地址或序列转换地址的首地址。该 5 位所表示的二进制数 0 ~ 1Fh 分别对应 ADC14MEM0 ~ ADC14MEM31。

8）**ADC14RES**：第 4 ~ 5 位，ADC14 分辨率控制位。这两位决定了 ADC14 转换结果的分辨率。

00：8 位（9 个 ADC14CLK 时钟周期的转换时间）；

01：10 位（11 个 ADC14CLK 时钟周期的转换时间）；

10：12 位（14 个 ADC14CLK 时钟周期的转换时间）；

11：14 位（16 个 ADC14CLK 时钟周期的转换时间）。

9）**ADC14DF**：第 3 位，ADC14 数据存储格式。

0：二进制无符号格式，理论上，若模拟输入电压为负参考电压，存储结果为 0000h；若模拟输入电压为正参考电压，存储结果为 3FFFh；

1：有符号二进制补码格式，左对齐。理论上，模拟输入电压为负参考电压，存储结果为 8000h；若模拟输入电压为正参考电压，存储结果为 7FFCh。

10）**ADC14REFBURST**：第 2 位，参考缓冲开启期间控制位。ADC14REFOUT 必须置位。

0：参考缓冲是连续打开的；　　　　　　1：参考缓冲只在采样转换期间打开。

11）**ADC14PWRMD**：第 0 ~ 1 位，ADC 功率模式。

00：常规功率模式，用于任何分辨率设置，采样速率可以高达 1Msps；

01：保留；

10：12 位、10 位和 8 位分辨率设置的低功耗模式，采样速率不超过 200ksps；

11：保留。

（3）ADC14 阈值比较器低阈值寄存器 0（ADC14LO0）

31	30	29	28	27	26	25	24
保留							
23	22	21	20	19	18	17	16
保留							
15	14	13	12	11	10	9	8
ADC14LO0							
7	6	5	4	3	2	1	0
ADC14LO0							

ADC14LO0：第 0 ~ 15 位，低阈值 0，详细介绍见 6.2.3 中第 4 点，关于阈值比较器的介绍。

（4）ADC14 阈值比较器高阈值寄存器 0（ADC14HI0）

31	30	29	28	27	26	25	24
保留							
23	22	21	20	19	18	17	16
保留							
15	14	13	12	11	10	9	8
ADC14HI0							
7	6	5	4	3	2	1	0
ADC14HI0							

ADC14HI0：第 0 ~ 15 位，高阈值 0，详细介绍见 6.2.3 中第 4 点，关于阈值比较器的

介绍。

（5） ADC14 阈值比较器低阈值寄存器 1（ADC14LO1）

31	30	29	28	27	26	25	24
保留							
23	22	21	20	19	18	17	16
保留							
15	14	13	12	11	10	9	8
ADC14LO1							
7	6	5	4	3	2	1	0
ADC14LO1							

ADC14LO1：第 0 ~ 15 位，低阈值 1，详细介绍见 6.2.3 中第 4 点，关于阈值比较器的介绍。

（6） ADC14 阈值比较器高阈值寄存器 1（ADC14HI1）

31	30	29	28	27	26	25	24
保留							
23	22	21	20	19	18	17	16
保留							
15	14	13	12	11	10	9	8
ADC14HI1							
7	6	5	4	3	2	1	0
ADC14HI1							

ADC14HI1：第 0 ~ 15 位，高阈值 0，详细介绍见 6.2.3 中第 4 点，关于阈值比较器的介绍。

（7） ADC14 存储控制寄存器 （ADC14MCTLx）

31	30	29	28	27	26	25	24
保留							
23	22	21	20	19	18	17	16
保留							
15	14	13	12	11	10	9	8
ADC14 WINCTH	ADC14WINC	ADC14DIF	保留	ADC14VRSEL			
7	6	5	4	3	2	1	0
ADC14EOS	保留		ADC14INCHx				

注意：控制寄存器列表中灰色底纹部分控制寄存器只有在 ADC10ENC = 0 时，才可被修改。

1） ADC14WINCTH：第 15 位，阈值比较器阈值寄存器选择控制位。

0：使用阈值比较器阈值 0，ADC14LO0 和 ADC14HI0；

1：使用阈值比较器阈值 1，ADC14LO1 和 ADC14HI1。

2） ADC14WINC：第 14 位，阈值比较器使能位。

0：阈值比较器禁止；

1：阈值比较器使能。

3）ADC14DIF：第 13 位，差分模式选择控制位。

0：启用单端模式；　　1：启用差分模式。

4）ADC14VRSELx：第 8～11 位，参考电压选择控制位。

0000：$V_{R+} = AV_{CC}$，$V_{R-} = AV_{SS}$；　　0001：$V_{R+} = VREF$，$V_{R-} = AV_{SS}$；

0010～0011：保留；　　1110：$V_{R+} = V_{REF+}$，$V_{R-} = Ve_{REF-}$；

1111：$V_{R+} = V_{REF+}$，$V_{R-} = Ve_{REF-}$。

当 $V_{R-} = Ve_{REF-}$ 时，建议将 Ve_{REF-} 连接到地。

5）ADC14EOS：第 7 位，序列转换结果控制位。

0：序列转换没有结束；　　1：序列转换结束，本通道转换为该序列最后一次转换。

6）ADC14INCHx：第 0～4 位，输入通道选择控制位，默认选择 A0 通道，如表 6-4 所示。

表 6-4　输入通道选择

ADC14INCHx 位	当 ADC14DIF＝0 时	当 ADC14DIF＝1 时
00000	A0	Ain＋＝A0，Ain－＝A1
00001	A1	Ain＋＝A0，Ain－＝A1
00010	A2	Ain＋＝A2，Ain－＝A3
00011	A3	Ain＋＝A2，Ain－＝A3
00100	A4	Ain＋＝A4，Ain－＝A5
00101	A5	Ain＋＝A4，Ain－＝A5
……	……	……
11110	A30	Ain＋＝A30，Ain－＝A31
11111	A31	Ain＋＝A30，Ain－＝A31

（8）ADC14 缓冲寄存器（ADC14MEMx）

31	30	29	28	27	26	25	24
保留							

23	22	21	20	19	18	17	16
保留							

15	14	13	12	11	10	9	8
转换结果							

7	6	5	4	3	2	1	0
转换结果							

当 ADC14DF＝0 时，ADC14 数据存储格式选择无符号二进制格式，14 位转换结果右对齐，第 13 位为最高有效位。在 14 位转换结果模式下，第 14～15 位为 0；在 12 位转换结果模式下，第 12～15 位为 0；在 10 位转换结果模式下，第 10～15 位为 0；在 8 位转换结果模式下，第 8～15 位为 0。

当 ADC14DF＝1 时，ADC14 数据存储格式选择有符号二进制补码格式，14 位转换结果左对齐，第 15 位为最高有效位。在 14 位转换结果模式下，第 0 ~ 1 位为 0；在 12 位转换结果模式下，第 0 ~ 3 位为 0；在 10 位转换结果模式下，第 0 ~ 5 位为 0；在 8 位转换结果模式下，第 0 ~ 7 位为 0。对缓冲寄存器写操作将会破坏转换存储的结果，读取该寄存器将清除 ADC14IFG0 中的相应位。

（9）ADC14 中断使能寄存器 0（ADC14IER0）

31	30	29	28	27	26	25	24
ADC14IE31	ADC14IE30	ADC14IE29	ADC14IE28	ADC14IE27	ADC14IE26	ADC14IE25	ADC14IE24
23	22	21	20	19	18	17	16
ADC14IE23	ADC14IE22	ADC14IE21	ADC14IE20	ADC14IE19	ADC14IE18	ADC14IE17	ADC14IE16
15	14	13	12	11	10	9	8
ADC14IE15	ADC14IE14	ADC14IE13	ADC14IE12	ADC14IE11	ADC14IE10	ADC14IE9	ADC14IE8
7	6	5	4	3	2	1	0
ADC14IE7	ADC14IE6	ADC14IE5	ADC14IE4	ADC14IE3	ADC14IE2	ADC14IE1	ADC14IE0

ADC14IEx：第 0 ~ 31 位，ADC 中断使能控制位。该控制位可控制 ADC14IFGx 位的中断请求。

0：中断禁止；　　1：中断使能。

（10）ADC14 中断使能寄存器 1（ADC14IER1）

31	30	29	28	27	26	25	24
保留							
23	22	21	20	19	18	17	16
保留							
15	14	13	12	11	10	9	8
保留							
7	6	5	4	3	2	1	0
保留	ADC14RDYIE	ADC14TOVIE	ADC14OVIE	ADC14HIIE	ADC14LOIE	ADC14INIE	保留

1）ADC14RDYIE：第 6 位，ADC14 本地缓存引用就绪中断使能位。

0：中断禁止；　　1：中断使能。

2）ADC14TOVIE：第 5 位，ADC14 转换时间溢出中断使能位。

0：中断禁止；　　1：中断使能。

3）ADC14OVIE：第 4 位，ADC14MEMx 溢出中断使能位。

0：中断禁止；　　1：中断使能。

4）ADC14HIIE：第 3 位，ADC14 超过 ADC14MEMx 结果寄存器阈值比较器的上限的中断使能位。

0：中断禁止；　　1：中断使能。

5）ADC14LOIE：第 2 位，ADC14 低于 ADC14MEMx 结果寄存器的阈值比较器的下限的中断使能位。

0：中断禁止；　　1：中断使能。

6）**ADC14INIE**：第 1 位，ADC14MEMx 结果寄存器的值大于 ADC14LO 阈值且低于 ADC14HI 阈值的中断使能位。

0：中断禁止；　　　　　　　1：中断使能。

（11）ADC14 中断标志寄存器 0（ADC14IFGR0）

31	30	29	28	27	26	25	24
ADC14IFG31	ADC14IFG30	ADC14IFG29	ADC14IFG28	ADC14IFG27	ADC14IFG26	ADC14IFG25	ADC14IFG24
23	22	21	20	19	18	17	16
ADC14IFG23	ADC14IFG22	ADC14IFG21	ADC14IFG20	ADC14IFG19	ADC14IFG18	ADC14IFG17	ADC14IFG16
15	14	13	12	11	10	9	8
ADC14IFG15	ADC14IFG14	ADC14IFG13	ADC14IFG12	ADC14IFG11	ADC14IFG10	ADC14IFG9	ADC14IFG8
7	6	5	4	3	2	1	0
ADC14IFG7	ADC14IFG6	ADC14IFG5	ADC14IFG4	ADC14IFG3	ADC14IFG2	ADC14IFG1	ADC14IFG0

ADC14IFGx：第 0～31 位，ADC 中断标志位。当 ADC14MEMx 寄存器相应的转换完成并装载结果之后，ADC14IFG 相应位置位。在 ADC14MEMx 内容被读取后或当 ADC14CLRIFGR0 寄存器中的相应位设置为 1 时，ADC14IFGx 能自动复位。

（12）ADC14 中断标志寄存器 1（ADC14IFGR1）

31	30	29	28	27	26	25	24
保留							
23	22	21	20	19	18	17	16
保留							
15	14	13	12	11	10	9	8
保留							
7	6	5	4	3	2	1	0
保留	ADC14RDYIFG	ADC14TOVIFG	ADC14OVIFG	ADC14HIIFG	ADC14LOIFG	ADC14INIFG	保留

1）**ADC14RDYIE**：第 6 位，ADC14 本地缓存引用就绪中断标志位。

0：没有中断被挂起；　　　　　　　1：相应中断被挂起。

2）**ADC14TOVIE**：第 5 位，ADC14 转换时间溢出中断标志位。

0：没有中断被挂起；　　　　　　　1：相应中断被挂起。

3）**ADC14OVIE**：第 4 位，ADC14MEMx 溢出中断标志位。

0：没有中断被挂起；　　　　　　　1：相应中断被挂起。

4）**ADC14HIIE**：第 3 位，ADC14 超过 ADC14MEMx 结果寄存器阈值比较器的上限的中断标志位。

0：没有中断被挂起；　　　　　　　1：相应中断被挂起。

5）**ADC14LOIE**：第 2 位，ADC14 低于 ADC14MEMx 结果寄存器的阈值比较器的下限的中断标志位。

0：没有中断被挂起；　　　　　　　1：相应中断被挂起。

6）**ADC14INIE**：第 1 位，ADC14MEMx 结果寄存器的值大于 ADC14LO 阈值且低于

ADC14HI 阈值的中断标志位。

0：没有中断被挂起；　　　　　1：相应中断被挂起。

在 ADC14MEMx 内容被读取后或当 ADC14CLRIFGR0 寄存器中的相应位设置为 1 时，ADC14IFGx 能自动复位。

（13）ADC14 中断标志清除寄存器 0（ADC14CLRIFGR0）

31	30	29	28	27	26	25	24
CLRADC14 IFG31	CLRADC14 IFG30	CLRADC14 IFG29	CLRADC14 IFG28	CLRADC14 IFG27	CLRADC14 IFG26	CLRADC14 IFG25	CLRADC14 IFG24
23	22	21	20	19	18	17	16
CLRADC14 IFG23	CLRADC14 IFG22	CLRADC14 IFG21	CLRADC14 IFG20	CLRADC14 IFG19	CLRADC14 IFG18	CLRADC14 IFG17	CLRADC14 IFG16
15	14	13	12	11	10	9	8
CLRADC14 IFG15	CLRADC14 IFG14	CLRADC14 IFG13	CLRADC14 IFG12	CLRADC14 IFG11	CLRADC1 IFG10	CLRADC14 IFG9	CLRADC14 IFG8
7	6	5	4	3	2	1	0
CLRADC14 IFG7	CLRADC14 IFG6	CLRADC14 IFG5	CLRADC14 IFG4	CLRADC14 IFG3	CLRADC14 IFG2	CLRADC14 IFG1	CLRADC14 IFG0

CLRADC14IFGx：第 0 ~ 31 位，ADC 中断标志清除位。当 CLRADC14IFGx = 1 时，清除相应位的中断标志。

（14）ADC14 中断标志清除寄存器 1（ADC14CLRIFGR1）

31	30	29	28	27	26	25	24
保留							
23	22	21	20	19	18	17	16
保留							
15	14	13	12	11	10	9	8
保留							
7	6	5	4	3	2	1	0
保留	CLRADC14 RDYIFG	CLRADC14 TOVIFG	CLRADC14 OVIFG	CLRADC14 HIIFG	CLRADC14 LOIFG	CLRADC14 INIFG	保留

1）**CLRADC14RDYIFG**：第 6 位，ADC14RDYIFG 中断标志清除位。

0：无效；　　　　　1：清除中断标志位。

2）**CLRADC14TOVIFG**：第 5 位，CLRADC14TOVIFG 中断标志清除位。

0：无效；　　　　　1：清除中断标志位。

3）**CLRADC14OVIFG**：第 4 位，CLRADC14OVIFG 中断标志清除位。

0：无效；　　　　　1：清除中断标志位。

4）**CLRADC14HIIFG**：第 3 位，CLRADC14HIIFG 中断标志清除位。

0：无效；　　　　　1：清除中断标志位。

5）**CLRADC14LOIFG**：第 2 位，CLRADC14LOIFG 中断标志清除位。

0：无效；　　　　　　　　　　1：清除中断标志位。

6）**CLRADC14INIFG**：第 1 位，CLRADC14INIFG 中断标志清除位。

0：无效；　　　　　　　　　　1：清除中断标志位。

（15）ADC14 中断向量寄存器（ADC14IV）

31	30	29	28	27	26	25	24
0	0	0	0	0	0	0	0
23	**22**	**21**	**20**	**19**	**18**	**17**	**16**
0	0	0	0	0	0	0	0
15	**14**	**13**	**12**	**11**	**10**	**9**	**8**
0	0	0	0	0	0	0	0
7	**6**	**5**	**4**	**3**	**2**	**1**	**0**
0	ADC14IVx						0

ADC14 中断为多源中断，由 38 个中断共用一个中断向量。ADC14IV 用来设置这 38 个中断标志的优先级顺序，并按照优先级来安排中断响应。ADC14 模块中断向量表如表 6-5 所示。

表 6-5　ADC14 模块中断向量表

ADC14IV	中断源	中断标志	中断优先级
00h	无中断产生	无	无
02h	ADC14MEMx 溢出	ADC14OVIFG	最高
04h	转换时间溢出	ADC14TOVIFG	
06h	大于阈值比较器上限	ADC14HIIFG	
08h	小于阈值比较器下限	ADC14LOIFG	依次降低
0Ah	在阈值比较器范围内	ADC14INIFG	
0Ch	ADC14MEM0	ADC14IFG0	
……	……	……	
4Ah	ADC14MEM31	ADC14IFG31	
4Ch	本地缓存引用就绪	ADC14RDYIFG	最低

6.2.5　ADC14 应用举例

【例 6.2.5】　利用内部 1.2V 电压和 AV_{SS} 作为转换参考电压。

分析：本实例演示如何使用 ADC14 内部生成电压作为模/数转换参考电压，采用单通道单次采样模式，选择 A0 通道作为输入通道，参考电压组合选择内部 1.2V 和 AV_{SS}，转换结果存储在 ADC14MEM0 缓冲寄存器中。实例程序代码如下所示：

```
#include"msp.h"
#include <stdint.h>
volatile uint16_t ADCvar;                       // 用于存储转换结果
int main(void)
{
    WDTCTL = WDTPW | WDTHOLD;                   // 关闭看门狗
```

```
    P5SEL1 |= BIT5 ;                               // 配置 P5.5 为 ADC
    P5SEL0 |= BIT5 ;
    while(REFCTL0 & REFGENBUSY);                   // 如果参考电压模块忙,则等待
    REFCTL0 |= REFVSEL_0 + REFON;                  // 打开内部 1.2V 参考电压
    ADC14CTL0 = ADC14ON |ADC14SHP |ADC14SHT0_2;
    // 打开 ADC,设置采样保持时间(16 个 ADC14CLK),选择采样定时器作为采样触发信号
    ADC14CTL1 = ADC14RES_2;                        // 设置采样结果为 12 位
    ADC14MCTL0 = ADC14VRSEL_1 |ADC14INCH_0; // VR += VREF,VR -= AV,通道 A0
    while(!(REFCTL0 & REFGENRDY));                 // 等待参考电压发生器准备好
    ADC14CTL0 |= ADC14ENC;                         // 使能转换
    while (1)
    {
        ADC14CTL0 |= ADC14SC;                      // 启动采样转换
        while (!(ADC14IFG0 & BIT0));               // 判断 ADC14IFG0 中断标志位
        ADCvar = ADC14MEM0;                        // 读取转换结果
        __no_operation();                          // 可在此处设置断点,方便查看转换结果
    }
}
```

【例 6.2.6】 利用外部输入电压作为转换参考电压。

分析：本实例演示如何使用 ADC14 外部输入电压作为模/数转换参考电压，采用单通道单次采样模式，选择 A0 通道作为输入通道，参考电压组合选择 P5.6 引脚输入的正参考电压 Ve_{REF+} 和 Ve_{REF-}。转换结果存储在 ADC14MEM0 缓冲寄存器中。实例程序代码如下所示：

```
#include"msp.h"
#include <stdint.h>
volatile uint16_t ADCvar;                          // 用于存储转换结果
int main(void)
{
    WDTCTL = WDTPW |WDTHOLD;                       // 关闭看门狗
    P5SEL1 |= BIT5 |BIT6;
    P5SEL0 |= BIT5 |BIT6;                          // 配置 P5.5 为 ADC,P5.6 为正参考电压
    ADC14CTL0 = ADC14ON |ADC14SHP |ADC14SHT0_2;
// 打开 ADC,设置采样保持时间(16 个 ADC14CLK),选择采样定时器作为采样触发信号
    ADC14CTL1 = ADC14RES_2;                        // 设置采样结果为 12 位
    ADC14MCTL0 = ADC14VRSEL_14 |ADC14INCH_0;
// VR += VREF +,VR -= VeREF -,通道 0
    ADC14CTL0 |= ADC14ENC;                         // 使能转换
    while (1)
    {
        ADC14CTL0 |= ADC14SC;                      // 启动采样转换
        while (!(ADC14IFG0 & BIT0));               // 判断 ADC14IFG0 中断标志位
        ADCvar = ADC14MEM0;                        // 读取转换结果
        __no_operation();                          // 可在此处设置断点,方便查看转换结果
    }
}
```

【例 6.2.7】 利用 A22 通道采样内部温度传感器，并将采样的数值转化为摄氏和华氏温度。

分析：本实例利用 A22 通道采样内部温度传感器，采样参考电压选择内部 1.2V 和 AV_{SS}，选择单通道单次采样模式，采样结果存储在 ADC14MEM0 缓冲寄存器中。实例程序代码如下所示：

```
#include"msp.h"
#include <stdint.h>
#define CALADC_15V_30C *((unsignedint *)0x1A1A)   // 温度传感器校准(-30℃)
                                                  // 请参阅 TLV 表存储器映射的数据表
#define CALADC_15V_85C *((unsignedint *)0x1A1C)   // 温度传感器校准(-85℃)
volatile long temp;
volatile long IntDegF;
volatile long IntDegC;
int main(void)
{
    WDTCTL = WDTPW |WDTHOLD;                          // 关闭看门狗
    while(REFCTL0 & REFGENBUSY);                      // 如果参考电压模块忙,则等待
    REFCTL0 |= REFVSEL_1 + REFON;                     // 打开内部 1.2V 参考电压
    ADC14CTL0 |= ADC14SHT0_5 |ADC14ON |ADC14SHP;
    // 打开 ADC,设置采样保持时间(96 个 ADC14CLK),选择采样定时器作为采样触发信号
    ADC14CTL1 |= ADC14TCMAP;                          // 选择内部温度传感器连接到 ADC 输入通道 MAX -1
    ADC14MCTL0 = ADC14VRSEL_1 + ADC14INCH_22;         // V(R+) = VREF, V(R-) = AVSS;
                                                      // A22 通道输入,采样温度
    ADC14IER0 = 0x0001;                               // 使能 ADC 采样中断
    while(!(REFCTL0 & REFGENRDY));                    // 等待参考电压发生器准备好
    ADC14CTL0 |= ADC14ENC;                            // 启动 ADC
    __enable_interrupt();                             // 使能全局中断
    NVIC_ISER0 = 1 << ((INT_ADC14 - 16) & 31);        // 在 NVIC 模块中使能 ADC 中断
    SCB_SCR & = ~SCB_SCR_SLEEPONEXIT;                 // 退出中断,同时从低功耗模式唤醒
    while(1)
    {
        ADC14CTL0 |= ADC14SC;                         // 开始转换
        __sleep();                                    // 进入 LPM3 模式
        __no_operation();
                                                      // 计算温度值(摄氏温度)
        IntDegC = (temp - CALADC_15V_30C)*(85 -30)/(CALADC_15V_85C - CALADC_15V_30C) +30;
                                                      // 计算温度值(华氏温度)
        IntDegF = 9*IntDegC/5 +32;
        __no_operation();                             // 可在此处设置断点,方便查看转换结果
    }
}
// ADC14 中断服务函数
void ADC14IsrHandler(void)
{
    if(ADC14IFGR0 & ADC14IFG0)
    {
        temp = ADC14MEM0;                             // 读取转换结果
}
}
```

【例 6.2.8】 采用差分输入的方式进行采样。

分析： 前面的例程采用的都是单端输入的方式，对单个端口进行采样。本实例利用 A2、A3 的差分输入方式进行采样，选择单通道单次采样模式，采样结果存储在 ADC14MEM0 缓冲寄存器中。实例程序代码如下所示：

```
#include"msp.h"
#include"stdint.h"
int main(void) {
    volatile unsigned int i;
    WDTCTL = WDTPW |WDTHOLD;                    // 关闭看门狗
    P1OUT & = ~BIT0;                            // 设置 P1.0 输出低
    P1DIR |= BIT0;                              // 设置 P1.0 为输出方向
    P5SEL1 |= BIT3 |BIT2;                       // 配置 P5.3/2 (A2/3)为 ADC
    P5SEL0 |= BIT3 |BIT2;
    __enable_interrupt();                       // 使能全局中断
    NVIC_ISER0 = 1 << ((INT_ADC14 - 16) & 31);  // 在 NVIC 模块中使能 ADC 中断
    ADC14CTL0 = ADC14SHT0_2 |ADC14SHP |ADC14ON;
    // 打开 ADC,设置采样保持时间(16 个 ADC14CLK),选择采样定时器作为采样触发信号
    ADC14CTL1 = ADC14RES_2;                     // 设置采样结果为 12 位
    ADC14MCTL0 |= ADC14INCH_2 |ADC14DIF;
        // 启动差分模式,Vref =AVcc, Ain += A2, Ain -= A3;
    ADC14IER0 |= ADC14IE0;                      // 使能 ADC 采样中断
    SCB_SCR & = ~SCB_SCR_SLEEPONEXIT;           // 退出中断,同时从低功耗模式唤醒
    while (1)
    {
    for (i = 20000; i > 0; i--);                // 延时
        ADC14CTL0 |= ADC14ENC |ADC14SC;         // 启动采样转换
        __sleep();                              // 进入 LPM3 模式
        __no_operation();
    }
}
// ADC14 中断服务程序
void ADC14IsrHandler(void)
{
    if(ADC14MEM0 >= 0x07FF)                     // 判断 ADC12MEM0 = A1 是否大于 0.5AVcc
        P1OUT |= BIT0;                          // P1.0 = 1
    else
        P1OUT & = ~BIT0;                        // P1.0 = 0
}
```

【例 6.2.9】 利用阈值比较判断输入是否大于或小于阈值。

分析： 采用单通道单次采样方式对 A1 采样。阈值比较器用于产生中断，以指示输入电压何时超过高阈值或低于低阈值或处于高和低阈值之间。TimerA0 用作间隔定时器，用于控制 P1.0 处的 LED 按照 ADC14Hi/Low/IN 中断进行慢速/快速切换或关闭。采样结果存储在 ADC14MEM0 缓冲寄存器中。实例程序代码如下所示：

```
#include"msp.h"
#include"stdint.h"
```

```
#define High_Threshold 0xAAAA                          // ~2V
#define Low_Threshold 0x5555                           // ~1V
volatile unsigned int SlowToggle_Period = 20000 -1;
volatile unsigned int FastToggle_Period = 1000 -1;
int main(void) {
    volatile unsigned int i;
    WDTCTL = WDTPW | WDTHOLD;                          // 关闭看门狗
    P1OUT & = ~BIT0;                                   // 设置P1.0输出低
    P1DIR |= BIT0;                                     // 设置P1.0为输出方向
    P5SEL1 |= BIT4;                                    // 配置P5.4为ADC
    P5SEL0 |= BIT4;
    __enable_interrupt();                              // 使能全局中断
    NVIC_ISER0 = 1 << ((INT_ADC14 - 16) & 31);         // 在NVIC模块中使能ADC中断
    NVIC_ISER0 = 1 << ((INT_TA0_0 - 16) & 31);         // 在NVIC模块中使能TA0中断
    while(REFCTL0 & REFGENBUSY);                       // 如果参考电压模块忙,则等待
    REFCTL0 |= REFVSEL_3 |REFON;                       // 打开内部2.5V参考电压
    for(i = 75; i > 0; i--);                           // 等待大约75us,让参考电压发生器准备好
    ADC14CTL0 = ADC14SHT0_2 | ADC14SHP | ADC14ON;
// 打开ADC,设置采样保持时间(16个ADC14CLK),选择采样定时器作为采样触发信号
    ADC14CTL1 = ADC14RES_3;                            // 设置采样结果为12位
    ADC14MCTL0 |= ADC14INCH_1 | ADC14VRSEL_1 | ADC14WINC;
        // Vr+ = VREFand Vr-=AVss,channel = A1,使能阈值比较
    ADC14HI0 = High_Threshold;                         // 设置阈值上限
    ADC14LO0 = Low_Threshold;                          // 设置阈值下限
    ADC14IER1 |= ADC14HIIE | ADC14LOIE | ADC14INIE;    // 使能超出阈值中断
    TA0CCTL0 = CCIE;                                   // 使能TA0 CCR0中断
    TA0CTL = TASSEL_1 | TACLR;                         // 选择ACLK,清除TAR
    SCB_SCR & = ~SCB_SCR_SLEEPONEXIT;                  // 退出中断,同时从低功耗模式唤醒
    while(1)
    {
      for(i = 20000; i > 0; i--);                      // 延时
      ADC14CTL0 |= ADC14ENC | ADC14SC;                 // 启动采样转换
      __sleep();                                       // 进入LPM3模式
      __no_operation();                                // 可在此处设置断点,方便查看转换结果
}
}
    // ADC14中断服务函数
    void ADC14IsrHandler(void) {
    if (ADC14IFGR1 & ADC14HIIFG)                       // 结果超过阈值上限
    {
        ADC14IFGR1 & = ~ADC14HIIFG;                    // 清除ADC14HIIFG标志位
        TA0CTL & = ~MC_1;                              // 关闭定时器
        TA0CCR0 = FastToggle_Period;                   // LED闪烁频率快
        TA0CTL |= MC_1;                                // 打开定时器
    }
    if (ADC14IFGR1 & ADC14LOIFG)                       // 结果低于阈值下限
    {
        ADC14IFGR1 & = ~ADC14LOIFG;                    // 清除ADC14LOIFG标志位
```

```
        TA0CTL & = ~MC_1;                            // 关闭定时器
        P1OUT & = ~BIT0;                             // 关闭 LED
    }
    if (ADC14IFGR1 & ADC14INIFG)                     // 结果大于 ADC14LO 阈值且低于 ADC14HI 阈值
    {
        ADC14IFGR1 & = ~ADC14INIFG;                  // 清除 ADC14INIFG 标志位
        TA0CTL & = ~MC_1;                            // 关闭定时器
        TA0CCR0 = SlowToggle_Period;                 // LED 闪烁频率慢
        TA0CTL |= MC_1;                              // 打开定时器
    }
}
// TA0 中断服务函数
void TimerA0_0IsrHandler(void) {
    P1OUT ^= BIT0;                                   // 反转 P1.0 状态,灯闪烁
}
```

6.3 比较器 E

6.3.1 比较器 E 介绍

比较器 E 模块（Comp_E）包含多达 16 个通道的比较功能，其具有以下特性：

1）反相和同相端输入多路复用器；
2）比较器输出可编程 RC 滤波器；
3）输出提供给定时器 A 捕获输入；
4）端口输入缓冲区程序控制；
5）中断能力；
6）可选参考电压发生器、电压滞后发生器；
7）外部参考电压输入；
8）超低功耗比较器模式；
9）中断驱动测量系统，支持低功耗运行。

> **知识点：**比较器 E 是一个实现模拟电压比较的片内外设，在工业仪表、手持式仪表等产品的应用中，可以实现多种测量功能，如测量电流、电压、电阻和电容，进行电池检测以及产生外部模拟信号，也可结合其他模块实现精确的模数转换功能。

比较器 E 的结构框图如图 6-22 所示。

比较器 E 由 16 个输入通道、模拟电压比较器、参考电压发生器、输出滤波器和一些控制单元组成，主要用来比较模拟电压“+”输入端和“-”输入端的电压大小关系，然后设置输出信号 CEOUT 的值。如果“+”输入端电压高于“-”输入端电压，输出信号 CEOUT 置高，反之，CEOUT 拉低。通过 CEON 控制位，可控制比较器 E 的开启和禁止（当 CEON = 1 时，Comp_E 开启；当 CEON = 0 时，Comp_E 禁止）。当比较器 E 不使用时，应该将其禁止，以减少电流的消耗。当比较器 E 禁止时，Comp_E 输出低电平。

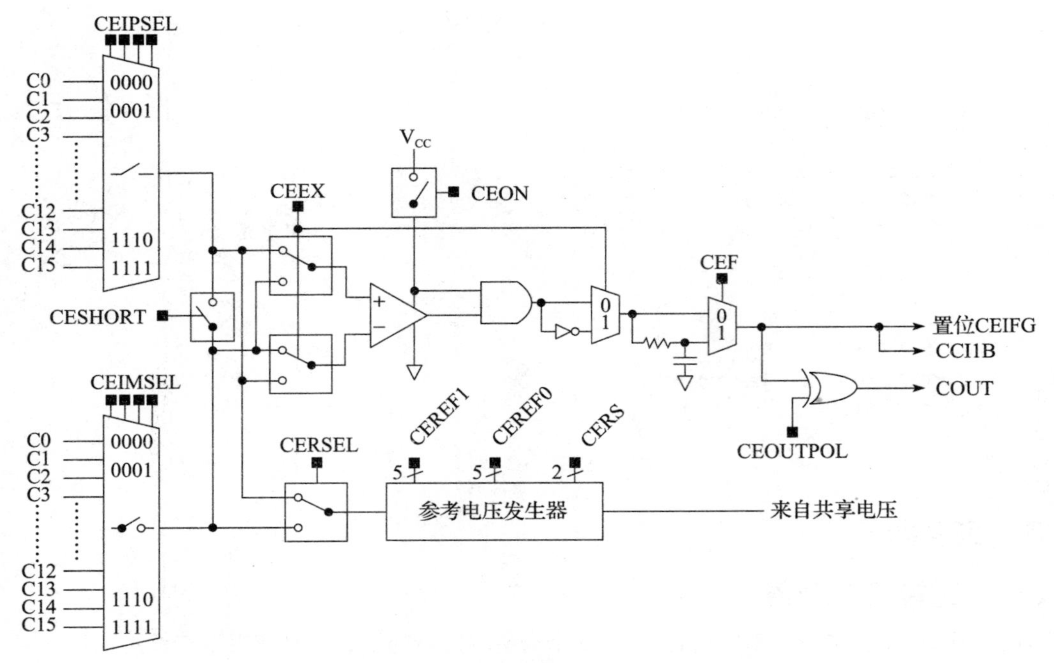

图 6-22　比较器 E 结构框图

(1) 模拟输入开关

模拟输入开关通过 CEIPSELx 和 CEIMSELx 控制位控制模拟信号的输入，每个输入通道都是相对独立的，且都可以引入比较器 E 的“+”输入端或“-”输入端。通过 CESHORT 控制位可以将比较器 E 的模拟信号输入短路。比较器 E 的输入端也可通过 CERSEL 和 CEEX 控制位的配合引入内部基准电压生成器产生的参考电压。

通过相应寄存器的配置，比较器 E 可进行如下模拟电压信号的比较：

- 两个外部输入电压信号的比较；
- 每个外部输入电压信号与内部基准电压的比较。

(2) 参考电压发生器

比较器 E 的参考电压发生器的结构框图如图 6-23 所示。

参考电压发生器通过接入梯形电阻电路或内部共享电压来达到产生不同参考电压 V_{REF} 的目的。如图 6-23 所示，CERSx 控制位可选择参考电压的来源。若 CERSx 为 10，内部梯形电阻电路的电压来源于内部共享电压，内部共享电压可通过 CEREFLx 控制位产生 1.2V、2.0V 或 2.5V 电压；若 CERSx 为 01，内部梯形电阻电路电压来源 V_{CC}，可通过 CEON 实现参考电源的开关；若 CERSx 为 00 或 11，内部梯形电阻电路无电源可用，被禁止。若 CERSx 为 11，参考电压来源于内部共享电压；当 CERSx 不为 11 时，当 CEMRVS 为 0 且 CEOUT 为 1 时，参考电压来自 V_{REF1}；当 CEMRVS 和 CEOUT 均为 0 时，参考电压来自 V_{REF0}。当梯形电阻电路可用时，可通过 CEREF1 和 CEREF0 控制位对参考电压源进行分压，分压倍数可为 1/5、2/5、3/5、4/5、1/4、3/4、1/3、2/3、1/2 和 1。建议在更改 CEREFLx 设置之前，设置 CEREFLx = 00。CEMRVS 控制位实现对控制 V_{REF} 电压的来源信号的控制。若 CEMRVS 控制位为 0，CEOUT 控制 V_{REF} 电压信号的来源；若 CEMRVS 控制位为 1，CEMRVL 控制位控制 V_{REF} 电压信号的来源。

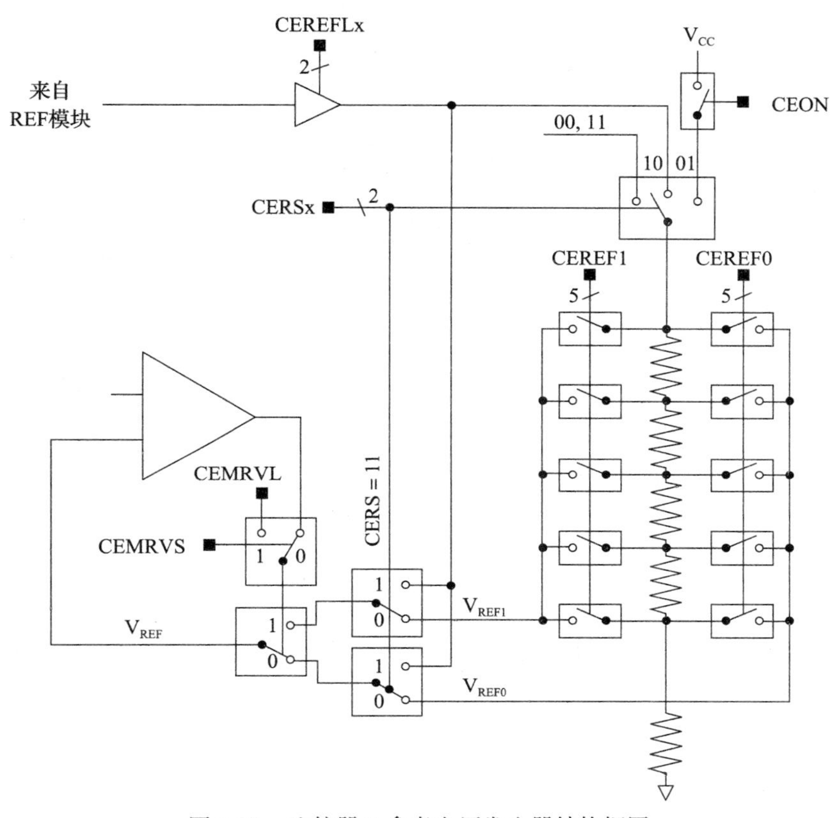

图 6-23　比较器 E 参考电压发生器结构框图

（3）内部滤波器

比较器 E 的输出可以选择使用或不使用内部 RC 滤波器。当 CEF 控制位设为 1 时，比较器输出信号经过 RC 滤波器，反之，不使用 RC 滤波器。

如果在比较器的输入端，模拟电压的电压差很小，那么比较器的输出会产生振荡。如图 6-24 所示，当比较器“+”输入端的电压减少并越过“-”输入端参考比较电压时，若比

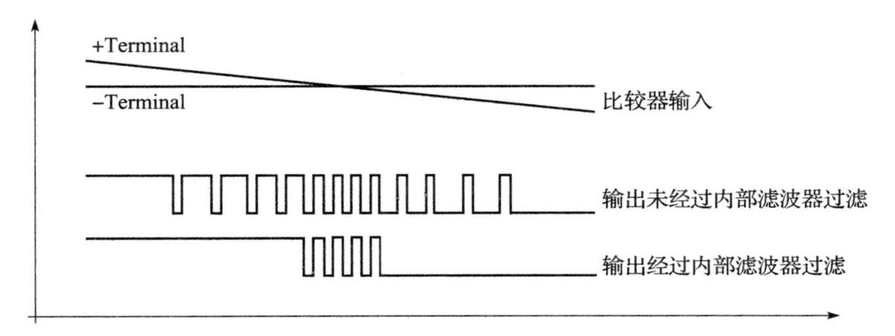

图 6-24　使用和未使用内部滤波器的输出波形比较示意图

较器输出没有经过内部滤波器的过滤，在电压穿越的时刻，比较器输出将会产生较大的振荡；若比较器输出经过内部滤波器的过滤，在电压穿越的时刻，比较器的输出振荡较小。

（4）比较器 E 中断

比较器 E 具有一个中断标志位 CEIFG 和一个中断向量 CEIV。通过 CEIES 寄存器可以选择在比较器输出的上升沿或下降沿置位中断标志位。如果 CEIE 被置位，CEIFG 将产生中断请求。

（5）比较器 E 测量电阻原理

利用比较器 E 测量电阻的电路示意图如图 6-25 所示。被测电阻（Rmeas）和一个标准参考电阻（Rref）分别连接到两个 GPIO 端口，被测电阻可以是固定的，也可以是可变的，例如温控电阻等。被测电阻和标准电阻的另外一端连接一个固定电容并接入比较器 E 的正输入端。比较器的负输入端利用内部 $0.25V_{CC}$ 参考电压，比较器输出连接定时器 A(Timer_A)。

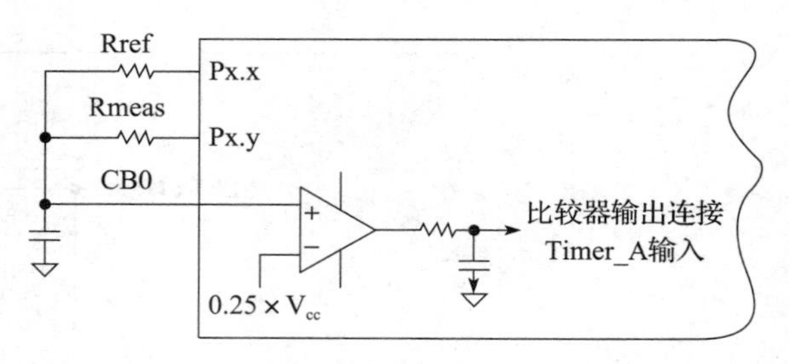

图 6-25　利用比较器 E 测量电阻电路

对被测电阻的测量过程如下：

1）将 Px. x 引脚拉高，通过标准参考电阻 Rref 对电容进行充电；

2）将 Px. x 引脚拉低，通过标准参考电阻 Rref 对电容进行放电；

3）再将 Px. x 引脚拉高，通过标准参考电阻 Rref 对电容进行充电；

4）之后将 Px. y 引脚拉低，通过被测电阻 Rmeas 对电容进行放电。

如此往复，利用定时器 A 准确测量通过 Rref 和通过 Rmeas 对电容进行放电的时间，测量过程如图 6-26 所示。

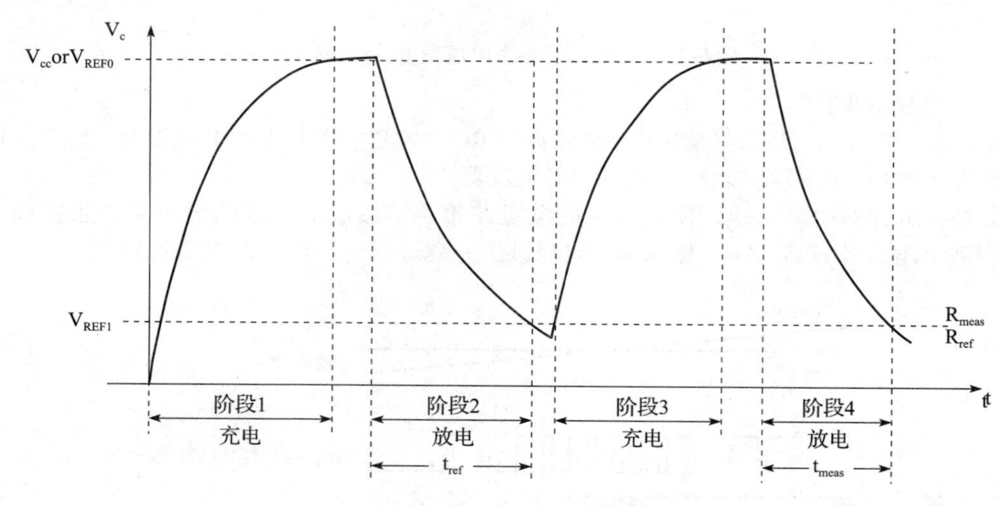

图 6-26　电容充放电示意图

测量时需注意以下几点：

1）当 Px. x 或 Px. y 引脚不用时，通过 CEPDx 控制位将其设为输入高阻状态；

2）比较器输出需使用内部滤波器，减少开关噪声；

3）定时器 A 用来捕获电容的放电时间。

利用该电路结构可测量多个被测电阻，增加的被测电阻需连接在比较器“+”输入端和相应可用 GPIO 引脚之间，当不进行测量时，需将其配置为输入高阻状态。

被测电阻的计算公式如式（6-2）、（6-3）和（6-4）所示。

$$\frac{N_{\text{meas}}}{N_{\text{ref}}} = \frac{-R_{\text{meas}} \times C \times \ln\dfrac{V_{\text{ref1}}}{V_{\text{cc}}}}{-R_{\text{ref}} \times C \times \ln\dfrac{V_{\text{ref1}}}{V_{\text{cc}}}} \tag{6-2}$$

$$\frac{N_{\text{meas}}}{N_{\text{ref}}} = \frac{R_{\text{meas}}}{R_{\text{ref}}} \tag{6-3}$$

$$R_{\text{meas}} = R_{\text{ref}} \times \frac{N_{\text{meas}}}{N_{\text{ref}}} \tag{6-4}$$

式中，N_{meas}为电容通过被测电阻放电时定时器 A 的捕获计数值；N_{ref}为电容通过标准参考电阻放电时定时器 A 的捕获计数值。

（6）利用比较器 E 实现电容触摸按键原理

首先，人体是具有一定电容的。当我们把 PCB 上的铜画成如图 6-27 形式的时候，就完成了一个最基本的触摸感应按键。

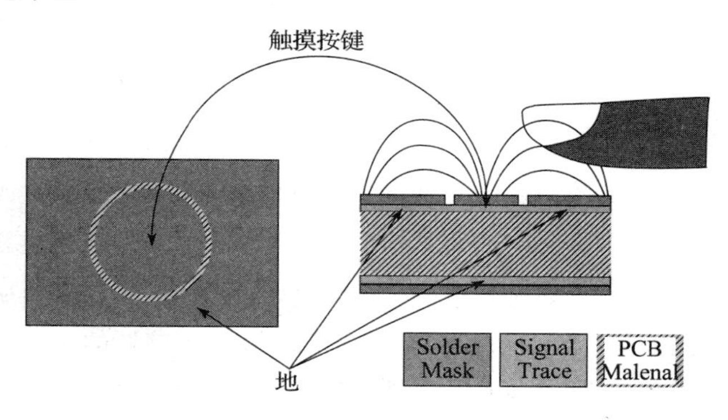

图 6-27 触摸按键结构图

图 6-27 中左边的图，是一个基本的触摸按键，中间圆形的为铜（我们可以称之为“按键”），在这些按键中会引出一根导线与单片机相连，单片机通过这些导线来检测是否有按键“按下”（检测的方法将在后面介绍）；左边外围也是铜，不过外围的这些铜是与大地（Ground）相连的。在“按键”和外围的铜之间有空隙（我们可以称为空隙 d）。图 6-27 中右边的图是左图的截面图，当没有手指接触时，只有一个电容 Cp，当有手指接触时，“按键”通过手指就形成了电容 Cf。由于两个电容是并联的，所以手指接触“按键”前后，总电容的变化率为 $C\% = ((Cp + Cf) - Cp)/Cp = Cf/Cp$。图 6-28 更简单地说明了上述原理。

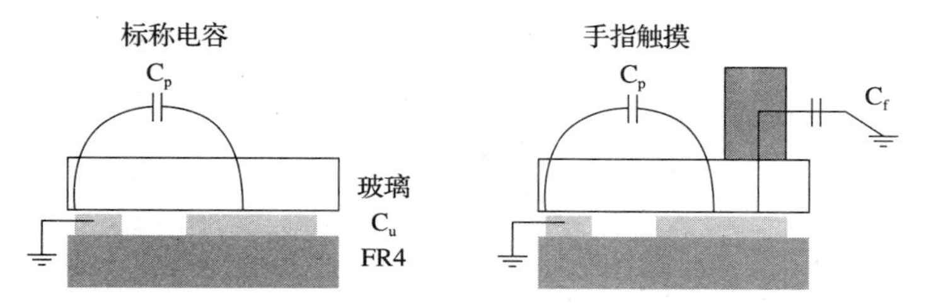

图 6-28 触摸按键等效图

利用比较器 E 实现一个张弛振荡触摸按键的电路如图 6-29 所示。在输入端，比较器正输入端接内部参考电压，比较器负输入端接在电阻 Rc 与感应电容 C_{SENSOR}之间，CEOUT 与 TACLK 相连。当感应电容两端没有电压时，通过比较器 E 的比较，CEOUT 将输出高电平，之后通过 Rc 对感应电容进行充电。当感应电容两端的电压高于内部比较器“+”输入端的参考电压时，通过比较器 E 的比较，CEOUT 将输出低电平，感应电容通过 Rc 放电，放电的过程中若感应电容两端的电压低于内部比较器“+”输入端的参考电压，CEOUT 又输出高电平，通过 Rc 对感应电容放电，如此往复，比较器 E 的输出端 CEOUT 将输出具有一定频率的矩形波，该矩形波的频率可反映感应电容的充放电时间，进而可检测感应电容的变化。因此只需在固定时间内，利用定时器 A 作为频率，计算张弛振荡器的输出频率，那么如果在某一时刻输出频率有较大变化的话，那就说明电容值已经被改变，即按键被“按下”了。

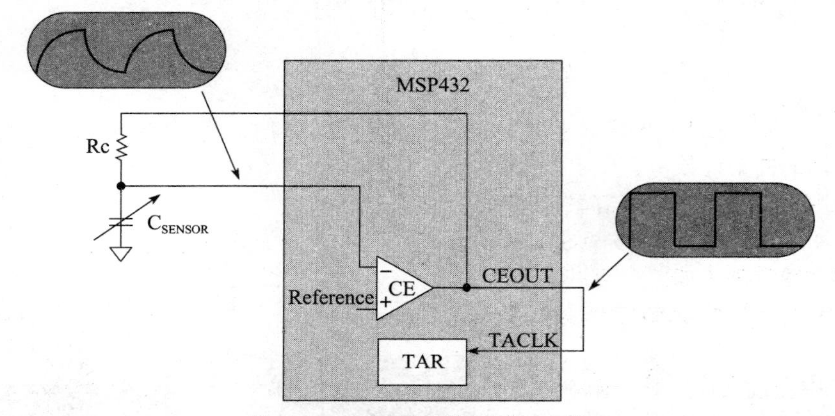

图 6-29　张弛振荡触摸按键电路

基于张弛振荡器的电容触摸按键检测方法示意图如图 6-30 所示。当手指触摸到电容触摸按键以后，电容会由 C1 变化至 C2，张弛振荡器的输出频率会降低很多，之后利用定时器在门限时间内计算比较器 E 的输出频率，即可实现对感应电容的检测。

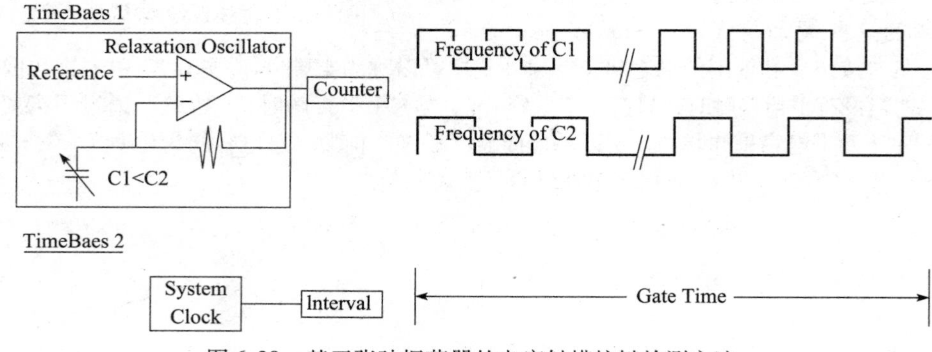

图 6-30　基于张弛振荡器的电容触摸按键检测方法

6.3.2　比较器 E 控制寄存器

比较器 E 控制寄存器如表 6-6 所示。

表 6-6　比较器 E 控制寄存器汇总列表（基址 CE0：0x4000_3400，CE1：0x4000_3800）

寄存器	简写	类型	偏移地址
比较器 E 控制寄存器 0	CExCTL0	读/写	0x0000
比较器 E 控制寄存器 1	CExCTL1	读/写	0x0002
比较器 E 控制寄存器 2	CExCTL2	读/写	0x0004
比较器 E 控制寄存器 3	CExCTL3	读/写	0x0006
比较器 E 中断控制寄存器	CExINT	读/写	0x000C
比较器 E 中断向量寄存器	CExIV	读	0x000E

注意：以下具有下划线的配置为比较器 E 控制寄存器初始状态或复位后的默认配置。

（1）比较器 E 控制寄存器 0（CECTL0）

15	14	13	12	11	10	9	8
CEIMEN	保留			CEIMSEL			
7	6	5	4	3	2	1	0
CEIPEN	保留			CEIPSEL			

1）**CEIMEN**：第 15 位，比较器 E“－”输入端使能控制位。

0：比较器 E“－”输入端模拟信号输入禁止；

1：比较器 E“－”输入端模拟信号输入启用。

2）**CEIMSEL**：第 8～11 位，比较器 E“－”输入端模拟信号输入通道选择，这些控制位在 CEIMEN 位为 1 时有效。

3）**CEIPEN**：第 7 位，比较器 E“＋”输入端使能控制位。

0：比较器 E“＋”输入端模拟信号输入禁止；

1：比较器 E“＋”输入端模拟信号输入启用。

4）**CEIPSEL**：第 0～3 位，比较器 E“＋”输入端模拟信号输入通道选择，这些控制位在 CEIPEN 位为 1 时有效。

（2）比较器 E 控制寄存器 1（CECTL1）

15	14	13	12	11	10	9	8
保留			CEMRVS	CEMRVL	CEON	CEPWRMD	
7	6	5	4	3	2	1	0
CEFDLY		CEEX	CESHORT	CEIES	CEF	CEOUTPOL	CEOUT

1）**CEMRVS**：第 12 位，该控制位可以选择采用比较器输出或者寄存器控制内部参考电压的来源，该控制位在 CERS＝00、01 或 10 时有效。

0：利用比较器的输出状态选择 VREF0 或 VREF1 电压源作为内部电压参考的来源；

1：利用 CEMRVL 控制位选择 VREF0 或 VREF1 电压源作为内部电压参考的来源。

2）**CEMRVL**：第 11 位，内部参考电压来源选择控制位。该控制位在 CEMRVS 为 1 时有效。

0：在 CERS＝00、01 或 10 时，选择 VREF0 作为内部参考电压来源；

1：在 CERS＝00、01 或 10 时，选择 VREF1 作为内部参考电压来源。

3）**CEON**：第 10 位，比较器 E 开关。该控制位可以对比较器进行开启或关闭，在关闭状态下，比较器不消耗电能。

0：关闭；　　　　　　1：开启。

4）**CEPWRMD**：第 8 ~ 9 位，电源模式选择控制位。并不是所有的设备都支持所有的模式，具体请参考相应芯片的数据手册。

00：高速模式；　　　　01：正常模式；　　　　10：超低功耗模式；　　　　11：保留。

5）**CEFDLY**：第 6 ~ 7 位，滤波器延迟选择控制位。

00：典型滤波器延迟 500ns；　　　　01：典型滤波器延迟 800ns；

10：典型滤波器延迟 1500ns；　　　　11：典型滤波器延迟 3000ns。

6）**CEEX**：第 5 位，比较器正负输入端模拟信号输入交换选择控制位。当 CEEX 控制位发生转变时，比较器的正负输入端模拟信号的输入发生对换。

7）**CESHORT**：第 4 位，输入短路控制位。通过该控制位可实现将正负输入端短路。

0：输入不短路；　　　　1：输入短路。

8）**CEIES**：第 3 位，中断请求边缘选择控制位。

0：上升沿 CEIFG 中断标志置位，下降沿 CEIIFG 中断标志置位；

1：下降沿 CEIFG 中断标志置位，上升沿 CEIIFG 中断标志置位。

9）**CEF**：第 2 位，输出滤波控制位。

0：输出不经过 RC 滤波；　　　　1：输出经过 RC 滤波。

10）**CEOUTPOL**：第 1 位，输出极性控制位。

0：输出正向；　　　　1：输出反向。

11）**CEOUT**：第 0 位，比较器 E 输出状态。该位反映了比较器的输出状态，对该位进行写操作，并不能改变比较器 E 的输出状态。

（3）比较器 E 控制寄存器 2（CECTL2）

15	14	13	12	11	10	9	8
CEREFACC	CEREFL		CEREF1				

7	6	5	4	3	2	1	0
CERS		CERSEL	CEREF0				

1）**CEREFACC**：第 15 位，参考精度。

0：静态模式；　　　　1：定时模式（低功耗、低精度）。

2）**CEREFL**：第 13 ~ 14 位，参考电压电平。

00：参考电压被禁止；　01：1.2V；　　　　10：2.0V；　　　　11：2.5V。

3）**CEREF1**：第 8 ~ 12 位，V_{REF1} 参考电压梯形电阻选择控制位。通过该控制位选择不同的电阻，进而对电压源进行分压产生参考电压 V_{REF1}。

4）**CERS**：第 6 ~ 7 位，参考电压源选择控制位。该控制位可以选择参考电压来自 V_{CC} 或者内部精确共享电压。

00：无参考电源；　　　　01：将 V_{CC} 接入梯形电阻电路；

10：将内部精确共享电压接入梯形电阻电路；

11：将内部精确共享电压作为参考电压 V_{REF}，此时梯形电阻电路被关闭。

5）**CERSEL**：第5位，参考电压选择控制位。

当CEEX=0时，

0：V_{REF}引入比较器“+”输入端；　　1：V_{REF}引入比较器“-”输入端；

当CEEX=1时，

0：V_{REF}引入比较器“-”输入端；　　1：V_{REF}引入比较器“+”输入端。

6）**CEREF0**：第0~4位，V_{REF0}参考电压梯形电阻选择控制位。通过该控制位选择不同的电阻，进而对电压源进行分压产生参考电压V_{REF0}。

（4）比较器E控制寄存器3（CECTL3）

15	14	13	12	11	10	9	8
CEPD15	CEPD14	CEPD13	CEPD12	CEPD11	CEPD10	CEPD9	CEPD8
7	6	5	4	3	2	1	0
CEPD7	CEPD6	CEPD5	CEPD4	CEPD3	CEPD2	CEPD1	CEPD0

CEPDx：第0~15位，比较器E功能选择控制位。通过置位相应控制位可将相应引脚功能设为比较器功能。

0：禁用相应通道比较器E功能；　　1：启用相应通道比较器E功能。

（5）比较器E中断控制寄存器（CEINT）

15	14	13	12	11	10	9	8
保留			CERDYIE	保留		CEIIE	CEIE
7	6	5	4	3	2	1	0
保留			CERDYIFG	保留		CEIIFG	CEIFG

1）**CERDYIE**：第12位，比较器E准备就绪中断使能控制位。

0：准备就绪中断禁止；　　1：准备就绪中断使能。

2）**CEIIE**：第9位，比较器E输出反向极性中断使能控制位。

0：反向极性中断禁止；　　1：反向极性中断使能。

3）**CEIE**：第8位，比较器E输出中断使能控制位。

0：输出中断禁止；　　1：输出中断使能。

4）**CERDYIFG**：第4位，比较器E准备就绪中断标志位。当比较器E打开且准备就绪，则该位置1，表示比较器模块可以运行。该位必须由软件清零。

0：没有准备就绪中断请求产生；　　1：产生准备就绪中断请求。

5）**CEIIFG**：第1位，比较器E反向极性中断标志位。利用CEIES控制位可设置产生CEIIFG中断标志位的条件。

0：没有反向极性中断请求产生；　　1：产生反向极性中断请求。

6）**CEIFG**：第0位，比较器E输出中断标志位。利用CEIES控制位可设置产生CEIFG中断标志位的条件。

0：没有输出中断请求产生；　　1：产生输出中断请求。

(6) 比较器 E 中断向量寄存器（CEIV）

15	14	13	12	11	10	9	8
0	0	0	0	0	0	0	0
7	**6**	**5**	**4**	**3**	**2**	**1**	**0**
0	0	0	0	CEIV			0

CEIV：第 1 ~ 3 位，中断向量能够反映当前向 CPU 申请中断的中断请求，且能够根据优先级响应中断。比较器 E 的中断向量及中断优先级如表 6-7 所示。

表 6-7　比较器 E 中断向量及中断优先级列表

中断向量值 CEIV	中断源	中断标志位	中断优先级
00h	没有中断请求	无	无
02h	CEOUT 中断请求	CEIFG	最高
04h	CEOUT 反向极性中断请求	CEIIFG	中间
0Ah	准备就绪中断请求	CERDYIFG	最低

6.3.3 比较器 E 应用举例

【例 6.3.1】 比较器 E 输入通道 CE1 接外部模拟输入信号，并引入比较器“+”输入端。内部参考电压发生器利用共享电压源产生 2.0V 参考电压，并引入比较器“-”输入端。最终产生以下结果：当 CE1 输入模拟信号电压高于 2.0V 时，CEOUT 输出高电平；当 CE1 输入模拟信号电压低于 2.0V 时，CEOUT 输出低电平。

```
#include"msp.h"
#include"stdint.h"
int main(void) {
    volatile uint32_t i;
    WDTCTL = WDTPW | WDTHOLD;                    // 关看门狗
    P1DIR |= BIT0;
    P1OUT &= ~BIT0;
    P7DIR |= BIT2;                               // 设置 P7.2 为输出方向
    P7SEL0 |= BIT2;                              // 设置 P7.2 为 C0OUT
    P5SEL0 |= BIT7;                              // 设置 P5.7 为 CE1.6
    P5SEL1 |= BIT7;                              // 设置 P5.7 为 CE1.6
    CE1CTL0 = CEIPEN | CEIPSEL_6;                // 启用比较器 E"+"输入端模拟信号输入,输入通道
                                                 // 选择 C1.6(P5.7)
    CE1CTL1 = CEPWRMD_1;                         // 正常电源模式
    CE1CTL2 = CEREFL_2 | CERS_3 | CERSEL;        // 内部参考电压 VREF 引至负输入端
                                                 // 梯形电阻电路禁用,产生 2.0V 内部共享电压
    CE1CTL3 = CEPD6;                             // 启用 P5.6/C1.7 比较器功能
    CE1CTL1 |= CEON;                             // 打开比较器 E
    for (i = 0;i <75;i ++);                      // 延时,以等待参考电压稳定
    while (1)
    {
    if ((CE1CTL1 & CEOUT))                       // 判断比较器输出是否为 1
          P1OUT |= BIT0;
```

```
    else
        P1OUT &= ~ BIT0;
    }
    __sleep();
    __no_operation();
}
```

【例 6.3.2】 比较器 E 输入通道 CE1 接外部模拟输入信号，并引入比较器“+”输入端。内部参考电压发生器利用共享电压源产生 1.2V 参考电压，并引入比较器“-”输入端。利用比较器中断，当 CE1 输入模拟信号电压高于 1.2V 时，拉高 P1.0 引脚，当 CE1 输入模拟信号电压低于 1.2V 时，拉低 P1.0 引脚。

```
#include"msp.h"
#include"stdint.h"
int main(void) {
volatile uint32_t i;
WDTCTL = WDTPW |WDTHOLD;                        // 关看门狗
P1DIR |= BIT0;
P1OUT & = ~ BIT0;
P7DIR |= BIT2;                                  // 设置 P7.2 为输出方向
P7SEL0 |= BIT2;                                 // 设置 P7.2 为 C0OUT
P5SEL0 |= BIT7;                                 // 设置 P5.7 为 CE1.6
P5SEL1 |= BIT7;                                 // 设置 P5.7 为 CE1.6
__enable_interrupt();                           // 使能全局中断
NVIC_ISER0 = 1 << ((INT_COMP_E1 - 16) & 31);
// 在 NVIC 模块中使能 COMP1 中断
CE1CTL0 = CEIPEN |CEIPSEL_6;
// 启用比较器 E“+”输入端模拟信号输入,输入通道选择 C1.6(P5.7)
CE1CTL1 = CEPWRMD_1;                            // 正常电源模式
CE1CTL2 = CEREFL_1 |CERS_3 |CERSEL;             // 内部参考电压 VREF 引至负输入端
                                                // 梯形电阻电路禁用,产生 1.2V 内部共享电压
CE1CTL3 = CEPD6;                                // 启用 P5.6/C1.7 比较器功能
CE1INT |=CEIE;                                  // 使能比较器 CEIFG 上升沿中断
CE1CTL1 |= CEON;                                // 打开比较器 E
for (i=0;i<75;i++);                             // 延时,以等待参考电压稳定
__sleep();                                      // 进入 LPM3 模式
while(1);
}
void COMPIsrHandler(void)
{
CE1CTL1 ^= CEIES;                               // 切换中断触发方式
CE1INT &= ~CEIFG;                               // 清除中断标志位
P1OUT ^= 0x01;                                  // 反转 P1.0 口状态
}
```

【例 6.3.3】 比较器 E 输入通道 CE1 接外部模拟输入信号，并引入比较器“+”输入端。内部参考电压发生器利用梯形电阻电路产生 $1/4V_{CC}$的参考电压，并引入比较器“-”输入端。最终产生以下结果：当 CE1 输入模拟信号电压高于 $1/4V_{CC}$时，CEOUT 输出高电平；当 CE1 输入模拟信号电压低于 $1/4V_{CC}$时，CEOUT 输出低电平。

```
#include"msp.h"
#include"stdint.h"
int main(void) {
    volatile uint32_t i;
    WDTCTL = WDTPW |WDTHOLD;                          // 关看门狗
    P1DIR |= BIT0;
       P1OUT & = ~ BIT0;
    P7DIR |= BIT2;                                    // 设置 P7.2 为输出方向
    P7SEL0 |= BIT2;                                   // 设置 P7.2 为 C0OUT
    P5SEL0 |= BIT7;                                   // 设置 P5.7 为 CE1.6
    P5SEL1 |= BIT7;                                   // 设置 P5.7 为 CE1.6
    CE1CTL0 = CEIPEN |CEIPSEL_6;
          // 启用比较器 E"+"输入端模拟信号输入,输入通道选择 C1.6(P5.7)
    CE1CTL1 = CEPWRMD_0 |CEMRVS;                      // 正常电源模式,VREF0作为内部参考电压来源
    CE0CTL2 = CERS_1 |CERSEL;
          // 将 VCC 接入梯形电阻电路, VREF 引入比较器"-"输入端
    CE0CTL2 |= 0x0010;                                // VREF0 设为 Vcc×1/4
    CE1CTL3 = CEPD6;                                  // 启用 P5.6/C1.7 比较器功能
    CE1CTL1 |= CEON;                                  // 打开比较器 E
    for (i = 0;i <75;i ++);                           // 延时,以等待参考电压稳定
    while (1)
       {
          if ((CE1CTL1 & CEOUT))
             P1OUT |= BIT0;
          else
             P1OUT & = ~ BIT0;
       }
}
```

【例 6.3.4】 比较器 E 输入通道 CE1 接外部模拟输入信号，并引入比较器“+”输入端。内部参考电压发生器利用梯形电阻电路产生 $3/4V_{CC}$ 的参考电压 V_{REF0} 和 $1/4V_{CC}$ 的参考电压 V_{REF1}，通过 CEOUT 输出进行控制并引入比较器“-”输入端。最终产生以下结果：当 CE1 输入模拟信号电压高于 $3/4V_{CC}$ 时，CEOUT 输出高电平；当 CE1 输入模拟信号电压低于 $1/4V_{CC}$ 时，CEOUT 输出低电平。

```
#include"msp.h"
#include"stdint.h"
int main(void) {
    volatile uint32_t i;
    WDTCTL = WDTPW |WDTHOLD;                          // 关看门狗
    P1DIR |= BIT0;
    P1OUT & = ~ BIT0;
    P7DIR |= BIT2;                                    // 设置 P7.2 为输出方向
    P7SEL0 |= BIT2;                                   // 设置 P7.2 为 C0OUT
    P5SEL0 |= BIT7;                                   // 设置 P5.7 为 CE1.6
    P5SEL1 |= BIT7;                                   // 设置 P5.7 为 CE1.6
    CE1CTL0 = CEIPEN |CEIPSEL_6;
                         // 启用比较器 E"+"输入端模拟信号输入,输入通道选择 C1.6(P5.7)
    CE1CTL1 = CEPWRMD_0;                              // 正常电源模式
```

```
    CE0CTL2 = CERS_1 |CERSEL;
// 将VCC接入梯形电阻电路VREF引入到比较器“-”输入端
    CE0CTL2 = 0x0800;                        // VREF1设为Vcc×1/4
    CE0CTL2 |= 0x0030;                       // VREF0设为Vcc×3/4
    CE1CTL3 = CEPD6;                         // 启用P5.6/C1.7比较器功能
    CE1CTL1 |= CEON;                         // 打开比较器E
    for(i=0;i<75;i++);                       // 延时,以等待参考电压稳定
    while(1)
    {
        if ((CE1CTL1 & CEOUT))
              P1OUT |= BIT0;
        else
              P1OUT &=~ BIT0;
    }
}
```

6.4 定时器

定时器模块是MSP432单片机中非常重要的资源，可以用来实现定时控制、延时、频率测量、脉宽测量以及信号产生等。此外，还可以在多任务的系统中作为中断信号，以实现程序的切换。例如在MSP432单片机实时控制和处理系统中，需要每隔一段时间就对处理对象进行采样，再对获得的数据进行处理，这就要用到定时信号。

一般来说，MSP432单片机所需的定时信号可以用软件和硬件两种方法来获得。

软件定时一般根据所需要的时间常数来设计一个延时子程序。延时子程序包含一定的指令，设计者要对这些指令的执行时间进行严密的计算或者精确的测量，以便确定延时时间是否符合要求。当时间常数比较大时，常常将延时子程序设计为一个循环程序，通过循环常数和循环体内的指令来确定延时时间。这样，延时子程序结束以后，可以直接转入下面的操作（比如采样），也可以用输出指令作为定时输出。这种方法的优点是节省硬件，所需时间可以灵活调整。主要缺点是执行延时程序期间，CPU一直被占用，降低了CPU的利用率，也不容易提供多作业环境。另外，设计延时子程序时，要用指令执行时间来拼凑延时时间，显得比较麻烦。不过这种方法在实际中还是经常使用的。尤其是在已有系统上做软件开发时，或延时时间较小而重复次数又有限时，常用软件方法实现定时。

硬件定时利用专门的定时器件作为主要实现器件，在简单的软件控制下，产生准确的延时时间。这种方法的主要思想是根据需要的定时时间，用指令对定时器设置定时常数，并用指令启动定时器，使定时器开始计数，计数到确定值时，便自动产生一个定时输出。在定时器开始工作以后，CPU不去管它，而可以去做别的工作。这种方法最突出的优点是计数时不占用CPU的时间，并且，如果利用定时器产生中断请求，可以建立多作业环境，大大提高CPU的利用率。而且定时器本身的开销并不是很大，因此，这种方法得到广泛应用。

MSP432单片机的定时器资源非常丰富，包括看门狗定时器（WDT）、定时器A(Timer_A)、32位定时器（Timer32）和实时时钟（Real-Time）等。这些模块除了具有定时功能外，还各自具有一些特殊的用途，在应用中应根据需要选择合适的定时器模块。

MSP432 单片机的定时器模块功能如下。

1）看门狗定时器：基本定时，当程序发生错误时执行一个受控的系统重启动。

2）16 位定时器 A：基本定时，支持捕获输入信号、比较产生 PWM 波形等功能。

3）32 位定时器：基本定时，功能基本同定时器 A，但比定时器 A 灵活，功能更强大。

4）实时时钟：基本定时，日历功能。

下面分别介绍这些定时器。

6.4.1 看门狗定时器

在工业控制现场，往往会由于供电电源、空间电磁干扰或其他的原因引起强烈的干扰噪声。这些干扰作用于数字器件，极易使其产生错误动作，引起单片机程序运行紊乱，若不进行有效的处理，程序就不能回到正常的运行状态。为了保证单片机的正常工作，一方面，要尽量减少干扰源对单片机的影响；另一方面，在单片机受到影响之后要能尽快恢复。看门狗就起到了这个作用。看门狗的用法：在正常工作期间，一次看门狗定时时间将产生一次期间复位。如果通过编程使看门狗定时时间稍大于程序中主循环执行一遍所用的时间，并且在程序执行过程中都有对看门狗定时器清零的指令，使计数值重新计数，程序正常运行时，就会在看门狗定时时间到达之前对看门狗清零，不会产生看门狗溢出。如果由于外界干扰使程序运行紊乱，则不会在看门狗定时时间到达之前执行看门狗清零指令，看门狗就会产生溢出，从而产生单片机复位，CPU 需要重新运行用户程序，这样程序就又可以恢复正常运行。

知识点： MSP432 单片机内部集成了看门狗定时器，既可作为看门狗使用，也可为产生时间间隔进行定时。当用作看门狗时，若定时时间到，将产生一个系统复位信号；如果在用户应用程序中不需要看门狗，可将看门狗定时器用作一般定时器使用，在选定的时间间隔到达时，将发生定时中断。

看门狗定时器具有如下特点：

1）软件可编程的 8 种时间间隔选择；

2）看门狗模式；

3）定时计数模式；

4）对看门狗控制寄存器的更改受口令保护，若口令输入错误，则控制寄存器无法更改；

5）多种时钟源供选择；

6）可选择关闭看门狗以减少功耗；

7）时钟故障保护功能。

MSP432 单片机的看门狗定时器逻辑结构框图如图 6-31 所示。由该图可知，MSP432 单片机的看门狗定时器由中断产生逻辑单元、看门狗定时计数器、口令比较单元、看门狗控制寄存器、参考时钟选择逻辑单元等构成。

1. 看门狗定时计数器（WDTCNT）

看门狗定时计数器是一个 32 位增计数器，不能通过软件直接访问其计数值。软件可通过看门狗控制寄存器（WDTCTL）控制看门狗定时计数器及配置其产生的时间间隔。看门狗定时计数器的参考时钟源可通过 WDTSSEL 控制位配置为 SMCLK、ACLK、VLOCLK 或 BCLK，产生的时间间隔可通过 WDTIS 控制位选择，具体请参考相应寄存器配置。

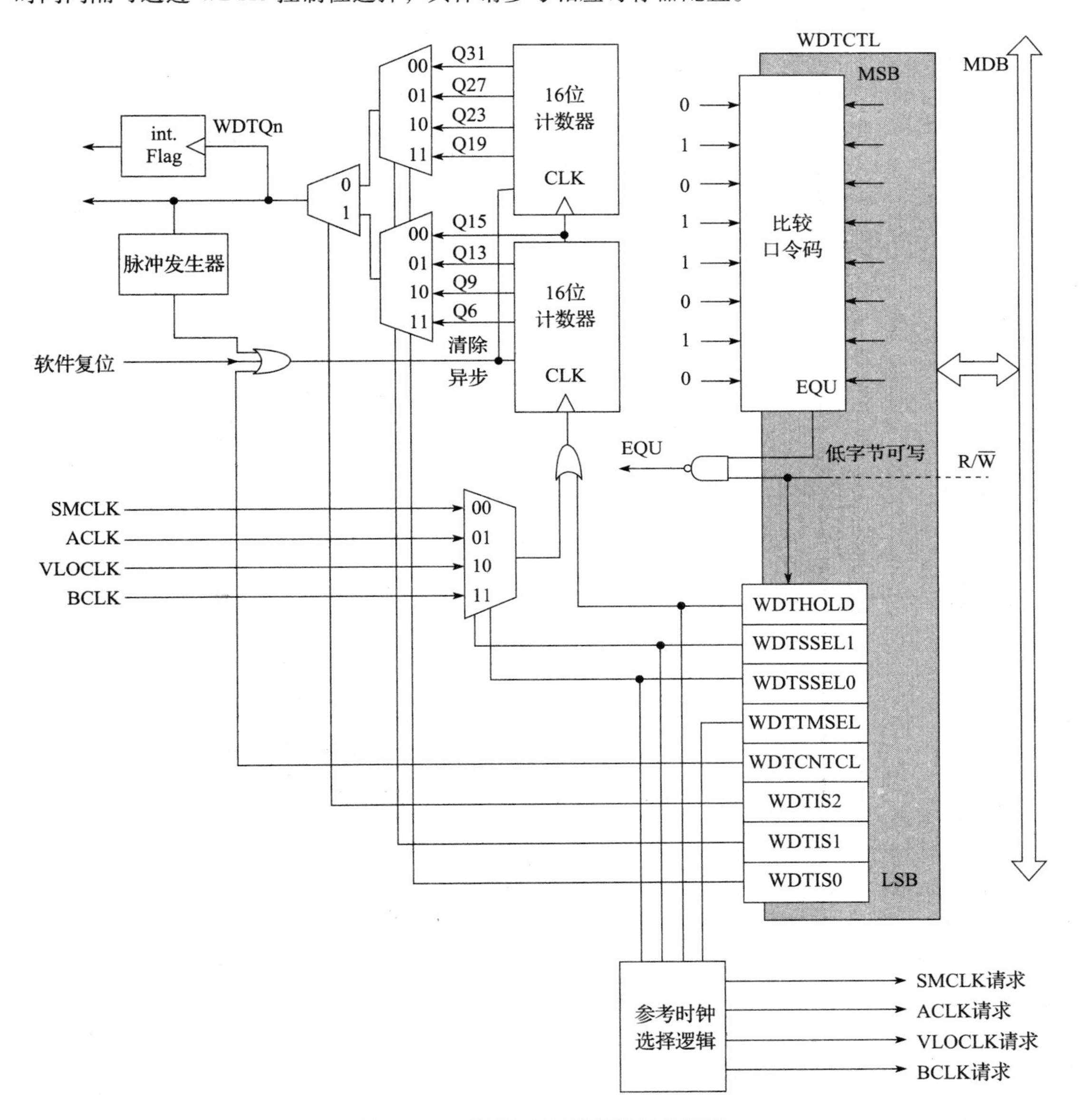

图 6-31　看门狗定时器逻辑结构框图

注意：当 CPU 停止工作时，看门狗定时计数器会自动配置为停止计数，这样可以在程序开发和调试中，不必禁用看门狗定时器，或者当 CPU 停止工作时，如果计数器被允许继续运行，则不会不断地出现看门狗启动的复位。

看门狗定时器模块可以通过配置 WDTCTL 寄存器，使其工作在看门狗模式或定时计数模式。WDTCTL 是一个 16 位的带密码保护的读写寄存器。对 WDTCTL 的配置需要先在高字节写入密码 05Ah，写入其他内容都会产生错误。若产生错误后，读 WDTCTL 高字节的结果是 069h。

2. 看门狗模式

在一个上电复位清除后，看门狗定时器被默认配置为采用 SMCLK 作为参考时钟源，在计数到达之前，需要通过软件设置或暂停 WDT。例如，如果 SMCLK 默认来源于设置为 3MHz 的 DCO，则会产生大约 10.92ms 的看门狗间隔窗口。用户必须在看门狗复位时间间隔期满或另一个复位信号产生之前，配置、停止或清除看门狗定时器。当看门狗定时器被配置工作在看门狗模式时，利用一个错误的口令密码操作看门狗控制寄存器（WDTCTL）或选择的时间间隔期满都将产生一个 PUC 复位信号，它可将看门狗定时器复位到默认状态。

3. 定时计数模式

当 WDTTMSEL 控制位选择为 1 时，看门狗定时器被配置为定时计数模式。这个模式可以被用来产生周期性中断，在定时计数模式下，当选定的时间间隔到来时，将置位看门狗定时计数中断标志位（WDTIFG），但并不产生 PUC 复位信号。当看门狗定时计数中断允许控制位（WDTIE）置位，而且在 NVIC 中启用看门狗定时计数中断时，CPU 将响应 WDTIFG 中断请求。中断请求被响应后，单片机将自动清除看门狗定时计数中断标志位。当然，也可通过软件手动清除看门狗定时计数中断标志位。

4. 看门狗定时器中断

看门狗定时器利用以下两个寄存器控制看门狗定时器中断：

1）看门狗中断标志位 WDTIFG；

2）看门狗中断允许控制位 WDTIE。

当看门狗定时器工作在看门狗模式时，看门狗中断标志位 WDTIFG 来源于一个复位向量中断。复位中断服务程序可利用看门狗中断标志位 WDTIFG 来判定看门狗定时器是否产生了一个系统复位信号。若 WDTIFG 标志位置位，看门狗定时器产生一个复位条件，要么复位定时时间到，要么口令密码错误。

当看门狗定时器工作在定时计数模式时，一旦定时时间到，将置位看门狗中断标志位 WDTIFG。若 WTDIE 使能，则可响应看门狗定时计数中断。

5. 时钟故障保护功能

看门狗定时器提供了一个时钟故障保护功能，确保在看门狗模式下，参考时钟不失效，这就意味着低功耗模式将有可能影响看门狗定时器参考时钟的选择。如果 SMCLK 或 ACLK 作为定时器参考时钟源时失效，看门狗定时器将自动选择 VLOCLK 作为其参考时钟源。当看门狗定时器工作于定时计数模式时，看门狗定时器没有时钟故障保护功能。

6. 低功耗模式下的看门狗操作

MSP432 单片机具有多种低功耗模式，在不同的低功耗模式下，启用不同的时钟信号。程序的需要以及所选时钟的类型决定了看门狗定时器的配置，例如如果用户想用低功耗模式 3（LPM3），需要将时钟源设置为 BCLK 或 VLOCLK。当不需要看门狗定时器时，可利用 WDTHOLD 控制位关闭看门狗计数器（WDTCNT），以降低单片机功耗。

7. 看门狗定时器控制寄存器

看门狗定时器控制寄存器（WDTCTL）列表如表 6-8 所示。

表 6-8 看门狗定时器控制寄存器列表（基址为 0x4000_4800）

寄存器	缩写	读写类型	访问形式	偏移地址	初始状态
WDTCTL	WDTCTL	读/写	字访问	0CH	6904h

具体看门狗定时器控制寄存器定义如下，注意其中具有下划线的配置为看门狗控制寄存器初始状态或复位后的默认配置。

15	14	13	12	11	10	9	8
WDTPW							

7	6	5	4	3	2	1	0
WDTHOLD	WDTSSEL		WDTTMSEL	WDTCNTCL	WDTIS		

1）**WDTPW**：第 8～15 位，看门狗定时器寄存器操作口令密码。读取操作时为 069h，写入操作时为 05Ah。

2）**WDTHOLD**：第 7 位，看门狗定时器停止控制位。该控制位可停止看门狗定时器的工作，当不需要看门狗定时器时，可令 WDTHOLD 为 1，以降低能耗。

0：看门狗定时器没有被停止；　　1：看门狗定时器被停止。

3）**WDTSSEL**：第 5～6 位，看门狗参考时钟选择控制位。

00：SMCLK；　01：ACLK；　10：VLOCLK；　11：BCLK。

4）**WDTTMSEL**：第 4 位，看门狗定时器模式选择控制位。

0：看门狗模式；　　1：定时计数模式。

5）**WDTCNTCL**：第 3 位，清除看门狗定时器计数值控制位。将该控制位置位，将清除当前看门狗定时器的计数值，之后该控制位将自动清除。

0：无动作；　　1：自动将看门狗定时器计数值 WDTCNT 设为 0000h。

6）**WDTIS**：第 0～2 位，看门狗定时器时间间隔选择控制位。通过该控制位的配置可选择相应的时间间隔，当时间间隔期满时，将置位 WDTIFG 标志位或产生一个 PUC 复位信号。

000：2G/看门狗时钟参考频率（在 32kHz 参考频率下，定时 18 小时 12 分 16 秒）；

001：128M/看门狗时钟参考频率（在 32kHz 参考频率下，定时 1 小时 8 分 16 秒）；

010：8192k/看门狗时钟参考频率（在 32kHz 参考频率下，定时 4 分 16 秒）；

011：512k/看门狗时钟参考频率（在 32kHz 参考频率下，定时 16 秒）；

100：32k/看门狗时钟参考频率（在 32kHz 参考频率下，定时 1 秒）；

101：8192/看门狗时钟参考频率（在 32kHz 参考频率下，定时 250 毫秒）；

110：512/看门狗时钟参考频率（在 32kHz 参考频率下，定时 15.6 毫秒）；

111：64/看门狗时钟参考频率（在 32kHz 参考频率下，定时 1.95 毫秒）。

8. 看门狗定时器应用

> **应用方式**：看门狗定时器的应用有两种方式，一种是作为看门狗，另一种是作为定时器，无论哪一种，所定义的时间都由 WDTIS 控制位和所使用的参考时钟频率来决定。

【例 6.4.1】 设置看门狗定时器工作在定时计数模式，利用 ACLK 作为参考时钟，定时 1 秒并启用中断。在中断服务程序中，反转 P1.0 端口状态，以便使用示波器观察输出波形。

```
#include"msp.h"
int main(void)
{
    WDTCTL = WDTPW |WDTSSEL__ACLK |WDTTMSEL |WDTCNTCL |WDTIS_4;
        // 看门狗定时器工作在定时计数模式,选择 ACLK 作为参考时钟,定时 1 秒
                                                    // 将清除当前看门狗定时器的计数值
    P1DIR |= BIT0;                                  // 设置 P1.0 为输出方向
    SCB_SCR & = ~SCB_SCR_SLEEPONEXIT;               // 退出中断,同时从低功耗模式唤醒
    __enable_interrupt();                           // 使能全局中断
    NVIC_ISER0 = 1 << ((INT_WDT_A -16) & 31);       // 在 NVIC 模块中使能看门狗中断
    while (1)
    {
        __sleep();                                  // 进入 LPM0 模式
        __no_operation();                           // 可在此处设置断点,方便程序调试
    }
}
/* 看门狗中断服务函数 */
void WdtIsrHandler(void)
{
    P1OUT ^= BIT0;                                  // 反转 P1.0 端口状态
}
```

【例 6.4.2】 设置看门狗定时器工作在看门狗模式，利用 ACLK 作为参考时钟，单片机定时 1 秒复位一次。在程序执行的过程中，每复位一次，反转一次 P1.0 端口状态。可利用示波器观察输出波形。

```
#include"msp.h"
int main(void)
{
    WDTCTL = WDTPW + WDTCNTCL + WDTSSEL0 + WDTIS2;
        // 看门狗定时器工作在看门狗模式,定时 1 秒,选择 ACLK 作为参考时钟
    P1DIR |= BIT0;                                  // 设置 P1.0 为输出方向
    P1OUT ^ = BIT0;                                 // 反转 P1.0 端口状态
    SCB_SCR |= (SCB_SCR_SLEEPDEEP);                 // 设置深度睡眠位
    __sleep();                                      // 进入 LPM0 模式
    __no_operation();                               // 可在此处设置断点,方便程序调试
}
```

6.4.2 定时器 A(Timer_A)

> **知识点：** Timer_A 为 16 位定时器，具有 7 个捕获比较寄存器。Timer_A 支持多路捕获/比较、PWM 输出和定时计数。Timer_A 也具有丰富的中断能力，当定时时间到或满足捕获/比较条件时，将可触发 Timer_A 中断。

定时器 A 有如下特点：

1）4 种运行模式的异步 16 位定时/计数器；

2）参考时钟源可选择配置；

3）7 个可配置的捕获/比较寄存器；

4）可配置的 PWM 输出；

5）异步输入和输出锁存；

6）具有可对 Timer_A 中断快速响应的中断向量寄存器。

定时器 A 的结构框图如图 6-32 所示。可见，Timer_A 定时器主要分为两个部分：主计数器和捕获/比较模块。主计数器负责定时、计时或计数，计数值（TAxR 寄存器的值）被送到各个

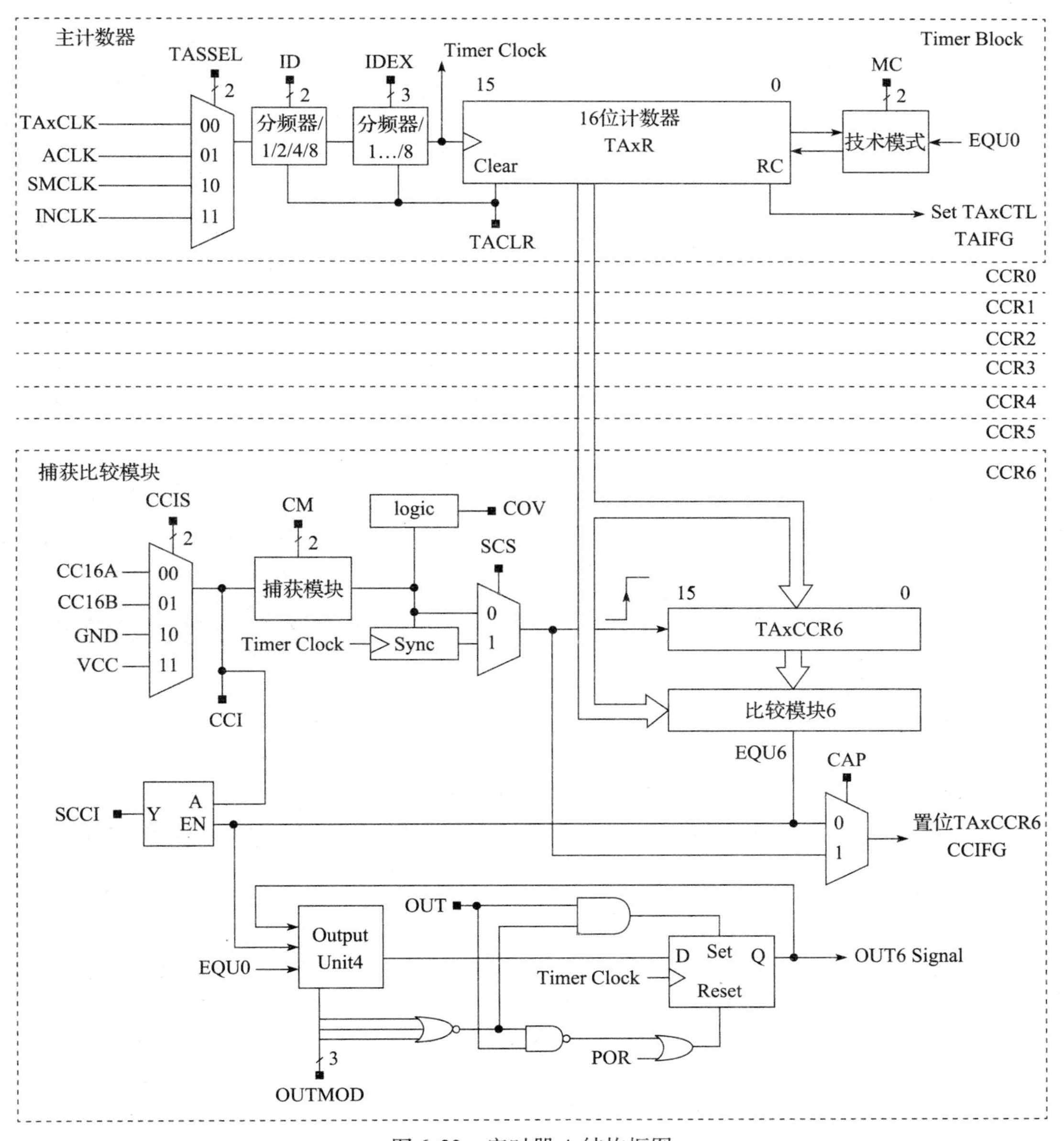

图 6-32　定时器 A 结构框图

捕获/比较模块中，它们可以在无须 CPU 干预的情况下根据触发条件与计数器值自动完成某些测量和输出功能。只需定时、计数功能时，可以只使用主计数器部分。而在 PWM 调制、利用捕获测量脉宽、周期等应用中，还需要捕获/比较模块的配合。

值得注意的是，MSP432 单片机的定时器 A 是由多个形式相近的模块构成的，每个定时器模块又具有不同个数的捕获/比较器。它们的命名形式分别为 TAx、TAxCCRx(x=0、1、……，具体数目与具体型号有关)，例如，TA0、TA0CCR0、TA0CCR4、TA1、TA1CCR0、TA1CCR1 等。

1. 16 位定时器原理

16 位定时器的计数值寄存器 TAxR 在每个时钟信号的上升沿进行增加/减少，可利用软件读取 TAxR 寄存器的计数值。此外，当定时时间到，并且产生溢出时，定时器可产生中断。置位定时器控制寄存器中的 TACLR 控制位可自动清除 TAxR 寄存器的计数值；同时，在增减计数模式下，清除了时钟分频器和计数方向。

（1）时钟源选择和分频器

定时器的参考时钟源可以来自内部时钟 ACLK、SMCLK，或者来自 TACLK、INCLK 引脚输入，可通过 TASSEL 控制位进行选择。选择的时钟源首先通过 ID 控制位进行 1、2、4、8 分频，对于分频后的时钟，可通过 TAIDEX 控制位进行 1、2、3、4、5、6、7、8 分频。

（2）Timer_A 工作模式

Timer_A 共有 4 种工作模式：停止模式、增计数模式、连续计数模式和增减计数模式，具体工作模式可以通过 MC 控制位进行选择，具体配置如表 6-9 所示。

表 6-9　Timer_ A 工作模式配置列表

MC 控制位配置值	Timer_A 工作模式	描　述
00	停止模式	Timer_A 停止
01	增计数模式	Timer_A 从 0 到 TAxCCR0 重复计数
10	连续计数模式	Timer_A 从 0 到 0FFFFh 重复计数
11	增减计数模式	Timer_A 从 0 增计数到 TAxCCR0 之后减计数到 0，循环往复

1）停止模式

停止模式用于定时器暂停，并不发生复位，所有寄存器现行的内容在停止模式结束后都可用。当定时器暂停后重新计数时，计数器将从暂停时的值开始以暂停前的计数方向计数。例如，停止模式前，Timer_A 定时器工作于增减计数模式并且处于下降计数方向，停止模式后，Timer_A 仍然工作于增减计数模式下，从暂停前的状态开始继续沿着下降方向开始计数。如若不想这样，则可通过 TAxCTL 中的 TACLR 控制位来清除定时器的计数及方向记忆特性。

2）增计数模式

比较寄存器 TAxCCR0 用作 Timer_A 增计数模式的周期寄存器，由于 TAxCCR0 为 16 位寄存器，所以在该模式下，定时器 A 连续计数值应小于 0FFFFh。TAxCCR0 的数值定义了定时的周期，计数器 TAXR 可以增计数到 TAxCCR0 的值，当计数值与 TAxCCR0 的值相等（或定时器值大于 TAxC-CR0 的值）时，定时器复位并从 0 开始重新计数。增计数模式下的计数过程如图 6-33 所示。

当定时器计数值计数到 TAxCCR0 时，置位 CCR0 中断标志位 CCIFG。当定时器从 TAxCCR0 计数到 0 时，置位 Timer_A 中断标志位 TAIFG。增计数模式下中断标志位设置过程如图 6-34 所示。

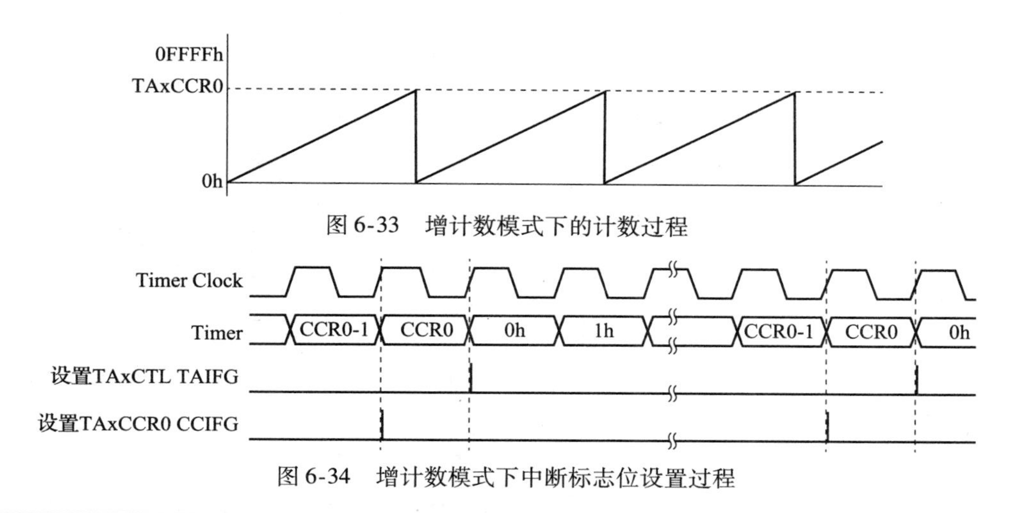

图 6-33　增计数模式下的计数过程

图 6-34　增计数模式下中断标志位设置过程

> **注意：**Timer_ A 定时器还可以在工作的过程中更改 TAxCCR0 的值以更改定时周期。若新周期大于或等于旧的周期，定时器会直接增计数到新的周期。若新周期小于旧周期，定时器会在 TAxCCR0 改变后，直接从 0 开始增计数到新的 TAxCCR0。

【例 6. 4. 3】　利用 TA0 定时器，使其工作在增计数模式，采用 ACLK 作为其计数参考时钟，并启用 TA0CCR0 计数中断，在 TA0 中断服务程序中反转 P1. 0 口状态，以便于用示波器进行观察。

```
#include"msp.h"
int main(void)
{
    WDTCTL = WDTPW | WDTHOLD;                        // 关闭看门狗
    P1DIR |= BIT0;                                   // 设 P1.0 为输出方向
    P1OUT |= BIT0;                                   // 设 P1.0 为输出高
    SCB_SCR |= SCB_SCR_SLEEPONEXIT;                  // 退出中断,同时从低功耗模式唤醒
    __enable_interrupt();                            // 使能全局中断
    NVIC_ISER0 = 1 << ((INT_TA0_0 - 16) & 31);       // 在 NVIC 模块中使能 TA0 中断
    TA0CCTL0 & = ~CCIFG;                             // 清除 TA0 捕获/比较中断标志位
    TA0CCTL0 = CCIE;                                 // TACCR0 中断使能
    TA0CCR0 = 32768;
    TA0CTL = TASSEL__ACLK | MC__UP;                  // ACLK 增计数模式
    __sleep();                                       // 进入 LPM0 模式
    while(1);
}
// 定时器中断服务函数
void TimerA0_0IsrHandler(void)
{
    TA0CCTL0 & = ~CCIFG;                             // 清除 TA0 捕获/比较中断标志位
    P1OUT ^= BIT0;                                   // 反转 P1.0 口输出状态
}
```

3）连续计数模式

在连续计数模式下，Timer_A 定时器增计数到 0FFFFh 之后从 0 开始重新计数，如此往复。

连续计数模式下的计数过程如图 6-35 所示。

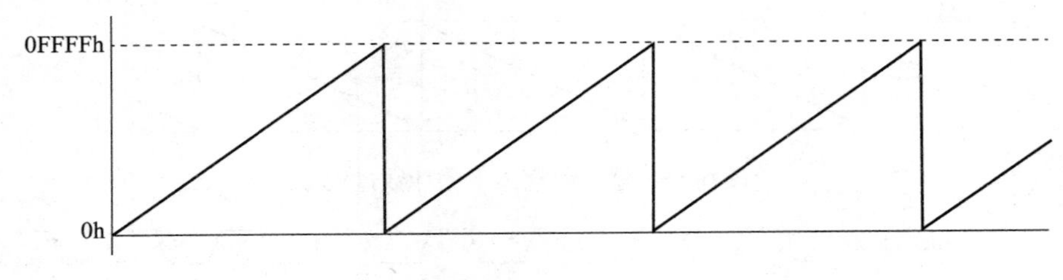

图 6-35　连续计数模式下的计数过程

当定时器计数值从 0FFFFh 计数到 0 时，置位 Timer_A 中断标志位 TAIFG，连续计数模式下的中断标志位设置过程如图 6-36 所示。

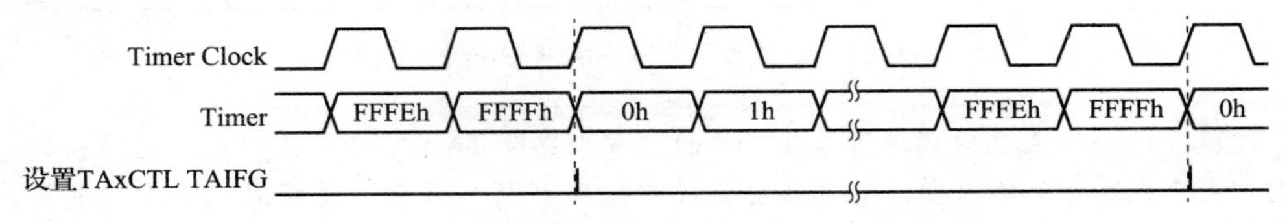

图 6-36　连续计数模式下中断标志位的设置过程

连续计数模式的典型应用如下。

① 产生多个独立的时序信号：利用捕获比较寄存器捕获各种其他外部事件发生的定时器数据。

② 产生多个定时信号：在连续计数模式下，每完成一个 TAxCCRn（其中 n 取值为 0～6）计数间隔，将产生一个中断，在中断服务程序中，将下一个时间间隔计数值赋给 TAxCCRn，图 6-37 表示了利用两个捕获比较寄存器 TAxCCR0 和 TAxCCR1 产生两个定时信号 t_0 和 t_1。在这种情况下，定时完全通过硬件实现，不存在软件中断响应延迟的影响，具体实现示意图如图 6-37 所示。

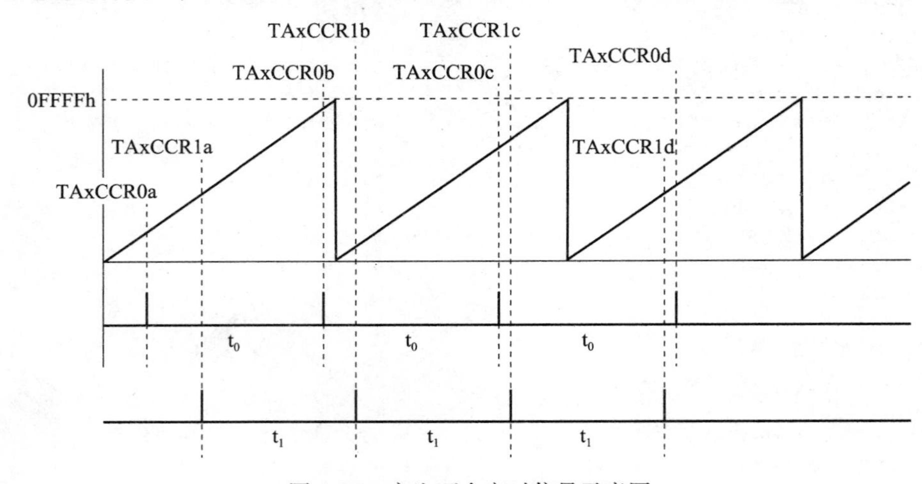

图 6-37　产生两个定时信号示意图

【例 6.4.4】　利用 TA1 定时器，使其工作在连续计数模式下，采用 ACLK 作为其计数参考时钟，使能 TAIFG 中断。在 TA1 中断服务程序中反转 P1.0 口状态，以便于用示波器进行观察。

```
#include"msp.h"
int main(void)
{
    WDTCTL = WDTPW | WDTHOLD;                        // 关闭看门狗
    P1DIR |= BIT0;                                   // 设 P1.0 为输出方向
    P1OUT |= BIT0;                                   // 设 P1.0 为输出高
    TA0CTL = TASSEL_1 | MC_2 | TACLR | TAIE;
                                                     // ACLK 连续计数模式,清除 TAR,并使能 TAIFG 中断
    SCB_SCR |= SCB_SCR_SLEEPONEXIT;                  // 退出中断,同时从低功耗模式唤醒
    __enable_interrupt();                            // 使能全局中断
    NVIC_ISER0 = 1 << ((INT_TA0_N - 16) & 31);       // 在 NVIC 模块中使能 TA0 中断
    __sleep();
    __no_operation();
}
// 定时器中断服务函数
void TimerA0_NIsrHandler(void)
{
    TA0CTL & = ~TAIFG;                               // 清除 TAIFG 中断标志位
    P1OUT ^= BIT0;                                   // 反转 P1.0 口输出状态
}
```

4）增减计数模式

若需要对称波形的情况，可以使用增减计数模式。在该模式下，定时器先增计数到 TAxCCR0 的值，然后反方向减计数到 0。计数周期仍由 TAxCCR0 定义，它是 TAxCCR0 值的 2 倍。增减计数模式下的计数过程如图 6-38 所示。

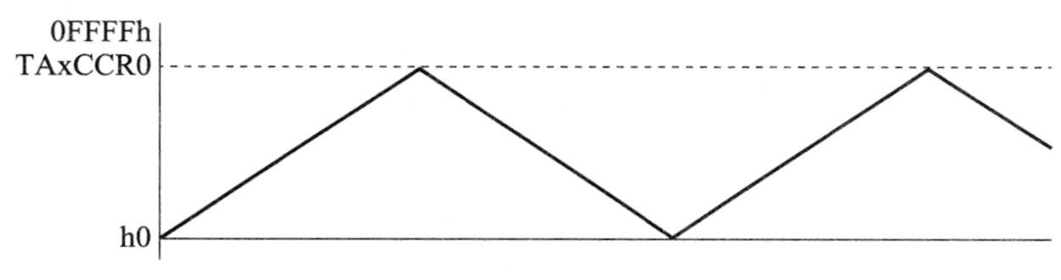

图 6-38　增减计数模式下的计数过程

在增减计数模式下，TAxCCR0 中断标志位 CCIFG 和 Timer_A 中断标志位 TAIFG 在一个周期内仅置位一次，当定时器计数器增计数从 TAxCCR0-1 计数到 TAxCCR0 时，置位 TAxCCR0 中断标志位 CCIFG。当定时器计数器减计数从 0001h 到 0000h 时，置位 Timer_A 中断标志位 TAIFG。增减计数模式下中断标志位的设置过程如图 6-39 所示。

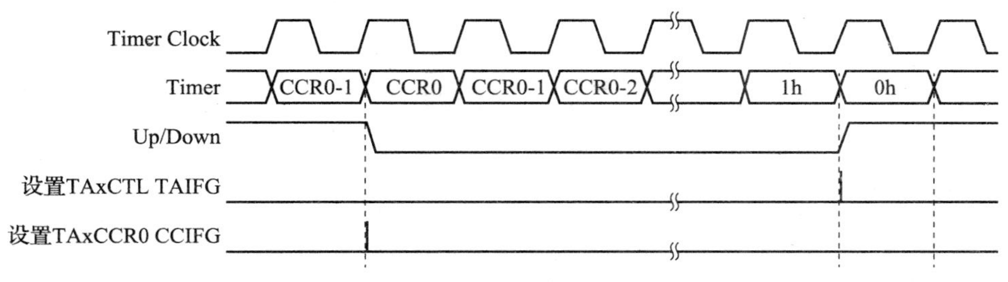

图 6-39　增减计数模式下中断标志位的设置过程

注意：在增减计数模式的过程中，也可以通过改变 TAxCCR0 的值来重置计数周期。当定时器工作在减计数的状态下时，更改了 TAxCCR0 的值，计数器将继续进行减计数，直到计数到 0，新周期的计数值才有效。如果当定时器工作在增计数的状态下时，更改了 TAxCCR0 的值，若更改后的 TAxCCR0 的值大于或等于之前的 TAxCCR0 的值，定时器计数器在开始减计数之前增计数到新的 TAxCCR0 的值。若更改后的 TAxCCR0 的值小于之前的 TAxCCR0 的值，定时器计数器将直接进行减计数。

【例 6.4.5】 利用 TA0 定时器，使其工作在增减计数模式，采用 ACLK 作为其计数参考时钟，并启用 TA0CCR0 计数中断，在 TA0 中断服务程序中反转 P1.0 口状态，以便于用示波器进行观察，通过观察并与例 6.4.3 示例示波器观察的波形相比较，本例中的波形周期为例 6.4.3 示例示波器观察波形周期的 2 倍，即验证了增减计数的原理。

```
#include"msp.h"
int main(void) {
    WDTCTL = WDTPW | WDTHOLD;                        // 关闭看门狗
    P1DIR |= BIT0;                                   // 设 P1.0 为输出方向
    P1OUT |= BIT0;                                   // 设 P1.0 为输出高
    SCB_SCR |= SCB_SCR_SLEEPONEXIT;                  // 退出中断,同时从低功耗模式唤醒
    __enable_interrupt();                            // 使能全局中断
    NVIC_ISER0 = 1 << ((INT_TA0_0 - 16) & 31);       // 在 NVIC 模块中使能 TA0 中断
    TA0CCTL0 & = ~CCIFG;                             // 清除 TA0 捕获/比较中断标志位
    TA0CCTL0 = CCIE;                                 // TA0CCR0 中断使能
    TA0CCR0 = 32768;
    TA0CTL = TASSEL__ACLK | MC__UPDOWN;              // ACLK 增减计数模式
    __sleep();                                       // 进入 LPM3 模式
    while(1);
}
// 定时器中断服务函数
void TimerA0_0IsrHandler(void) {
    TA0CCTL0 & = ~CCIFG;                             // 清除 TA0 捕获/比较中断标志位
    P1OUT ^= BIT0;                                   // 反转 P1.0 口输出状态
}
```

(3) 捕获/比较模块

除了主计数器之外，Timer_A 定时器还具有 7 个相同的捕获/比较模块 TAxCCRn（其中 n 等于 0～6），任何一个捕获/比较模块都可以用于捕获事件发生的时间或产生的时间间隔。每个捕获/比较模块都有单独的模式控制寄存器以及捕获/比较值寄存器。

在比较模式下，每个捕获/比较模块将不断地将自身的比较值寄存器与主计数器的计数值进行比较，一旦相等，就将自动改变定时器输出引脚的输出电平。Timer_A 具有 8 种输出模式，从而可在无须 CPU 干预的情况下输出 PWM 波、可变单稳态脉冲、移向方波、相位调制等常用波形。

在捕获模式下，用定时器输入引脚电平跳变触发捕获电路，将此刻主计数器的计数值自动保存到相应的捕获值寄存器中。可以用于测频率、测周期、测脉宽、测占空比等需要获得波形中精确时间量的场合。

捕获/比较模块的逻辑结构如图 6-40 所示。在此以捕获/比较模块 TAxCCR6 为例。

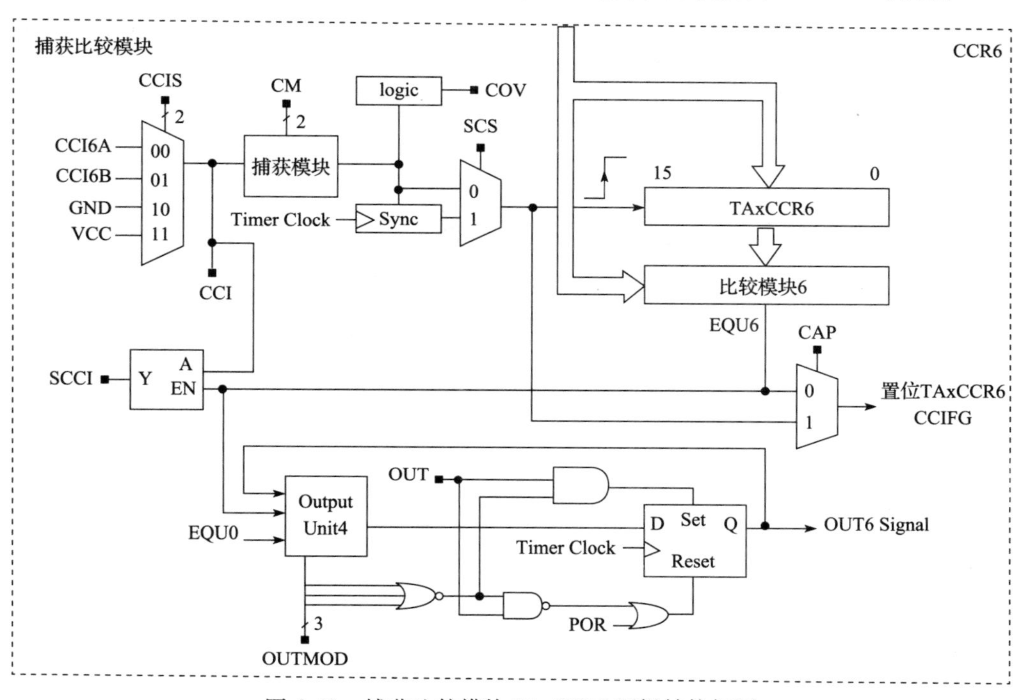

图 6-40　捕获比较模块 TAxCCR6 逻辑结构框图

1）捕获模式：

当 CAP 控制位设置为 1 时，捕获/比较模块配置为捕获模式。捕获模式被用于捕获事件发生的时间。捕获输入 CCIxA 和 CCIxB 可连接外部引脚或内部信号，这需通过 CCIS 控制位进行配置。可通过 CM 控制位将捕获输入信号触发沿配置为上升沿触发、下降沿触发或两者都触发。捕获事件在所选输入信号触发沿产生，如果产生捕获事件，定时器将完成以下工作。

① 将主计数器计数值复制到 TAxCCRn 寄存器中。

② 置位中断标志位 CCIFG。

输入信号的电平可在任意时刻通过 CCI 控制位进行读取。捕获信号可能与定时器时钟不同步，并导致竞争条件的产生，将 SCS 控制位置位可在下个定时器时钟使捕获同步。捕获信号示意图如图 6-41 所示。

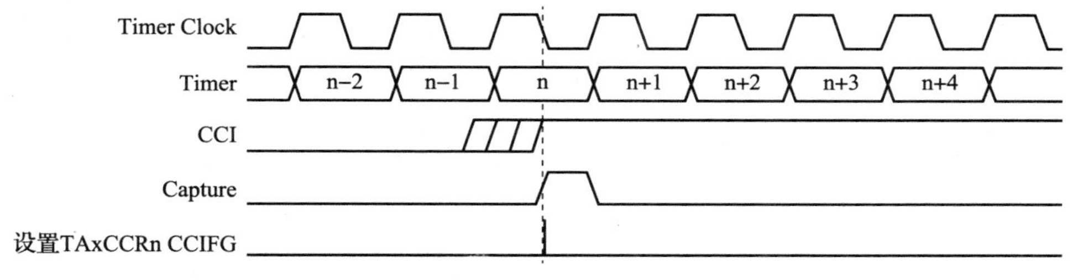

图 6-41　捕获信号示意图（SCS = 1）

如果第二次捕获在第一次捕获的值被读取之前发生，捕获比较寄存器就会产生一个溢出逻辑，在此情况下，将置位 COV 标志位，如图 6-42 所示。注意 COV 标志位必须通过软件清除。

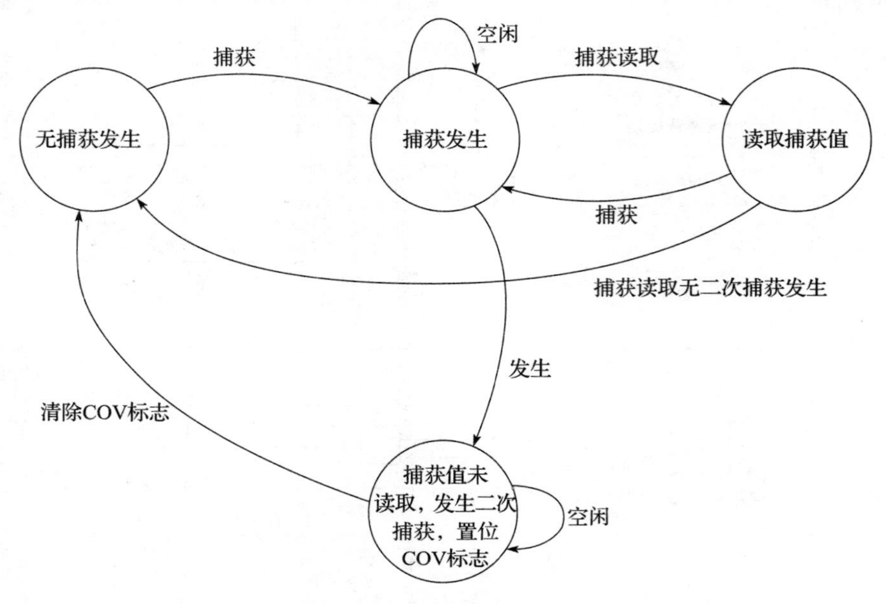

图 6-42　循环捕获示意图

【例 6.4.6】　利用 TA0 定时器，使其工作在捕获模式，上升沿触发捕获，参考时钟选择 SMCLK，通过中断读取定时器捕获值。将 ACLK 通过 P4.2 引脚输出，并与 P2.5 引脚相连，P2.5 配置为定时器捕获输入。

```
#include"msp.h"
#include <stdint.h>
#define NUMBER_TIMER_CAPTURES    20                      // 定义数组长度
volatile uint16_t timerAcaptureValues[NUMBER_TIMER_CAPTURES];  // 定义数组
uint16_t timerAcapturePointer = 0;
int main(void)
{
    WDTCTL = WDTPW |WDTHOLD;                             // 关闭看门狗
    P1DIR |= BIT0;                                       // 设 P1.0 为输出方向
    P1OUT |= BIT0;                                       // 设 P1.0 为输出高
    P2SEL0 |= BIT5;                                      // 设为 TA0.CCI2A 捕获
    P2DIR & = ~BIT5;                                     // P2.5 引脚输入
    P4SEL0 |= BIT2;                                      // 设置 ACLK 通过 P4.2 输出
    P4DIR |= BIT2;
    /* 时钟设置 */
    CSKEY = 0x695A;                                      // 解锁时钟寄存器,CSKEY_VAL = 0x0000695A
    CSCTL1 = SELA_2 |SELS_3 |SELM_3;                     // ACLK = REFO, SMCLK = MCLK = DCO
    CSKEY = 0;                                           // 锁定时钟寄存器
    /* 定时器设置 */
    TA0CCTL2 |= CM_1 |CCIS_0 |CCIE |CAP |SCS;
```

```
                    // CCI2A = ACLK,捕获模式,上升沿捕获,同步捕获,使能中断
    TA0CTL |= TASSEL_2 |MC_2 |TACLR;                  // SMCLK,清除 TA0R,连续模式
    SCB_SCR |= SCB_SCR_SLEEPONEXIT;                   // 退出中断,同时从低功耗模式唤醒
    __enable_interrupt();                             // 使能全局中断
    NVIC_ISER0 = 1 << ((INT_TA0_N - 16) & 31);        // 在 NVIC 模块中使能 TA0_N 中断
    __sleep();                                        // 进入 LPM3 模式
    __no_operation();                                 // 可在此处设置断点,方便查看变量
}
// 定时器中断服务函数
void TimerA0_NIsrHandler(void)
{
    volatile uint32_t i;
    timerAcaptureValues[timerAcapturePointer++] = TA0CCR2;
    TA0CCTL2 & = ~CCIFG;                              // 清除 TA0 捕获/比较中断标志位
    if (timerAcapturePointer >= 20)
    {
        while (1)
        {
            P1OUT ^= 0x01;                            // 反转 P1.0 口输出状态
            for (i = 30000; i > 0; i--);              // 延时
        }
    }
}
```

2）比较模式：

当 CAP 控制位设为 0 时，捕获/比较模块工作在比较模式。比较模式用来产生 PWM 输出信号或者在特定的时间间隔产生中断。此时 TAxCCRn 的值可由软件写入，并通过比较器与主计数器的计数值 TAR 进行比较。当 TAR 计数到 TAxCCRn 时，将依次产生以下事件。

① 置位中断标志位 CCIFG；

② 产生内部信号 EQUn = 1；

③ EQUn 信号根据不同的输出模式触发输出逻辑；

④ 输入信号 CCI 被锁存到 SCCI。

每个捕获/比较模块都包含一个输出单元，用于产生输出信号，例如 PWM 信号等。每个输出单元都有 8 种工作模式，可产生 EQUx 的多种信号。输出模式可通过 OUTMOD 控制位进行定义，具体定义列表如表 6-10 所示。

表 6-10　Timer_A 定时器比较模式下输出模式定义列表

OUTMODx 控制位	输出控制模式	说 明 描 述
000	电平输出	定时器输出电平由 OUT 控制位的值决定
001	置位	当定时计数器 TAR 计数到 TAxCCRn 时，定时器输出置位
010	取反/复位	当定时计数器 TAR 计数到 TAxCCRn 时，定时器输出取反；当定时器 TAR 计数到 TAxCCR0 时，定时器输出复位
011	置位/复位	当定时计数器 TAR 计数到 TAxCCRn 时，定时器输出置位；当定时计数器 TAR 计数到 TAxCCR0 时，定时器输出复位

（续）

OUTMODx 控制位	输出控制模式	说明描述
100	取反	当定时计数器 TAR 计数到 TAxCCRn 时，定时器输出取反。输出周期为双定时器周期
101	复位	当定时计数器 TAR 计数到 TAxCCRn 时，定时器输出复位
110	取反/置位	当定时计数器 TAR 计数到 TAxCCRn 时，定时器输出取反；当定时计数器 TAR 计数到 TAxCCR0 时，定时器输出置位
111	复位/置位	当定时计数器 TAR 计数到 TAxCCRn 时，定时器输出复位；当定时计数器 TAR 计数到 TAxCCR0 时，定时器输出置位

① 增计数模式下，定时器比较输出：

在增计数模式下，当 TAR 增加到 TAxCCRn 或从 TAxCCR0 计数到 0 时，定时器输出信号按选择的输出模式发生变化，示例如图 6-43 所示。在该示例中利用了 TAxCCR0 和 TAxCCR1。

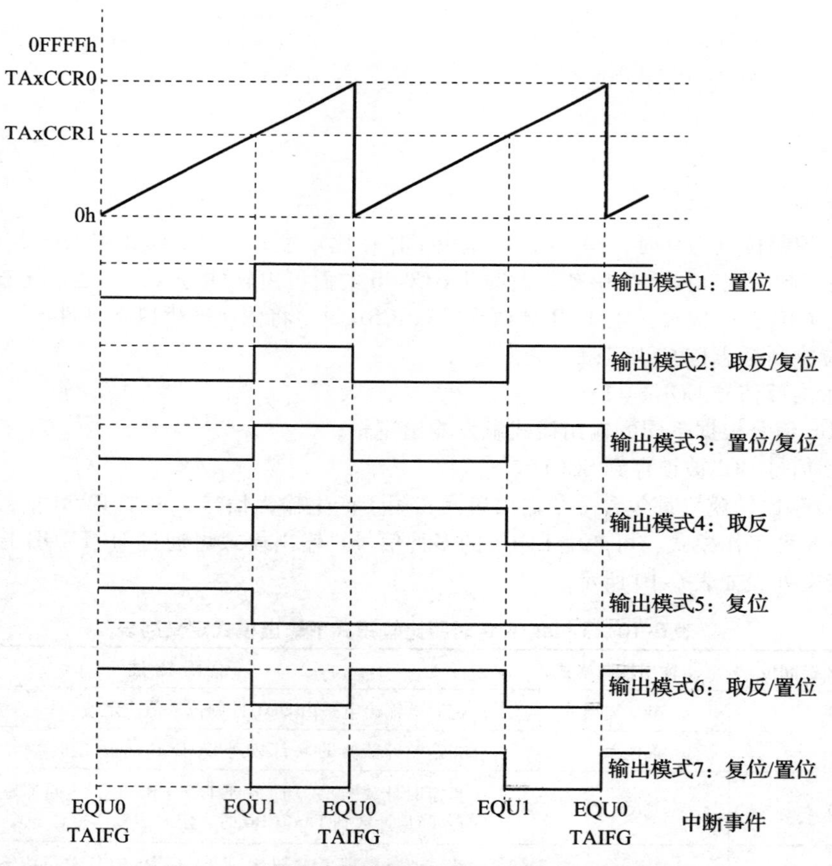

图 6-43　增计数模式下定时器比较输出示意图

【例 6.4.7】 利用定时器 TA1，使其工作在增计数模式下，选择 ACLK 作为其参考时钟。将 P7.6 和 P7.7 引脚配置为定时器输出，且使 CCR1 和 CCR2 工作在比较输出模式 7 下，最终使 P7.6 引脚输出 75% 占空比的 PWM 波形，使 P7.7 引脚输出 25% 占空比的 PWM 波形，可通过示波器进行观察。

```
#include"msp.h"
int main(void)
{
    WDTCTL = WDTPW | WDTHOLD;                      // 关闭看门狗
    P7DIR |= BIT6 | BIT7;                          // 设置 P7.6、P7.7 为输出方向
    P7SEL0 |= BIT6 | BIT7;                         // 设置 P7.6、P7.7 为定时器输出
    /* 系统时钟设置 */
    PJSEL0 |= BIT0 | BIT1;                         // PJ0.0 和 PJ.1 选择 LFXT 晶振功能
    CSKEY = 0x695A;                                // 解锁时钟寄存器,CSKEY_VAL = 0x0000695A
    CSCTL2 |= LFXT_EN;                             // 使能 LFXT
    // 测试晶振是否产生故障失效,并清除故障失效标志位
    do
    {
    // 清除 XT2、XT1、DCO 故障标志位
        CSCLRIFG |= CLR_DCORIFG | CLR_HFXTIFG | CLR_LFXTIFG;
        SYSCTL_NMI_CTLSTAT & = ~ SYSCTL_NMI_CTLSTAT_CS_SRC;
    } while (SYSCTL_NMI_CTLSTAT & SYSCTL_NMI_CTLSTAT_CS_FLG);
                                                   // 测试晶振故障时效中断标志位
    CSCTL1 = CSCTL1 & ~(SELS_M | DIVS_M) | SELA_0; // ACLK 时钟来源 LFXT 晶振
    CSKEY = 0;                                     // 锁定时钟寄存器
    /* 定时器 1 设置 */
    TA1CCR0 = 100 -1;                              // PWM 周期
    TA1CCTL1 = OUTMOD_7;                           // CCR1 输出模式 7:复位/置位
    TA1CCR1 = 75;                                  // CCR1 PWM 占空比定义
    TA1CCTL2 = OUTMOD_7;                           // CCR2 输出模式 7:复位/置位
    TA1CCR2 = 25;                                  // CCR2 PWM 占空比定义
    TA1CTL = TASSEL_1 | MC_1 | TACLR;              // ACLK,增计数模式,清除 TAR 计数器
    __sleep();                                     // 进入低功耗
    __no_operation();                              // 方便程序调试
}
```

② 连续计数模式下，定时器比较输出：

在连续计数模式下，定时器输出波形与增计数模式一样，只是计数器在增计数到 TAxCCR0 后还要继续增计数到 0FFFFh，这样就延长了计数器计数到 TAxCCR1 数值的时间。在连续计数模式下的输出波形如图 6-44 所示，在该示例中同样利用 TAxCCR0 和 TAxCCR1。

【例 6.4.8】 利用 TA1 定时器，使其工作在连续计数模式下，选择 ACLK 作为其参考时钟，将 P7.7 引脚配置为定时器输出，且使 CCR1 工作在比较输出模式 3 下，最终使 P7.7 引脚输出 25% 占空比的 PWM 波形，可通过示波器进行观察。

```
#include"msp.h"
int main(void)
{
    WDTCTL = WDTPW | WDTHOLD;                      // 关闭看门狗
```

```
    P7DIR |= BIT7;                                          // 设置 P7.7 为输出方向
    P7SEL0 |= BIT7;                                         // 设置 P7.7 为定时器输出
    TA1CCTL1 = OUTMOD_3;                                    // CCR1 输出模式 3:置位/复位
    TA1CCR0 = 16484;
    TA1CCR1 = 100;
    TA1CTL = TASSEL__ACLK |MC__CONTINUOUS |TACLR;
                                                            // ACLK,连续计数模式,清除 TAR 计数器
    __sleep();                                              // 进入低功耗
    __no_operation();                                       // 方便程序调试
}
```

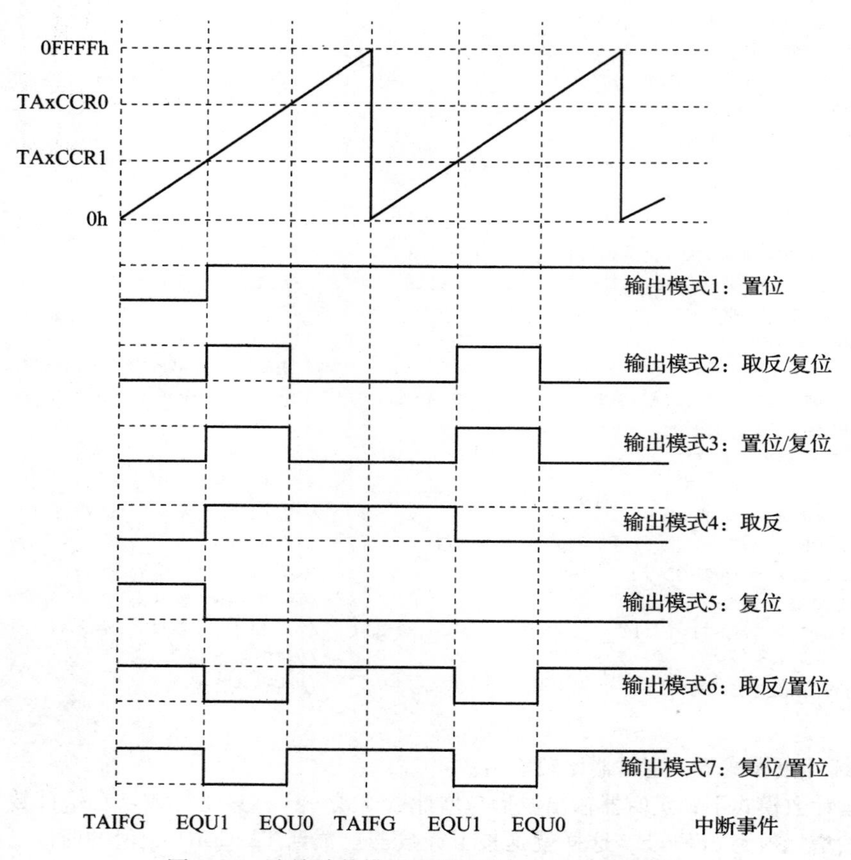

图 6-44　连续计数模式下定时器比较输出示意图

③ 增减计数模式下，定时器比较输出：

在增减计数模式下，各种输出模式与定时器工作在增计数模式或连续计数模式不同，当定时器计数值 TAR 在任意计数方向上等于 TAxCCRn 或等于 TAxCCR0 时，定时器输出信号按选定的输出模式发生改变。在增减计数模式下的输出波形如图 6-45 所示，在该实例中利用 TAxCCR0 和 TAxCCR2。

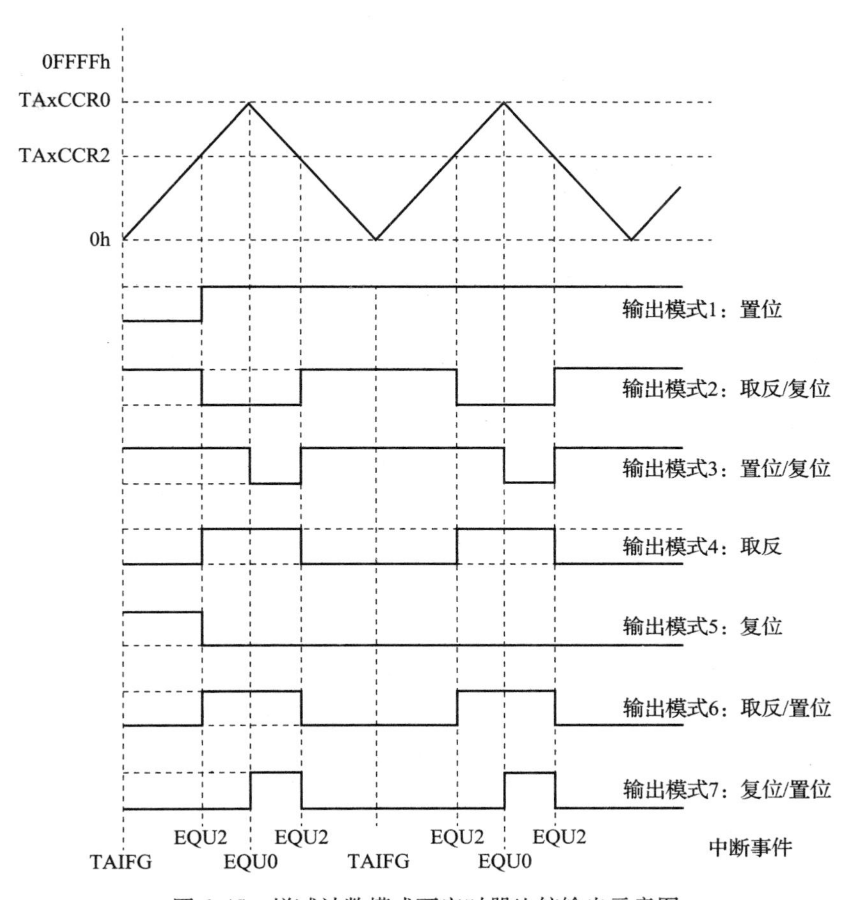

图 6-45　增减计数模式下定时器比较输出示意图

【例 6.4.9】 利用定时器 TA1，使其工作在增减计数模式下，选择 SMCLK 作为其参考时钟，将 P7.6 和 P7.7 引脚配置为定时器输出，且使 CCR1 和 CCR2 工作在比较输出模式 6 下，最终使 P7.7 引脚输出 75% 占空比的 PWM 波形，使 P7.6 引脚输出 25% 占空比的 PWM 波形，可通过示波器进行观察。

```
#include"msp.h"
int main(void)
{
    WDTCTL = WDTPW |WDTHOLD;                    // 关闭看门狗
    P7DIR |= BIT6 |BIT7;                        // 设置 P7.6、P7.7 为输出方向
    P7SEL0 |= BIT6 |BIT7;                       // 设置 P7.6、P7.7 为定时器输出
    TA1CCR0 = 1000 -1;                          // PWM 周期
    TA1CCTL1 = OUTMOD_6;                        // CCR1 输出模式 6:取反/置位
    TA1CCR1 = 250;                              // CCR1 PWM 占空比定义
    TA1CCTL2 = OUTMOD_6;                        // CCR2 输出模式 6:取反/置位
    TA1CCR2 = 750;                              // CCR2 PWM 占空比定义
    TA1CTL = TASSEL__SMCLK |MC__UPDOWN |TACLR;
```

```
                                                // SMCLK,增减计数模式,清除 TAR 计数器
    __sleep();
    __no_operation();                           // 方便程序调试
}
```

（4）Timer_A 中断：

16 位定时器 Timer_A 具有两个中断向量，分别如下：

1）TAxCCR0 的中断向量 CCIFG0。

2）具有其余 TAxCCRn 的中断标志 CCIFGn 及 TAIFG 的中断向量 TAIV。

在捕获模式下，当定时计数器 TAR 的值被捕获到 TAxCCRn 寄存器内时，置位相关的 CCIFGn 中断标志位。在比较模式下，当定时计数器 TAR 的值计数到 TAxCCRn 的值时，置位相关的 CCIFGn 中断标志位。也可利用软件置位或清除任意一个 CCIFG 中断标志位，当相关的 CCIE 中断允许位置位时，CCIFGn 中断标志位将请求产生中断。

TAxIV 中断主要包括 TAxCCRn 的中断标志 CCIFGn 和 TAIFG 中断标志。中断向量寄存器可被用来判断当前被挂起的 Timer_A 中断，之后通过查中断向量表得到中断服务程序的入口地址，并将其添加到程序计数器中，程序将自动转入中断服务程序。禁用 Timer_A 中断功能并不影响 TAxIV 中断向量寄存器的值。

对 TAxIV 中断向量寄存器的读或写，都将自动清除挂起的最高优先级中断标志位，如果同时也置位了其他中断标志位，当前中断服务程序执行完毕后，将自动立即响应新的中断请求。例如，当中断服务程序访问 TAxIV 中断向量寄存器时，同时有 TAxCCR1 和 TAxCCR2 的 CCIFG 中断标志位置位。首先响应 TAxCCR1 的 CCIFG 中断请求，并且自动复位 TAxCCR1 的 CCIFG 中断标志位。当在中断服务程序中执行 RETI 中断返回执行后，CPU 将响应 TAxCCR2 的 CCIFG 中断请求。

2. Timer_A 寄存器

Timer_A 具有丰富的寄存器资源供用户使用，如表 6-11 所示。

表 6-11　Timer_A 寄存器列表（基址为：0x4000_0000）

寄存器	缩写	读写类型	访问方式	偏移地址	初始状态
Timer_A 控制寄存器	TAxCTL	读/写	字访问	00h	0000h
Timer_A 捕获/比较控制寄存器 0	TAxCCTL0	读/写	字访问	02h	0000h
Timer_A 捕获/比较控制寄存器 1	TAxCCTL1	读/写	字访问	04h	0000h
Timer_A 捕获/比较控制寄存器 2	TAxCCTL2	读/写	字访问	06h	0000h
Timer_A 捕获/比较控制寄存器 3	TAxCCTL3	读/写	字访问	08h	0000h
Timer_A 捕获/比较控制寄存器 4	TAxCCTL4	读/写	字访问	0Ah	0000h
Timer_A 捕获/比较控制寄存器 5	TAxCCTL5	读/写	字访问	0Ch	0000h
Timer_A 捕获/比较控制寄存器 6	TAxCCTL6	读/写	字访问	0Eh	0000h
Timer_A 计数寄存器	TAxR	读/写	字访问	10h	0000h
Timer_A 捕获/比较寄存器 0	TAxCCR0	读/写	字访问	12h	0000h
Timer_A 捕获/比较寄存器 1	TAxCCR1	读/写	字访问	14h	0000h
Timer_A 捕获/比较寄存器 2	TAxCCR2	读/写	字访问	16h	0000h

（续）

寄存器	缩写	读写类型	访问方式	偏移地址	初始状态
Timer_A 捕获/比较寄存器 3	TAxCCR3	读/写	字访问	18h	0000h
Timer_A 捕获/比较寄存器 4	TAxCCR4	读/写	字访问	1Ah	0000h
Timer_A 捕获/比较寄存器 5	TAxCCR5	读/写	字访问	1Ch	0000h
Timer_A 捕获/比较寄存器 6	TAxCCR6	读/写	字访问	1Eh	0000h
Timer_A 中断向量	TAxIV	只读	字访问	2Eh	0000h
Timer_A 分频扩展寄存器 0	TAxEX0	读/写	字访问	20h	0000h

下面对 Timer_A 寄存器进行详细介绍，注意其中具有下划线的配置为 Timer_A 寄存器初始状态或复位后的默认配置。

1）Timer_A 控制寄存器（TAxCTL）。

15	14	13	12	11	10	9	8
保留						TASSEL	

7	6	5	4	3	2	1	0
ID		MC		保留	TACLR	TAIE	TAIFG

- **TASSEL**：第 8～9 位，Timer_A 时钟源选择控制位。

00：TAxCLK；　01：ACLK；　10：SMCLK；　11：INCLK。

- **ID**：第 6～7 位，输入分频器。该控制位与 TAIDEX 控制位配合，对输入时钟信号进行分频。

00：1 分频；　01：2 分频；　10：4 分频；　11：8 分频。

- **MC**：第 4～5 位，工作模式控制位。

00：停止模式，定时器被停止；

01：增计数模式，定时器增计数到 TAxCCR0；

10：连续计数模式，定时器增计数到 0FFFFh；

11：增/减计数模式，定时器首先增计数到 TAxCCR0，之后减计数到 0000h。

- **TACLR**：第 2 位，定时器清除控制位。置位该控制位将清除定时器计数器 TAxR、定时器分频器和定时器计数方向。该控制位可自动进行清除。
- **TAIE**：第 1 位，Timer_A 中断使能控制位。该控制位可使能 TAIFG 中断请求。

0：中断禁止；　1：中断使能。

- **TAIFG**：第 0 位，Timer_A 中断标志位。

0：没有中断被挂起；　1：中断被挂起。

2）Timer_A 计数寄存器（TAxR）。

15	14	13	12	11	10	9	8
TAxR							

7	6	5	4	3	2	1	0
TAxR							

TAxR：第 0～15 位，Timer_A 计数寄存器，反映了 Timer_A 定时器的计数值。

3）捕获/比较控制寄存器（TAxCCTLn）。

15	14	13	12	11	10	9	8
CM		CCIS		SCS	SCCI	保留	CAP
7	6	5	4	3	2	1	0
OUTMOD			CCIE	CCI	OUT	COV	CCIFG

- CM：第 14 ~ 15 位，捕获模式选择控制位。

00：无捕获；　01：在上升沿捕获；
10：在下降沿捕获；　11：在上升沿和下降沿都捕获。

- CCIS：第 12 ~ 13 位，捕获/比较输入选择控制位。利用该控制位可为 TAxCCRn 选择输入信号。

00：CCIxA；　01：CCIxB；　10：GND；　11：VCC。

- SCS：第 11 位，同步捕获选择控制位。该控制位被用来同步捕获输入信号和定时器时钟。

0：异步捕获；　1：同步捕获。

- SCCI：第 10 位，同步捕获/比较输入控制位。通过该引脚可读取被 EQUx 信号锁定的 CCI 输入信号。
- CAP：第 8 位，捕获/比较模式选择控制位。

0：比较模式；　1：捕获模式。

- OUTMOD：第 5 ~ 7 位，输出模式选择控制位。由于 EQUx = EQU0，TAxCCR0 不能使用模式 2、3、6 和 7。

000：电平输出模式；　001：置位模式；　010：取反/复位模式；
011：置位/复位模式；　100：取反模式；　101：复位模式；
110：取反/置位模式；　111：复位/置位模式。

- CCIE：第 4 位，捕获/比较中断使能控制位。该控制位可使能相应的 CCIFG 中断请求。

0：中断禁止；　1：中断使能。

- CCI：第 3 位，捕获比较输入标志位。可通过该标志位读取所选的输入信号。
- OUT：第 2 位，输出控制位。在比较输出模式 0 下，该控制位控制定时器的输出状态。

0：输出低；　1：输出高。

- COV：第 1 位，捕获溢出标志位。该标志位可反映定时器捕获的溢出情况，COV 标志位必须通过软件清除。

0：没有捕获溢出产生；　1：产生捕获溢出。

- CCIFG：第 0 位，捕获/比较中断标志位。

0：没有中断被挂起；　1：中断被挂起。

4）Timer_A 中断向量寄存器（TAxIV）。

15	14	13	12	11	10	9	8
0	0	0	0	0	0	0	
7	6	5	4	3	2	1	0
0	0	0	0	TAIV			0

TAIV：第 1 ~ 3 位，Timer_A 中断向量寄存器，如表 6-12 所示。

表 6-12　Timer_A 中断向量列表

TAIV 的值	中　断　源	中断标志位	中断优先级
00h	没有中断被挂起	无	无
02h	捕获/比较模块 1	TAxCCR1 CCIFG	最高
04h	捕获/比较模块 2	TAxCCR2 CCIFG	依次降低
06h	捕获/比较模块 3	TAxCCR3 CCIFG	
08h	捕获/比较模块 4	TAxCCR4 CCIFG	
0Ah	捕获/比较模块 5	TAxCCR5 CCIFG	
0Ch	捕获/比较模块 6	TAxCCR6 CCIFG	
0Eh	定时器溢出中断	TAxCTL TAIFG	最低

5) Timer_A 分频扩展寄存器 0(TAxEX0)。

15	14	13	12	11	10	9	8
保留	保留	保留	保留	保留	保留	保留	保留

7	6	5	4	3	2	1	0
保留	保留	保留	保留	保留	TAIDEX		

TAIDEX：第 0 ~ 2 位，输入分频扩展寄存器。该控制位与 ID 控制位配合，对定时器输入时钟进行分频。

000：1 分频；　001：2 分频；　010：3 分频；　011：4 分频；
100：5 分频；　101：6 分频；　110：7 分频；　111：8 分频。

6.4.3　实时时钟（RTC）

> **知识点：** 实时时钟（RTC）模块是具有日历功能的 32 位计数器。

RTC 模块具有如下特点：

1）在日历模式下，可自动计数秒、分钟、小时、天/周、天/月、月和年；
2）对实时时钟寄存器具有保护功能；
3）中断能力；
4）在实时时钟模式下，可选 BCD 和二进制格式；
5）在实时时钟模式下，具有可编程闹钟；
6）在实时时钟模式下，具有晶振时间偏差的逻辑校正；
7）在实时时钟模式下，具有晶振温度漂移的实时补偿；
8）可在 LPM3 和 LPM3.5 低功耗模式下运行。

RTC 模块的结构框图如图 6-46 所示。由该图可知，实时时钟模块主要包含两个预分频计数器（RT0PS 和 RT1PS）、一个级联 32 位计数器、日历模式时间寄存器以及闹钟寄存器。

大多数 RTC_C 模块寄存器没有初始条件，使用前必须配置这些寄存器。

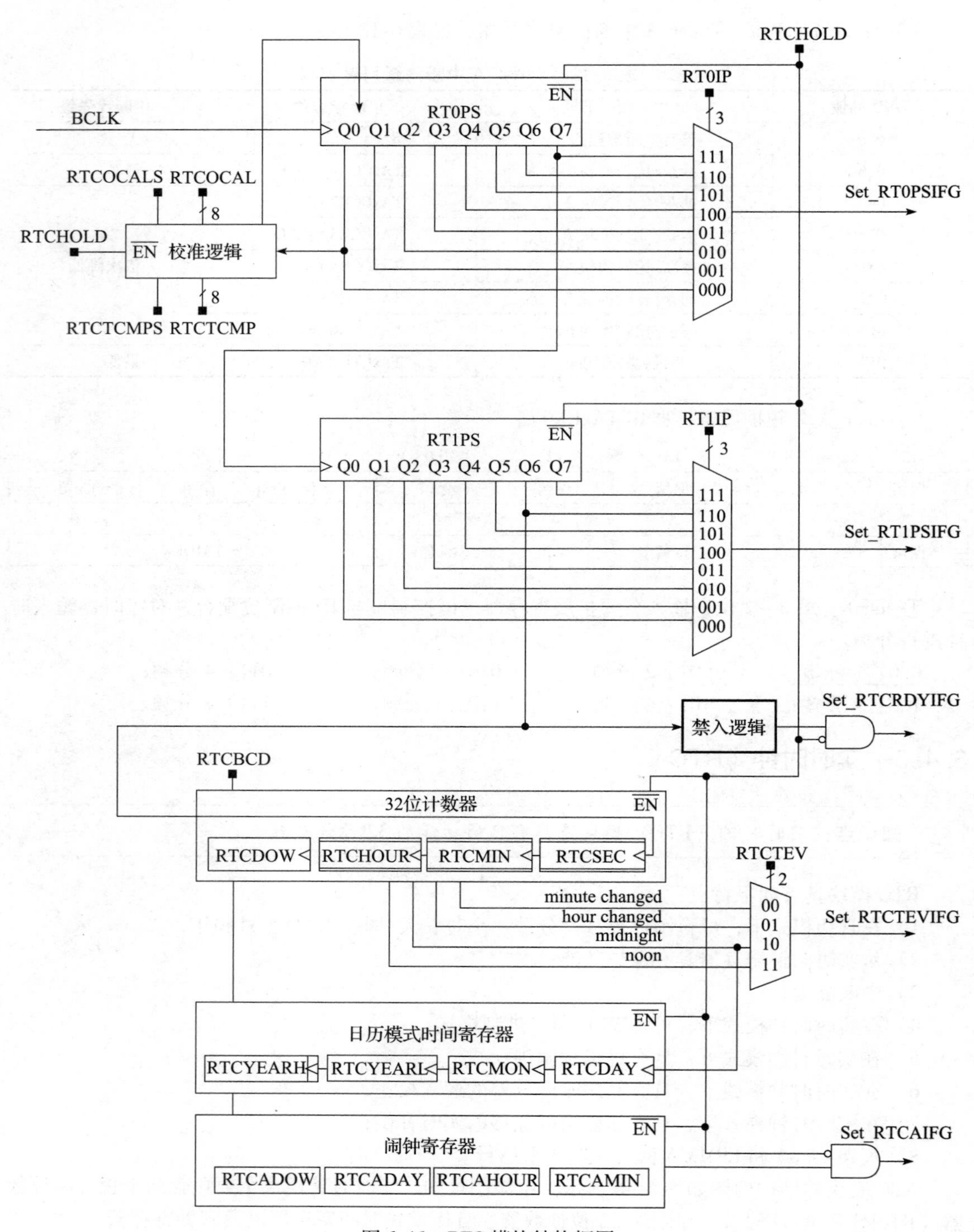

图 6-46　RTC 模块结构框图

1. 实时时钟模块操作

在日历模式下，实时时钟模块可选择以 BCD 码或者十六进制格式提供秒、分、小时、星期、月份和年份显示。日历模式具有计算当前年份能否被 4 整除的闰年算法，从 1901 年到 2099 年该算法为精确的。

（1）实时时钟和预分频器

在日历模式下，分频器自动配置 RT0PS 和 RT1PS 预分频器，将实时时钟配置为 1 秒间隔的时钟。为适应 RTC 的日历操作，RTC 的参考时钟源 BCLK 必须选择为 32 768Hz，RT1PS 预分频器的时钟来自 RT0PS 预分频器产生的 BCLK/256 的时钟信号，RT1PS 预分频器再将其进行 128 分频，提供给 32 位计数器，因而 32 位计数器的参考时钟间隔为 1 秒，这样可使实时时钟每秒钟更新一次。

当 RTCBCD 控制位设置为 1 时，日历寄存器的计数格式选择为 BCD 格式。当 RTC 正在计数时，可以在 BCD 和十六进制格式之间切换。

在日历模式下，无须关心 RT0SSEL、RT1SSEL、RT0PSDIV、RT1PSIDV、RT0PSHOLD、RT1PSHOLD 和 RTCSSEL 控制位的设置。置位 RTCHOLD 将会停止实时时钟计数器，并复位 RT0PS 及 RT1PS 预分频器。

注意： *若要可靠地更新所有日历模式寄存器，在写入任何日历/预分频寄存器（RTCPS0/1，RTCSEC，RTCMIN，RTCHOUR，RTCDAY，RTCDOW，RTCMON，RTCYEAR）之前，需保持 RTCHOLD = '1'。*

（2）实时时钟的闹钟功能

实时时钟模块提供了一个灵活的闹钟系统。这个单独的、用户可编程控制的闹钟，可在设置闹钟的分、时、星期和日期寄存器的基础上进行编程设置。该可编程闹钟功能只有运行在日历模式下才有效。

每一个闹钟寄存器都包含一个闹钟使能位（AE），通过设置闹钟使能位（AE），可以产生多种闹钟事件。以下以 5 个闹钟事件为例讲解。

1）若用户需要在每个小时的第 15 分钟（也就是 00:15:00、01:15:00、02:15:00 等时刻）设置闹钟，这只需将 RTCAMIN 寄存器设置为 15 即可。通过置位 RTCAMIN 寄存器的 AE 闹钟使能位，并且清除其他所有的闹钟寄存器的 AE 控制位，即可使能闹钟。使能后，RTCAIFG 标志位将会在 00:14:59 到 00:15:00、01:14:59 到 01:15:00、02:14:59 到 02:15:00 等时刻置位。

2）若用户需要在每天的 04:00:00 设置闹钟，只需将 RTCAHOUR 寄存器设置为 4 即可。通过置位 RTCAHOUR 寄存器的 AE 闹钟使能位，并且清除其他所有闹钟寄存器的 AE 控制位，即可使能闹钟。使能后，RTCAIFG 标志位将会在 03:59:59 到 04:00:00 时刻置位。

3）若用户需要在每天的 06:30:00 设置闹钟，RTCAHOUR 寄存器需要设置为 6，并且 RTCAMIN 寄存器需要设置为 30。通过置位 RTCAHOUR 和 RTCAMIN 寄存器的 AE 闹钟使能位，即可使能闹钟。使能后，RTCAIFG 标志位将会在 06:29:59 到 06:30:00 时刻置位。

4）若用户需要在每个星期二的 06:30:00 设置闹钟，可将 RTCADOW 寄存器设置为 2，RTCAHOUR 寄存器设置为 6，并且 RTCAMIN 寄存器设置为 30。通过置位 RTCADOW、RTCAHOUR 和 RTCAMIN 闹钟寄存器的 AE 闹钟使能位，即可使能闹钟。使能后，RTCAIFG 标志位将会在每个星期二的 06:29:59 到 06:30:00 时刻置位。

5）若用户需要在每月第 5 天的 06:30:00 设置闹钟，可将 RTCADAY 寄存器设置为 5，

RTCAHOUR 寄存器设置为 6，并且 RTCAMIN 寄存器设置为 30。通过置位 RTCADAY、RTCA-HOUR 和 RTCAMIN 闹钟寄存器的 AE 闹钟使能位，即可使能闹钟。使能后，RTCAIFG 标志位将会在每月第 5 天的 06:29:59 到 06:30:00 时刻置位。

（3）在日历模式下，读写实时时钟寄存器

RTC 寄存器受到密钥保护，以确保实时时钟的可靠性，防止软件崩溃或程序失控。密钥保护不适用于读取 RTC 寄存器内容。也就是说，可以随时读取任何 RTC 寄存器，而无须解锁模块。但是对 RTC 的一些寄存器的写操作具有密钥保护。控制寄存器、时钟寄存器、日历寄存器、预分频计时器寄存器和偏移误差校准寄存器都受到密钥保护。RTC 报警功能寄存器、预分频定时器控制寄存器、中断向量寄存器和温度补偿寄存器不受保护，可以随时写入，无须解锁该模块。

RTCCTL0_H 寄存器实现密钥保护并控制模块的锁定或解锁状态。当使用正确的值（0A5h）写入该寄存器时，实时时钟模块被解锁，RTC 寄存器可以进行写访问。一旦实时时钟模块解锁，它将保持解锁，直到通过软件写入任何不正确的值或模块复位为止。实时时钟模块锁定后，读 RTCCTL0_H 寄存器的返回值是 96h，此时，对 RTC 的任何受保护寄存器的写访问都将被忽略。

由于系统时钟可能与 RTC 模块的参考时钟异步，因此当访问实时时钟寄存器时，需要格外小心。

在日历模式下，实时时钟寄存器每秒钟更新一次，为了防止在更新的时候读取实时时钟数据而造成错误数据的读取，将会有一个禁止进入读取的阶段。这个禁止进入读取的阶段在以更新转换为中心的左右 128/32768 秒的时间里。在禁止进入读取的阶段内，只读标志位 RTCRDY 是复位的，而在禁止进入读取的阶段外，只读标志位 RTCRDY 是置位的。当 RTCRDY 复位时，对实时时钟寄存器的任何读操作都被认为是错误的，并且对时间的读取被忽略。

一个简单并且安全的读取实时时钟寄存器的方法是利用 RTCRDYIFG 中断标志位进行读取。置位 RTCRDYIE 使能 RTCRDYIFG 中断，一旦中断使能，在 RTCRDY 标志位上升沿的时候将会触发中断，致使 RTCRDYIFG 被置位。利用该方法，几乎有 1 秒的时间可安全地读取任何一个或者所有的实时时钟寄存器。当中断得到响应时，RTCRDYIFG 会自动复位，也可通过软件复位。

（4）实时时钟中断

实时时钟模块具有 6 个可用的中断源：RT0PSIFG、RT1PSIFG、RTCRDYIFG、RTCTEVIFG、RTCAIFG 和 RTCOFIFG。这些中断标志位都存在于中断向量寄存器 RTCIV 中，通过 RTCIV 中断向量寄存器的值，可以确定当前为何种中断标志位申请中断。

用户可编程闹钟可产生 RTCAIFG 中断标志，置位 RTCAIE 中断使能控制位将使能该中断。另外用户可编程闹钟还可提供一个间隔闹钟中断标志 RTCTEVIFG，该间隔闹钟可以通过 RTCTEB 控制位设置为在每天的凌晨 00:00:00 或中午 12:00:00 产生闹钟事件。置位 RTCTEVIE 中断使能控制位将会使能该中断。

RTCRDYIFG 中断标志位可用于读取实时时钟寄存器，之前已经进行了讲解，置位 RT-CRDYIE 中断使能控制位使能该中断。

RT0PSIFG 中断标志位可以通过 RT0IP 控制位选择产生不同的时间间隔，在日历模式下，RT0PS 预分频器的参考时钟为 32768Hz 的 BCLK，因此可以产生频率为 16384Hz、8192Hz、

4096Hz、2048Hz、1024Hz、512Hz、256Hz 或 128Hz 的时间间隔。置位 RT0PSIE 中断使能控制位使能该中断。

RT1PSIFG 中断标志位可以通过 RT1IP 控制位选择产生不同的时间间隔，在日历模式下，RT1PS 预分频器的参考时钟为 RT0PS 的输出时钟（128Hz），因此可以产生频率为 64Hz、32Hz、16Hz、8Hz、4Hz、2Hz、1Hz 或 0.5Hz 的时间间隔。置位 RT1PSIE 中断使能控制位使能该中断。

如果单片机处于低功耗模式，则当振荡器发生故障时，RTCOFIFG 位会标志连接到 BCLK 的 32kHz 晶体振荡器发生故障。当振荡器故障时，故障保护被激活，BCLK 的故障安全时钟提供给 RTC。这种故障安全机制在正常和低功耗模式下均有效。RTCOFIFG 中断标志的主要目的是将 CPU 从低功耗操作模式唤醒，因为如果发生振荡器故障，在低功耗模式下，与 32kHz 振荡器相对应的故障位不可用于 CPU 中断。

2. 实时时钟寄存器

实时时钟寄存器列表如表 6-13 所示。

表 6-13 实时时钟寄存器列表（基址为：0x4000_4400）

寄存器	缩写	密钥保护	LPM3.5 模式下保留	偏移地址	访问格式
RTC 控制寄存器 0 Low	RTCCTL0_L	是	不保留	00h	字节访问
RTC 控制寄存器 0 High	RTCCTL0_H	否	不保留	01h	字节访问
RTC 控制寄存器 1	RTCCTL1	是	不保留	02h	字节访问
RTC 控制寄存器 3	RTCCTL3	是	保留	03h	字节访问
实时时钟偏移校准寄存器	RTCOCAL	是	保留	04h	字访问
实时时钟温度补偿寄存器	RTCTCMP	否	保留	06h	字访问
预分频定时器 0 控制寄存器	RTCPS0CTL	否	不保留	08h	字访问
预分频定时器 1 控制寄存器	RTCPS1CTL	否	不保留	0Ah	字访问
预分频定时器 0 计数器	RTCPS0	是	保留	0Ch	字节访问
预分频定时器 1 计数器	RTCPS1	是	保留	0Dh	字节访问
实时时钟中断向量	RTCIV	否	不保留	0Eh	字访问
实时时钟秒寄存器	RTCSEC	是	保留	10h	字节访问
实时时钟分寄存器	RTCMIN	是	保留	11h	字节访问
实时时钟时寄存器	RTCHOUR	是	保留	12h	字节访问
实时时钟星期寄存器	RTCDOW	是	保留	13h	字节访问
实时时钟日寄存器	RTCDAY	是	保留	14h	字节访问
实时时钟月寄存器	RTCMON	是	保留	15h	字节访问
实时时钟年寄存器	RTCYEAR	是	保留	16h	字节访问
实时时钟分闹钟设置寄存器	RTCAMIN	否	保留	18h	字访问
实时时钟时闹钟设置寄存器	RTCAHOUR	否	保留	19h	字节访问
实时时钟星期闹钟设置寄存器	RTCADOW	否	保留	1Ah	字节访问
实时时钟日闹钟设置寄存器	RTCADAY	否	保留	1Bh	字节访问
二进制到 BCD 转换寄存器	RTCBIN2BCD	否	不保留	1Ch	字访问
BCD 到二进制转换寄存器	RTCBCD2BIN	否	不保留	1Eh	字访问

下面对 RTC 寄存器进行详细介绍，注意其中具有下划线的配置为 RTC 寄存器初始状态或

复位后的默认配置。

(1)RTC 控制寄存器 0(RTCCTL0_L)

7	6	5	4	3	2	1	0
RTC OFIE	RTC TEVIE	RTC AIE	RTC RDYIE	RTC OFIFG	RTC TEVIFG	RTC AIFG	RTC RDYIFG

1）**RTCOFIE**：第 7 位，32kHz 晶体振荡器故障中断使能控制位。

0：禁止中断；　　　　　　　　　　1：使能中断。

2）**RTCTEVIE**：第 6 位，实时时钟时间间隔中断使能控制位。

0：禁止中断；　　　　　　　　　　1：使能中断。

3）**RTCAIE**：第 5 位，实时时钟闹钟中断使能控制位。在计数器模式下，该控制位被清除。

0：禁止中断；　　　　　　　　　　1：使能中断。

4）**RTCRDYIE**：第 4 位，实时时钟准备读取中断使能控制位。

0：禁止中断；　　　　　　　　　　1：使能中断。

5）**RTCOFIFG**：第 3 位，32kHz 晶体振荡器故障中断标志位。该中断可用作 LPM3 或 LPM3.5 唤醒事件，表明 RTC 操作期间有时钟故障。

0：没有中断挂起；　　　　　　　　1：中断挂起。

6）**RTCTEVIFG**：第 2 位，实时时钟时间间隔中断标志位。该中断可用作 LPM3 或 LPM3.5 唤醒事件。

0：没有时间间隔中断事件发生；　　1：产生时间间隔中断事件。

7）**RTCAIFG**：第 1 位，实时时钟闹钟中断标志位。该中断可用作 LPM3 或 LPM3.5 唤醒事件。

0：没有闹钟中断事件产生；　　　　1：产生闹钟中断事件。

8）**RTCRDYIFG**：第 0 位，实时时钟准备读取中断标志位。

0：实时时钟寄存器不能安全读取；　1：实时时钟寄存器可安全读取。

(2)RTC 控制寄存器 0 High(RTCCTL0_H)

7	6	5	4	3	2	1	0
RTCKEY							

RTCKEY：第 0 ~ 7 位，实时时钟密钥。该寄存器应写入 A5h 以解锁 RTC。写入任何 A5h 以外的值都会锁定实时时钟模块。从该寄存器读取总是返回 96h。

(3) RTC 控制寄存器 1(RTCCTL1)

7	6	5	4	3	2	1	0
RTCBCD	RTCHOLD	RTCMODE	RTCRDY	RTCSSEL		RECTEV	

1）**RTCBCD**：第 7 位，RTC 时间寄存器 BCD 计数格式选择控制位。更改该控制位的值将清除秒、分、时、星期和年寄存器，并将日和月份寄存器的值全部设为 1。

0：二进制/十六进制计数格式；　　　1：BCD 计数格式。

2）**RTCHOLD**：第 6 位，实时时钟开关控制位。

0：实时时钟是可工作的；

1：不仅关闭日历功能，同时关闭预分频计数器 RT0PS 和 RT1PS。

3）RTCMODE：第 5 位，实时时钟工作模式选择控制位。

0：保留；

1：日历模式。在计数器模式和日历模式之间切换会复位实时时钟寄存器。

4）RTCRDY：第 4 位，实时时钟准备标志位。

0：在转换中的 RTC 时间值；

1：RTC 时间值可安全读取。

5）RTCSSEL：第 2 ~ 3 位，实时时钟参考时钟源选择控制位。通过该控制位可为 RTC 模块的 32 位计数器选择输入参考时钟源。在日历模式下，无须关心该控制位，参考时钟输入自动设为 RT1PS 预分频器的输出。

00：BCLK；　01：保留；　10：保留；　11：保留。

6）RTCTEV：第 0 ~ 1 位，实时时钟时间间隔事件选择控制位。

00：调整分钟；　01：调整小时；

10：在每天凌晨（00:00）；　11：在每天中午（12:00）。

（4）实时时钟控制寄存器 3（RTCCTL3）

7	6	5	4	3	2	1	0
保留						RTCCALF	

RTCCALF：第 0 ~ 1 位，实时时钟校准频率。通过该控制位可选择输出频率到 RTCCLK 引脚以进行校准测量。相应的引脚必须配置为外围模块功能。

00：无频率输出到 RTCCLK 引脚；　01：输出 512Hz 时钟频率；

10：输出 256Hz 时钟频率；　11：输出 1Hz 时钟频率。

（5）实时时钟偏移校准寄存器（RTCOCAL）

15	14	13	12	11	10	9	8
RTCOCALS	保留						
7	**6**	**5**	**4**	**3**	**2**	**1**	**0**
RTCOCAL							

1）RTCOCALS：第 15 位，实时时钟校准方向。

0：向下校准时钟频率；　1：向上校准时钟频率。

2）RTCOCAL：第 0 ~ 7 位，实时时钟校准控制位。当 RTCOCAL = 1 时，该控制位每增加一，频率向上校准 1ppm；当 RTCOCAL = 0 时，该控制位每增加一，频率向下校准 1ppm。最大有效校准值为 ±240ppm，在 ±240ppm 以外的值被忽略。

（6）实时时钟温度补偿寄存器（RTCTCMP）

15	14	13	12	11	10	9	8
RTCTCMPS	RTCTCRDY	RTCTCOK	保留				
7	**6**	**5**	**4**	**3**	**2**	**1**	**0**
RTCTCMP							

1）RTCTCMPS：第 15 位，实时时钟温度补偿方向。

0：向下补偿温度；　　　　1：向上补偿温度。

2）RTCTCRDY：第 14 位，实时时钟温度补偿准备就绪指示位。这是一个只读位，指示何时可以写入 RTCTCMP。当 RTCTCRDY 复位时，应避免写入 RTCTCMP。

3）RTCTCOK：第 13 位，实时时钟温度补偿写好指示位。这是一个只读位，指示对 RTCTCMP 的写操作是否成功。

0：对 RTCTCMP 的写操作失败；　　　　1：对 RTCTCMP 的写操作成功。

4）RTCTCMP：第 0 ~ 7 位，实时时钟温度补偿控制位。当 RTCTCMPS = 1 时，该控制位每增加一，温度向上补偿 1ppm；当 RTCTCMPS = 0 时，该控制位每增加一，温度向下补偿 1ppm。最大有效校准值为 ± 240ppm，在 ± 240ppm 以外的值被忽略。

（7）预分频定时器 0 控制寄存器（RTCPS0CTL）

15	14	13	12	11	10	9	8
保留							
7	6	5	4	3	2	1	0
保留			RT0IP			RT0PSIE	RT0PSIFG

1）RT0IP：第 2 ~ 4 位，预分频定时器 0 分频器。

000：2 分频；　　001：4 分频；　　010：8 分频；　　011：16 分频；

100：32 分频；　　101：64 分频；　　110：128 分频；　　111：256 分频。

2）RT0PSIE：第 1 位，预分频定时器 0 中断使能位。

0：中断禁止；　　　　1：中断使能。

3）RT0PSIFG：第 0 位，预分频定时器 0 中断标志位。该中断可用作 LPM3 或 LPM3.5 唤醒事件。

0：没有中断被挂起；　　　　1：中断被挂起。

（8）预分频定时器 1 控制寄存器（RTCPS1CTL）

15	14	13	12	11	10	9	8
保留							
7	6	5	4	3	2	1	0
保留			RT1IP			RT1PSIE	RT1PSIFG

1）RT1IP：第 2 ~ 4 位，预分频定时器 1 分频器。

000：2 分频；　　001：4 分频；　　010：8 分频；　　011：16 分频；

100：32 分频；　　101：64 分频；　　110：128 分频；　　111：256 分频。

2）RT1PSIE：第 1 位，预分频定时器 1 中断使能位。

0：中断禁止；　　　　1：中断使能。

3）RT1PSIFG：第 0 位，预分频定时器 1 中断标志位。该中断可用作 LPM3 或 LPM3.5 唤醒事件，

0：没有中断被挂起；　　　　1：中断被挂起。

（9）预分频定时器 0 计数器（RTCPS0）

7	6	5	4	3	2	1	0
RT0PS							

RT0PS：第 0 ~ 7 位，预分频定时器 0 计数值。

（10）预分频定时器 1 计数器（RTCPS1）

7	6	5	4	3	2	1	0
RT1PS							

RT1PS：第 0 ~ 7 位，预分频定时器 1 计数值。

（11）实时时钟中断向量（RTCIV）

15	14	13	12	11	10	9	8
0	0	0	0	0	0	0	0
7	**6**	**5**	**4**	**3**	**2**	**1**	**0**
0	0	0	RTCIV				0

RTCIV：第 1 ~ 4 位，实时时钟中断向量寄存器，如表 6-14 所示。

表 6-14 实时时钟中断向量列表

RTCIV 的值	中断源	中断标志位	中断优先级
00h	没有中断被挂起	无	无
02h	RTC 振荡器故障	RTCOFIFG	最高
04h	RTC 准备读取	RTCRDYIFG	依次降低
06h	RTC 间隔定时	RTCTEVIFG	
08h	RTC 闹钟	RTCAIFG	
0Ah	预分频定时器 0	RT0PSIFG	
0Ch	预分频定时器 1	RT1PSIFG	
0Eh	保留	无	
10h	保留	无	最低

（12）实时时钟秒寄存器（RTCSEC）

日历模式下的十六进制计数格式：

7	6	5	4	3	2	1	0
0	0	Seconds（0 ~ 59）					

日历模式下的 BCD 计数格式：

7	6	5	4	3	2	1	0
0	秒 -- 高位数（0 ~ 5）			秒 -- 低位数（0 ~ 9）			

（13）实时时钟分寄存器（RTCMIN）

日历模式下的十六进制计数格式：

<table>
<tr><td>7</td><td>6</td><td>5</td><td>4</td><td>3</td><td>2</td><td>1</td><td>0</td></tr>
<tr><td>0</td><td>0</td><td colspan="6">Minutes(0～59)</td></tr>
</table>

日历模式下的 BCD 计数格式：

<table>
<tr><td>7</td><td>6</td><td>5</td><td>4</td><td>3</td><td>2</td><td>1</td><td>0</td></tr>
<tr><td>0</td><td colspan="3">分--高位数（0～5）</td><td colspan="4">分--低位数（0～9）</td></tr>
</table>

（14）实时时钟时寄存器（RTCHOUR）

日历模式下的十六进制计数格式：

<table>
<tr><td>7</td><td>6</td><td>5</td><td>4</td><td>3</td><td>2</td><td>1</td><td>0</td></tr>
<tr><td>0</td><td>0</td><td>0</td><td colspan="5">时（0～24）</td></tr>
</table>

日历模式下的 BCD 计数格式：

<table>
<tr><td>7</td><td>6</td><td>5</td><td>4</td><td>3</td><td>2</td><td>1</td><td>0</td></tr>
<tr><td>0</td><td>0</td><td colspan="2">时--高位数（0～2）</td><td colspan="4">时--低位数（0～9）</td></tr>
</table>

（15）实时时钟星期寄存器（RTCDOW）

日历模式：

<table>
<tr><td>7</td><td>6</td><td>5</td><td>4</td><td>3</td><td>2</td><td>1</td><td>0</td></tr>
<tr><td>0</td><td>0</td><td>0</td><td>0</td><td>0</td><td colspan="3">星期（0～6）</td></tr>
</table>

（16）实时时钟日寄存器（RTCDAY）

日历模式下的十六进制计数格式：

<table>
<tr><td>7</td><td>6</td><td>5</td><td>4</td><td>3</td><td>2</td><td>1</td><td>0</td></tr>
<tr><td>0</td><td>0</td><td>0</td><td colspan="5">日（1～28，29，30，31）</td></tr>
</table>

日历模式下的 BCD 计数格式：

<table>
<tr><td>7</td><td>6</td><td>5</td><td>4</td><td>3</td><td>2</td><td>1</td><td>0</td></tr>
<tr><td>0</td><td>0</td><td colspan="2">日--高位数（0～3）</td><td colspan="4">日--低位数（0～9）</td></tr>
</table>

（17）实时时钟月份寄存器（RTCMON）

日历模式下的十六进制计数格式：

<table>
<tr><td>7</td><td>6</td><td>5</td><td>4</td><td>3</td><td>2</td><td>1</td><td>0</td></tr>
<tr><td>0</td><td>0</td><td>0</td><td>0</td><td colspan="4">月（1～12）</td></tr>
</table>

日历模式下的 BCD 计数格式：

7	6	5	4	3	2	1	0
0	0	0	月 -- 高位数（0 或 1）	月 -- 低位数（0～9）			

(18) 实时时钟低字节年寄存器（RTCYEAR）

日历模式下的十六进制计数格式：

15	14	13	12	11	10	9	8
0	0	0	0	年 -- 高 4 位字节			
7	**6**	**5**	**4**	**3**	**2**	**1**	**0**
年 -- 低 8 位字节							

日历模式下的 BCD 计数格式：

15	14	13	12	11	10	9	8
0	世纪 -- 高位数（0～4）			世纪 -- 低位数（0～9）			
7	**6**	**5**	**4**	**3**	**2**	**1**	**0**
十年（0～9）				年 -- 最低位（0～9）			

(19) 实时时钟分闹钟设置寄存器（RTCAMIN）

日历模式下的十六进制计数格式：

7	6	5	4	3	2	1	0
AE	0	分（0～59）					

日历模式下的 BCD 计数格式：

7	6	5	4	3	2	1	0
AE	分 -- 高位数（0～5）			分 -- 低位数（0～9）			

(20) 实时时钟时闹钟设置寄存器（RTCAHOUR）

日历模式下的十六进制计数格式：

7	6	5	4	3	2	1	0
AE	0	0	时（0～24）				

日历模式下的 BCD 计数格式：

7	6	5	4	3	2	1	0
AE	0	时 -- 高位数（0～2）		时 -- 低位数（0～9）			

(21) 实时时钟星期闹钟设置寄存器（RTCADOW）

日历模式

7	6	5	4	3	2	1	0
AE	0	0	0	0	星期（0～6）		

(22) 实时时钟日闹钟设置寄存器（RTCADAY）

日历模式下的十六进制计数格式：

7	6	5	4	3	2	1	0
AE	0	0	日（1~28，29，30，31）				

日历模式下的 BCD 计数格式：

7	6	5	4	3	2	1	0
AE	0	日 -- 高位数（0~3）		日 -- 低位数（0~9）			

（23）实时时钟二进制到 BCD 转换寄存器（RTCBIN2BCD）

15	14	13	12	11	10	9	8
BIN2BCD							

7	6	5	4	3	2	1	0
BIN2BCD							

BIN2BCD：第 0 ~ 15 位。

读：先前写入的 12 位二进制数转换为 16 位 BCD 码。

写：要转换的 12 位二进制数。

（24）实时时钟 BCD 到二进制转换寄存器（RTCBCD2BIN）

15	14	13	12	11	10	9	8
BCD2BIN							

7	6	5	4	3	2	1	0
BCD2BIN							

BCD2BIN：第 0 ~ 15 位。

读：先前写入的 16 位 BCD 码转换为 12 位二进制。

写：要转换的 16 位 BCD 码。

【例 6.4.10】 实时时钟模块的使用。

说明：本例程通过触发事件中断 RTCRDYIE 来演示 RTC 模式，触发每分钟更改。P1.1 每分钟切换以指示此中断。配置 RTC 后，设备进入 LPM3 并等待 RTC 中断。注意，RTC 启动第 2 个设置为 45，因此在启动程序后，第 1 个 RTC 中断应在 15 秒后触发。随后的中断应该每分钟发生一次。

本例程使用一个外部 LFXT1 晶振，用于提高 RTC 精度。ACLK = LFXT1 = 32 768Hz，MCLK = SMCLK = DCO(默认) = 32 × ACLK = 1 048 576Hz。

```
#include"msp.h"
int main(void)
{
    WDTCTL = WDTPW |WDTHOLD;                    // 关闭看门狗
    P1DIR |= BIT0 ;                             // 设 P1.0 为输出方向
    P1OUT & = ~ ( BIT0 );                       // 设 P1.0 为输出高
    /* 配置 RTC */
    RTCCTL0_H = RTCKEY_H ;                      // 解锁 RTC 密钥保护寄存器
    RTCCTL0_L |= RTCTEVIE ;                     // 使能 RTC 间隔中断
```

```
    RTCCTL0_L & = ~ (RTCTEVIFG);                    // 清除中断标志位
    RTCCTL1 = RTCBCD | RTCHOLD ;                    // 选择 BCD 计数格式,暂时关闭日历功能
    RTCYEAR = 0x2017;                               // 年 = 0x2017
    RTCMON = 0x4;                                   // 月 = 0x04
    RTCDAY = 0x16;                                  // 天 = 0x05
    RTCDOW = 0x07;                                  // 星期 = 0x07
    RTCHOUR = 0x10;                                 // 时 = 0x10
    RTCMIN = 0x32;                                  // 分 = 0x32
    RTCSEC = 0x45;                                  // 秒 = 0x45
    RTCADOWDAY = 0x2;                               // 星期(闹钟) = 0x2
    RTCADAY = 0x20;                                 // 天(闹钟) = 0x20
    RTCAHOUR = 0x10;                                // 小时(闹钟)
    RTCAMIN = 0x23;                                 // 分钟(闹钟)
    RTCCTL1 & = ~ (RTCHOLD);                        // 开启日历功能
    RTCCTL0_H = 0;                                  // 锁定 RTC 密钥保护寄存器
    SYSCTL_SRAM_BANKRET |= SYSCTL_SRAM_BANKRET_BNK7_RET;
                                                    //在进入 LPM3(深度睡眠)之前启用所有 SRAM 存储器保留
    __enable_interrupt();                           // 使能全局中断
    NVIC_ISER0 = 1 << ((INT_RTC_C - 16) & 31);      // 在 NVIC 模块中使能 RTC 中断
    SCB_SCR |= SCB_SCR_SLEEPONEXIT;                 // 退出中断,同时从低功耗模式唤醒
    while (1)
    {
        SCB_SCR |= (SCB_SCR_SLEEPDEEP);             // 设置睡眠深度位
        __sleep();
        SCB_SCR & = ~ (SCB_SCR_SLEEPDEEP);          // 清除睡眠深度位
    }
}
// RTC 中断服务函数
void RtcIsrHandler(void)
{
    if (RTCCTL0 & RTCTEVIFG)
    {
        P1OUT ^= BIT0;                              // 反转 P1.0 输出状态
        RTCCTL0_H = RTCKEY_H ;                      // 解锁 RTC 密钥保护寄存器
        RTCCTL0_L & = ~RTCTEVIFG;                   // 清除中断标志位
        RTCCTL0_H = 0;                              // 锁定 RTC 密钥保护寄存器
    }
}
```

6.5 本章小结

MSP432 单片机具有丰富的片内输入输出模块，主要包括通用 I/O 端口、模/数转换模块、比较器 E、定时器等。本章对各输入输出模块的结构及原理进行了详细的阐述。

MSP432 单片机有着非常丰富的 I/O 端口资源，通用 I/O 端口不仅可以直接用于输入/输出，而且可以为 MSP432 单片机应用系统提供必要的逻辑控制信号。

MSP432 单片机的 ADC14 模块支持快速的 14 位模数转换，该模块具有一个 14 位的逐次渐

进（SAR）内核、模拟输入多路复用器、参考电压发生器、采样及转换所需的时序控制电路和32 个转换结果缓冲及控制寄存器。转换结果缓冲及控制寄存器允许在没有 CPU 干预的情况下，进行多达 32 路信号的采样、转换和保存。ADC14 模块不仅支持单端输入方式，还可以选择差分输入。ADC14 模块能对输入信号进行阈值比较，并且产生相应的中断。

MSP432 单片机的比较器 E 模块可实现多达 16 通道的比较功能，可用于测量电阻、电容、电流、电压等，广泛应用于工业仪表、手持式仪表等产品中。

MSP432 单片机的定时器资源非常丰富，包括看门狗定时器、定时器 A 和实时时钟等。每种定时器都具有基本定时功能，还具有一些特殊的用途：看门狗定时器可用于当程序发生错误时产生系统复位；定时器可用于基本定时、捕获输入信号、比较产生 PWM 波形等；实时时钟可用于日历功能。

6.6　思考题与习题

1. MSP432 单片机具有哪些典型的输入输出模块？
2. 简述 MSP432 单片机通用 I/O 端口输出特性。
3. 如何使用端口内部上拉和下拉电阻？
4. MSP432P401r 单片机未上电时，GPIO 的状态是什么？
5. 在 MSP432 单片机系统上，P1.0、P1.1、P1.2 和 P1.3 端口分别接了红色、绿色、蓝色、白色 4 只 LED，均为高电平点亮。P1.4、P1.5、P1.6 端口各接有一个按键（S1、S2、S3），按下低电平。要求同时实现以下逻辑：
   1）S1 与 S2 中任意一个按键处于按下状态，红灯亮；
   2）S2 与 S3 同时处于按下状态时，绿灯亮；
   3）S1 与 S3 状态不同时，蓝灯亮；
   4）S1 按下后，白灯一直亮，直到 S2 按下后才灭。
6. 请写出 MSP432 单片机 ADC14 模块输入模拟电压转换公式。
7. MSP432 单片机能够实现三路同时采样吗？
8. MSP432 单片机的 ADC 量化误差是怎么计算的？
9. MSP432 单片机的 ADC14 模块可产生哪些内部参考电压？ADC14 模块的参考电压有哪些组合？
10. 实现 ADC 多路采样，采样结果如何用 DMA 传输？
11. ADC14 模块具有哪些转换模式？简述各转换模式下的工作情况。
12. 编程实现：在 MSP432 单片机系统中，利用 ADC14 模块工作在单通道单次转换模式下，采集 A0 通道的模拟信号。
13. 简述比较器 E 的工作原理。
14. 比较器 E 参考电压发生器能产生哪些参考电压？
15. 如何利用比较器 E 测量未知电阻？
16. 简述采用比较器 E 实现电容触摸按键的原理。
17. 编写程序利用比较器 E 和定时器实现电容触摸按键的检测。
18. MSP432 单片机具有哪些定时器资源？每种定时器具有什么功能？

19. 低功耗模式下看门狗是否还能正常运作？
20. 如何判断看门狗喂狗位置？
21. 定时器由哪两个部分组成？每个部分如何工作并具有什么功能？
22. 定时器具有哪些工作模式？对各工作模式进行简单描述。
23. 定时器的捕获模式具有什么功能？可配置为何种触发方式？
24. 定时器的比较模式具有几种输出模式？对各输出模式进行简单介绍。
25. 在 MSP432 单片机系统上，P1.0、P1.1 和 P1.2 端口分别接了红色、绿色、蓝色 3 只 LED，均为高电平点亮。用定时器实现以下事件：
    1）红色 LED 每秒钟闪烁 1 次（0.5s 亮，0.5s 灭）；
    2）绿色 LED 每秒钟闪烁 2 次（0.25s 亮，0.25s 灭）；
    3）蓝色 LED 每秒钟闪烁 1 次（0.25s 亮，0.75s 灭）。
26. 在 MSP432 单片机系统中，利用实时时钟 RTC 模块编写一个简单的时钟程序，并将当前时钟通过液晶或数码管输出显示。

第7章 Chapter 7

MSP432微控制器片内通信模块

数据通信是单片机与外界联系的重要手段。MSP432单片机具有数据通信的功能。本章详细讲述eUSCI通信模块的结构、原理及功能，并给出了简单的数据通信例程。

7.1 eUSCI的异步模式——UART

知识点：串口是单片机系统与外界联系的重要手段。在单片机系统开发和应用中，经常需要使用上位机实现单片机调试及现场数据的采集和控制。可以利用上位机的串行口，通过串行通信技术与单片机系统进行通信。

增强的通用串行通信接口（eUSCI）模块支持多种串行通信模式。不同的eUSCI模块支持不同的模式。每一个不同的eUSCI模块以不同的字母命名，例如：eUSCI_A、eUSCI_B等。MSP432单片机上实现了不止一个相同的eUSCI模块，这些模块将以递增的数字命名，例如，MSP432单片机支持4个eUSCI_A模块时，这4个模块应该被命名为eUSCI_A0、eUSCI_A1、eUSCI_A2、eUSCI_A3。

eUSCI_A模块支持以下通信模式：

1）UART通信模式；

2）脉冲整形的IrDA通信模式；

3）自动波特率检测的LIN通信模式；

4）SPI通信模式。

eUSCI_B模块支持以下通信模式：

1）I^2C通信模式；

2）SPI通信模式。

下面首先介绍eUSCI的异步模式——URAT。

7.1.1 UART的特点及结构

UART即异步串行通信，可设置成全双工异步通信方式，与PC（个人计算机）等通信；或设置成半双工同步模式，与其他外设通信，如ADC或DAC。MSP432单片机内置了UART功能，它的作用是将外部设备串行数据转换为并行数据接收；将内部并行数据转换为串行数据发送。在通用异步收发模式下，eUSCI_Ax模块通过两个外部收发引脚UCAxRXD和UCAxTXD把MSP432单片机与外界连接起来。当寄存器UCAxCLT0的UCSYNC控制位被清零，UCMODEx控制位被配置为00时，eUSCI_A模块被配置为UART异步通信模式。

UART的特点如下：

1）传输7位或8位数据，可采用奇校验、偶校验或者无校验；

2）具有独立的发送和接收移位寄存器；

3）具有独立的发送和接收缓冲寄存器；

4）支持最低位优先或最高位优先的数据发送和接收方式；

5）内置多处理器系统，包括线路空闲和地址位通信协议；

6）通过有效的起始位检测，将MSP432单片机从低功耗模式下唤醒；

7）可编程实现分频因子为整数或小数；

8）具有用于检测错误或排除错误的状态标志位；

9）具有用于地址检测的状态标志位；

10）具有独立发送和接收中断的能力。

在UART模式下，其结构如图7-1所示。由该图可知，在UART模式下，eUSCI_A模块由串行数据接收逻辑（图中①）、波特率发生器（图中②）和串行数据发送逻辑（图中③）3个部分组成。串行数据接收逻辑用于接收串行数据，包含接收移位寄存器、接收缓冲寄存器和接收状态机以及接收标志位设置逻辑。波特率发生器用于产生接收和发送的时钟信号，其参考时钟可以来源于ACLK或SMCLK，也可以来自于外部时钟信号输入UCLK，通过整数或小数分频得到特定的数据传输波特率。传输数据发送逻辑用于发送串行数据，包含发送移位寄存器、发送缓冲寄存器和发送状态机以及发送标志位设置逻辑。在UART模式下，eUSCI_A异步以一定速率向另一个设备发送和接收字符，每个字符的传输时钟基于软件对波特率的设定，发送和接收操作使用相同的波特率频率。

7.1.2 eUSCI_A初始化和复位

通过产生一个硬件复位信号或者置位UCSWRST控制位可以使eUSCI_A模块复位。在产生一个硬件复位信号之后，单片机可自动置位UCSWRST控制位，使eUSCI_A模块保持在复位状态。若UCSWRST控制位置位，将重置UCRXIE、UCTXIE、UCRXIFG、UCRXERR、UCBRK、UCPE、UCOE、UCFE、UCSTOE和UCBTOE寄存器，并置位UCTXIFG中断标志位。清除UC-SWRST控制位后，eUSCI_A模块才可进行工作。

因此，用户可按照以下步骤进行初始化或重新配置eUSCI_A模块：

1）置位UCSWRST控制位；

2）在UCSWRST=1时，初始化所有的eUSCI_A寄存器（包括UCTxCTL1）；

3）将相应的引脚端口配置为URAT通信功能；

4）软件清除UCSWRST控制位；

5）通过设置接收或发送中断使能控制寄存器UCRXIE和UCTXIE，或两者之一，使能中断。

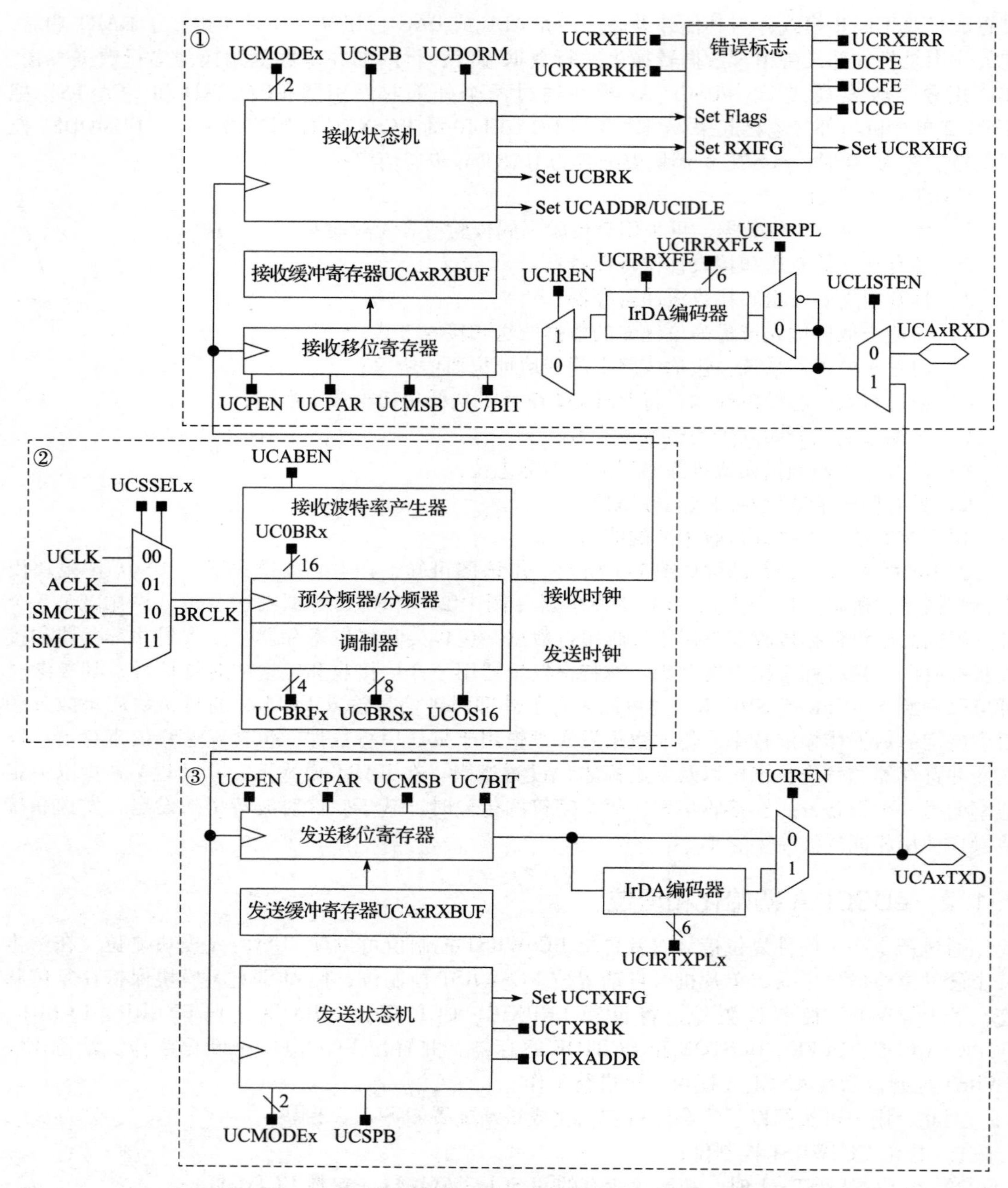

图 7-1 UART 模式下的 eUSCI_A 结构框图（UCSYNC = 0）

7.1.3 异步通信字符格式

异步通信字符格式由 5 个部分组成：1 位起始位、7 位或 8 位数据位、一个奇/偶/无校验位、一个地址位和一个或两个停止位，如图 7-2 所示。其中，用户可以通过软件设置数据位、停止位的位数，还可以设置奇偶校验位的有或无。通过选择时钟源和波特率寄存器的数据来确定传输速率。UCMSB 控制位用来设置传输的方向和选择最低位还是最高位先发送。一般情况下，对于 UART 通信选择先发送最低位。

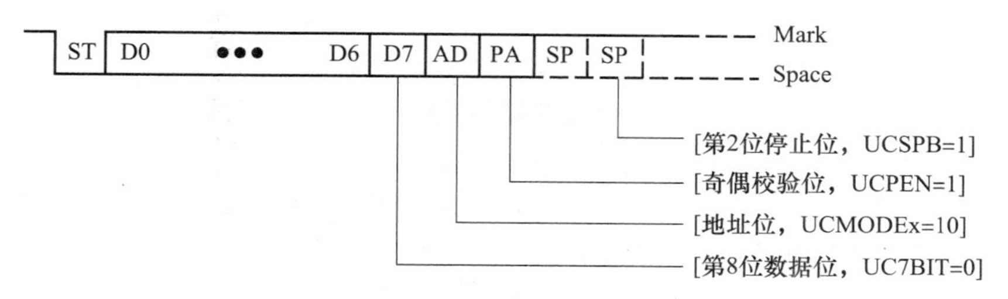

图 7-2　异步通信字符格式

1）起始位：当通信线上没有数据传送时处于逻辑“1”状态，当发送设备要发送一个数据时，先发送一个逻辑“0”信号，这个低电平就是起始位。起始位通过通信线传向接收设备，接收端检测到这个低电平后，就确认开始接收数据了。起始位的作用是使通信双方在传送数据前协调同步。

2）数据位：是衡量通信中实际数据位的参数。计算机发送一个信息包，实际的数据不会是 8 位，一般是 7 位，如何设置取决于要传送的信息。每个包是指一个字节，包括开始/停止位、数据位和奇偶校验位，由于实际数据位取决于通信协议的选取，用术语“包”表示通信的情况。

3）停止位：用于表示单个包的最后一位。典型的值为 1 和 2 位，它是一个数据的结束标志，接收端接收到停止位后，通信线路上会恢复逻辑“1”的状态，直到下一个起始位的到来。

4）奇偶校验位：串行通信中的一种简单检错方式，有 4 种方式：偶、奇、高和低。对于偶校验和奇校验的情况，串口会设置校验位，用一个值确保传输的数据有偶个或者奇个逻辑高位。高位和低位不真正检查数据，只简单置位逻辑高或者逻辑低校验，这样使得接收设备能够知道一个位的状态，有机会判断是否有噪声干扰通信，或者确定在通信过程中，传输和接收数据是否同步。

接收操作从收到有效起始位开始。起始位由检测 URXD 端口的下降沿开始，然后以 3 次采样多数表决的方式取值。如果 3 次采样至少 2 次是 0 才表明是下降沿，然后开始接收初始化操作，这一过程实现错误起始位的拒收和帧中各数据的中心定位功能。MSP432 单片机可以处于低功耗模式，通过上述过程识别正确起始位之后被唤醒，然后按照通用接口控制寄存器中设定的数据格式，开始接收数据，直到数据接收完毕。

异步模式下，是以字符为单位来传送数据的。因为每个字符在起始位处可以通过起始位判别重新定位，所以传送数据时多个字符可以一个接一个地连续传送，也可以断续传送。并且同步时钟脉冲不传送到接收方，发/收双方分别用自己的时钟源来控制发送和接收。

7.1.4　异步多机通信模式

当两个设备异步通信时，不需要多机通信协议。当 3 个或更多的设备通信时，eUSCI_A 支持两种多机通信模式，即线路空闲多机模式和地址位多机模式。信息以一个多帧数据块，从一个指定的源传送到一个或多个目的位置。在同一个串行链路上，多个处理机之间可以用这些格式来交换信息，实现在多处理机通信系统间的有效数据传输，这样可以节省能量。控制寄存器的 UCMODEx 控制位可用来确定这两种模式，这两种模式具有唤醒发送、地址特征和激活等功能。在两种多处理机模式下，eUSCI_A 数据交换过程可以用数据查询方式也可以用中断方式来实现。

1. 线路空闲多机模式

当 UCMODEx 控制位被配置为 01 时，eUSCI_A 就选择了线路空闲多机模式，如图 7-3 所示。在这种模式下，发送和接收数据线上的数据块被空闲时间分隔。图 7-3 的上半部分为数据块传输的总体示意图，下半部分为每个数据块中字符的传输示意图。在上半部分示意图中，在字符的一个或两个停止位之后，若收到 10 个以上的 1，则表示检测到接收线路空闲。如果采用两位停止位，则第 2 个停止位被认为是空闲周期的第 1 个标志位。

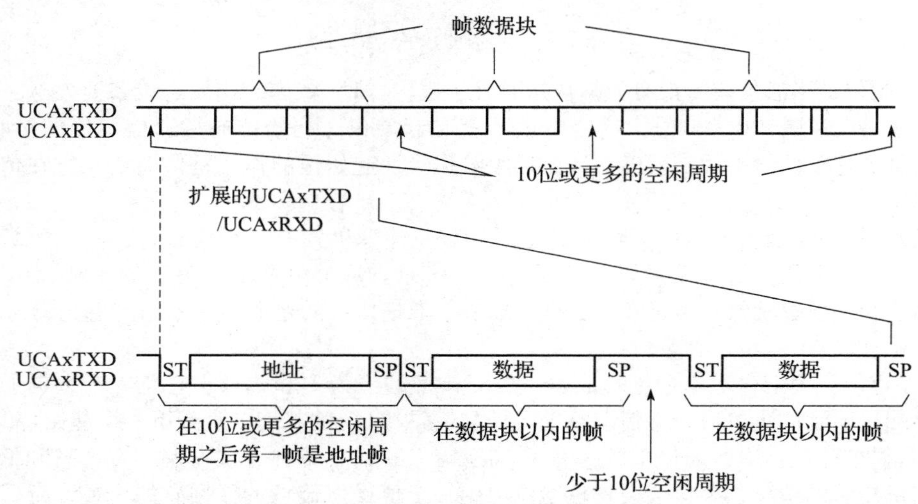

图 7-3　线路空闲多机模式通信示意图

在识别到线路空闲后，波特率发生器就会关断，直到检测到下一个起始位才会重新启动。当检测到空闲线路后，将置位 UCIDLE 标志位。在下半部分示意图中，每两个数据块之间的线路空闲时间应该少于 10 个空闲周期，这样数据才能正确、正常地传输。

若在一个空闲周期之后，接收到的第一个字符为地址字符，UCIDLE 标志位被用作每个字符块的地址标记，在线路空闲多机模式下，当接收到的字符为地址时，将置位 UCIDLE 标志位。

UCDORM 标志位用于在线路空闲多机模式下控制数据接收。当 UCDORM = 1 时，所有的非地址字符将被连接起来组成字节，但是，不会将该字节移送到接收缓冲寄存器 UCAxRXBUF 中，也不会产生中断；只有当接收到地址字符时，接收器才被激活，字符才会被送入接收缓冲寄存器 UCAxRXBUF 中，同时置位中断标志位 UCRXIFG = 1。当 UCRXEIE = 1 时，相应的错误标志也会被置位。当 UCRXEIE = 0，并且接收到一个地址字符，但是，产生了结构错误或者奇偶校验错误，需传输的字节不会移送到接收缓冲寄存器 UCAxRXBUF 中，同时也不会置位中断标志位 UCRXIFG。

如果接收到的字符是地址字符，用户可通过软件验证该地址字符是否匹配。若匹配，则处理；若不匹配，则继续等待下一个地址字符的到来。然后，用户必须清除 UCDORM 控制位以继续接收数据字符。若 UCDORM 控制位在此刻保持置位，则仅接收到地址字符。若在接收字符的过程中，UCDORM 控制位一直保持清除，在接收完成之后，将置位接收中断标志位。注意，在字符接收的过程中，UCDORM 控制位不可利用 eUSCI_A 模块的硬件自动进行修改。

对于在线路空闲多机模式下地址的传输，可以利用 eUSCI_A 的地址标识符产生一个精确的空闲时间间隔。如果在下一个字符被装入 UCAxTXBUF 缓冲寄存器前，总线上产生了 11 位空闲时间，将置位 UCTXADDR 标志位，当产生下一个开始位时，UCTXADDR 标志位将自动进行清除。

用发送空闲帧来识别地址字符的步骤如下：

1）置位 UCTXADDR 控制位，再将地址字符写入 UCAxTXBUF 缓冲寄存器中，然后必须当 UCTXIFG = 1 时，UCAxTXBUF 才准备好接收新的数据字符。当地址字符从 UCAxTXBUF 缓冲寄存器中移送到移位寄存器中时，UCTXADDR 控制位将自动复位。

2）将所需的数据字符写入 UCAxTXBUF 缓冲寄存器中，必须当 UCTXIFG = 1 时，UCAxTXBUF 才准备好接收新的数据字符。然后，写入 UCAxTXBUF 缓冲寄存器的数据被移送到移位寄存器中，当移位寄存器接收到新的数据之后，数据将会被立即发送。在地址字符和数据字符传输之间或在数据字符与数据字符传输之间，总线空闲时间不得超时，否则传输的数据字符将会被误认为地址。

当有多机进行通信时，应该充分利用线路空闲多机模式。使用此模式，可以使多机通信的 CPU 在接收数据之前首先判断地址。如果地址与自己软件设定的一致，则 CPU 被激活，并接收后面的数据；如果不一致，则保持休眠状态。这样可以最大限度地降低 UART 的消耗。

2. 地址位多机模式

当 UCMODEx 控制位被配置为 10 时，eUSCI_A 就选择了地址位多机模式。在这种模式下，字符中包含了一个附加的位作为地址标志位。地址位多机模式的格式如图 7-4 所示。数据块的第 1 个字符带有一个置位的地址位，用以表明该字符是一个地址。当接收到的字符地址位置位且被传送到 UCAxRXBUF 接收缓冲寄存器中时，eUSCI_A 模块将置位 UCADDR 标志位。

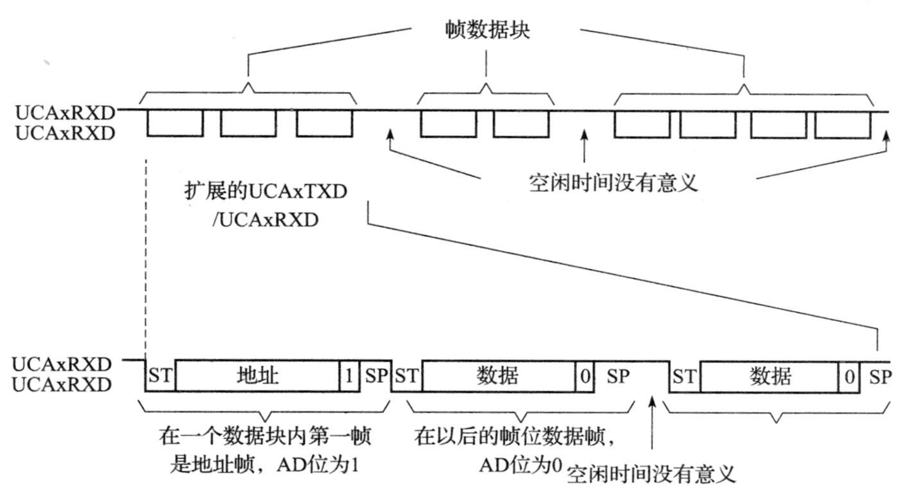

图 7-4　地址位多机模式格式示意图

UCDORM 标志位被用于在地址位多机模式下控制数据接收。当 UCDORM 置位时，接收到的地址位为 0 的数据字符将会连接起来组成字节，但并不移送到 UCAxRXBUF 接收缓冲寄存器中，并且不会产生中断。当接收到地址位为 1 的字符时，该字符将会被移送到 UCAxRXBUF 接收缓冲寄存器中，置位 UCRXIFG 中断标志位，并且当 UCRXEIE = 1 时，置位产生的错误标志位。当 UCRXEIE = 0 且接收到的字符地址位为 1，但是，在接收的过程中，产生了结构错误或奇偶校验错误时，接收到的字符将不会被移送到 UCAxRXBUF 接收缓冲寄存器中，并且不会置位接收中断标志位 UCRXIFG。

如果接收到的字符是地址字符，用户可通过软件验证该地址字符是否匹配。若匹配，则处理；若不匹配，则继续等待下一个地址字符的到来。然后，用户必须清除 UCDORM 控制位以继续接收数据字符，如果 UCDORM 控制位在此刻保持置位，则仅接收到地址位为 1 的地址字符。注意，在字符接收的过程中，UCDORM 控制位不可利用 eUSCI_A 模块的硬件自动进行修改。若在接收字符的过程中，UCDORM 控制位一直保持清除，在接收完所有的数据字符之后，将置位接收中断标志位 UCRXIFG。如果在接收一个字符的过程中，UCDORM 控制位被清除，在本次接收完成之后，将自动置位接收中断标志位 UCRXIFG。在地址位多机模式下，通过写 UCTXADDR 控制位控制地址字符的地址位。每当字符由 UCAxTXBUF 移送到移位寄存器时，UCTXADDR 控制位的值将装入字符的地址位，然后 UCTXADDR 的值将自动进行清除。

7.1.5　自动波特率检测

当 UCMODEx 控制位被配置为 11 时，就选择了带自动波特率选择的 UART 模式。对于 UART 自动波特率检测方式，在数据帧前面会有一个包含打断域和同步域的同步序列。当在总线上检测到 11 个或更多个 0 时，被识别为总线打断。如果总线打断的长度超过 21 位时间长度，则将置位打断超时错误标志 UCBTOE。当接收打断域或同步域时，eUSCI_A 不能发送数据。同步域在打断域之后，如图 7-5 所示。

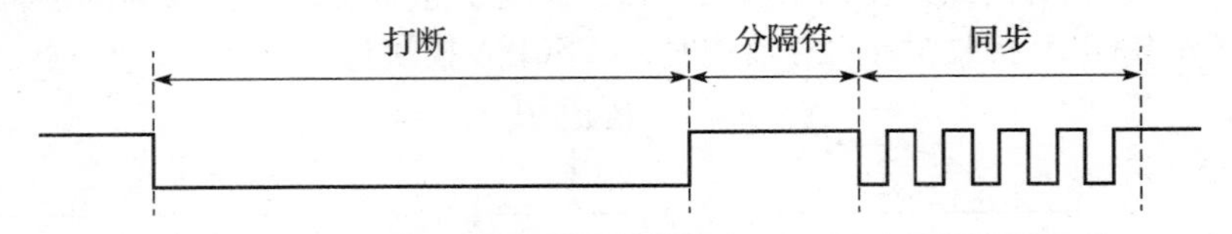

图 7-5　自动波特率检测 - 打断域和同步域序列示意图

为了一致性，字符格式应该设置为 8 个数据位、低位优先、无奇偶校验位和停止位，地址位不可用。

在 1 字节里，同步域包含数据 055h，如图 7-6 所示。同步是基于这种模式的第一个下降沿和最后一个下降沿之间的时间测量，如果通过置位 UCABDEN 控制位，将使能自动波特率检测功能，则发送波特率发生器通常用于时间的测量。否则，在该模式下只接收并不测量。测量的结果将被移送到波特率控制寄存器（UCAxBRW 和 UCAxMCTLW）中。如果同步域的长度超过了可测量的时间，将置位同步超时错误

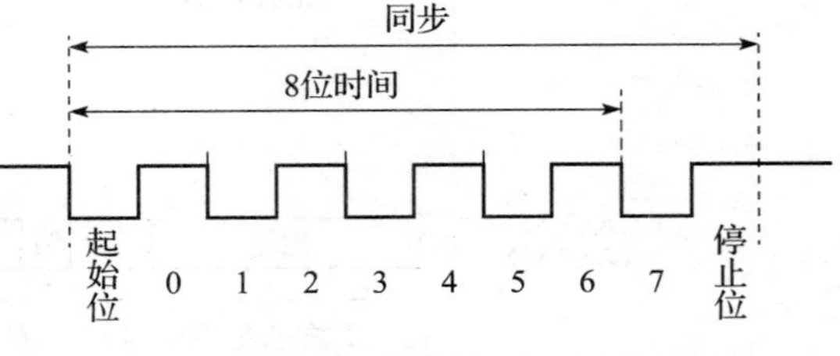

图 7-6　自动波特率检测 - 同步域示意图

标志位 UCSTOE。接收中断标志 UCRXIFG 置位后，可以读取结果。

在这种模式下，UCDORM 控制位用于控制数据的接收。当 UCDORM 置位时，所有的数据都会被接收，但是，不会被移送到接收缓冲寄存器 UCAxRXBUF 中，也不会产生中断。当检测到打断域/同步域时，将会置位 UCBRK 打断检测标志位。在打断域和同步域之后的字符将会被发送到接收缓冲寄存器 UCAxRBUF 中，并置位接收中断标志位 UCRXIFG。如果有错误，则相应的错误标志位被置位。如果 UCBRKIE 置位，打断域或同步的接收会置位 UCRXIFG 中断标志位。用户通过软件或读取接收缓冲寄存器 UCAxRXBUF 的值，可以复位 UCBRK 标志位。

当收到打断域和同步域时，用户必须通过软件复位 UCDORM 控制位，以继续接收数据。如果在此时，UCDORM 仍保持置位，则只有打断域和同步域后的下一个字符能被接收。UCDORM 控制位不能由 eUSCI_A 模块硬件自动进行修改。

当 UCDORM = 0 时，所有的字符被接收之后，将置位接收中断标志位 UCRXIFG。如果在接收一个字符期间，UCDORM 控制位被清除，接收中断标志位将在该字符接收完成之后，置位接收中断标志位。

计数器用于检测波特率不大于 0FFFFh（65 535）的值。这意味着在超采样模式下，可检测的最小波特率是 244；在低频模式下，可检测的最小波特率是 15，最高可检测波特率为 1M。

自动波特率检测模式能在带有某些限制的全双工系统中应用。当接收到打断域和同步域时，eUSCI_A 不能发送数据。同时，如果接收到一个具有帧错误的 0h 字节，那么此时任何的数据发送都会遭到破坏。后一种情况可以通过检查接收数据和 UCFE 标志位来发现。

发送打断域和同步域的过程如下：

1）将 UMODEx 设置为 11，并置位 UCTXBRK 标志位。

2）将 055h 写到发送缓冲寄存器 UCAxTXBUF 中，UCAxTXBUF 必须做好接收新数据的准备（即 UCTXIFG = 1），并产生一个 13 位的打断域，随后会有打断分隔符和同步字符。打断分隔符的长度由 UCDELIMx 位控制。当同步字符从发送缓冲寄存器 UCAxTXBUF 移送到移位寄存器时，UCTXBRK 将会自动复位。

3）将需要发送的数据写入发送缓冲寄存器 UCAxTXBUF 中，UCAxTXBUF 必须做好接收新数据的准备（即 UCTXIFG = 1），然后数据将会移送到移位寄存器中。当移送完成后，数据会立即进行发送。

7.1.6 IrDA 编码和解码

当置位 UCIREN 控制位时，将会使能 IrDA 编码器和解码器，并对 IrDA 通信提供硬件编码和解码。

1. IrDA 编码

IrDA 编码器会在 UART 数据流的基础上，对 UART 传输中的每一位 0 发送一个脉冲进行编码，编码方式如图 7-7 所示。脉冲的持续时间由 UCIRTXPLx 进行定义。

为了设置由 IrDA 标准要求的 3/16 位周期的脉冲时间，可通过设置 UCIRTXCLK = 1 来选择 BITCLK16 时钟。之后将 UCIRTXPLx 配置为 5，将脉冲时间设置为 6 个半时钟周期。

当 UCIRTXCLK = 0 时，脉冲宽度 t_{PULSE} 基于 BRCLK，计算如式（7-1）所示。

$$\text{UCIRTXPLx} = t_{PULSE} \times 2 \times f_{BRCLK} - 1 \tag{7-1}$$

当 UCIRTXCLK = 0 时，分频因子 UCBRx 必须设置为 5 或更大的值。

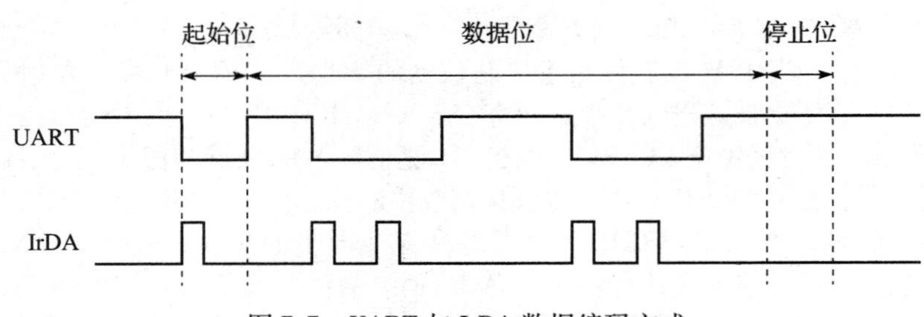

图 7-7 UART 与 IrDA 数据编码方式

2. IrDA 解码

当 UCIRRXPL = 0 时，解码器可检测高电平或低电平。除了模拟抗尖峰脉冲滤波器，eUSCI_A内部还包含可编程数字滤波器，用户可通过置位 UCIRRXFE 控制位使能该内部可编程数字滤波器。当 UCIRRXFE 置位时，只有超过编程过滤长度的脉冲可以通过，短脉冲被丢弃。过滤器长度 UCIRRXFLx 的编程计算如式（7-2）所示。

$$\text{UCIRRXFLx} = (t_{\text{PULSE}} - t_{\text{WAKE}}) \times 2 \times f_{\text{BRCLK}} - 4 \tag{7-2}$$

式中，t_{PULSE}为最小接收脉冲宽度；t_{WAKE}为从任何低功耗模式下的唤醒时间，在活动模式下，该值为 0。

7.1.7 自动错误检测

eUSCI_A 模块接收字符时，能够自动进行校验错误、帧错误、溢出错误和打断状态检测。当检测到它们各自的状态时，会置位相应的中断标志位 UCPE、UCFE、UCOE 和 UCBRK。当这些错误标志位置位时，UCRXERR 也会被置位。各种错误的含义和标志如表 7-1 所示。

表 7-1 接收错误状态描述列表

错误状态	错误标志	含 义
帧错误标志	UCFE	当检测到停止位为 0 时，则认为发生了帧错误。当用到两个停止位时，需检测两个停止位来判断是否产生了帧错误。当检测到帧错误发生时，将置位 UCFE 标志位
奇偶校验错误标志	UCPE	奇偶校验错误是指在接收的一个字符中 1 的个数与其校验位不相符。当字符中包含地址位时，地址位也参与奇偶计算。当检测奇偶校验错误时，将置位 UCPE 标志位
接收溢出错误标志	UCOE	当一个字符被写入接收缓冲寄存器 UCAxRXBUF 时，前一个字符还没有被读出，这时前一个字符因被覆盖而丢失，发生溢出错误。当检测到接收溢出错误时，将置位 UCOE 标志位
打断检测标志	UCBRK	当不用自动波特率检测功能时，所有的数据位、奇偶校验位和停止位都是低电平时，将会检测到打断状态。检测到打断状态，就会置位 UCBRK。如果置位打断中断使能标志位 UCBRKIE，则检测到打断状态也将置位中断标志位 UCRXIFG

当 UCRXEIE = 0 时，若检测到帧错误或奇偶校验错误，接收缓冲寄存器 UCAxRXBUF 不会接收字符。当 UCRXEIE = 1 时，接收缓冲寄存器 UCAxRXBUF 可接收字符，若在接收的过程中产生错误，则相应的错误检测标志位会置位。

若 UCFE、UCPE、UCOE、UCBRK 或 UCRXERR 标志位中任何一个标志位被置位，那么需要用户用软件将其复位或者读取接收缓冲寄存器 UCAxRXBUF 的值自动将其复位。其中，UCOE 必须通过读取接收缓冲寄存器 UCAxRXBUF 才能将其复位，否则不能正常工作。

为了可靠检测溢出错误，推荐检测过程如下：

接收完一个字符之后，UCAxRXIFG 置位，首先读取 UCAxSTATW，以检测包括溢出错误标志 UCOE 在内的错误标志。然后读取接收缓冲寄存器 UCAxRXBUF 的值。如果在读取 UCAx-STATW 和 UCAxRXBUF 之间时，UCAxRXBUF 又被重写，则读取 UCAxRXBUF 的值后，将会清除除 UCOE 之外的所有错误标志位。因此，在读完 UCAxRXBUF 之后应该检查 UCOE 标志位，以确定是否产生溢出错误。注意在这种情况下，UCRXERR 标志位不会置位。

7.1.8 eUSCI_A 接收使能

通过清除 UCSWRST 控制位可以使能 eUSCI_A 模块，此时，接收端准备接收数据并处于空闲状态，接收波特率发生器处于准备状态，但并没有产生时钟。

起始位的下降沿可以使能波特率发生器。UART 状态机可检测有效起始位，如果未检测到有效起始位，则在 UART 状态机返回空闲状态的同时，停止波特率发生器；如果检测到有效起始位，则字符将会被接收。

当选择线路空闲多机模式时（UCMODEx = 01），在接收完一个字符之后，UART 状态机检测空闲线路。若检测到一个起始位，则接收下一个字符。否则，如果在线路上检测到 10 个 1，就会置位 UCIDLE 空闲标志位，并且在 UART 状态机返回空闲状态的同时，停止波特率发生器。

抑制接收数据脉冲干扰能够防止 eUSCI_A 模块意外启动，任何在 UCAxRXD 的时间少于抗尖峰脉冲时间 t_t(50ns ~ 150ns) 的短时脉冲都将被 eUSCI_A 忽略，紧接着进行初始化，如图 7-8 所示。若在 UCAxRXD 上的短时脉冲时间少于 t_t，eUSCI_A 没有开始接收数据。

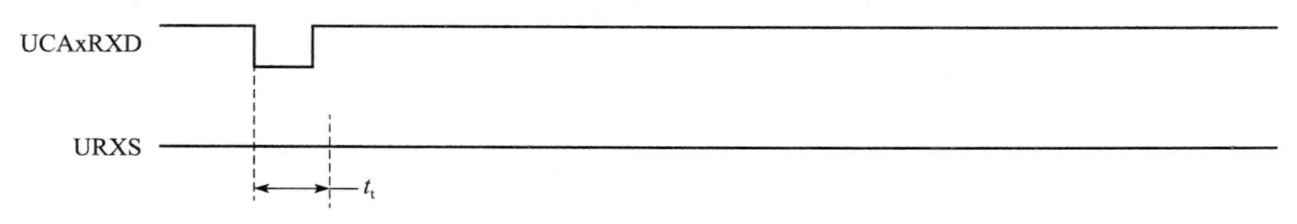

图 7-8　短时脉冲抑制-eUSCI_A 没有开始接收数据

当一个尖峰脉冲时间长于 t_t，或者在 UCAxRXD 上发生一个有效的起始位时，eUSCI_A 开始接收工作并采用多数表决方式，如图 7-9 所示。如果多数表决没有检测到起始位，则 eUSCI_A 停止接收字符。

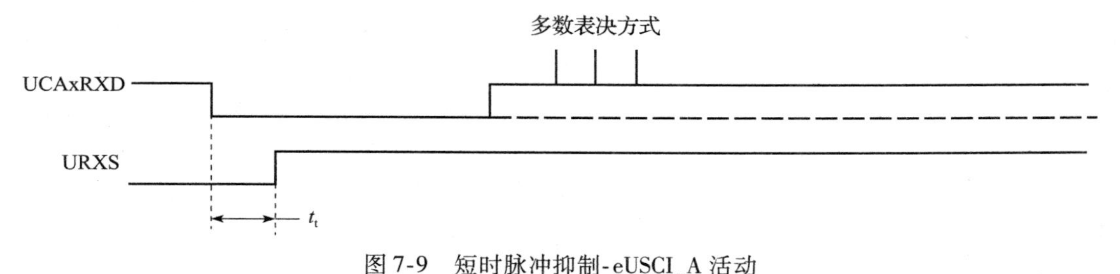

图 7-9　短时脉冲抑制-eUSCI_A 活动

7.1.9 eUSCI_A 发送使能

通过清除 UCSWRST 控制位可以使能 eUSCI_A 模块，此时，发送端准备发送数据并处于空闲状态，发送波特率产生器处于准备状态，但是，并没有产生时钟。

通过写数据到发送缓冲寄存器中，eUSCI_A 就可以开始发送数据。波特率产生器开始工作，当发送移位寄存器为空时，在下一个 BITCLK 上，发送缓冲寄存器中的数据将被移送到发送移位寄存器中。

在前一个字节发送完成之后，只要发送缓冲寄存器 UCAxTXBUF 中有新数据，发送即可继续。若前一个字节发送完成之后，发送缓冲寄存器 UCAxTXBUF 中并没有写入新的数据，发送端将返回空闲状态，同时停止波特率发生器。

7.1.10 UART 波特率的产生

在异步串行通信中，波特率是很重要的指标，其定义为每秒钟传送二进制数码的位数。波特率反映了异步串行通信的速度。所以，在进行异步通信时，波特率的产生是必需的。eUSCI_A 波特率产生器可以从非标准的时钟源频率中产生标准的波特率，可以通过 UCOS16 控制位选择系统提供的两种操作模式，分别为：产生低频波特率模式（UCOS16 = 0）和产生过采样波特率模式（UCOS16 = 1）。UART 波特率的参考时钟来自于 BRCLK，具体请参考图 7-1，BRCLK 可以通过 UCSSELx 控制位配置为外部时钟 UCLK 或内部时钟 ACLK/SMCLK 的时钟源。

1. 产生低频波特率模式

当 UCOS16 = 0 时，选择低频模式。该模式允许从低频时钟源产生波特率（例如从 32768Hz 晶振产生 9600Hz 波特率）。通过使用较低的输入频率，可以降低系统的功耗。注意：在高频输入或高分频设置下使用这种模式，将导致在更小的窗口中采用多数表决方式，因此会降低多数表决法的优势。

在低频模式下，波特率产生器使用 1 个预分频器和 1 个调制器产生位时钟时序。在这种组合下，产生的波特率支持小数分频。在这种模式下，最大的 eUSCI_A 波特率是 UART 源时钟频率 BRCLK 的 1/3。

每一位的时序如图 7-10 所示。对于接收的每一位，为了确定该位的值，采用多数表决法，即 3 取 2 表决法。每次表决时采样 3 次，最终该位的值至少在采样中两次出现。这些采样发生在 $N/2-1/2$、$N/2$ 和 $N/2+1/2$ 个 BRCLK 周期处，如图 7-10 所示。这里的 N 是每个 BITCLK 包含的 BRCLK 的数值，图中的 m 为调制设置，如表 7-2 所示。

调制是建立在如表 7-2 所示的 UCBRSx 设置的基础之上。表中的 0 和 1 表示 m 的值，$m=1$ 时所对应的 BITCLK 的周期比 $m=0$ 时所对应的 BITCLK 的周期要长。调制的作用是产生小数分频。UCBRSx 寄存器的作用就是控制调制系数，它是一个 8 位寄存器，控制方法比较特殊：$m=1$ 表示分频系数加 1，$m=0$ 表示分频系数不变。小数分频器会自动取每一比特来调整分频系数，具体请参考表 7-2。

当然，分频系数小数部分乘以 8 也不可能刚好就是整数，可以取最接近的整数，虽然这样处理仍有分频误差，但是，比起整数分频，此时分频误差已经小很多了。

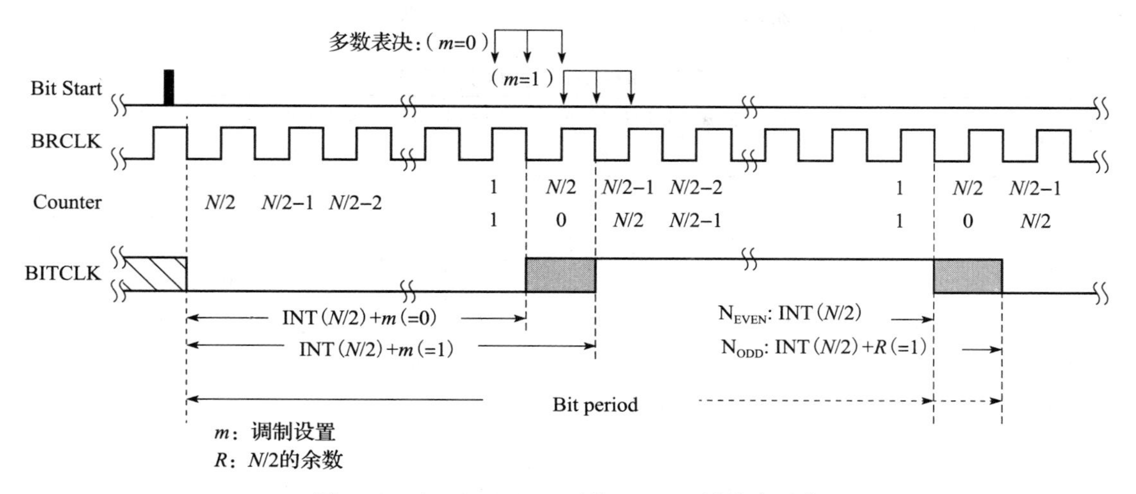

图 7-10　在 UCOS16 = 0 时的 BITCLK 波特率时序

表 7-2　BITCLK 调制模式列表

UCBRSx	Bit0（开始位）	Bit1	Bit2	Bit3	Bit4	Bit5	Bit6	Bit7
0	0	0	0	0	0	0	0	0
1	0	0	0	0	0	0	0	1
				⋮				
35	0	0	1	1	0	1	0	1
36	0	0	1	1	0	1	1	0
37	0	0	1	1	0	1	1	1
				⋮				
255	1	1	1	1	1	1	1	1

2. 产生过采样波特率模式

当 UCOS16 = 1 时，选择过采样模式。该模式支持在较高的输入参考时钟频率下，产生较高的 UART 波特率。该模式的参考时钟为经预分频器和调制器产生的 BITCLK16 时钟，该时钟频率为 BITCLK 的 1/16。因此，在计算分频系数时，需将波特率发生器的参考时钟频率除以 16 之后，再进行计算。例如，若波特率发生器的参考时钟 BITCLK 选择内部的 SMCLK = 1 048 576Hz，最终需要产生 9600Hz 的波特率，首先将 BITCLK 除以 16 为 65 536Hz 作为该模式下的波特率参考时钟，计算分频系数为 $n = 65\,536/9600 = 6.83$。

这种组合方式支持 BITCLK16 和 BITCLK 产生不是整数的波特率，在这种情况下，最大的 eUSCI_A 波特率是 UART 源时钟频率的 1/16。当 UCBRx 设置为 0 或 1 时，将忽略第一级分频器和调制器，BITCLK16 等于 BITCLK，在这种情况下，BITCLK16 没有调制，因此，将忽略 UCBRFx 位。

BITCLK16 的调制是建立在如表 7-3 所示的 UCBRFx 设置的基础之上的。表中的 0 和 1 表示 m 的值，$m = 1$ 时所对应的 BITCLK 的周期比 $m = 0$ 时所对应的 BITCLK 的周期要长，具体原理请参考产生低频波特率模式下的调制原理。

表 7-3 BITCLK16 调制模式列表

UCBRFx	在上一个 BITCLK 的下降沿后 BITCLK16 位的次序															
	0	1	2	3	4	5	6	7	8	9	10	11	12	13	14	15
00h	0	0	0	0	0	0	0	0	0	0	0	0	0	0	0	0
01h	0	1	0	0	0	0	0	0	0	0	0	0	0	0	0	0
02h	0	1	0	0	0	0	0	0	0	0	0	0	0	0	0	1
03h	0	1	1	0	0	0	0	0	0	0	0	0	0	0	0	1
04h	0	1	1	0	0	0	0	0	0	0	0	0	0	0	1	1
05h	0	1	1	1	0	0	0	0	0	0	0	0	0	0	1	1
06h	0	1	1	1	0	0	0	0	0	0	0	0	0	1	1	1
07h	0	1	1	1	1	0	0	0	0	0	0	0	0	1	1	1
08h	0	1	1	1	1	0	0	0	0	0	0	0	1	1	1	1
09h	0	1	1	1	1	1	0	0	0	0	0	0	1	1	1	1
0Ah	0	1	1	1	1	1	0	0	0	0	0	1	1	1	1	1
0Bh	0	1	1	1	1	1	1	0	0	0	0	1	1	1	1	1
0Ch	0	1	1	1	1	1	1	0	0	0	1	1	1	1	1	1
0Dh	0	1	1	1	1	1	1	1	0	0	1	1	1	1	1	1
0Eh	0	1	1	1	1	1	1	1	0	1	1	1	1	1	1	1
0Fh	0	1	1	1	1	1	1	1	1	1	1	1	1	1	1	1

7.1.11 UART 波特率的设置

设置方法： 设置波特率时，首先要选择合适的时钟源。对于较低的波特率（9600bps 以下），可以选择 ACLK 作为时钟源，这使得在 LPM3 模式下仍然能够使用串口。由于串口接收过程中有一个 3 取 2 表决逻辑，这需要至少 3 个时钟周期，因此，要求分频系数必须大于 3。所以，在波特率高于 9600bps 的情况下，应选择频率较高的 SMCLK 作为时钟源。在某些特殊应用中，也可以使用外部的时钟输入作为波特率发生器的时钟源。

对于给定的 BRCLK 时钟源，所使用的波特率将决定分频因子 N，计算公式为（7-3）。

$$N = f_{\text{BRCLK}} \div f_{\text{所选用的波特率}} \tag{7-3}$$

分频因子 N 通常不是一个整数值，因此至少需要一个分频器和一个调制器来尽量接近分频因子。如果 N 等于或大于 16，可以通过置位 UCOS16 选择过采样波特率产生模式。表 7-4 为 UCBRSx 设置速查表。

表 7-4 UCBRSx 设置速查表

N的小数部分	UCBRSx	N的小数部分	UCBRSx
0.000 0	0x00	0.500 2	0xAA
0.052 9	0x01	0.571 5	0x6B
0.071 5	0x02	0.600 3	0xAD
0.083 5	0x04	0.625 4	0xB5
0.100 1	0x08	0.643 2	0xB6
0.125 2	0x10	0.666 7	0xD6
0.143 0	0x20	0.700 1	0xB7
0.167 0	0x11	0.714 7	0xBB
0.214 7	0x21	0.750 3	0xDD
0.222 4	0x22	0.786 1	0xED
0.250 3	0x44	0.800 4	0xEE
0.300 0	0x25	0.833 3	0xBF
0.333 5	0x49	0.846 4	0xDF
0.357 5	0x4A	0.857 2	0xEF
0.375 3	0x52	0.875 1	0xF7
0.400 3	0x92	0.900 4	0xFB
0.428 6	0x53	0.917 0	0xFD
0.437 8	0x55	0.928 8	0xFE

1. 低频波特率设置

在低频模式下，分频因子的整数部分通过预分频器实现，配置方式为（7-4）（其中 INT 为取整）。

$$UCBRx = INT(N) \tag{7-4}$$

【例 7.1.1】 在 MSP432 单片机中，使用 ACLK 作为串口时钟源，波特率设为 4800bps。

分析： 在 ACLK = 32 768Hz 时产生 4800bps 波特率，需要的分频系数是 32 768/4800 = 6.83。整数部分为 6，小数部分为 0.83。将整数部分赋给 UCA0BR 寄存器，查表得到调制器分频为 0xEE，因此，将 0xEE 赋给 UCBRS 控制位。

```
UCA0CTL1 |= UCSSEL_1;                    // 串口时钟源为 ACLK
UCA0BR0 = 0x06;                          // 整数分频系数为 6
UCA0BR0 = 0x06;
UCA0MCTL |= 0xEE00;                      // 调制器分频 UCBRSx = 0xEE,UCBRFx = 0
```

2. 过采样波特率设置

在过采样模式下，预分频设置为式（7-5）。

$$UCBRx = INT(N/16) \tag{7-5}$$

调制器设置为式（7-6）。

$$UCBRFx = round(((N/16) - INT(N/16)) \times 16) \tag{7-6}$$

【例 7.1.2】 在 MSP432 单片机中，使用 SMCLK 作为串口时钟源，波特率设置为 9600bps。

分析：在 SMCLK = 1 048 576Hz 时产生 9600bps 波特率，需要的分频系数 N = 1 048 576/9600 = 109.23，大于 16 分频，因此，应该选择过采样波特率产生模式，预分频 UCBR 应设置为 INT(N/16) = INT(6.83) = 6。调制器 UCBRF 应设置为 0.83 × 16 = 13.28，取最接近的整数 13，因此，将 13 赋给 UCBRF 控制位。查表得到调制器分频为 0x22，所以，将 0x22 赋给 UCBRS 控制位。

```
UCA0CTL1 |= UCSSEL_2;                          // SMCLK
UCA0BR0 = 6;                                   // 整数分频系数为 6
UCA0BR1 = 0;
UCA0MCTL = 0x2200 |UCOS16 |0x00D0;             // 调制器分频 UCBRFx =13,选择过采样模式
```

波特率设置也可直接参考表 7-5 和表 7-6。更多设置请查看设备用户指导。

表 7-5 波特率设置速查表（UCOS16 = 0）

BRCLK	波特率（bps）	UCBRx	UCBRFx	UCBRSx	BRCLK	波特率（bps）	UCBRx	UCBRFx	UCBRSx
32 768	2 400	13	—	0xB6	1 048 576	115 200	9	—	0x08
32 768	4 800	6	—	0xEE	4 000 000	230 400	17	—	0x4A
32 768	9 600	3	—	0x92	4 194 304	230 400	18	—	0x11
1 000 000	57 600	17	—	0x4A	8 000 000	460 800	17	—	0x4A
1 000 000	115 200	8	—	0xD6	8 388 608	460 800	18	—	0x11
1 048 576	57 600	18	—	0x11					

表 7-6 波特率设置速查表（UCOS16 = 1）

BRCLK	波特率（bps）	UCBRx	UCBRFx	UCBRSx	BRCLK	波特率（bps）	UCBRx	UCBRFx	UCBRSx
32 768	1 200	1	11	0x25	4 194 304	9 600	27	4	0xFB
1 000 000	9 600	6	4	0x20	4 194 304	19 200	13	10	0x55
1 000 000	19 200	3	8	0x2	4 194 304	38 400	6	13	0x22
1 000 000	38 400	1	10	0x0	4 194 304	57 600	4	8	0xEE
1 048 576	9 600	6	13	0x22	4 194 304	115 200	2	4	0x92
1 048 576	19 200	3	6	0xAD	8 000 000	9 600	52	1	0x49
1 048 576	38 400	1	11	0x25	8 000 000	19 200	26	0	0xB6
4 000 000	9 600	26	0	0xB6	8 000 000	38 400	13	0	0x84
4 000 000	19 200	13	0	0x84	8 000 000	57 600	8	10	0xF7
4 000 000	38 400	6	8	0x20	8 000 000	115 200	4	5	0x55
4 000 000	57 600	4	5	0x55	8 000 000	230 400	2	2	0xBB
4 000 000	115 200	2	2	0xBB					

7.1.12 eUSCI_A 异步方式中断

eUSCI_A 只有一个发送和接收共用的中断向量。

1. UART 发送中断操作

eUSCI_A 发送装置置位 UCTXIFG 中断标志，这表明 UCAxTXBUF 已经准备好接收另一个字符。如果 UCTXIE 寄存器中 UCTXIE 也置位的话，将产生发送中断请求。如果将字符写入 UCAxTXBUF 中，UCTXIFG 将自动复位。注意：复位之后或 UCSWRST = 1 时，将置位发送中断标志

位 UCTXIFG 并清除中断允许寄存器 UCTXIE。

2. UART 接收中断操作

每接收到一个字符并将其载入 UCAxRXBUF 中时，将置位接收中断标志位 UCRXIFG。如果 UCRXIE 寄存器中 UCRXIE 也置位的话，将产生接收中断请求。复位之后或 UCSWRST = 1 时，将清除接收中断标志位 UCRXIFG 和中断允许寄存器 UCRXIE。当读取 UCAxRXBUF 中的值时，接收中断标志位 UCRXIFG 将自动复位。

其他的中断控制特征包括：

1）当 UCAxRXEIE = 0 时，接收到的错误字符将不会置位 UCRXIFG；

2）当 UCDORM = 1 时，在多机模式下，非地址字符将不会置位 UCRXIFG，在普通 UART 模式下，没有字符将置位 UCRXIFG；

3）当 UCBRKIE = 1 时，若出现打断状态，将置位 UCBRK 和 UCRXIFG 标志位。

3. UART 接收开始和结束中断操作

1）UCSTTIFG：开始位接收中断。当 UART 模块接收到开始位时，该标志置位。

2）UCTXCPTIFG：发送完成中断。在内部移位寄存器中的完整 UART 字节（包括停止位）被移出并且 UCAxTXBUF 为空之后，该标志位置位。

7.1.13　DMA 操作

在具有 DMA 控制器的设备中，当发送缓冲区 UCAxTXBUF 为空或在 UCAxRXBUF 缓冲区中接收到数据时，eUSCI 模块可以触发 DMA 传输。DMA 触发信号分别对应于 UCTXIFG 发送中断标志和 UCRXIFG 接收中断标志。当选择 DMA 传输时，必须禁用中断功能，即设置 UCTXIE = 0 或 UCRXIE = 0。

对 UCAxRXBUF 的 DMA 读取访问与 CPU 读取的效果相同：读取后，所有错误标志（UCRXERR、UCFE、UCPE、UCOE 和 UCBRK）都将被清除。

【例 7.1.3】　为 MSP432 单片机的 eUSCI_A2 模块编写 UART 中断服务程序框架。

```
// eUART_A2 中断服务函数
void eUSCIA2IsrHandler(void)
{
    if (UCA2IFG & UCRXIFG)                         // 判断 eUART_A2 接收中断标志位
    {
        /* 在这里写接收中断服务程序代码 */
    } if (UCA2IFG & UCTXIFG)                       // 判断 eUART_A2 发送中断标志位
    {
        /* 在这里写发送中断服务程序代码 */
    }
if (UCA2IFG & UCSTTIFG)                            // 判断 eUART_A2 接收起始位中断标志位
    {
        /* 在这里写接收起始位中断服务程序代码 */
    }
if (UCA2IFG & UCRXIFG)                             // 判断 eUART_A2 发送完成中断标志位
    {
        /* 在这里写发送完成中断服务程序代码 */
    }
}
```

7.1.14 eUSCI_A 寄存器——UART 模式

在 UART 模式下，可使用的 eUSCI_A 寄存器如表 7-7 所示。

表 7-7 eUSCI_A 寄存器（基址：0x4000_1000h）

寄存器	缩写	读写类型	访问方式	偏移地址	初始状态
eUSCI_A 控制寄存器 0	UCAxCTLW0	读/写	字访问	00h	0001h
eUSCI_A 控制寄存器 1	UCAxCTLW1	读/写	字访问	02h	0003h
eUSCI_A 波特率控制寄存器	UCAxBRW	读/写	字访问	06h	0000h
eUSCI_A 调制器控制寄存器	UCAxMCTLW	读/写	字节访问	08h	00h
eUSCI_A 状态寄存器	UCAxSTATW	读/写	字节访问	0Ah	00h
eUSCI_A 接收缓冲寄存器	UCAxRXBUF	读/写	字节访问	0Ch	00h
eUSCI_A 发送缓冲寄存器	UCAxTXBUF	读/写	字节访问	0Eh	00h
eUSCI_A 自动波特率控制寄存器	UCAxABCTL	读/写	字节访问	10h	00h
eUSCI_A IrDA 控制寄存器	UCAxIRCTL	读/写	字访问	12h	0000h
eUSCI_A 中断控制寄存器	UCAxICTL	读/写	字访问	1Ch	0000h
eUSCI_A 中断使能寄存器	UCAxIE	读/写	字节访问	1Ch	00h
eUSCI_A 中断标志位	UCAxIFG	读/写	字节访问	1Dh	00h
eUSCI_A 中断向量	UCAxIV	读	字访问	1Eh	0000h

以下详细介绍 eUSCI_A 各寄存器的含义。注意：含下划线的配置为 eUSCI_A 寄存器初始状态或复位后的默认配置。

（1）eUSCI_A 控制寄存器 0（UCAxCTLW0）

15	14	13	12	11	10	9	8
UCPEN	UCPAR	UCMSB	UC7BIT	UCSPB	UCMODEx		UCSYNC

7	6	5	4	3	2	1	0
UCSSELx		UCRXEIE	UCBRKIE	UCDORM	UCTXADDR	UCTxBRK	UCSWRST

注意：表中灰色底纹部分的控制寄存器只有在 UCSWRST = 1 时，才可被修改。

1）**UCPEN**：第 15 位，奇偶校验使能控制位。

0：禁止奇偶校验；

1：使能奇偶校验。在地址位多机模式下，地址位参与奇偶校验计算。

2）**UCPAR**：第 14 位，选择奇偶校验。当禁止奇偶校验时（UCPEN = 0），不使用 UCPAR。

0：选择奇校验； 1：选择偶校验。

3）**UCMSB**：第 13 位，选择高/低位优先。控制发送和接收移位寄存器的方向。

0：低位优先； 1：高位优先。

4）**UC7BIT**：第 12 位，字符长度控制位。选择 7 位或 8 位字符长度。

0：8 位数据； 1：7 位数据。

5）**UCSPB**：第 11 位，停止位个数选择控制位。通过该控制位可以选择停止位的个数。

0：1 个停止位； 1：2 个停止位。

6）**UCMODEx**：第 9～10 位，eUSCI 模式选择控制位。当 UCSYNC = 0 时，UCMODEx 选择

异步模式。

00：UART 模式；　　01：线路空闲多机模式；

10：地址位多机模式；　　11：自动波特率检测的 UART 模式。

7）UCSYNC：第 8 位，同步模式使能控制位。

0：异步模式；　　1：同步模式。

8）UCSSELx：第 6～7 位，eUSCI 时钟源选择控制位。通过该控制位可以选择 BRCLK 的参考时钟。

00：UCLK（外部 eUSCI 时钟）；　　01：ACLK；

10：SMCLK；　　11：SMCLK。

9）UCRXEIE：第 5 位，接收错误字符中断使能控制位。

0：不接收错误字符且不置位 UCRXIFG 接收中断标志位；

1：接收错误字符且置位 UCRXIFG 接收中断标志位。

10）UCBRKIE：第 4 位，接收打断字符中断使能控制位。

0：接收的打断字符不置位 UCRXIFG 接收中断标志位；

1：接收的打断字符置位 UCRXIFG 接收中断标志位。

11）UCDORM：第 3 位，睡眠模式选择控制位。置位该控制位可使 eUSCI 进入睡眠模式。

0：不睡眠。所有接收的字符均置位 UCRXIFG。

1：睡眠。只有空闲线路或地址位作为前导的字符置位 UCRXIFG。带自动波特率检测的 UART 模式下，只有打断和同步字段的组合可以置位 UCRXIFG。

12）UCTXADDR：第 2 位，发送地址控制位。根据选择的多机模式，选择下一帧发送的类型。

0：发送的下一帧是数据；　　1：发送的下一帧是地址。

13）UCTxBRK：第 1 位，发送打断控制位。在自动波特率检测的 UART 模式下，为了产生需要的打断或同步字符，必须将 055h 写入 UCAxTXBUF 中；否则，必须将 0h 写入发送缓冲寄存器中。

0：发送的下一帧不是打断；

1：发送的下一帧是打断或是打断同步字符。

14）UCSWRST：第 0 位，软件复位使能控制位。该控制位上电复位时，默认为 1。该位的状态影响其他一些控制位和状态位的状态。在串行口的使用过程中，这是比较重要的控制位。一次正确的 UART 通信初始化的过程顺序如下：先在 UCSWRST＝1 的情况下，设置串口，然后设置 UCSWRST＝0，最后如果需要中断，则设置相应的中断使能。

0：关闭软件复位，串口通信正常工作；

1：逻辑复位，eUSCI 逻辑保持在复位状态。

（2）eUSCI_A 控制寄存器 1（UCAxCTLW0）

15	14	13	12	11	10	9	8
保留							
7	6	5	4	3	2	1	0
保留						UCGLITx	

UCGLITx：第 0~1 位，抗尖峰时间控制位。

00：大约 5ns；　01：大约 20ns；　10：大约 30ns；　11：大约 50ns。

（3）eUSCI_A 波特率控制寄存器（UCAxBRW）

15	14	13	12	11	10	9	8
UCBRx							
7	**6**	**5**	**4**	**3**	**2**	**1**	**0**
UCBRx							

注意：表中灰色底纹部分的控制寄存器只有在 UCSWRST = 1 时，才可被修改。

UCBRx：波特率发生器的时钟与预分频器设置，默认值为 0000h。该位用于整数分频。

（4）eUSCI_A 调制器控制寄存器（UCAxMCTLW）

15	14	13	12	11	10	9	8
UCBRSx							
7	**6**	**5**	**4**	**3**	**2**	**1**	**0**
UCBRFx				保留			UCOS16

注意：表中灰色底纹部分的控制寄存器只有在 UCSWRST = 1 时，才可被修改。

1）**UCBRSx**：第 8~15 位，第 2 级调制选择。这些位保存 BITCLK 的自由调制模式。具体请参考表 7-2。

2）**UCBRFx**：第 4~7 位，第 1 级调制选择。当 UCOS16 = 1 时，该控制位决定 BIT16CLK 的调制方式。当 UCOS16 = 0 时，该控制位配置忽略。具体请参考表 7-3。

3）**UCOS16**：第 0 位，过采样模式使能控制位。

0：禁止过采样模式；　1：使能过采样模式。

（5）eUSCI_A 状态寄存器（UCAxSTATW）

15	14	13	12	11	10	9	8
保留							
7	**6**	**5**	**4**	**3**	**2**	**1**	**0**
UCLISTEN	UCFE	UCOE	UCPE	UCBRK	UCRXERR	UCADDR/UCIDLE	UCBUSY

注意：表中灰色底纹部分的控制寄存器只有在 UCSWRST = 1 时，才可被修改。

1）**UCLISTEN**：第 7 位，侦听使能控制位。UCLISTEN 位置位选择闭环回路模式。

0：禁止；　1：使能 UCAxTXD 内部反馈到接收器。

2）**UCFE**：第 6 位，帧错误标志位。

0：没有帧错误产生；　1：帧错。

3）**UCOE**：第 5 位，溢出错误标志位。如果在读出前一字符之前，又将字符传输到 UCAxRXBUF 中，则置位该标志位。当读取 UCAxRXBUF 后，UCOE 标志位将自动复位。注意：禁止利用软件清除该标志位，否则 UART 将不能正常工作。

0：没有溢出错误；　1：产生溢出错误。

4）**UCPE**：第 4 位，奇偶校验错误标志。

0：没有奇偶校验错误；　1：接收到带有奇偶校验错误的字符。

5）**UCBRK**：第 3 位，打断检测标志位。

0：没有出现打断情况；　　1：产生打断条件。

6）**UCRXERR**：第 2 位，该位表示接收到带有错误的字符。当 UCRXERR = 1 时，表示有 1 个或多个错误标志 UCFE、UCPE 或 UCOE 被置位。当读取 UCAxRXBUF 时，将自动清除 UCRX-ERR 标志位。

0：没有接收到错误字符；　　1：接收到错误的字符。

7）**UCADDR**：第 1 位，地址位多机模式下，接收地址控制位。读取 UCAxRXBUF 时将自动清除该控制位。

0：接收到的字符为数据；　　1：接收到的字符为地址。

8）**UCIDLE**：第 1 位，空闲多机模式下，空闲线路检测标志位。读取 UCAxRXBUF 时，将自动清除 UCIDLE 标志位。

0：没有检测到空闲线路；　　1：检测到空闲线路。

9）**UCBUSY**：第 0 位，eUSCI 忙标志位。该标志位表示是否有发送或接收操作正在进行。

0：eUSCI 空闲；　　1：eUSCI 正在发送或接收。

（6）eUSCI_A 接收缓冲寄存器（UCAxRXBUF）

15	14	13	12	11	10	9	8
保留							
7	6	5	4	3	2	1	0
UCRXBUFx							

UCRXBUFx：第 0 ~ 7 位，接收缓冲寄存器存放从接收移位寄存器最后接收的字符，可由用户访问。对 UCAxRXBUF 进行读操作，将复位接收错误标志位、UCADDR、UCIDLE 和 UCRX-IFG。如果传输 7 位数据，接收缓冲的内容右对齐，最高位为 0。

（7）eUSCI_A 发送缓冲寄存器（UCAxTXBUF）

15	14	13	12	11	10	9	8
保留							
7	6	5	4	3	2	1	0
UCTXBUFx							

UCTXBUFx：第 0 ~ 7 位，发送缓冲寄存器内容可以传送至发送移位寄存器，然后由 UCAx-TXD 传输。对发送缓冲寄存器进行写操作，可以复位 UCTXIFG。如果传输的是 7 位数据，发送缓冲内容最高位为 0。

（8）eUSCI_A 自动波特率控制寄存器（UCAxABCTL）

15	14	13	12	11	10	9	8
保留							
7	6	5	4	3	2	1	0
保留		UCDELIMx		UCSTOE	UCBTOE	保留	UCABDEN

注意：表中灰色底纹部分的控制寄存器只有在 UCSWRST = 1 时，才可被修改。

1）**UCDELIMx**：第 4～5 位，打断/同步分隔符长度。

00：1 位时长；　　01：2 位时长；　　10：3 位时长；　　11：4 位时长。

2）**UCSTOE**：第 3 位，同步字段超时错误检测标志位。

0：没有错误；　　1：同步字段长度超出可测量时间。

3）**UCBTOE**：第 2 位，打断超时错误标志位。

0：没有错误；　　1：打断字段的长度超过 22 位时长。

4）**UCABDEN**：第 0 位，自动波特率检测使能控制位。

0：波特率检测禁止，不测量打断和同步字段长度；

1：波特率检测使能，测量打断和同步字段的长度，并同时更改相应波特率设置。

（9）eUSCI_A IrDA 控制寄存器（UCAxIRCTL）

15	14	13	12	11	10	9	8
UCIRRXFLx						UCIRRXPL	UCIRRXFE
7	**6**	**5**	**4**	**3**	**2**	**1**	**0**
UCIRTXPLx						UCIRTXCLK	UCIREN

注意：表中灰色底纹部分的控制寄存器只有在 UCSWRST＝1 时，才可被修改。

1）**UCIRRXFLx**：第 10～15 位，接收滤波器长度控制位。接收的最小脉冲长度计算如下：

$$t_{MIN} = (UCIRRXFLx + 4)/(2 \times f_{BRCLK})$$

2）**UCIRRXPL**：第 9 位，IrDA 接收输入极性控制位。

0：当检测到一个低电平时，IrDA 收发器输入一个高电平；

1：当检测到一个高电平时，IrDA 收发器输入一个低电平。

3）**UCIRRXFE**：第 8 位，IrDA 接收滤波器使能控制位。

0：接收滤波器禁止；　　1：接收滤波器使能。

4）**UCIRTXPLx**：第 2～7 位，发送脉冲长度控制位。脉冲长度计算公式如下：

$$t_{PULSE} = (UCIRTXPLx + 1)/(2 \times f_{IRTXCLK})$$

5）**UCIRTXCLK**：第 1 位，IrDA 发送脉冲时钟选择控制位。

0：BRCLK；　　1：当 UCOS16＝1 时，选择 BITCLK16；否则，选择 BRCLK。

6）**UCIREN**：第 0 位，IrDA 编码器/解码器使能控制位。

0：IrDA 编码器/解码器禁止；　　1：IrDA 编码器/解码器使能。

（10）eUSCI_A 中断使能寄存器（UCAxIE）

15	14	13	12	11	10	9	8
保留							
7	**6**	**5**	**4**	**3**	**2**	**1**	**0**
保留				UCTXCPTIE	UCSTTIE	UCTXIE	UCRXIE

1）**UCTXCPTIE**：第 3 位，发送完成中断使能控制位。

0：禁止中断；　　1：使能中断。

2）**UCSTTIE**：第 2 位，开始位中断使能控制位。

0：禁止中断；　　1：使能中断。

3）**UCTXIE**：第 1 位，发送中断使能控制位。

0：禁止中断；　　1：使能中断。

4）**UCRXIE**：第 0 位，接收中断使能控制位。

0：禁止中断；　　1：使能中断。

（11）eUSCI_A 中断标志寄存器（UCAxIFG）

15	14	13	12	11	10	9	8
保留							
7	**6**	**5**	**4**	**3**	**2**	**1**	**0**
保留				UCTXCPTIFG	UCSTTIFG	UCTXIFG	UCRXIFG

1）**UCTXCPTIFG**：第 3 位，发送完成中断标志位。当内部移位寄存器中的整个字节被移出并且 UCAxTXBUF 为空时，UCTXCPTIFG 被置位。

0：没有中断被挂起；　　1：中断挂起。

2）**UCSTTIFG**：第 2 位，开始位中断标志位。UCSTTIFG 在接收到起始位后置位。

0：没有中断被挂起；　　1：中断挂起。

3）**UCTXIFG**：第 1 位，发送中断标志位。当 UCAxTXBUF 为空时，UCTXIFG 置位。

0：没有中断被挂起；　　1：中断挂起。

4）**UCRXIFG**：第 0 位，接收中断标志位。当 UCAxRXBUF 已经接收到一个完整的字符时，UCRXIFG 置位。

0：没有中断被挂起；　　1：中断挂起。

（12）eUSCI_A 中断向量寄存器（UCAxIV）

15	14	13	12	11	10	9	8
0	0	0	0	0	0	0	0
7	**6**	**5**	**4**	**3**	**2**	**1**	**0**
0	0	0	0	UCIVx			0

UCIVx：第 1 ~3 位，eUSCI 中断向量值。UART 模式下，eUSCI 中断向量表如表 7-8 所示。

表 7-8　eUSCI 中断向量表（UART 模式）

UCAxIV 值	中断源	中断标志	中断优先级
0000h	无中断	—	—
0002h	数据接收中断	UCRXIFG	最高
0004h	数据发送中断	UCTXIFG	逐渐降低
0006h	接收到起始位	UCSTTIFG	
0008h	发送完成	UCTXCPTIFG	最低

7.1.15　UART 模式操作应用举例

【例 7.1.4】　为 MSP432 单片机编写实现串口收/发的程序。

分析：这个程序实现了 MSP432 单片机的 URAT 自发自收，将 P3.2 和 P3.3 引脚连接即可。

当接收到字符后，LED 会闪烁。若接收到的字符与发送的字符不同，LED 会一直亮，并且程序进入死循环。

```
#include "msp.h"
#include <stdint.h>
uint8_t RXData = 0;
uint8_t TXData = 1;
volatile int i =0;
int main(void)
{
    WDTCTL = WDTPW |WDTHOLD;                          // 关闭看门狗
    P1DIR |= BIT0;                                    // 设置 P1.0(LED)为输出方向
    P1OUT &=~BIT0;                                    // 设置 P1.0 为输出低
    P3SEL0 |= BIT2 |BIT3;                             // 设置 P3.2、P3.3 为 URAT
    __enable_interrupt();                             // 使能全局中断
    NVIC_ISER0 = 1 << ((INT_EUSCIA2 - 16) & 31);      // 在 NVIC 模块中使能 eUSCI_A2 中断
    UCA2CTLW0 |= UCSWRST;                             // 复位寄存器设置
    UCA2CTLW0 |= UCSSEL__SMCLK;                       // 波特率发生器参考时钟设置为 SMCLK,SMCLK =3MHz
    UCA2BR0 = 26;                                     // 3000000/115200 = 26.042
    UCA2MCTLW = 0x0000;                               // 3000000/115200 - INT(3000000/115200) =0.042
    // UCBRSx = 0x00 (看用户手册) UCA2BR1 = 0;
    UCA2CTLW0 &=~UCSWRST;                             // 完成 eUSCI_A2 配置
    UCA2IE |= UCRXIE;                                 // 使能 eUSCI_A2 接收中断
    SCB_SCR &=~SCB_SCR_SLEEPONEXIT;                   // 退出中断,同时从低功耗模式唤醒
    while (1)
    {
        while (!(UCA2IFG & UCTXIFG));                 // eUART_A2 是否发送完成
        UCA2TXBUF = TXData;                           // 将数据传送给发送缓冲寄存器
        __sleep();                                    // 进入低功耗模式
    }
}
// eUART_A2 中断服务函数
void eUSCIA2IsrHandler(void)
{
    if (UCA2IFG & UCRXIFG)                            // 判断 eUART_A2 接收中断标志位
    {
        UCA2IFG &= ~ UCRXIFG;                         // 清除接收中断标志位
        RXData = UCA2RXBUF;
        P1OUT |= BIT0;
        for (i =1;i <20000;i ++);
        P1OUT &= ~ BIT0;
        for (i =1;i <20000;i ++);                     // 接收到数据后,LED 闪烁
        if (RXData != TXData)                         // 检查接收到的数据是否等于发送的数据
        {
            P1OUT |= BIT0;                            // 若不是,LED 亮,并进入死循环
            while (1);
        }
        TXData ++;                                    // 传送的数据 +1
}
}
```

【例 7.1.5】 利用 MSP432 单片机的异步通信模式 UART，实现与 PC 的串口通信。

分析： 串口通信是指外设和计算机间，通过数据信号线、地线、控制线等，按位进行传输数据的一种通信方式。这种通信方式使用的数据线少，在远距离通信中可以节约通信成本，但其传输速度比并行传输低。

进行串口通信，PC 必须带有串口，传统的 PC 主板都带有这个接口，但是，由于现在主板市场定位不同，很多新式主板并不带有串行接口，并且笔记本电脑上基本不带这些老式接口。取而代之的是通用 USB 接口，这使得一些主板在连接 RS232 串行接口时遇到了困难。针对这种情况，需要用到 USB 转串口。USB 转串口可实现计算机 USB 接口到通用串口之间的转换，为没有串口的计算机提供快速的通信通道。而且使用该工具，等于将传统的串口设备变成了即插即用的 USB 设备，应用广泛。本实例即采用该 USB 转串口工具。注意：若 PC 主板上带有串口，可省略 USB 转串口工具。USB 转串口工具及 PC 主板串口实物如图 7-11 所示。

图 7-11　USB 转串口工具（左）及 PC 主板串口（右）实物示意图

> **基础知识点：** TTL 电平和 RS232 电平介绍。
>
> TTL 电平信号被利用得最多，这是因为数据通常采用二进制表示，+5V 等价于逻辑“1”，0V 等价于逻辑“0”，这被称作 TTL（晶体管-晶体管逻辑电平）信号系统，这是微型计算机控制的设备内部各部分之间通信的标准技术。TTL 输出高电平 >2.4V，输出低电平 <0.4V；输入高电平 >=2.0V，输入低电平 <=0.8V，噪声容限是 0.4V。MSP432 单片机设备即采用 TTL 电平信号。
>
> RS232 为串行通信接口标准，其信号电平采用负逻辑，逻辑“1”的电平为 -3V ~ -15V，逻辑“0”的电平为 +3V ~ +15V。因此，在实际工作时，应保证电平在 ±(3 ~ 15)V 之间。PC 串口通信采用的是 RS232 电平标准，所以，需要实现 TTL 电平与 RS232 电平之间的转换。

MSP432 单片机利用 UART 模式实现与 PC 的串口通信示意图如图 7-12 所示。

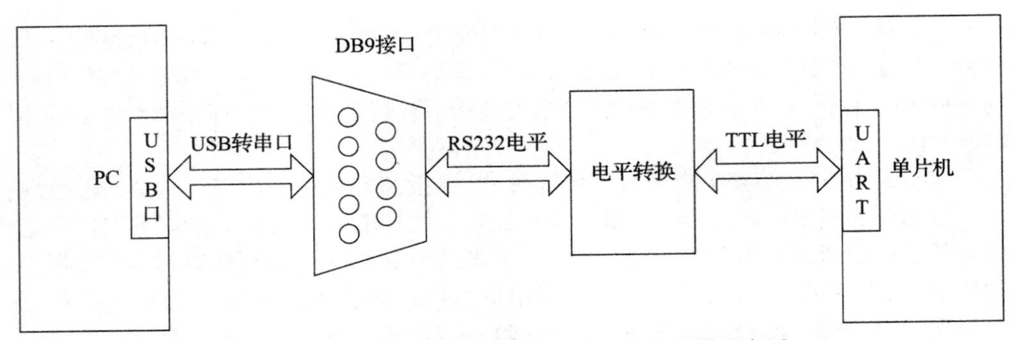

图 7-12　MSP432 UART 模块与 PC 的串口通信示意图

RS-232 接口电路连接方式根据需要有三线、六线、八线、两线多种。当通信速率较低时可以采用三线对接法，如图 7-13 所示。

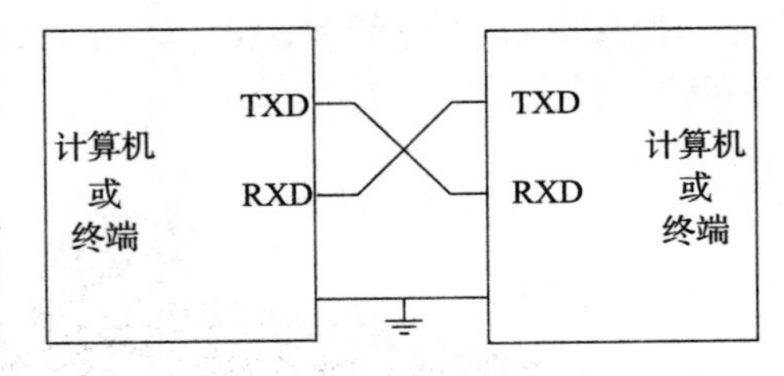

图 7-13　RS-232 电缆连接图

在本示例中采用一块 MAX3221 芯片，把从 MSP432 中 eUSCI 过来的信号进行电平转换后输出到 PC，把从 PC 发过来的信号发送给 eUSCI。设计中的 RS-232 接口电路如图 7-14 所示。

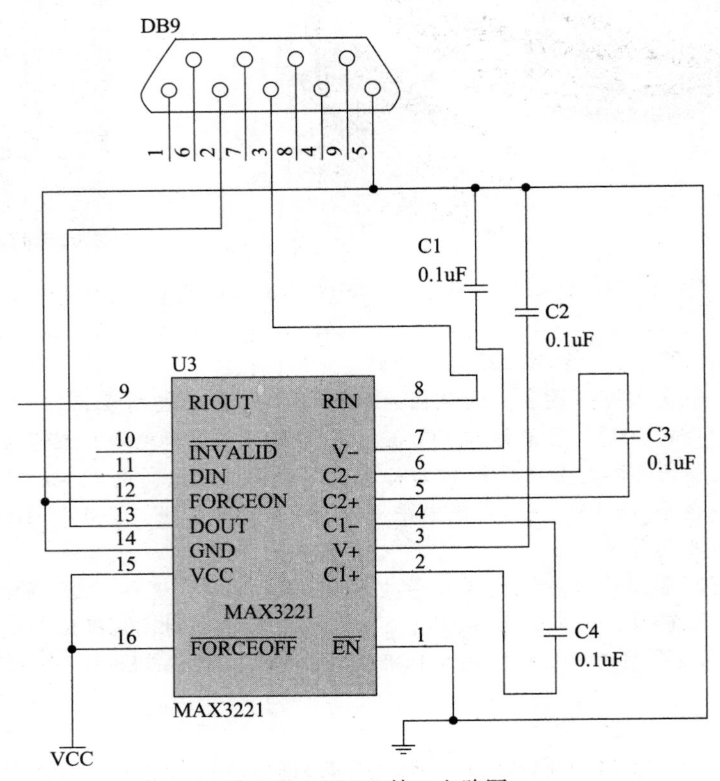

图 7-14　RS232 接口电路图

图 7-14 中 DB9 为即为我们选用的 RS-232 连接器——9 针串行口（母头），其插针分别对应 RS-232-C 标准接口 9 根常用线，其对应关系如表 7-9 所示。

表 7-9　9 针串行口插针对应关系表

DB9 插针	插针功能说明	标记
1	接收线信号检出	DCD
2	接收数据	RD
3	发送数据	TD
4	数据终端就绪	DTR
5	信号地	SG
6	数据传输设备就绪	DSR
7	请求发送	RTS
8	允许发送	CTS
9	振铃指示	RI

由图 7-14 以及表 7-9 可以知道，接收使能 EN 接地，时钟有效；掉电模式控制脚 FORCEOFF 始终拉高，即 MAX3221 始终处在工作状态。eUSCI_A0 的 TXD 脚与 MAX3221 的 11 脚（DIN）相连，eUSCI_A0 的 RXD 脚与 MAX3221 的 9 脚（ROUT）相连；输入 DIN 的信号转换为 RS-232 电平后，经 MAX3221 的 13 脚（DOUT）输出到 DB9 的 2 脚（DB9 的 2 脚为串口的 RXD 脚），接口 DB9 的 3 脚（串口的 TXD 脚）与 MAX3221 的 8 脚（RIN）相连，这样的连接方式已将 eUSCI_A0 的输出脚 TXD 和输入脚 RXD 连接对调，可以直接通过 USB 转串口延长线与 PC 相连。

上位机可采用串口调试助手，简单易用，界面清晰，调试界面如图 7-15 所示。上位机发送的数据还将回显至上位机，在接收区内显示。

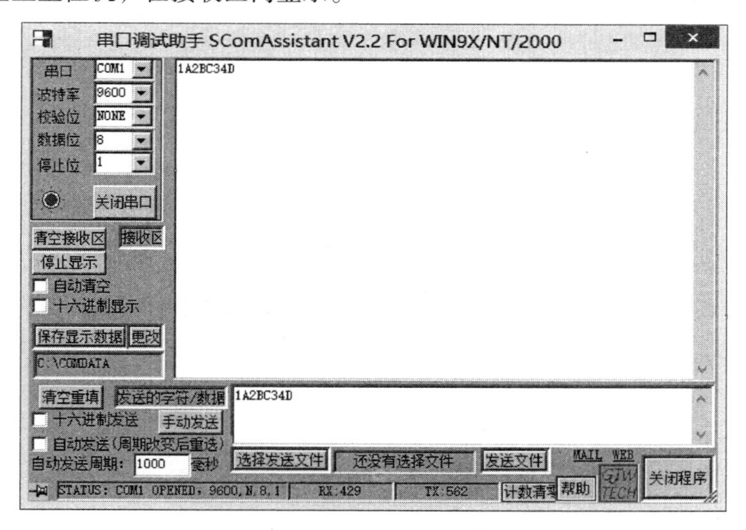

图 7-15　串口调试助手上位机界面

本实例采用 TI 公司生产的 MSP432P401r LaunchPad 作为测试平台，自制电平转换模块，采用 USB 转串口线进行实现。在收发数据的过程中，用户可在 eUSCI_A0 中断服务程序中设置断点，查看接收或发送缓冲寄存器的数值。

实例程序 1：MSP432 单片机与 PC 上位机通信波特率设置为 9600bps，没有校验位，数据位为 8 位，停止位为 1 位。在本实例程序中，采用低频波特率生成模式。具体实例程序代码如下所示。

```
#include "msp.h"
```

```
int main(void)
{
    WDTCTL = WDTPW |WDTHOLD;                          // 关闭看门狗
    P3SEL0 |= BIT2 |BIT3;                             // 设置 P3.2 P3.3 为 URAT
    __enable_interrupt();                             // 使能全局中断
    NVIC_ISER0 = 1 << ((INT_EUSCIA2 - 16) & 31);      // 在 NVIC 模块中使能
                                                      // eUSCI_A2 中断
    UCA2CTLW0 |= UCSWRST;                             // 复位寄存器设置
    UCA2CTLW0 |= UCSSEL__ACLK;                        // 波特率发生器参考时钟设置为
    ACLK,ACLK =32768Hz
    // 32768/9600 = 3.413
    UCA2BR0 = 3;                                      // 波特率设置为 9600bps
    UCA2BR1 = 0x00;
    UCA2MCTLW = 0x9200 ;                              // 调制器设置,选择低频波特率模式
    UCA2CTLW0 & = ~UCSWRST;                           // 完成 eUSCI_A2 配置
    UCA2IE |= UCRXIE;                                 // 使能 USCI_A2 接收中断
    while (1);
}
// eUART_A2 中断服务函数
void eUSCIA2IsrHandler(void)
{
    if (UCA2IFG & UCRXIFG)                            // 判断 eUART_A2 接收中断标志位
    {
        while(!(UCA2IFG&UCTXIFG));                    // eUART_A2 是否发送完成
        UCA2TXBUF=UCA2RXBUF;                          // 将接收缓冲寄存器的字符传送给发送缓冲寄存
                                                      // 器,发送给 PC,在串口调试助手中显示
        __no_operation();                             // 可在此处设置断点,方便调试
    }
}
```

实例程序 2：MSP432 单片机与 PC 上位机通信波特率设置为 9600bps，没有校验位，数据位为 8 位，停止位为 1 位。在本实例程序中，波特率生成采用过采样波特率模式。具体实例程序代码如下所示。

```
#include "msp.h"
int main(void)
{
    WDTCTL = WDTPW |WDTHOLD;                          // 关闭看门狗
    CSKEY = 0x695A;                                   // 解锁时钟寄存器
    CSCTL0 = 0;                                       // 复位时钟模块控制寄存器 0
    CSCTL0 = DCORSEL_3;                               // 设置 DCO 频率为 12MHz(频率范围 8MHz ~16MHz)
    CSCTL1 = SELA_2 |SELS_3 |SELM_3;                  // ACLK = REFO,SMCLK = MCLK = DCO
    CSKEY = 0;                                        // 锁定时钟寄存器
    P3SEL0 |= BIT2 |BIT3;                             // 设置 P3.2、P3.3 为 URAT
    __enable_interrupt();                             // 使能全局中断
    NVIC_ISER0 = 1 << ((INT_EUSCIA2 - 16) & 31);      // 在 NVIC 模块中使能 eUSCI_A2 中断
    UCA2CTLW0 |= UCSWRST;                             // 复位寄存器设置
    UCA2CTLW0 |= UCSSEL__SMCLK;          // 波特率发生器参考时钟设置为 SMCLK,SMCLK =12MHz
    // 12000000/(16* 9600) = 78.125
```

```
    // 查表 UCBRSx = 0x10
    // UCBRFx = int ( (78.125 -78)* 16) = 2
    UCA2BR0 = 78;                              // 波特率设置为 9600bps
    UCA2BR1 = 0x00;
    UCA2MCTLW = 0x1000 |UCOS16 |0x0020;        // 调制器设置,选择过采样模式
    UCA2CTLW0 & = ~UCSWRST;                    // 完成 eUSCI_A2 配置
    UCA2IE |= UCRXIE;                          // 使能 USCI_A2 接收中断
while(1);
}
// eUART_A2 中断服务函数
void eUSCIA2IsrHandler(void)
{
    if (UCA2IFG & UCRXIFG)                     // 判断 eUART_A2 接收中断标志位
    {
        while(!(UCA2IFG&UCTXIFG));             // eUART_A2 是否发送完成
        UCA2TXBUF = UCA2RXBUF;                 // 将接收缓冲寄存器的字符传送给发送缓冲寄存
                                               // 器,发送给 PC,在串口调试助手中显示
        __no_operation();                      // 可在此处设置断点,方便调试
    }
}
```

实例实现平台及实物如图 7-16 所示。

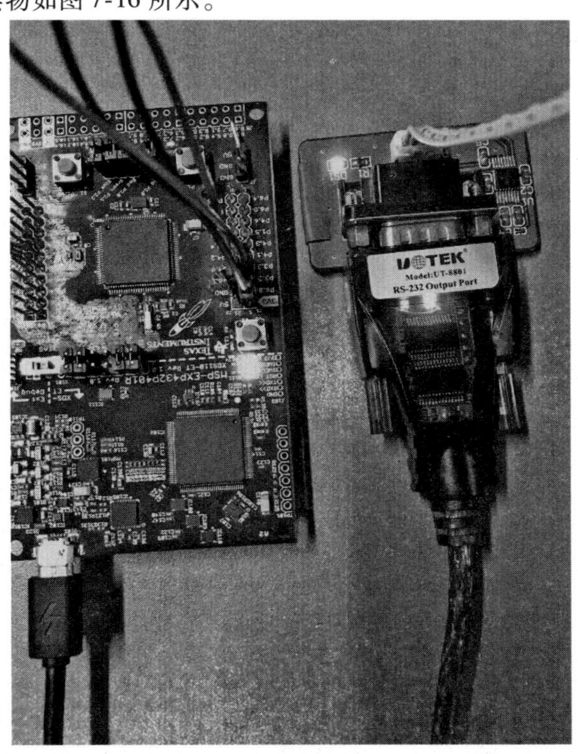

图 7-16　MSP432 通过 UART 模式与 PC 串口通信实验实物

7.2 eUSCI 的同步模式

7.2.1 SPI 概述

SPI（Serial Peripheral Interface）为串行外设接口的简称，它是一种同步全双工通信协议，其硬件功能很强，与 SPI 有关的软件相当简单，使 CPU 有更多的时间处理其他事务。MSP432 单片机的 eUSCI_A 和 eUSCI_B 模块都支持 SPI 通信模式。SPI 总线上可以连接多个可作为主机的 MCU 和装有 SPI 接口的输入/输出设备，如液晶驱动、片外 ADC 等外设。SPI 通信模块通过 3 线（SOMI、SIMO、CLK）或者 4 线（SOMI、SIMO、CLK 及 STE）同外界进行通信。其中 SOMI、SIMO、CLK 在主机模式和从机模式下存在差别，如表 7-10 所示。

表 7-10 SOMI、SIMO 和 CLK 的含义

引脚	含义	主机模式	从机模式
SOMI	从出主入	数据输入引脚	数据输出引脚
SIMO	从入主出	数据输出引脚	数据输入引脚
CLK	URAT 时钟	输出时钟	输入时钟

下面对这 4 根线进行简要说明。

1）CLK：CLK 为 SPI 通信时钟线。该时钟线由主机控制，即传送的速率由主机编程决定。

2）SOMI：SOMI 为 Slave Output Master Input 的缩写，即主入从出引脚。如果设备工作在主机模式，该引脚为输入；如果设备工作在从机模式，该引脚为输出。

3）SIMO：SIMO 为 Slave Input Master Output 的缩写，即从入主出引脚。如果设备工作在主机模式，该引脚为输出；如果设备工作在从机模式，该引脚为输入。

4）STE：STE 为 Slave Transmit Enable 的缩写，即从机模式发送/接收控制引脚，控制多主或多从系统中的多个从机。在其他应用场合中，也经常被写作片选 CS（Chip Select）和从机选择 SS（Slave Select）。

SPI 通信原理也比较简单，如图 7-17 所示。其中，a 所示为三线制 SPI 通信原理，b 所示为四线制一主多从 SPI 通信原理，c 所示为四线制多主多从 SPI 通信原理。四线与三线的区别是多出了一个 STE 信号，该引脚不用于 3 线 SPI 操作，但是，可以在 4 线 SPI 操作中使多主机共享总线，以避免发生冲突。如图 7-17b 所示，STE 信号在此处作为片选信号使用，在一主多从模式下，可控制主机与哪个从机进行通信。如图 7-17c 所示，STE 信号在此处还可作为控制主机信号，使不同的主机在总线上进行活动，所以，可以通过控制主机的 STE 信号和控制从机的 STE 信号，确定当前是哪个主机与哪个从机之间进行通信。注意，无论是主机的 STE 信号还是从机的 STE 信号都要由额外的 IO 口来控制。

7.2.2 SPI 特性及结构框图

当 MSP432 单片机 eUSCI 模块控制寄存器 UCAxCTL0 或者 UCBxCTL0 的 UCSYNC 控制位置位时，eUSCI 模块工作在同步 SPI 模式，通过配置该寄存器下的 UCMODEx 控制位，可使 SPI 模块工作在三线或四线 SPI 通信模式下。MSP432 单片机的同步通信模式特点如下：

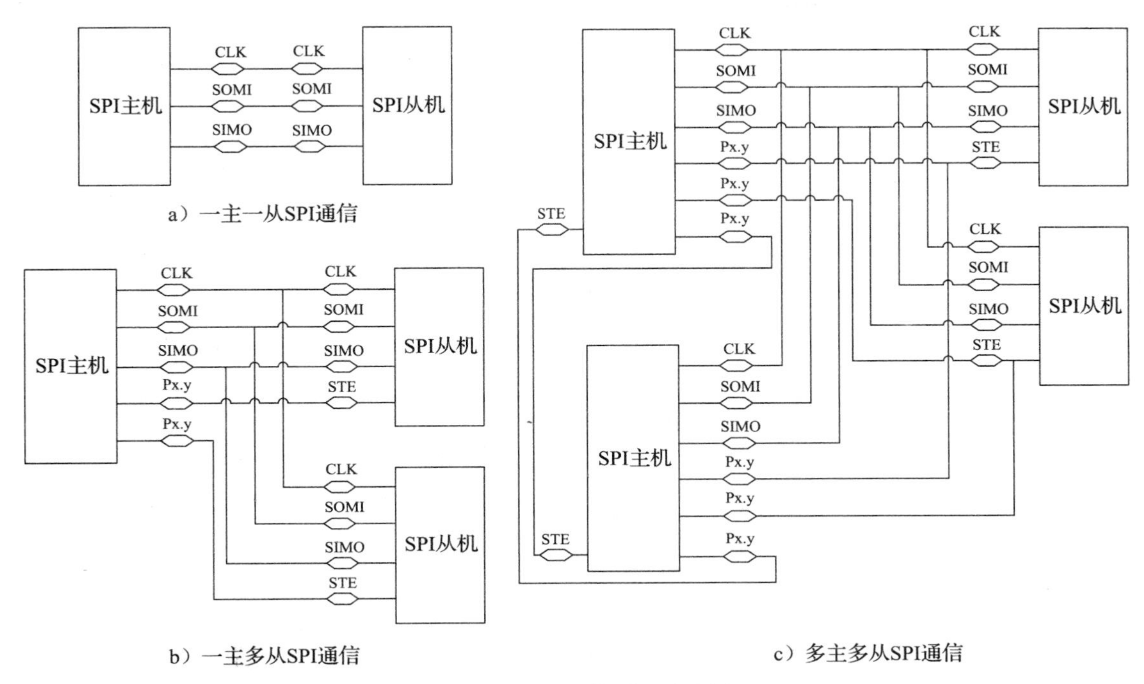

图 7-17　SPI 通信原理示意图

1）7 位或 8 位数据长度；

2）最高有效位在前或者最低有效位在前的数据的发送和接收；

3）支持 3 线或 4 线 SPI 操作；

4）支持主机模式或从机模式；

5）具有独立的发送和接收移位寄存器；

6）具有独立的发送和接收缓冲寄存器；

7）具有连续发送和接收能力；

8）时钟的极性和相位可编程；

9）主模式下，时钟频率可编程；

10）具有独立的接收和发送中断能力。

eUSCI 模块配置为 SPI 模式下的结构框图如图 7-18 所示。

由图 7-18 可知，在 SPI 模式下，eUSCI 模块由 3 个部分组成：SPI 接收逻辑（如图中①模块）、SPI 时钟发生器（如图中②模块）和 SPI 发送逻辑（如图中③模块）。SPI 接收逻辑主要由 3 个部分组成：接收缓冲寄存器 UCxRXBUF、接收移位寄存器和接收状态控制器。接收状态控制器可置位 UCOE 和 UCxRXIFG 标志位。接收逻辑可完成 SPI 通信过程中的数据接收工作。SPI 时钟发送器可产生 SPI 通信过程中所需的时钟信号，最终与 UCxCLK 引脚相连，其参考时钟可以通过 UCSSELx 控制位选择 ACLK 或者 SMCLK，作为 BRCLK。SPI 发送逻辑主要由 3 个部分组成：发送缓冲寄存器 UCxTXBUF、发送移位寄存器和发送状态控制器。发送状态控制器可置位 UCxTXIFG 标志位。发送逻辑可完成 SPI 通信过程中的数据发送工作。

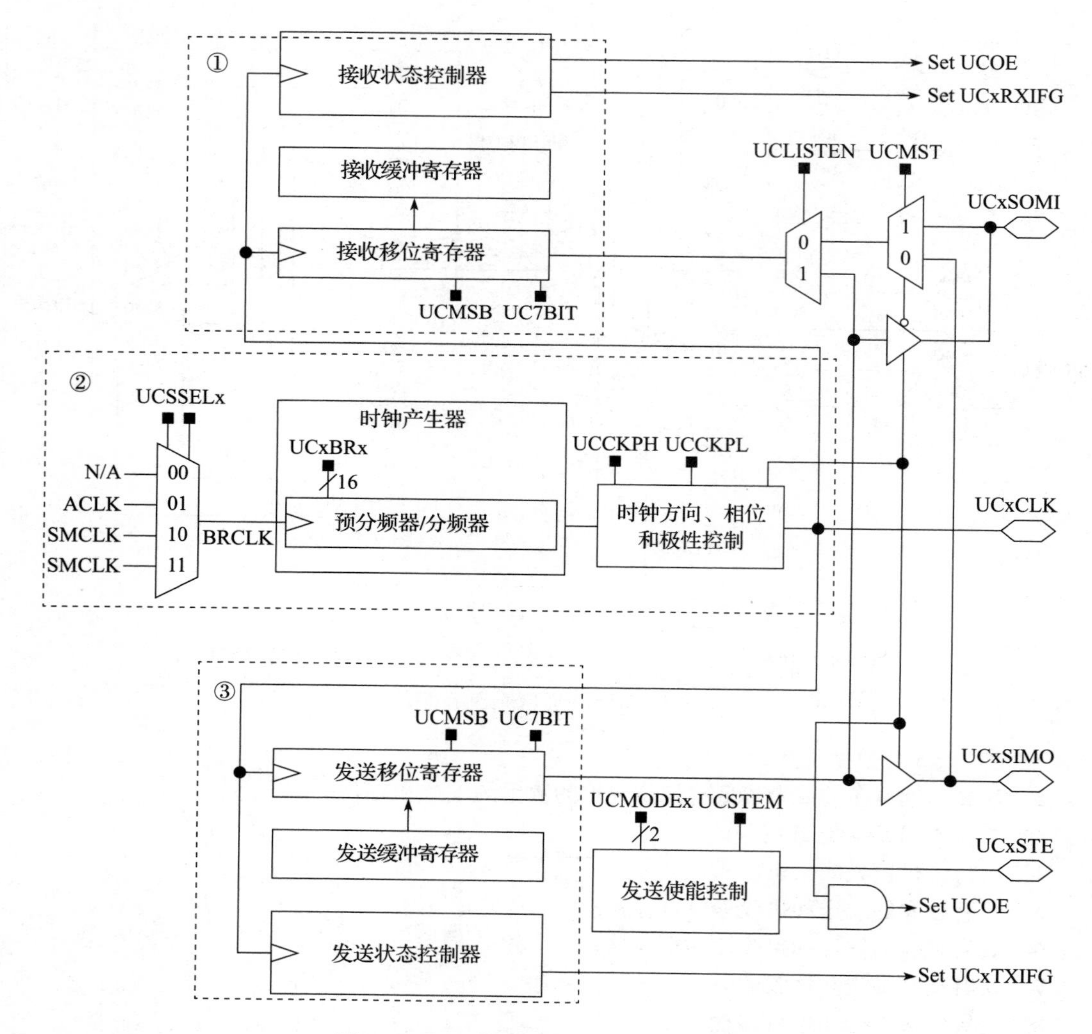

图 7-18 eUSCI 模块结构框图—SPI 模式

7.2.3 同步操作原理与操作

在 SPI 模式下，多个设备之间使用由主机提供的公共时钟信号进行串行数据的发送和接收，因此，传输速率由主机进行控制。SPI 同步串行通信有两种模式：三线制 SPI 通信（CLK、SIMO、SOMI）和四线制 SPI 通信（CLK、SIMO、SOMI 和 STE）。关于该 4 个信号线的说明已在 7.2.1 节中进行了简要的介绍，此处仅详细介绍 STE 引脚的功能。STE 为从机模式发送/接收允许控制引脚，控制多主或多从系统中的多个从机。在 4 线 SPI 操作主模式下，当 STE 引脚电平为低电平时，SIMO 和 CLK 被强制进入输入状态，禁止主机输出，主机 SPI 通信模块不能正常工作；当 STE 引脚电平为高电平时，SIMO 和 CLK 正常操作，主机 SPI 通信模块可正常工作。因此，在该模式下，可利用 STE 引脚，控制选择可正常工作的主机，该模式用于在多主机的情况下，使多主机共享总线，避免发生冲突。在 4 线 SPI 操作从模式下，当 STE 引脚电平为低电平时，允许从机发送和接收数据，SOMI 正常工作，即从机被选通，可正常输出；当 STE 引脚电平为高电平时，禁止从机发送和接收数据，SOMI 被强制进入输入状态，即从机未被选通，禁止输出。因此，在该模式下，可利用 STE 引脚，控制选择可正常工作的从机。该模式用于在多从机的情况下，使多从机共享总线，避免发生冲突。

知识点：SPI 是全双工的，即主机在发送数据的同时也在接收数据，传送的速率由主机编程决定。主机提供时钟 CLK，从机利用这一时钟接收数据，或在这一时钟下发送数据。由于是同步数据传输，因此传输可以暂停，也可以重启。主机可在任何时候初始化发送并控制时钟，时钟的极性和相位也是可以选择的，具体的设定由设计人员根据总线上各设备接口的功能来决定。

1. SPI 的主机模式

MSP432 单片机的 eUSCI 模块作为 SPI 通信功能使用时，作为主机与另一具有 SPI 接口的 SPI 从机设备的连接图如图 7-19 所示。

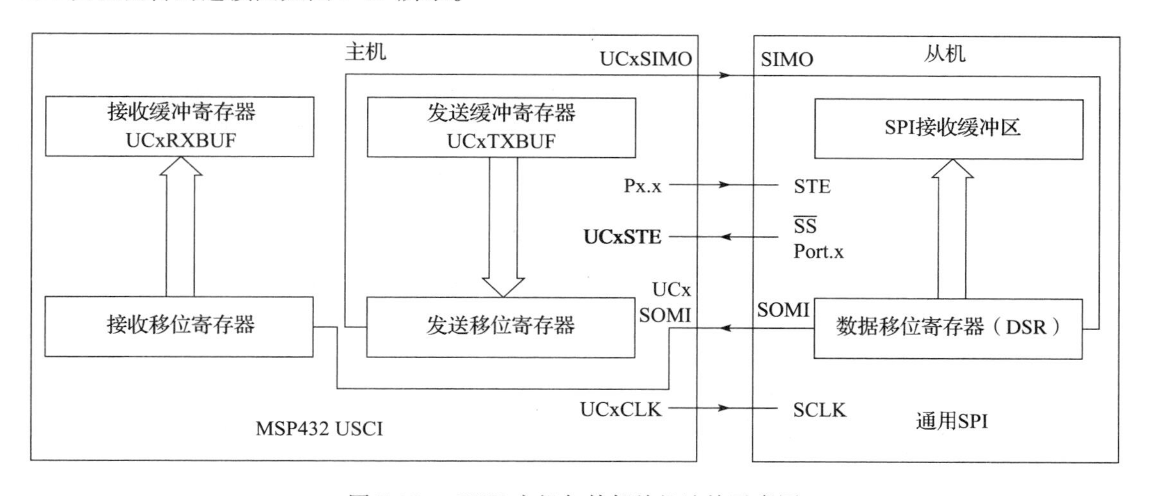

图 7-19　eUSCI 主机与外部从机连接示意图

当控制寄存器 UCAxCTLW0/UCBxCTLW0 中的 UCMST = 1 时，MSP432 单片机的 SPI 通信模块工作在主机模式。eUSCI 模块通过在 UCxCLK 引脚上的时钟信号控制串行通信。串行通信发送工作由发送缓冲区 UCxTXBUF、发送移位寄存器和 UCxSIMO 引脚完成。每当移位寄存器为空，已写入发送缓冲区的数据将移入发送移位寄存器，并启动在 UCxSIMO 引脚的数据发送，该数据发送是最高有效位还是最低有效位在前，取决于 UCMSB 控制位的设置。串行通信接收工作由 UCxSOMI 引脚、接收移位寄存器和接收缓冲区 UCxRXBUF 完成。UCxSOMI 引脚上的数据在与发送数据时相反的时钟沿处移入接收移位寄存器，当接收完所有选定位数时，接收移位寄存器中的数据移入接收缓冲寄存器 UCxRXBUF 中，并置位接收中断标志位 UCRXIFG，这标志着数据的接收/发送已经完成。

> **重点：**用户程序可以使用接收中断标志 UCxRXIFG 和发送中断标志 UCxTXIFG 完成协议的控制。当数据从移位寄存器中发送给从机后，此时移位寄存器为空，并置位 UCxTXIFG 中断标志位。用户可利用 UCxTXIFG 中断标志位将数据从发送缓冲寄存器中移入发送移位寄存器中，开始一次发送操作。UCxRXIFG 标志表示数据接收/发送已经完成，用户程序可利用该标志位检查接收/发送工作是否完成。
>
> **注意：**UCxTXIFG 标志仅表示发送移位寄存器为空，UCxTXBUF 已准备好接收新的数据，并不表明发送/接收完成，这是用户编程时需要注意的地方。另外，在主机模式下，为了使 eUSCI 模块接收数据，UCxTXBUF 必须写入数据，因为接收和发送数据是同时操作的。

在四线制主模式下，通过激活的主机 STE 信号可防止与别的主机发生总线冲突。当 STE 引脚为高电平时，主机处于活动状态；当 STE 为低电平时，主机处于非活动状态。

若当前的主机处于非活动状态时：

1）UCxSIMO 和 UCxCLK 设置为输入状态，并且不再驱动总线；

2）错误位 UCFE 置位，表明存在违反通信完整性的情况，需要用户处理；

3）内部状态器复位，终止移位操作。

如果主机在非活动状态，数据被写入发送缓冲寄存器 UCxTXBUF 中，一旦主机切换到活动状态，数据将被立即发送。如果主机在发送数据的过程中，突然切换到非活动状态，而致使正在发送的数据停止，那么主机切换到活动状态后，数据必须再次写入发送缓冲寄存器 UCxTXBUF 中。在三线制主机模式下，不需要使用 STE 输入控制信号。

2. SPI 的从机模式

MSP432 单片机的 eUSCI 模块作为 SPI 通信功能使用时，作为从机与另一具有 SPI 接口的 SPI 主机设备的连接图如图 7-20 所示。

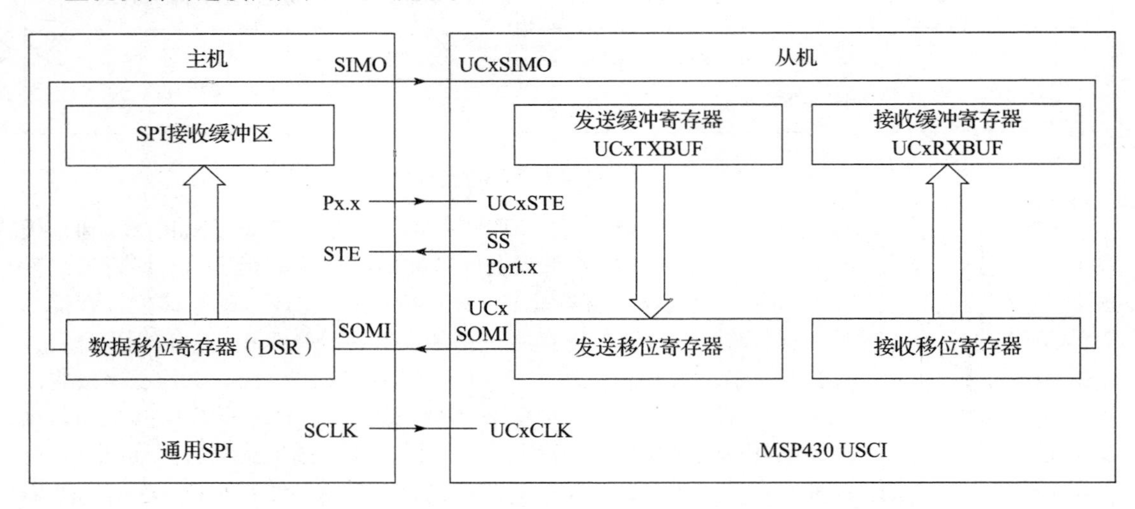

图 7-20　eUSCI 从机与外部主机连接示意图

当控制寄存器UCAxCTLW0/UCBxCTLW0中的UCMST=0时，MSP432单片机的SPI通信模块工作在从机模式。在从机模式下，SPI通信所用的串行时钟来源于外部主机，从机的UCxCLK引脚为输入状态。数据传输速率由主机发出的串行时钟决定，而不是内部的时钟发生器。在UCxCLK开始前，由UCxTXBUF移入移位寄存器中的数据在主机UCxCLK信号的作用下，通过从机的UCxSOMI引脚发送给主机。同时，在UCxCLK时钟的反向沿UCxSIMO引脚上的串行数据移入接收移位寄存器中。当数据从接收移位寄存器移入接收缓冲寄存器UCxRXBUF中时，UCRXIFG中断标志位置位，表明数据已经接收完成。当新数据被写入接收缓冲寄存器时，前一个数据还没有被取出，则溢出标志位UCOE将被置位。

在四线制从机模式下，从机使用UCxSTE控制位来使能接收或发送操作，该位状态由SPI主机提供，用于片选。当STE引脚为低电平时，从机处于活动状态；当STE引脚为高电平时，从机处于非活动状态。

当从机处于非活动状态时：

1）停止UCxSIMO上任何正在进行的接收操作；

2）UCxSOMI被设置为输入方向；

3）移位操作停止，直到从机进入活动状态才开始。

在三线制从机模式下，不使用UCxSTE输入控制信号。

3. 串行时钟控制

串行通信所需的时钟线UCxCLK由SPI总线上的主机提供。当UCMST=1时，串行通信所需的时钟由eUSCI时钟发生器提供，通过UCSSELx控制位选择用于产生串行通信时钟的参考时钟，最终串行通信时钟由UCxCLK引脚输出。当UCMST=0时，eUSCI时钟由主机的UCxCLK引脚提供，此时eUSCI不使用时钟发生器，不考虑UCSSELx控制位。SPI的接收器和发送器并行操作，且数据传输使用同一个时钟源。

串行通信时钟速率控制寄存器（UCxxBR1和UCxxBR0）组成的16位UCBRx的值，是eUSCI时钟源BRCLK的分频因子。在主模式下，eUSCI模块能够产生的最大串行通信时钟是BRCLK。SPI模式下不可使用调制器，即SPI串行通信时钟发生器不支持小数分频，所以eUSCI工作在SPI模式下的时钟发生器产生频率计算公式如下：

$$f_{\text{BITCLOCK}} = f_{\text{BRCLK}}/\text{UCBRx} \tag{7-7}$$

注意，当eUSCI_A使用SPI模式时，应该清除UCAxMCTL。

4. SPI通信时序图

SPI通信时序图如图7-21所示。其中，CKPH和CKPL为UCxCLK的极性和相位控制位，在此我们对这两个控制位做简要介绍。CKPH为UCxCLK的相位控制位，CKPL为UCxCLK的极性控制位。两个控制位如何设置对通信协议没有什么影响，只是用来约定在UCxCLK的空闲状态和什么位置开始采样信号。当CKPH=0时，意味着发送在以UCxCLK第一个边沿开始采样信号，反之则在第二个边沿开始。当CKPL=0时，意味着时钟总线低电平位空闲，反之则是时钟总线高电平空闲。当信号线稳定时，进行接收采样；当接收采样时，信号线不允许发生电平跳变。

在标准SPI协议中，先发送的是MSB位，在四线制模式下，片选信号（STE/CS/SS）控制传输的开始。在三线制模式中，则是从机始终激活，依靠时钟来判断数据传输开始。

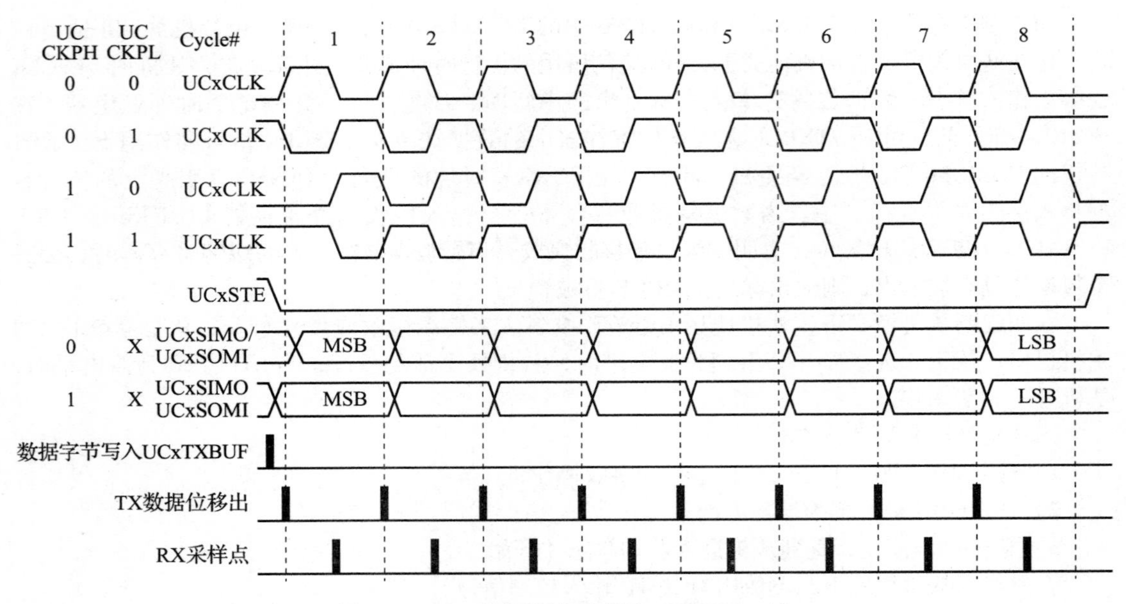

图 7-21　SPI 通信协议时序图（UCMSB = 1）

基础知识点： 有关芯片说明书中数据流的表示方式如图 7-22 所示。有高低两根线的区域表示数据，可能是高电平 1，也可能是低电平 0。两线交叉的位置表示数据改变时刻，此时数据不能被读取。平行线区域则表示数据已稳定，可以被读取。

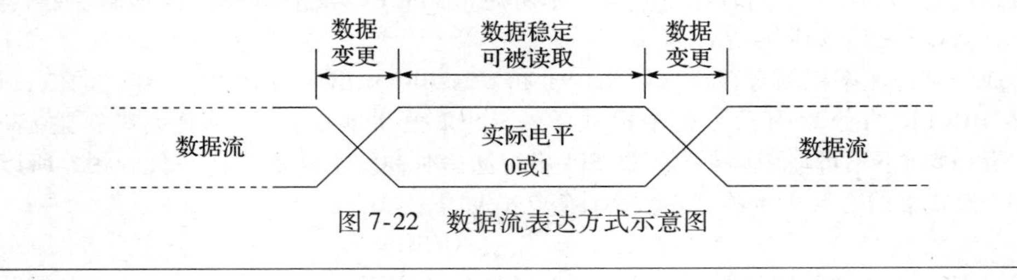

图 7-22　数据流表达方式示意图

5. SPI 中断

eUSCI 模块只有一个中断向量，发送和接收共用该向量。eUSCI_Ax 和 eUSCI_Bx 不共用同一个中断向量。

（1）SPI 发送中断操作

若 UCTXIFG 置位，表明接收缓冲寄存器 UCxTXBUF 为空，可以向其写入新的字符。如果 UCTXIE 也置位，将产生中断请求。如果将字符写入 UCxTXBUF 缓冲区，UCTXIFG 将会自动复位，因此，可利用发送中断服务程序不断地向发送缓冲寄存器 UCxTXBUF 写入新的数据，完成数据的传输。请注意，当 UCTXIFG = 0 时，写数据到 UCxTXBUF 缓冲区，将可能导致错误的数据发送。

（2）SPI 接收中断操作

每当接收到一个字符，并把字符装载到接收缓冲寄存器 UCxRXBUF 中时，将置位接收中断标志位 UCRXIFG。如果 UCRXIE 也置位时，将产生一个中断请求。当接收缓冲寄存器 UCxRXBUF 被读取时，UCRXIFG 会自动复位。因此，可利用接收中断服务程序完成数据的接收工作。

（3）eUSCI 中断向量 UCxIV

eUSCI 中断标志具有不同的优先级，它们组合共用一个中断向量，即 eUSCI 为多源中断。中断向量寄存器 UCxIV 用来决定哪个中断标志请求产生中断。优先级最高的中断将会在 UCxIV 寄存器内产生一个数字偏移量，这个偏移量累加到程序计数器 PC 上，程序自动跳转到相应的软件程序处。禁止中断不会影响 UCxIV 的值。对 UCxIV 寄存器的任何读或写访问，都会复位挂起优先级最高的中断标志。如果另一个中断标志置位，在响应完之前的中断后，将会立即产生另一个中断。

7.2.4 eUSCI 寄存器——SPI 模式

在 SPI 模式下可用的 eUSCI 寄存器如表 7-11 所示。由于 eUSCI_Ax 寄存器与 eUSCI_Bx 寄存器类型和功能类似，在此只列出 eUSCI_Ax 寄存器并对其每位的含义进行讲解。若用户使用的为 eUSCI_Bx 模块，可参考 eUSCI_Ax 寄存器进行理解和配置。

表 7-11　eUSCI_Ax 寄存器（基址为 0x4000_1000h）

寄存器	缩写	读写类型	访问方式	偏移地址	初始状态
eUSCI_Ax 控制字 0	UCAxCTLW0	读/写	字	00h	0001h
eUSCI_Ax 控制寄存器 1	UCAxCTL1	读/写	字节	00h	01h
eUSCI_Ax 控制寄存器 0	UCAxCTL0	读/写	字节	01h	00h
eUSCI_Ax 波特率控制字	UCAxBRW	读/写	字	06h	0000h
eUSCI_Ax 波特率控制器 0	UCAxBR0	读/写	字节	06h	00h
eUSCI_Ax 波特率控制器 1	UCAxBR1	读/写	字节	07h	00h
eUSCI_Ax 状态寄存器	UCAxSTATW	读/写	字节	0Ah	00h
eUSCI_Ax 接收缓冲寄存器	UCAxRXBUF	读/写	字节	0Ch	00h
eUSCI_Ax 发送缓冲寄存器	UCAxTXBUF	读/写	字节	0Eh	00h
eUSCI_Ax 中断使能寄存器	UCAxIE	读/写	字节	1Ah	00h
eUSCI_Ax 中断标志寄存器	UCAxIFG	读/写	字节	1Ch	02h
eUSCI_Ax 中断向量寄存器	UCAxIV	读	字	1Eh	0000h

以下详细介绍 eUSCI_Ax 各寄存器的含义。注意：含下划线的配置为 eUSCI_Ax 寄存器初始状态或复位后的默认配置。

（1）eUSCI_Ax 控制寄存器 0（UCAxCTL0）

15	14	13	12	11	10	9	8
UCCKPH	UCCKPL	UCMSB	UC7BIT	UCMST	UCMODEx		UCSYNC = 1
7	**6**	**5**	**4**	**3**	**2**	**1**	**0**
UCSSELx		保留			UCSTEM		UCSWRST

注意： 表中灰色底纹部分控制寄存器只有在 UCSWRST = 1 时，才可被修改。

1）**UCCKPH**：第 15 位，时钟相位选择控制位。

0：数据在第一个 UCLK 边沿改变，在下一个边沿捕获；

1：数据在第一个 UCLK 边沿捕获，在下一个边沿改变。

2）**UCCKPL**：第 14 位，时钟极性选择控制位。

0：不活动状态为低电平；　　1：不活动状态为高电平。

3）**UCMSB**：第 13 位，高位在前或低位在前选择控制位。控制接收或发送移位寄存器的方向。

0：LSB 在前；　　1：MSB 在前。

4）**UC7BIT**：第 12 位，字符长度选择控制位。选择 7 位或 8 位字符长度。

0：8 位数据；　　1：7 位数据。

5）**UCMST**：第 11 位，主从模式选择控制位。

0：从机模式；　　1：主机模式。

6）**UCMODEx**：第 9 ~ 10 位，eUSCI 工作模式选择控制位。当 UCSYNC = 1 时，UCMODEx 控制位选择为同步模式。

00：3 线制 SP 模式；

01：4 线制 SPI 模式，且当 UCxSTE = 1 时，从机使能；

00：4 线制 SPI 模式，且当 UCxSTE = 0 时，从机使能；

11：I^2C 模式。

7）**UCSYNC**：第 8 位，同步/异步模式选择控制位。

0：异步模式；　　1：同步模式。

8）**UCSSELx**：第 6 ~ 7 位，选择 eUSCI 时钟源。这些控制位可在主模式下，为时钟发生器的 BRCLK 时钟选择参考时钟源。

00：保留；　　01：ACLK；　　10：SMCLK；　　11：SMCLK。

9）**UCSTEM**：第 1 位，在主模式下选择 STE 模式。在从机或 3 线模式下忽略该字节。

0b：STE 引脚用于防止与其他主机的冲突；

1b：STE 引脚用于产生 4 线从机的使能信号。

10）**UCSWRST**：第 0 位，软件复位使能控制位。该控制位上电复位时，默认为 1。该位的状态影响其他一些控制位和状态位的状态。在 SPI 通信的使用过程中，这是比较重要的控制位。一次正确的 SPI 通信初始化的过程如下：先在 UCSWRST = 1 的情况下，配置寄存器，然后设置 UCSWRST = 0，最后如果需要中断，则设置相应的中断使能。

0：关闭软件复位；　　1：逻辑复位，eUSCI 逻辑保持在复位状态。

（2）eUSCI_Ax 波特率控制寄存器（UCAxBRW）

15	14	13	12	11	10	9	8
UCBRx							
7	6	5	4	3	2	1	0
UCBRx							

注意：表中灰色底纹部分控制寄存器只有在 UCSWRST = 1 时，才可被修改。

UCBRx：波特率发生器的时钟与预分频器设置，默认值为 0000h。该位用于整数分频。

（3）eUSCI_Ax 状态寄存器（UCAxSTATW）

15	14	13	12	11	10	9	8
保留							
7	**6**	**5**	**4**	**3**	**2**	**1**	**0**
UCLISEN	UCFE	UCOE	保留				UCBUSY

注意：表中灰色底纹部分控制寄存器只有在 UCSWRST = 1 时，才可被修改。

1）**UCLISTEN**：第 7 位，侦听使能控制位。UCLISTEN 位置位选择闭环回路模式。

0：禁止；　1：使能。发送器输出内部反馈到接收器。

2）**UCFE**：第 6 位，帧错误标志位。该位置位表明 4 线制主模式下的总线冲突。3 线制主模式或从模式下，不使用 UCFE。

0：没有错误；　1：产生总线冲突。

3）**UCOE**：第 5 位，溢出错误标志位。当接收缓冲寄存器 UCxRXBUF 内的字符被读出之前，一个新的字符再次写入接收缓冲寄存器内，该标志位即会置位。当接收缓冲寄存器 UCxRXBUF 被读取后，该溢出错误标志位 UCOE 将会自动清除。注意，该标志位禁止使用软件清除，否则 SPI 模块将不能正常工作。

0：没有溢出错误；　1：产生溢出错误。

4）**UCBUSY**：第 0 位，eUSCI 忙标志位，该位置位表示 SPI 模块正在进行接收或发送。

0：eUSCI 不活动；　1：eUSCI 正在接收或发送。

（4）eUSCI_Ax 接收缓冲寄存器（UCAxRXBUF）

15	14	13	12	11	10	9	8
保留							
7	**6**	**5**	**4**	**3**	**2**	**1**	**0**
UCRXBUFx							

UCRXBUFx：第 0 ~ 7 位，接收缓冲寄存器存放从接收移位寄存器最后接收的字符，可由用户访问。对 UCAxRXBUF 进行读操作，将复位接收错误标志位以及 UCRXIFG。如果传输 7 位数据，接收缓存的内容右对齐，最高位为 0。

（5）eUSCI_Ax 发送缓冲寄存器（UCAxTXBUF）

15	14	13	12	11	10	9	8
保留							
7	**6**	**5**	**4**	**3**	**2**	**1**	**0**
UCTXBUFx							

UCTXBUFx：第 0 ~ 7 位，用户利用软件将数据写入发送缓冲寄存器，之后数据等待移送至移位寄存器并发送。对发送缓冲寄存器进行写操作，可以复位 UCTXIFG。如果传输的是 7 位数据，发送缓冲内容最高位为 0。

（6）eUSCI_Ax 中断使能寄存器（UCAxIE）

15	14	13	12	11	10	9	8
保留							
7	**6**	**5**	**4**	**3**	**2**	**1**	**0**
保留						UCTXIE	UCRXIE

1）UCTXIE：第 1 位，发送中断使能控制位。

0：禁止中断； 1：使能中断。

2）UCRXIE：第 0 位，接收中断使能控制位。

0：禁止中断； 1：使能中断。

（7）eUSCI_Ax 中断标志寄存器（UCAxIFG）

15	14	13	12	11	10	9	8
保留							
7	**6**	**5**	**4**	**3**	**2**	**1**	**0**
保留						UCTXIFG	UCRXIFG

1）UCTXIFG：第 1 位，发送中断标志位。当 UCAxTXBUF 为空时，UCTXIFG 置位。

0：没有中断被挂起； 1：中断挂起。

2）UCRXIFG：第 0 位，接收中断标志位。当 UCAxRXBUF 已经接收到一个完整的字符时，UCRXIFG 置位。

0：没有中断被挂起； 1：中断挂起。

（8）eUSCI_Ax 中断向量寄存器（UCAxIV）

15	14	13	12	11	10	9	8
0	0	0	0	0	0	0	0
7	**6**	**5**	**4**	**3**	**2**	**1**	**0**
0	0	0	0	0	UCIVx		0

UCIVx：第 1～2 位，eUSCI 中断向量值。SPI 模式下，eUSCI 中断向量表如表 7-12 所示。

表 7-12 eUSCI 中断向量表（SPI 模式）

UCAxIV 值	中断源	中断标志	中断优先级
0000h	无中断	—	—
0002h	数据接收中断	UCRXIFG	最高
0004h	数据发送中断	UCTXIFG	最低

7.2.5 SPI 同步操作应用举例

eUSCI 模块初始化方法如下：

1）置位 UCSWRST = 1；

2）在 UCSWRST = 1 的前提下，初始化所有的 eUSCI 寄存器；

3）通过软件清除 UCSWRST；

4）通过置位 UCRXIE 和/或 UXTXIE 使能中断。

具体可参考应用实例中关于 eUSCI 寄存器初始化部分的程序。

【例 7.2.1】　编写程序实现两块 MSP432P401r 单片机之间的三线制 SPI 通信。其中，一块单片机作为主机，另一块单片机作为从机。主机从 0x01 开始发送递增字节，从机将接收到的字节再原封不动地发送给主机，P1.0 LED 会闪烁。

1）MSP432P401r 单片机作为主机的 SPI 通信程序如下：

```
#include "msp.h"
static uint8_t RXData = 0;
static uint8_t TXData;
volatile uint32_t i;
int main(void)
{
    WDTCTL = WDTPW | WDTHOLD;                          // 关看门狗
    P1DIR |= BIT0;                                     // 设置 P1.0(LED)为输出方向
    P1SEL0 |= BIT5 | BIT6 | BIT7;                      // 设置为 SPI 功能
    __enable_interrupt();                              // 使能全局中断
    NVIC_ISER0 = 1 << ((INT_EUSCIB0 - 16) & 31);       // 在 NVIC 模块中使能 eUSCI_B0 中断
    UCB0CTLW0 |= UCSWRST;                              // 复位寄存器设置
    UCB0CTLW0 |= UCMST |UCSYNC |UCCKPL |UCMSB;         // 工作模式:三线 SPI,8 位数据 SPI 主机,不活动
                                                       // 状态为高电平,高位在前
    UCB0CTLW0 |= UCSSEL__ACLK;                         // 时钟发生器参考时钟选择 ACLK
    UCB0BR0 = 0x01;                                    // Clock = BRCLK/(UCBRx+1).
    UCB0BR1 = 0;
    UCB0CTLW0 &= ~UCSWRST;                             // 完成 eUSCI_B0 配置
    TXData = 0x01;                                     // 发送数据值
    SCB_SCR &= ~SCB_SCR_SLEEPONEXIT;                   // 退出中断,同时从低功耗模式唤醒
    while(1)
    {
        UCB0IE |= UCTXIE;                              // 使能 USCI_B0 发送中断
        __sleep();                                     // 进入低功耗模式
        for (i = 2000; i > 0; i--);                    // 延时
        TXData++;                                      // 数据递增
    }
}
// eUART_B0 中断服务函数
void eUSCIB0IsrHandler(void)
{
    if (UCB0IFG & UCTXIFG)                             // 判断 eUART_B0 发送中断标志位
    {
        UCB0TXBUF = TXData;                            // 发送数据
        UCB0IE &= ~UCTXIE;                             // 禁止 USCI_B0 发送中断
        while (!(UCB0IFG&UCRXIFG));                    // 判断 eUART_B0 接收中断标志位
        RXData = UCB0RXBUF;                            // 接收数据
        UCB0IFG &= ~UCRXIFG;                           // 清除接收中断标志位
        P1OUT |= BIT0;
        for (i = 20000; i > 0; i--);
```

```
        P1OUT &= ~ BIT0;
        for (i = 20000; i > 0; i--);                  // LED 闪烁
    }
}
```

2）MSP432P401r 单片机作为从机的 SPI 通信程序如下：

```
#include "msp.h"
volatile uint32_t i;
int main(void)
{
    WDTCTL = WDTPW | WDTHOLD;                     // 关看门狗
    P1DIR |= BIT0;                                // 设置 P1.0(LED)为输出方向
    P1SEL0 |= BIT5 | BIT6 | BIT7;                 // 设置为 SPI 功能
    __enable_interrupt();                         // 使能全局中断
    NVIC_ISER0 = 1 << ((INT_EUSCIB0 - 16) & 31);  // 在 NVIC 模块中使能 eUSCI_B0 中断
    UCB0CTLW0 |= UCSWRST;                         // 复位寄存器设置
    UCB0CTLW0 |= UCSYNC |UCCKPL |UCMSB;           // 工作模式:三线 SPI,8 位数据 SPI 从机,不活动
                                                  // 状态为高电平,高位在前
    UCB0CTLW0 |= UCSSEL__ACLK;                    // 时钟发生器参考时钟选择 ACLK
    UCB0BR0 = 0x01;                               // Clock = BRCLK/(UCBRx +1)
    UCB0BR1 = 0;
    UCB0CTLW0 &= ~UCSWRST;                        // 完成 eUSCI_B0 配置
    UCB0IE |= UCRXIE;                             // 使能 USCI_B0 接收中断
    __sleep();                                    // 进入低功耗模式
}
// eUART_B0 中断服务函数
void eUSCIB0IsrHandler(void)
{
    if (UCB0IFG & UCRXIFG)                        // 判断 eUART_B0 接收中断标志位
    {
        while (!(UCB0IFG&UCTXIFG));               // 等待发送缓冲器为空
        UCB0TXBUF = UCB0RXBUF;                    // 将接收的字符送至发送缓冲寄存器
        P1OUT |= BIT0;
        for (i = 20000; i > 0; i--);
        P1OUT &= ~ BIT0;
        for (i = 20000; i > 0; i--);              // LED 闪烁
    }
}
```

可利用两块 MSP432P401r Launchpad 实验板作为硬件平台来调试该程序，硬件连接示意图如图 7-23 所示。

首先将从机程序烧写至一块 Launchpad 中，再将主机程序烧写至另外一块 Launchpad 中，并在线调试主机，调试界面如图 7-24 所示。在中断服务程序语句 RXData = UCB0RXBUF 处设置断点，并将 RxData 变量送至观察窗口。当程序在此处暂停时，

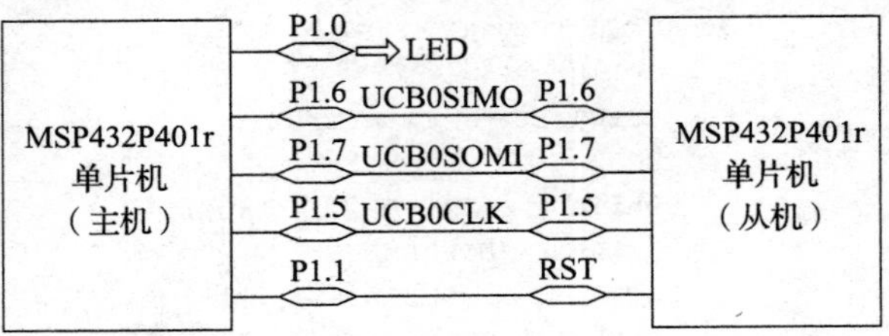

图 7-23　SPI 通信实验实例硬件连接示意图

可利用观察窗口和寄存器窗口查看接收缓冲寄存器 UCA0RXBUF 和 RxData 是否相等，进而判断接收数据是否正确。

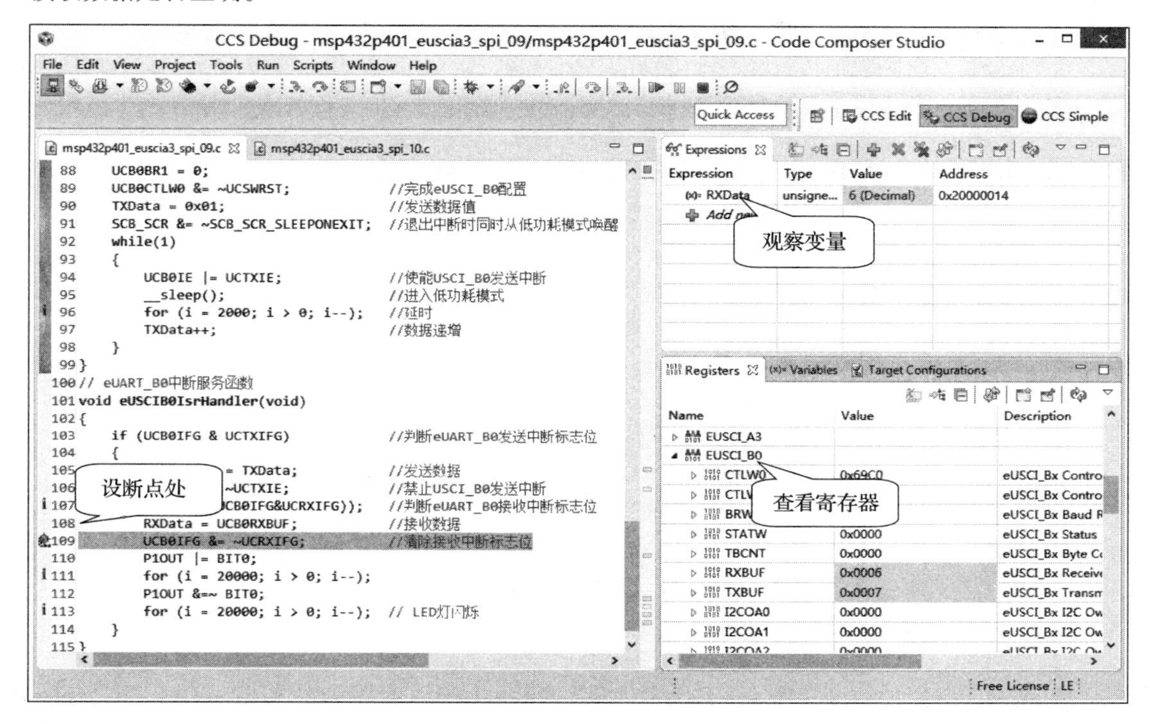

图 7-24　SPI 通信主机调试界面

7.3　eUSCI 的 I^2C 模式

7.3.1　I^2C 概述

知识点：I^2C（Inter-Integrated Circuit）总线是一种由 Philips 公司开发的两线制串行总线，是用于内部 IC（集成电路）控制的具有多端控制能力的双线双向串行数据总线系统，能够用于替代标准的并行总线，连接各种集成电路和功能模块。I^2C 器件能够减少电路间的连接，减少电路板尺寸，降低硬件成本，并提高系统的可靠性。I^2C 总线传输模式具有向下兼容性，传输速率标准模式下可达 100kbps，快速模式下可达 400kbps，高速模式下可达 3.4Mbps。其使得 I^2C 总线能够支持现有以及将来的高速串行传输应用，例如，EEPROM 和 Flash 存储器。

MSP432 单片机的 eUSCI_B 模块能够支持 I^2C 通信，能够为 MSP432 单片机及 I^2C 兼容的设备互联提供接口。软件上只需要完成 I^2C 功能的配置，硬件就能够完全实现 I^2C 通信的功能。与利用 GPIO 软件实现 I^2C 操作相比较，能够减少 CPU 的负荷。

为了清楚起见，在此对 I^2C 通信中关于设备的基本概念进行简要讲解。

1）发送设备：发送数据到总线上的设备。

2）接收设备：从总线上接收数据的设备。

3）主设备：启动数据传输并产生时钟信号的设备。

4）从设备：被主设备寻址的设备。

7.3.2　MSP432 微控制器 I^2C 模块特征及结构框图

MSP432 单片机 I^2C 模块的主要特征如下：

1）与 Philips 半导体 I^2C 规范 V2.1 兼容；

2）7 位或 10 位设备寻址模式；

3）群呼；

4）开始/重新开始/停止；

5）多主机发送/接收模式；

6）从机发送/接收模式；

7）支持 100kbps 的标准模式和高达 400kbps 的快速模式，最大可达到 1Mbps；

8）主机模式下时钟发生器 UCxCLK 频率可编程；

9）支持低功耗模式；

10）4 个硬件从机地址，每个都有自己的中断和 DMA 触发；

11）具有从机地址和地址接收中断的掩码寄存器；

12）时钟低超时中断，以避免总线暂停。

MSP432 单片机的 eUSCI 模块配置为 I^2C 模式时的结构框图如图 7-25 所示。

由图 7-25 可知，MSP432 的 eUSCI_B 模块配置为 I^2C 模式时，通过 UCxSDA 和 UCxSCL 引脚与外部器件进行通信。该 I^2C 模块结构由 4 个部分组成：I^2C 接收逻辑（图中①）、I^2C 状态机（图中②）、I^2C 发送逻辑（图中③）和 I^2C 时钟发生器（图中④）。I^2C 接收与发送逻辑都与 UCxSDA 串行数据线相连。I^2C 接收逻辑包括自身地址寄存器 UC1OA、接收移位寄存器和接收缓冲寄存器，I^2C 接收逻辑可根据自身地址完成 I^2C 通信中数据接收工作。I^2C 状态机可表示在 I^2C 通信中的各种状态。I^2C 发送逻辑包括发送缓冲寄存器、发送移位寄存器和从机地址寄存器，I^2C 发送逻辑可根据从机地址完成 I^2C 通信中数据发送工作。I^2C 时钟发生器可在 I^2C 模块作为主机时产生串行时钟，控制数据传输。具体各模块工作原理及操作将在后面详细介绍。

7.3.3　eUSCI_B 初始化和复位

通过产生一个硬件复位信号或者置位 UCSWRST 控制位，可以使 eUSCI_B 模块复位。在产生一个硬件复位信号之后，系统可自动置位 UCSWRST 控制位，保持 eUSCI_B 模块在复位状态。将 UCMODEx 设置为 11 后，选择 I^2C 操作，在 I^2C 模块进行初始化后，可以发送和接收数据。清除 UCSWRST 控制位，eUSCI_B 模块才可进行工作。

当 UCSWRST 置位后，为避免不可预测的行为发生，应该配置或重新配置 eUSCI_B 模块。在 I^2C 模式下，设置 UCSWRST 具有以下效果：

1）I^2C 通信停止。

2）SDA 和 SCL 为高阻抗。

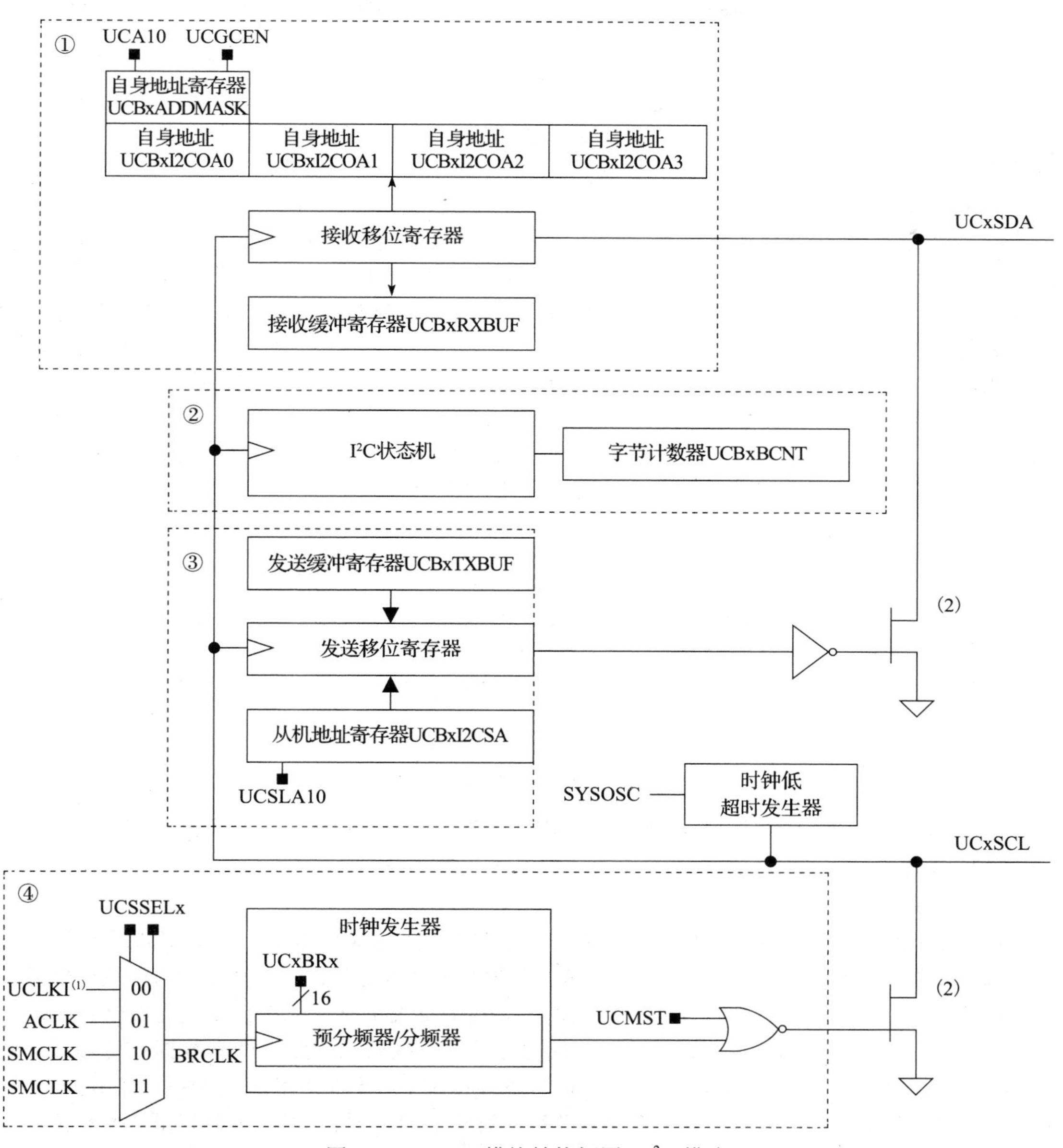

图 7-25　eUSCI 模块结构框图：I^2C 模式

3）寄存器 UCBxSTAT 9～15、4～6 位被清零。

4）寄存器 UCBxIE 和 UCBxIFG 被清除。

5）所有其他位和寄存器保持不变。

注意：在初始化或重新配置 eUSCI_B 模块时，推荐的 eUSCI_B 初始化/重新配置过程如下。

1）设置 UCSWRST。

2）使用 UCSWRST＝1（包括 UCxCTL1）初始化所有 eUSCI_B 寄存器。

3）配置端口。

4）软件复位 UCSWRST。

5）启用中断（可选）。

7.3.4 I²C 原理

1. I²C 设备连接原理

I²C 设备连接示意图如图 7-26 所示。I²C 总线是由数据线 SDA 和时钟线 SCL 构成的串行总线，可发送和接收数据，在 MSP432 单片机与被控 IC 之间、IC 与 IC 之间进行双向传送，高速模式下传送速率可达 400kbps。各种设备均并联在总线上，两条总线都被上拉电阻上拉到 V_{CC}，所有设备地位对等，都可作为主机或从机，就像电话机一样，只要拨通各自的号码就能正常工作，所以，每个设备都有唯一的地址。在信息的传输过程中，I²C 总线上并接的每一个设备既是主设备（或从设备），又是发送设备（或接收设备），这取决于它所要完成的功能。每个设备都可以把总线接地拉低，却不允许把总线电平直接连到 V_{CC} 上置高。把总线电平拉低称为占用总线，总线电平为高等待被拉低则称为总线被释放。

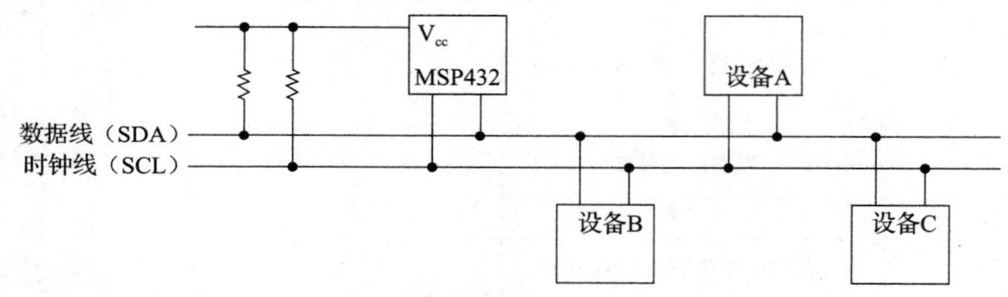

图 7-26　I²C 设备连接示意图

由于 SDA 和 SCL 均为双向 I/O 线，都是开漏极端（输出 1 时，为高阻状态），因此，I²C 总线上的所有设备的 SDA 和 SCL 引脚都要外接上拉电阻。

2. I²C 数据通信协议

I²C 数据通信时序图如图 7-27 所示。首先我们讲解起始和停止位，起始位和停止位都是由主设备产生的，如图 7-27 中虚线所示，当 SCL 时钟线为高电平时，SDA 数据线上由高到低的跳变，产生一个开始信号，即为起始位。当 SCL 时钟线为高电平时，SDA 数据线上由低到高的跳变，将产生一个停止信号，即为停止位。起始位之后，总线被认为忙，即有数据在传输，传输的第 1 字节即为 7 位从地址和 R/W 位。当 R/W 位为 0 时，主机向从机发送数据；当 R/W 位为 1 时，主机接收来自从机的数据。在每个字节后的第 9 个 SCL 时钟上，接收机发送 ACK 位。停止位之后，总线被认为闲，空闲状态时，SDA 和 SCL 都是高电平。

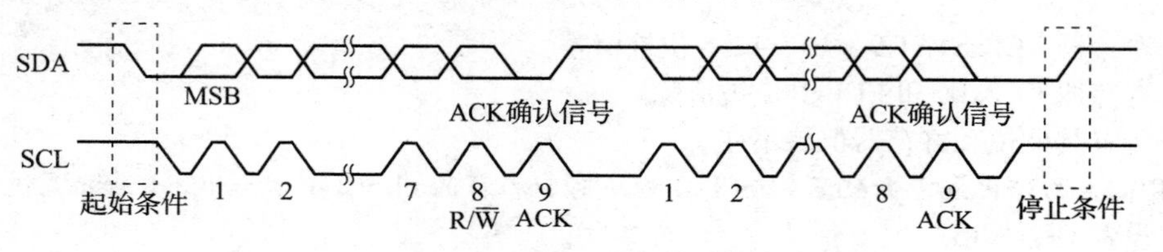

图 7-27　I²C 数据通信时序图

> **注意：** 当 SCL 位为高电平的时候，SDA 的数据必须保持稳定，否则，由于起始位和停止位的电气边沿特性，SDA 上数据发生改变将被识别成起始位或者停止位。所以，只有当 SCL 为低电平的时候才允许 SDA 上的数据改变。

I^2C 总线上每位数据传输的示意图如图 7-28 所示。

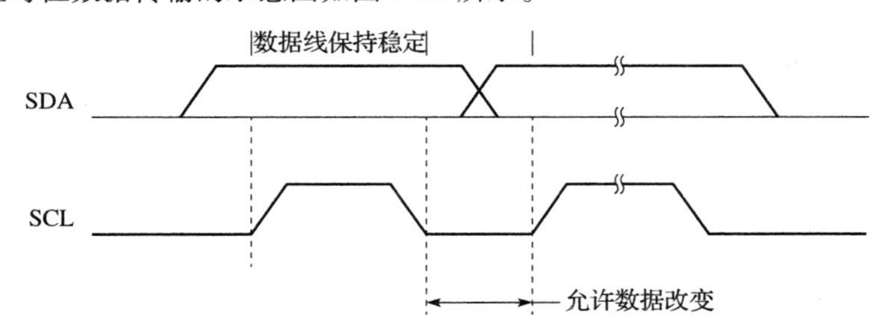

图 7-28　I^2C 总线上每位数据传输示意图

3. I^2C 的寻址方式

MSP432 单片机的 I^2C 模块支持 7 位和 10 位两种寻址模式，7 位寻址模式最多寻址 128 个设备，10 位寻址模式最多寻址 1024 个设备。I^2C 总线理论上可以允许的最大设备数，是以总线上所有器件的电容总和不超过 400pF 为限（其中包括连线本身的电容和其连接端的引出等效电容）。总线上所有器件要依靠 SDA 发送的地址信号寻址，不需要片选信号。

（1）7 位寻址模式

图 7-29 为 7 位地址方式下的 I^2C 数据传输格式，第 1 字节由 7 位从地址和 R/W 读写位组成，不论总线上传送的是地址信息还是数据信息，每个字节传输完毕，接收设备都会发送响应位（ACK）。地址类信息传输之后是数据信息，直到接收到停止信息。

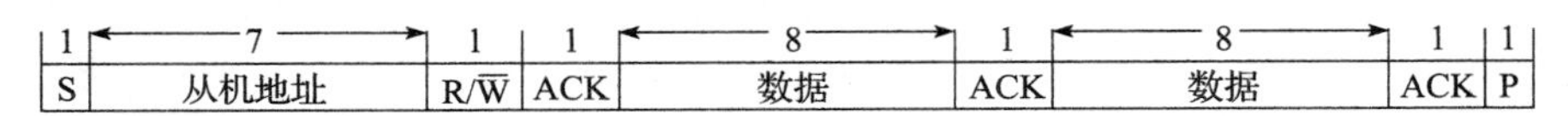

图 7-29　7 位寻址模式数据格式

（2）10 位寻址模式

图 7-30 为 10 位地址方式下 I^2C 数据传输格式，第 1 字节由二进制位 11110 和从地址的最高两位以及 R/W 读写控制位组成，第 1 字节传输完毕依然是 ACK 响应位，第 2 字节就是 10 位从地址的低 8 位，后面是响应位和数据。

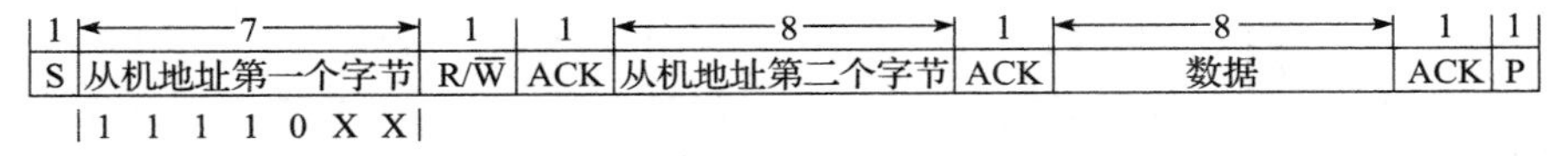

图 7-30　10 位寻址模式数据格式

（3）二次发送从地址模式（重复产生起始条件）

主机可以在不停止数据传输的情况下改变 SDA 上数据流的方向，方法就是主机再次发送开始信号，并需重新发送从地址和 R/W 读写控制位。重新产生起始条件数据传输格式如图 7-31 所示。

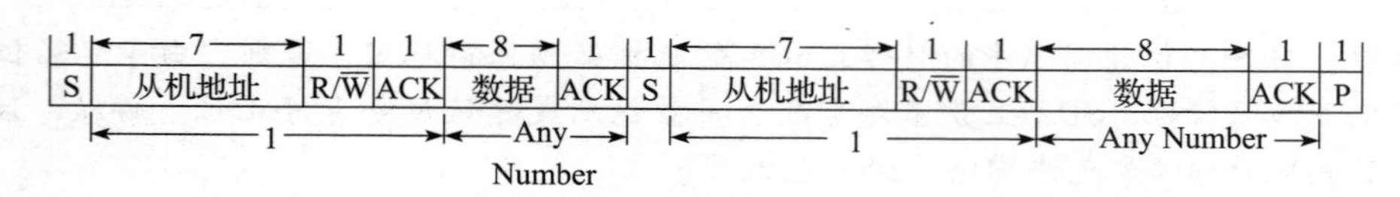

图 7-31　重新产生起始条件数据传输格式

4. 总线多机仲裁

I^2C 协议是完全对称的多主机通信总线，任何一个设备都可以成为主机从而控制总线。但是，同一时间只能有一个主机控制总线，当有两个或两个以上的器件都想与别的器件进行通信时，则需要总线仲裁决定究竟由谁控制总线。总线仲裁过程能够避免总线冲突，如图 7-32 所示。

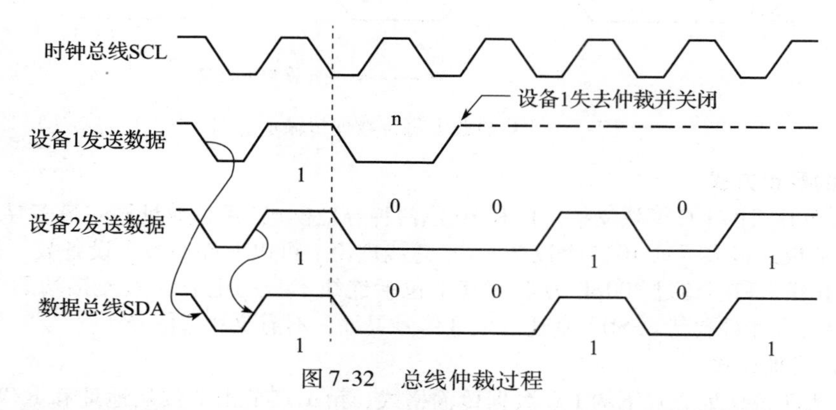

图 7-32　总线仲裁过程

仲裁过程中使用的数据就是相互竞争的设备发送到 SDA 数据线上的数据。第 1 个检测到自己发送的数据和总线上数据不匹配的设备会失去仲裁能力。如果两个或更多的设备发送的第 1 字节的内容相同，那么仲裁就发生在随后传输中。也许直到相互竞争的设备已经传输了许多字节后，仲裁才会完成。产生竞争的时候，如果某个设备当前发送位的二进制数值和前一个时钟节拍发送的内容相同，那么它在仲裁过程中就获得较高的优先级。如图 7-32 所示，第 1 个主发送设备产生的逻辑高电平被第 2 个主发送设备产生的逻辑低电平否决，因为前一个节拍总线上是低电平。失去仲裁的第 1 个主发送设备转变成从接收模式，并且设备仲裁失效中断标志位 UCALIFG。

在总线仲裁的过程中，两主机的时钟肯定不会完全一致，因此，需要对来自不同主设备的时钟信号进行同步处理，I^2C 模块的时钟同步操作如图 7-33 所示。设备 1 和设备 2 的时钟不同步，两者“线与”之后，才是总线时钟。即第 1 个产生低电平时钟信号的主设备强制时钟总线 SCL 拉低，直到所有的主设备都结束低电平时钟，时钟总线 SCL 才被拉高。在 SCL 低电平的时间内，如果有主设备已经结束低电平状态，就开始等待。因此，时钟同步会降低数据传输速率。

7.3.5 I^2C 主从操作

在 I^2C 模式下，eUSCI 模块可以工作在主发送模式、主接收模式、从发送模式或从接收模式。本节详细介绍这些模式。

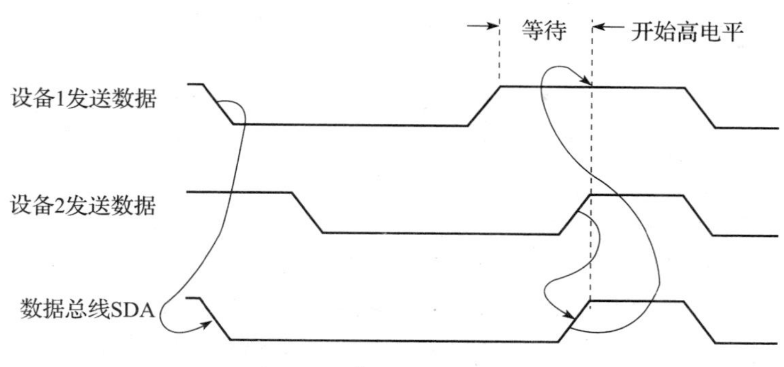

图 7-33　I^2C 模块时钟同步

1. 从模式

通过设置 UCMODEx = 11、USCYNC = 1 及复位 UCMST 控制位，可将 eUSCI_B 模块配置成 I^2C 从机。首先，为了接收 I^2C 从机地址，必须通过清除 UCTR 控制位将 eUSCI 模块配置成接收模式。然后，根据接收到的 R/W 读写控制位和从机地址，自动控制发送和接收操作。

通过 UCBxI2COA 寄存器对 eUSCI_B 模块从地址编程。UCA10 = 0 时，I^2C 模块选择 7 位寻址方式。UCA10 = 1 时，I^2C 模块选择 10 位寻址方式。UCGCEN 控制位选择是否对全呼进行响应。

当在总线上检测到 START 条件时，eUSCI 模块将接收发送过来的地址，并将它与存储在 UCBxI2COA 中的地址相比较。若接收到的地址与 eUSCI 从机地址一致，则置位 UCSTTIFG 中断标志位。

（1）I^2C 从机发送模式

当主机发送的从机地址和从机本身地址相同并且 R/W 读写控制位为 1 时，从机进入发送模式。从机随着主机产生的 SCL 时钟信号在 SDA 上移动串行数据。从机不产生 SCL 时钟信号，但是，当发送完 1 字节后，需要 CPU 干预时，从机能够使 SCL 保持低电平。

如果主机向从机请求数据时，eUSCI_B 模块会自动配置为发送模式，UCTR 和 UCTXIFG0 置位。在要发送的第 1 个数据写入发送缓冲寄存器 UCBxTXBUF 之前，SCL 时钟总线要一直拉低。然后，应答地址，清除 UCSTTIFG0 标志，最后传输数据。一旦数据被移送到移位寄存器，UCTXIFG0 将再次被置位，表明发送缓冲区为空，可再次写入下次需要传输的新数据。主机应答数据后，开始传输写入发送缓冲寄存器的下一个数据，或者如果发送缓冲寄存器为空，在新数据写入 UCBxTXBUF 之前，通过保持 SCL 为低，使应答周期内总线停止。如果主机在发送停止条件之前发送了一个 NACK 信号，将置位 UCSTPIFG 中断标志位。如果 NACK 发送之后，主机发送重复的起始条件，eUSCI_B 的 I^2C 模块的状态机将返回地址接收状态。

（2）I^2C 从机接收模式

当主机发送的从机地址与从机自身地址相同，且接收的 R/W 读写控制位为 0 时，从机进入接收模式。从机接收模式下，SDA 上接收到的串行数据随着主机产生的时钟脉冲移动。从机不产生时钟信号，但是，当一个字节接收完毕后需要 CPU 干预时，从机可保持 SCL 时钟总线为低电平。

如果从机需要接收主机发送过来的数据，eUSCI_B 模块将自动配置为接收模式，并将 UC-

TR 位清除。在接收完第 1 个数据字节后，接收中断标志 UCRXIFG0 置位。eUSCI 模块会自动应答接收到的数据，之后接收下一个数据字节。

如果在接收结束时，没有将之前的数据从接收缓冲寄存器 UCBxRXBUF 内读出，总线将通过拉低 SCL 时钟线而停止。一旦 UCBxRXBUF 的数据被读出，新数据将立即传输到 UCBxRXBUF 中，之后从机发送应答信号到主机，并接收下一个数据字节。

置位 UCTXNACK 控制位，将会导致从机在下一个应答周期内发送一个 NACK 信号给主机。即使 UCBxRXBUF 还没有准备好接收最新数据，从机也会发送 NACK 信号给主机。如果在 SCL 为低时置位 UCTXNACK 控制位，将会立即释放总线，并立即发送一个 NACK 信号，UCBxRXBUF 将装载最后一次接收到的数据。由于没有读出之前的数据，这将造成数据丢失。为避免数据的丢失。应在 UCTXNACK 置位之前读出 UCBxRXBUF 中的数据。

当主机发送一个停止条件时，UCSTPIFG 中断标志置位。如果主机产生一个重复起始条件，则 eUSCI_B 的 I^2C 模块的状态机将返回地址接收状态。

（3）I^2C 从机 10 位寻址模式

当 UCA10 = 1 时，I^2C 模块选择 10 位寻址模式。10 位寻址模式下，接收到整个地址后，从机处于接收模式。eUSCI_B 模块通过清除 UCTR 控制位并置位 UCSTTIFG 中断标志位来表示上述情况。

为了将从机切换到发送模式，从机接收完整的地址后，主机需再次发送一个重复起始条件，之后主机发送由二进制位 11110 和从地址的最高两位以及置位的 R/W 读写控制位组成的第 1 字节，如果之前通过软件清除了 UCSTTIFG 标志，此时 UCSTTIFG 将会置位，eUSCI_B 模块将通过 UCTR = 1 切换到发送模式。10 位寻址模式下，从机发送模式通信示意图如图 7-34 所示。

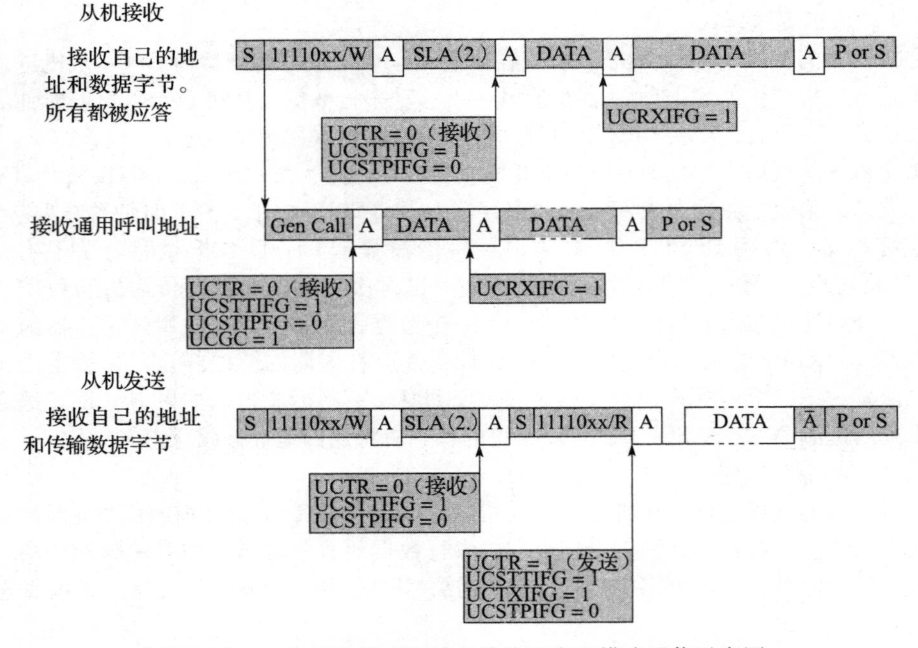

图 7-34　10 位寻址模式下从机接收和发送模式通信示意图

2. 主模式

通过设置 UCMODEx = 11、USCYNC = 1，置位 UCMST 控制位，eUSCI_B 模块将被配置为 I^2C 主模式。若当前主机是多主机系统的一部分时，必须将 UCMM 置位，并将其自身地址编程写入 UCBxI2COA 寄存器。UCA10 = 0 时，选择 7 位寻址模式；UCA10 = 1 时，选择 10 位寻址模式。UCGCEN 控制位选择 eUSCI 模块是否对全呼做出反应。

注意：*在启用自身地址检测（UCOAEN = 1）的主机模式下，尤其是在多主机系统中，不允许在自己的地址和从机地址寄存器（UCBxI2CSA = UCBxI2COAx）中指定相同的地址。在软件中必须确保不会发生这种情况。这种情况没有硬件检测，结果使 eUSCI_B 的值不可预测。*

（1）I^2C 主机发送模式

初始化之后，主发送模式通过下列方式启动：将目标从地址写入 UCBxI2CSA 寄存器，通过 UCSLA10 控制位选择从地址大小，置位 UCTR 控制位将主机设置为发送模式，之后置位 UCTXSTT 控制位产生起始条件。

eUSCI_B 模块首先检测总线是否空闲，然后产生一个起始条件，发送从机地址。当产生起始条件时，UCTXIFG0 中断标志位将会被置位，此时可将需发送的数据写入 UCBxTXBUF 发送缓冲寄存器中。一旦有从机地址对地址做出应答，UCTXSTT 控制位将立即被清零。在发送从机地址的过程中，如果总线仲裁没有丢失，那么将发送写入 UCBxTXBUF 中的数据。一旦数据由发送缓冲寄存器移入发送移位寄存器，UCTXIFG0 将再次被置位，表明发送缓冲寄存器 UCBxTXBUF 为空，可写入下次需传送的新字节数据。如果在应答周期之前，没有数据装载到 UCBxTXBUF 中，那么总线将在应答周期内挂起，SCL 保持低电平状态，直到数据写入 UCBxTXBUF 中。只要 UCTXSTP 控制位或 UCTXSTT 控制位没有置位，将一直发送数据或挂起总线。

主机置位 UCTXSTP 控制位，可在接收到从机下一个应答信号后，产生一个停止条件。如果在从机地址的发送过程中，或者当 eUSCI 模块等待 UCBxTXBUF 写入数据时，UCTXSTP 控制位置位，即使没有数据发送到从机，也会产生一个停止条件。如果发送的是单字节数据，在字节发送过程中或数据发送开始后，没有新数据写入 UCBxTXBUF，必须置位 UCTXSTP 控制位，否则将只发送地址。当数据由发送缓冲寄存器移到移位寄存器时，UCTXIFG0 将会置位，这表示着数据传输已经开始，可以对 UCTXSTP 控制位进行置位操作。

置位 UCTXSTT 控制位将会产生一个重复起始条件，在这种情况下，为了配置发送器或者接收器，可以复位或者置位 UCTR 控制位，需要时可将一个不同的从地址写入 UCBxI2CSA 寄存器。

如果从机没有响应发送的数据，未响应中断标志位 UCNACKIFG 将置位。主机必须产生停止条件或者重复起始条件。如果已有数据写入 UCBxTXBUF 缓冲寄存器中，那么将丢弃当前数据。如果这个数据必须在重复起始条件后发送，必须重新将其写入 UCBxTXBUF 中。UCTXSTT 的设置也将被丢弃，为了触发重复起始条件，UCTXSTT 控制位必须再次置位。

（2）I^2C 主机接收模式

初始化之后，主接收模式通过下列方式启动：把目标从地址写入 UCBxI2CSA 寄存器，通过 UCSLA10 控制位选择从地址大小，清除 UCTR 控制位来选择接收模式，置位 UCTXSTT 控制位产生一个起始条件。

eUSCI_B 模块首先检测总线是否空闲，之后产生一个起始条件，然后发送从机地址。一旦从机对地址做出应答，UCTXSTT 位立即清零。

当主机接收到从机对地址的应答信号后，主机将接收从机发送的第一个数据字节并发送应答信号，同时置位 UCRXIFG 中断标志位。主机将一直接收从机发送的数据，直到 UCTXSTP 或 UCTXSTT 控制位置位。如果接收缓冲寄存器 UCBxRXBUF 没有被读取，那么主机将在最后一个数据位的接收过程中挂起总线，直到完成对 UCBxRXBUF 缓冲寄存器的读取。

如果从机没有响应主机发送的地址，则未响应中断标志位 UCNACKIFG 置位，主机必须产生停止条件或者重复起始条件。

置位 UCTXSTP 控制位，将会产生一个停止条件。UCTXSTP 控制位置位后，主机在接收到从机的数据后，将产生 NACK 信号以及紧随其后的停止条件。或者如果 eUSCI 模块正在等待读取 UCBxRXBUF，此时置位 UCTXSTP 控制位，将会立即产生停止条件。

如果主机只想接收一个单字节数据，那么在接收字节的过程中必须将 UCTXSTP 控制位置位，在这种情况下，可以查询 UCTXSTP 控制位，等待其清零，即等待停止条件发送完毕。

置位 UCTXSTT 控制位，将会产生一个重复的起始条件。在这种情况下，可以通过对 UCTR 控制位的置位或者复位来将其配置为发送器或者接收器，如果需要的话，还可以将不同的从机地址写入 UCBxI2CSA 寄存器。

当 UCSLA10 = 1 时，I^2C 模块选择 10 位寻址模式，主机模式下的 10 位寻址模式，可参考参考从机模式下的 10 位寻址模式进行理解，在此不赘述。

7.3.6 I^2C 模式下的 eUSCI 中断

eUSCI_B 模块只有一个中断向量，该中断向量由发送、接收以及状态改变中断复用。eUSCI_Ax 和 eUSCI_Bx 不使用同一个中断向量。每个中断标志都有自己的中断允许位，当总中断允许置位时，如果使能一个中断，且产生了该中断标志位，将会产生中断请求。在集成有 DMA 控制器的芯片上，可以通过 UCTXIFGx 和 UCRXIFGx 标志位控制每个 DMA 通道的传输。

1. I^2C 发送中断操作

为了表明发送缓冲寄存器 UCBxTXBUF 为空，即可以接收新的字符，发送器将置位 UCTX-IFG0 中断标志位。当作为具有多个从站地址的从机时，对应于之前接收到的地址，UCTXIFGx 标志被置位。例如，如果在 UCBxI2COA3 寄存器中指定的从地址与总线上看到的地址匹配，则置位 UCTXIFG3 表示 UCBxTXBUF 已准备好接收新字节。如果此时相应的 UCTXIE 也已经置位，则会产生一个中断请求。当有字符写入 UCBxTXBUF 或者接收到 NACK 信号时，UCTXIFGx 会自动复位。当选择 I^2C 模式且 UCSWRST = 1 时，将会置位 UCTXIFG 中断标志位。硬件复位后或者 UCSWRST 被配置为 1 时，UCTXIE 将自动复位。

2. I^2C 发送中断

当 eUSCI_B 配置为从机模式，且发送开始位后，置位 UCETXINT 会使 UCTXIFG0 置位。在这种情况下，不允许使能其他从机地址 UCBxI2COA1 ~ UCBxI2COA3。这样，当检测到从机地址匹配后，UCTXIFG0 置位后，软件可以有更多的时间处理 UCTXIFG0。

3. I^2C 接收中断

当接收到一个字符并将其装载到 UCBxRXBUF 中时，将置位 UCRXIFG0 中断标志位。当作为具有多个从机地址的从机时，UCRXIFGx 标志设置为对应于之前接收到那个地址的 UCRXIFGx 标志。如果此时 UCRXIE 也置位，则会产生一个中断请求。硬件复位后或者 UCSWRST 被配置为 1 时，UCRXIFG 和 UCTXIE 复位。对 UCxRXBUF 进行读操作之后，UCRXIFG 将会自动复位。

4. I^2C 状态中断标志

I^2C 状态中断标志及其产生条件如表 7-13 所示。

表 7-13　I^2C 状态中断标志列表

中断标志	中断名称	产生条件
UCALIFG	仲裁失效中断标志	两个或多个数据同时开始发送数据，或者 eUSCI 工作在主模式下，但是系统内的另一主机将其作为从机寻址时，仲裁可能丢失。当仲裁丢失时，UCALIFG 中断标志位置位。当 UCNALIFG 中断标志位置位时，UCMST 将被清除，I^2C 控制器将变成从接收
UCNACKIFG	无应答中断标志	主设备没有接收到从设备的响应时，该标志位置位。当接收到起始条件时，UCNACKIFG 标志位自动清除
UCCLTOIFG	时钟低超时标志位	如果时钟保持低的时间超过 UCCLTO 位定义的时间，则置位该中断标志
UCBIT9IFG	第 9 个时钟周期标志位	每当 eUSCI_B 传输一个数据字节的第 9 个时钟周期时，就产生这个中断标志。这样可以让用户在需要的情况下遵循软件中的 I^2C 通信
UCBCNTIFG	字节计数器中断	当字节计数器值达到 UCBxTBCNT 中定义的值且 UCASTPx = 01 或 10 时，此标志置位
UCSTTIFG	起始信号检测中断标志	在从模式下，I^2C 模块接收到起始信号及本身地址时，该标志位置位。UCSTTIFG 标志位只在从模式下使用，当接收到停止条件时，自动清除
UCSTPIFG	停止信号检测中断标志	在从模式下，I^2C 模块接收到停止条件时，UCSTPIFG 中断标志位置位。UCSTPIFG 只在从模式下使用，当接收到起始条件时，自动清除

7.3.7 eUSCI 寄存器——I^2C 模式

I^2C 模式下可用的 eUSCI 寄存器如表 7-14 所示。

表 7-14　eUSCI_Bx 寄存器（I^2C 模式，eUSCI_B0 基址为 0x4000_2000h）

寄存器	缩写	类型	访问方式	地址偏移	初始状态
eUSCI_Bx 控制字 0	UCBxCTLW0	读/写	字	00h	01C1h
eUSCI_Bx 控制寄存器 1	UCBxCTL1	读/写	字节	00h	01h
eUSCI_Bx 控制寄存器 0	UCBxCTL0	读/写	字节	01h	C1h
eUSCI_Bx 控制字 1	UCBxCTLW1	读/写	字	02h	0000h
eUSCI_Bx 波特率控制字	UCBxBRW	读/写	字	06h	0000h
eUSCI_Bx 波特率控制寄存器 0	UCBxBR0	读/写	字节	06h	00h
eUSCI_Bx 波特率控制寄存器 1	UCBxBR1	读/写	字节	07h	00h
eUSCI_Bx 状态寄存器	UCBxSTATW	读/写	字	08h	00h
eUSCI_Bx 字节计数器	UCBxTBCNT	读/写	字	0Ah	00h
eUSCI_Bx 接收缓冲寄存器	UCBxRXBUF	读/写	字	0Ch	00h
eUSCI_Bx 发送缓冲寄存器	UCBxTXBUF	读/写	字	0Eh	00h
I^2C 本机地址寄存器 0	UCBxI2COA0	读/写	字	14h	0000h
I^2C 本机地址寄存器 1	UCBxI2COA1	读/写	字	16h	0000h
I^2C 本机地址寄存器 2	UCBxI2COA2	读/写	字	18h	0000h

（续）

寄存器	缩写	类型	访问方式	地址偏移	初始状态
I^{2}C 本机地址寄存器 3	UCBxI2COA3	读/写	字	1Ah	0000h
eUSCI_Bx 接收地址寄存器	UCBxADDRX	读/写	字	1Ch	0000h
eUSCI_Bx 地址掩码寄存器	UCBxADDMASK	读/写	字	1Eh	03FFh
I^{2}C 从机地址寄存器	USBxI2CSA	读/写	字	20h	0000h
USCI_Bx 中断使能寄存器	UCBxIE	读/写	字	2Ah	0000h
USCI_Bx 中断标志寄存器	UCBxIFG	读/写	字	2Ch	2200h
eUSCI_Bx 中断向量	UCBxIV	读	字	2Eh	0000h

以下详细介绍 eUSCI_Bx 各寄存器的含义。注意：含下划线的配置为 eUSCI_Bx 寄存器初始状态或复位后的默认配置。

（1）eUSCI_Bx 控制寄存器 0（UCBxCTL0）

15	14	13	12	11	10	9	8
UCA10	UCSLA10	UCMM	保留	UCMST	UCMODEx = 11		UCSYNC = 1

7	6	5	4	3	2	1	0
UCSSELx		UCTXACK	UCTR	UCTXNACK	UCTXSTP	UCTXSTT	UCSWRST

注意：表中灰色底纹部分控制寄存器只有在 UCSWRST = 1 时，才可被修改。

1）**UCA10**：第 15 位，本机地址模式选择控制位。

0：7 位本机地址模式；　　1：10 位本机地址模式。

2）**UCSLA10**：第 14 位，从机地址模式选择控制位。

0：7 位从机地址模式；　　1：10 位从机地址模式。

3）**UCMM**：第 13 位，多主机模式选择控制位。

0：单机模式；　　1：多机模式。

4）**UCMST**：第 11 位，主从机模式选择控制位。当一个主机在多主机环境下丢失仲裁时（UCMM = 1），UCMST 控制位自动复位，I^{2}C 模块作为从机操作。

0：从机模式；　　1：主机模式。

5）**UCMODEx**：第 9 ~ 10 位，eUSCI 模式选择控制位。

00：3 线 SPI；　　01：4 线 SPI（当 UCxSTE = 1 时，主/从机使能）；

10：4 线 SPI（当 UCxSTE = 0 时，主/从机使能）；　　11：I^{2}C 模式。

6）**UCYNC**：第 8 位，同步模式使能控制位。

0：异步模式；　　1：同步模式。

7）**UCSSELx**：第 6 ~ 7 位，eUSCI 时钟选择控制位，该控制位可为 BRCLK 选择参考时钟源。

00：UCLK1；　　01：ACLK；　　10：SMCLK；　　11：SMCLK。

8）**UCTXACK**：第 5 位，在使能地址掩码寄存器的情况下在从模式下发送 ACK 条件。UCSTTIFG 设置完成后，用户需要设置或复位 UCTXACK 标志以继续 I^{2}C 协议。时钟被拉低直到写入 UCBxCTL1 寄存器。在发送 ACK 之后，该位自动清零。

0：不应答从机地址；　　1：应答从机地址。

9）UCTR：第 4 位，发送/接收控制位。

0：接收；　　1：发送。

10）UCTXNACK：第 3 位，NACK 发送控制位。当 NACK 控制位发送完毕后，UCTXNACK 自动清零。

0：正常应答；　　1：产生 NACK 应答信号。

11）UCTXSTP：第 2 位，在主模式下发送停止条件控制位。在从模式下忽略该位。在主接收模式下，NACK 信号在停止条件前。在产生停止条件后，UCTXSTP 控制位自动清除。

0：无停止条件产生；　　1：产生停止条件。

12）UCTXSTT：第 1 位，在主模式下发送起始条件控制位。在从模式下忽略该位。在主接收模式下，NACK 信号在重复起始条件前。在发送起始条件和地址信息后，UCTXSTT 控制位自动清除。

0：无起始条件产生；　　1：产生起始条件。

13）UCSWRST：第 0 位，软件复位使能控制位。

0：禁止；　　1：使能，eUSCI 保持在复位状态。

（2）eUSCI_Bx 控制寄存器 1（UCBxCTL1）

15	14	13	12	11	10	9	8
保留							UCETXINT
7	6	5	4	3	2	1	0
UCCLTO		UCSTPNACK	UCSWACK	UCASTPx		UCGLITx	

注意：表中灰色底纹部分控制寄存器只有在 UCSWRST = 1 时，才可被修改。

1）UCETXINT：第 8 位，早期 UCTXIFG0。只在从机模式中应用。当该位置 1 时，必须禁用 UCxI2COA1 至 UCxI2COA3 中定义的从机地址。

0b：UCTXIFGx 在与 UCxI2COAx 匹配的地址后设置，方向位指示从机发送；

1b：UCTXIFG0 为每个 START 条件设置。

2）UCCLTO：第 6 ~ 7 位，时钟低超时选择控制位。

00：禁用时钟低超时计数器；　　01：135 000 个 SYSCLK 周期（约 28ms）；

10：150 000 个 SYSCLK 周期（约 31ms）；　　11：165 000 个 SYSCLK 周期（约 34ms）。

3）UCSTPNACK：第 5 位，允许使 eUSCI_B 主机确认主接收器模式中的最后 1 字节。这不符合 I^2C 规范，只能用于从机，后者在固定的数据包长度后自动释放 SDA。

0：作为主接收器在 STOP 条件之前发送不应答（符合 I^2C 标准）；

1：当配置为主接收器时，所有字节由 eUSCI_B 确认。

4）UCSWACK：第 4 位，使用该位可以选择 eUSCI_B 模块是否触发发送地址的 ACK，或者是否由软件控制。

0：从站的地址确认由 eUSCI_B 模块控制；

1：用户需要通过发出 UCTXACK 触发发送地址 ACK。

5）UCASTPx：第 2 ~ 3 位，自动停止条件生成控制位。在从模式下，只有 UCBCNTIFG 可用。

00：无自动停止生成，在用户设置 UCTXSTP 位后产生 STOP 条件；

01：UCBCNTIFG 设置为字节计数器达到 UCBxTBCNT 中定义的阈值；

10：在字节计数器值达到 UCBxTBCNT 后，自动生成 STOP 条件。UCBCNTIFG 设置为字节计数器达到阈值；

11：保留。

6）**UCGLITx**：第 0 ~ 1 位，尖峰脉冲控制位。

00: 50ns；　01: 25ns；　10: 12.5ns；　11: 6.25ns。

（3）eUSCI_Bx 波特率控制寄存器（UCBxBRW）

15	14	13	12	11	10	9	8
UCBRx							
7	**6**	**5**	**4**	**3**	**2**	**1**	**0**
UCBRx							

注意：表中灰色底纹部分控制寄存器只有在 UCSWRST = 1 时，才可被修改。

UCBRx：波特率发生器的时钟与预分频器设置，默认值为 0000h。该位用于整数分频。

（4）eUSCI_Bx 状态寄存器（UCBxSTATW）

15	14	13	12	11	10	9	8
UCBCNTx							
7	**6**	**5**	**4**	**3**	**2**	**1**	**0**
保留	UCSCLLOW	UCGC	UCBBUSY	保留			

1）**UCBCNTx**：第 8 ~ 15 位，硬件字节计数器值。读取该寄存器返回自上次 START 或 RESTART 以来在 I^2C 总线上接收或发送的字节数。这个寄存器没有完成同步。在第一位位置读取 UCBxBCNT 时，可能会发生故障读取。

2）**UCSCLLOW**：第 6 位，SCL 拉低状态标志位。

0：SCL 未被拉低；　1：SCL 被拉低。

3）**UCGC**：第 5 位，接收到全呼地址标志位，当接收到起始条件时，自动清零。

0：没有接收到全呼地址；　1：接收到全呼地址。

4）**UCBBUSY**：第 4 位，总线忙标志位。

0：总线空闲；　1：总线忙。

（5）eUSCI_Bx 字节计数器阈值寄存器（UCBxTBCNT）

15	14	13	12	11	10	9	8
保留							
7	**6**	**5**	**4**	**3**	**2**	**1**	**0**
UCTBCNTx							

注意：表中灰色底纹部分控制寄存器只有在 UCSWRST = 1 时，才可被修改。

UCTBCNTx：第 0 ~ 7 位，字节计数器阈值用于设置自动 STOP 或 UCSTPIFG 应发生的 I^2C 数据字节数。仅当 UCASTPx 不同时，才会评估该值。

（6）eUSCI_Bx 接收缓冲寄存器（UCBxRXBUF）

15	14	13	12	11	10	9	8
保留							
7	**6**	**5**	**4**	**3**	**2**	**1**	**0**
UCRXBUFx							

UCRXBUFx：第 0 ~ 7 位，接收缓冲寄存器包含最近一次从接收移位寄存器移送的数据，用户可以通过软件读取访问。对 UCxRXBUF 的读数据操作，将使 UCRXIFG 接收中断标志位自动复位。

（7）eUSCI_Bx 发送缓冲寄存器（UCBxTXBUF）

15	14	13	12	11	10	9	8
保留							
7	**6**	**5**	**4**	**3**	**2**	**1**	**0**
UCTxBUFx							

UCTXBUFx：第 0 ~ 7 位，发送缓冲寄存器包含将要移送至移位寄存器并进行发送的数据，用户可以通过程序软件访问该发送缓冲寄存器。对 UCTxBUF 的写数据操作，将使 UCTXIFG 发送中断标志位自动复位。

（8）I^2C 本机地址寄存器（UCBxI2COAx）

15	14	13	12	11	10	9	8
UCGCEN	0	0	0	0	UCOAEN	I2COAx	
7	**6**	**5**	**4**	**3**	**2**	**1**	**0**
I2COAx							

注意：表中灰色底纹部分控制寄存器只有在 UCSWRST = 1 时，才可被修改。

1）**UCGCEN**：第 15 位，全呼响应使能控制位。

0：不响应全呼；　　　　1：响应全呼。

2）**UCOAEN**：第 10 位，自己的地址启用控制位。如果与该寄存器 UCBxI2COA0 相关的 I^2C 从器件地址被求值，则可以选择该寄存器。

0：I2COA0 中定义的从站地址禁用；

1：I2COA0 中定义的从站地址被使能。

3）**I2COAx**：第 0 ~ 9 位，I^2C 本机地址。I^2COAx 位包含 eUSCI_Bx 模块的 I^2C 控制器的本机地址，地址右对齐。在 7 位寻址模式下，第 6 位是最高有效位，忽略第 7 到第 9 位。在 10 位寻址模式下，第 9 位是最高有效位。初始状态为 0x0000。

（9）I^2C 接收地址寄存器（UCBxADDRX）

15	14	13	12	11	10	9	8
保留						ADDRXx	
7	**6**	**5**	**4**	**3**	**2**	**1**	**0**
ADDRXx							

ADDRXx：第 0 ~ 9 位，包含总线上最后接收到的从机地址。使用该寄存器和地址掩码寄存器，可以使用一个 eUSCI_B 模块对多个从机地址做出反应。

（10）I^2C 地址掩码寄存器（UCBxADDMASK）

15	14	13	12	11	10	9	8
保留						ADDMASKx	
7	**6**	**5**	**4**	**3**	**2**	**1**	**0**
ADDMASKx							

注意：表中灰色底纹部分控制寄存器只有在 UCSWRST = 1 时，才可被修改。

ADDMASKx：第 0 ~ 9 位，地址掩码寄存器。通过清除自己地址的相应位，当将总线上的地址与自己的地址进行比较时，这个位不重要。使用这种方法，可以对多个从机地址做出反应。当 ADDMASKx 的所有位置 1 时，地址掩码功能被禁用。

（11）I^2C 从机地址寄存器（UCBxI2CSA）

15	14	13	12	11	10	9	8
0	0	0	0	0	0	I2CSAx	
7	**6**	**5**	**4**	**3**	**2**	**1**	**0**
I2CSAx							

I2CSAx：第 0 ~ 9 位，I^2C 从机地址。I2CSAx 包含 eUSCI_Bx 模块寻址的外部设备的从机地址。这些位只有在 eUSCI_Bx 模块设置为主机模式下使用。在 7 位寻址模式下，第 6 位是最高有效位，忽略第 7 位到第 9 位。在 10 位寻址模式下，第 9 位为最高有效位。

（12）eUSCI_Bx 的 I^2C 中断使能寄存器（UCBxIE）

15	14	13	12	11	10	9	8
保留	UCBIT9IE	UCTXIE3	UCRXIE3	UCTXIE2	UCRXIE2	UCTXIE1	UCRXIE1
7	**6**	**5**	**4**	**3**	**2**	**1**	**0**
UCCLTOIE	UCBCNTIE	UCNACKIE	UCALIE	UCSTPIE	UCSTTIE	UCTXIE0	UCRXIE0

1）**UCBIT9IE**：第 14 位，第 9bit 位中断使能控制位。

0：禁止中断；　　1：使能中断。

2）**UCTXIE3**：第 13 位，发送中断 3 使能控制位。

0：禁止中断；　　1：使能中断。

3）**UCRXIE3**：第 12 位，接收中断 3 使能控制位。

0：禁止中断；　　1：使能中断。

4）**UCTXIE2**：第 11 位，发送中断 2 使能控制位。

0：禁止中断；　　1：使能中断。

5）**UCRXIE2**：第 10 位，接收中断 2 使能控制位。

0：禁止中断；　　1：使能中断。

6）**UCTXIE1**：第 9 位，发送中断 1 使能控制位。

0：禁止中断；　　1：使能中断。

7）UCRXIE1：第8位，接收中断1使能控制位。

0：禁止中断；　　1：使能中断。

8）UCCLTOIE：第7位，时钟低电平超时中断使能控制位。

0：禁止中断；　　1：使能中断。

9）UCBCNTIE：第6位，字节计数器中断使能控制位。

0：禁止中断；　　1：使能中断。

10）UCNACKIE：第5位，无应答中断使能控制位。

0：禁止中断；　　1：使能中断。

11）UCALIE：第4位，仲裁失效中断使能控制位。

0：禁止中断；　　1：使能中断。

12）UCSTPIE：第3位，停止条件中断使能控制位。

0：禁止中断；　　1：使能中断。

13）UCSTTIE：第2位，起始条件中断使能控制位。

0：禁止中断；　　1：使能中断。

14）UCTXIE0：第1位，发送中断使能控制位。

0：禁止中断；　　1：使能中断。

15）UCRXIE0：第0位，接收中断使能控制位。

0：禁止中断；　　1：接收中断。

（13）eUSCI_Bx的I^2C中断标志寄存器（UCBxIFG）

15	14	13	12	11	10	9	8
保留	UCBIT9IFG	UCTXIFG3	UCRXIFG3	UCTXIFG2	UCRXIFG2	UCTXIFG1	UCRXIFG1

7	6	5	4	3	2	1	0
UCCLTOIFG	UCBCNTIFG	UCNACKIFG	UCALIFG	UCSTPIFG	UCSTTIFG	UCTXIFG0	UCRXIFG0

1）UCBIT9IFG：第14位，第9bit位中断中断标志位

0：无中断被挂起；　　1：中断挂起。

2）UCTXIFG3：第13位，eUSCI_B发送中断标志位3。如果UCBxI2COA3中定义的从机地址在同一帧中的总线上，则从机模式下UCBxTXBUF为空时，UCTXIFG3置1。

0：无中断被挂起；　　1：中断挂起。

3）UCRXIFG3：第12位，eUSCI_B接收中断标志位3。当UCBxRXBUF在从模式下接收到完整字节，并且UCBxI2COA3中定义的从机地址在同一帧中的总线上时，UCRXIFG3置1。

0：无中断被挂起；　　1：中断挂起。

4）UCTXIFG2：第11位，eUSCI_B发送中断标志位2。如果UCBxI2COA2中定义的从机地址在同一帧中的总线上，则从机模式下UCBxTXBUF为空时，UCTXIFG2置1。

0：无中断被挂起；　　1：中断挂起。

5）UCRXIFG2：第10位，eUSCI_B接收中断标志位2。当UCBxRXBUF在从模式下接收到完整字节，并且UCBxI2COA2中定义的从机地址在同一帧中的总线上时，UCRXIFG2置1。

0：无中断被挂起；　　1：中断挂起。

6）UCTXIFG1：第9位，eUSCI_B发送中断标志位1。如果UCBxI2COA1中定义的从机地址

址在同一帧中的总线上，则从机模式下 UCBxTXBUF 为空时，UCTXIFG1 置 1。

0：无中断被挂起；　　1：中断挂起。

7）UCRXIFG1：第 8 位，eUSCI_B 接收中断标志位 1。当 UCBxRXBUF 在从模式下接收到完整字节，并且 UCBxI2COA1 中定义的从机地址在同一帧中的总线上时，UCRXIFG1 置 1。

0：无中断被挂起；　　1：中断挂起。

8）UCCLTOIFG：第 7 位，时钟低电平超时中断标志位。

0：无中断被挂起；　　1：中断挂起。

9）UCBCNTIE：第 6 位，字节计数器中断标志位。

0：无中断被挂起；　　1：中断挂起。

10）UCNACKIE：第 5 位，无应答中断使能控制位。仅在主模式下运行时才更新标志位。

0：无中断被挂起；　　1：中断挂起。

11）UCALIE：第 4 位，仲裁失效中断使能控制位。

0：无中断被挂起；　　1：中断挂起。

12）UCSTPIE：第 3 位，停止条件中断使能控制位。

0：无中断被挂起；　　1：中断挂起。

13）UCSTTIE：第 2 位，起始条件中断使能控制位。

0：无中断被挂起；　　1：中断挂起。

14）UCTXIFG0：第 1 位，eUSCI_B 发送中断标志位 0。如果 UCBxI2COA0 中定义的从机地址在同一帧中的总线上，则从机模式下 UCBxTXBUF 为空时，UCTXIFG0 置 1。

0：无中断被挂起；　　1：中断挂起。

15）UCRXIFG0：第 0 位，eUSCI_B 接收中断标志位 0。当 UCBxRXBUF 在从模式下接收到完整字节，并且 UCBxI2COA0 中定义的从机地址在同一帧中的总线上时，UCRXIFG0 置 1。

0：无中断被挂起；　　1：中断挂起。

（14）eUSCI_Bx 中断向量寄存器（UCBxIV）

15	14	13	12	11	10	9	8
0	0	0	0	0	0	0	0

7	6	5	4	3	2	1	0
0	0	0	UCIVx				0

UCIVx：第 1~5 位，eUSCI 中断向量值。eUSCI_Bx 中断向量表如表 7-15 所示。

表 7-15　eUSCI_Bx 中断向量表

UCBxIV 的值	中断源	中断标志位	中断优先级
00h	无中断源	无	无
02h	仲裁失效中断	UCALIFG	最高
04h	无应答中断	UCNACKIFG	依次降低
06h	起始条件中断	UCSTTIFG	依次降低
08h	停止条件中断	UCSTPIFG	依次降低
0Ah	接收数据中断 3	UCRXIFG3	依次降低

（续）

UCBxIV 的值	中断源	中断标志位	中断优先级
0Ch	发送缓冲为空中断 3	UCTXIFG3	依次降低
0Eh	接收数据中断 2	UCRXIFG2	依次降低
10h	发送缓冲为空中断 2	UCTXIFG2	依次降低
12h	接收数据中断 1	UCRXIFG1	依次降低
14h	发送缓冲为空中断 1	UCTXIFG1	依次降低
16h	接收数据中断 0	UCRXIFG0	依次降低
18h	发送缓冲为空中断 0	UCTXIFG0	依次降低
1Ah	字节计数器中断	UCBCNTIFG	依次降低
1Ch	时钟低电平超时中断	UCCLTOIFG	依次降低
1Eh	第 9bit 位中断	UCBIT9IFG	最低

7.3.8 I^2C 模式操作应用举例

【例 7.3.1】 编写程序实现两块 MSP432P401r 单片机之间的多字节 I^2C 通信。

分析： 其中一块 MSP432P401r 单片机作为主机，工作在主发送模式，另一块单片机作为从机，工作在从接收模式。演示通过 I^2C 总线连接两个 MSP432 单片机。主机发送 4 个不同的 I^2C 从机件地址 0x0A、0x0B、0x0C 和 0x0D。每个从地址在数组 TXData 中都有一个特定的相关数据。在 4 个硬件从机地址被寻址后，从机地址又重新从 0x0A 开始。可以看到 MSP432 单片机拥有 4 个硬件从机地址，并通过程序控制，与主机进行通信。

MSP432P401r 单片机在主发送模式下的多字节 I^2C 通信程序如下：

```
#include "msp.h"
#include <stdint.h>
uint8_t TXData[] = {0xA1,0xB1,0xC1,0xD1};                  // 发送的数据
uint8_t SlaveAddress[] = {0x0A,0x0B,0x0C,0x0D};            // 从机地址
uint8_t TXByteCtr;
uint8_t SlaveFlag = 0;
int main(void)
{
    volatile uint32_t i;
    WDTCTL = WDTPW | WDTHOLD;                              // 关闭看门狗
    P1SEL0 |= BIT6 | BIT7;                                 // 配置 P1.6、P1.7 为 I2C
    __enable_interrupt();                                  // 使能全局中断
    NVIC_ISER0 = 1 << ((INT_EUSCIB0 - 16) & 31);           // 在 NVIC 模块中使能 I2C 中断
    UCB0CTLW0 |= UCSWRST;                                  // 使能软件复位
    UCB0CTLW0 |= UCMODE_3 | UCMST;                         // I2C 主机模式,参考时钟选择 SMCLK
    UCB0BRW = 0x0018;                                      // 分频,SMCLK /24
    UCB0CTLW0 &= ~ UCSWRST;                                // 清除软件复位,完成设置
    UCB0IE |= UCTXIE0 | UCNACKIE;                          // 使能发送和 NACK 中断
    SlaveFlag =0;
    while(1)
    {
    SCB_SCR |= SCB_SCR_SLEEPONEXIT;                        // 退出中断,同时从低功耗模式唤醒
    for (i = 1000; i > 0; i--);                            // 延时
```

```
    UCB0I2CSA = SlaveAddress[SlaveFlag];                    // 配置从机地址
    TXByteCtr = 1;                                          //
    while (UCB0CTLW0 & UCTXSTP);                            // 确保停止条件发送完成
    UCB0CTLW0 |= UCTR |UCTXSTT;                             // 发送 I2C 起始条件
    __sleep();                                              // 进入 LPM0 模式
    __no_operation();                                       // 可在此处设置断点,方便调试
    SlaveFlag++;
    if (SlaveFlag>3)
        {
            SlaveFlag =0;
        }
    }
}
// I2C 中断服务程序
void eUSCIB0IsrHandler(void)
{
    if (UCB0IFG & UCNACKIFG)                                // 判断 NCLK 中断标志位
{
    UCB0IFG &= ~ UCNACKIFG;                                 // 清除 NCLK 中断标志位
      UCB0CTL1 |= UCTXSTT;                                  // 发送 I2C 起始条件
    }
    if (UCB0IFG & UCTXIFG0)                                 // 判断 TXIFG0 中断标志位
    {
    UCB0IFG &= ~ UCTXIFG0;                                  // 清除 TXIFG0 中断标志位
        if (TXByteCtr)
            {
            UCB0TXBUF = TXData[SlaveFlag];                  // 将数据载入发送缓冲寄存器
            TXByteCtr--;
            }
        else
            {
            UCB0CTLW0 |= UCTXSTP;                           // 发送 I2C 停止条件
            UCB0IFG &= ~UCTXIFG;                            // 清除 TXIFG0 中断标志位
            SCB_SCR &= ~SCB_SCR_SLEEPONEXIT;                // 从低功耗中唤醒
            }
    }
}
```

MSP432P401r 单片机在从接收模式下的多字节 I^2C 通信程序如下:

```
#include "msp.h"
#include <stdint.h>
uint8_t RXData0 =0;
uint8_t RXData1 =0;
uint8_t RXData2 =0;
uint8_t RXData3 =0;
int main(void)
{
    WDTCTL = WDTPW |WDTHOLD;                                // 关闭看门狗
    P1DIR = BIT0 |BIT1;
    P1OUT = BIT0 |BIT1;
```

```
    P1SEL0 |= BIT6 |BIT7;                                   // 配置 P1.6、P1.7 为 I²C
    __enable_interrupt();                                   // 使能全局中断
    NVIC_ISER0 = 1 << (( INT_EUSCIB0 - 16) & 31);           // 在 NVIC 模块中使能 I²C 中断
    UCB0CTLW0 |= UCSWRST;                                   // 使能软件复位
    UCB0CTLW0 |= UCMODE_3;                                  // I²C 从机模式,
    UCB0I2COA0 = 0x0A |UCOAEN;                              // 使能从机地址 0x0A
    UCB0I2COA1 = 0x0B |UCOAEN;                              // 使能从机地址 0x0B
    UCB0I2COA2 = 0x0C |UCOAEN;                              // 使能从机地址 0x0C
    UCB0I2COA3 = 0x0D |UCOAEN;                              // 使能从机地址 0x0D
    UCB0CTLW0 &= ~UCSWRST;                                  // 清除软件复位,完成设置
    UCB0IE |= UCRXIE0 |UCRXIE1|UCRXIE2 |UCRXIE3;            // 使能接收中断
    __sleep();                                              // 进入 LPM0 模式
    __no_operation();                                       // 可在此处设置断点,方便调试
}
// I²C 中断服务程序
void eUSCIB0IsrHandler(void)
{
    if (UCB0IFG & UCRXIFG3)                                 // 判断 RXIFG3 中断标志位
    {
        UCB0IFG &= ~ UCRXIFG3;                              // 清除 RXIFG3 中断标志位
        RXData3 = UCB0RXBUF;                                // 接收数据
    }
    if (UCB0IFG & UCRXIFG2)                                 // 判断 RXIFG2 中断标志位
    {
        UCB0IFG &= ~ UCRXIFG2;                              // 清除 RXIFG2 中断标志位
        RXData2 = UCB0RXBUF;                                // 接收数据
    }
    if (UCB0IFG & UCRXIFG1)                                 // 判断 RXIFG1 中断标志位
    {
        UCB0IFG &= ~ UCRXIFG1;                              // 清除 RXIFG1 中断标志位
        RXData1 = UCB0RXBUF;                                // 接收数据
    }
    if (UCB0IFG & UCRXIFG0)                                 // 判断 RXIFG0 中断标志位
    {
        UCB0IFG &= ~ UCRXIFG0;                              // 清除 RXIFG0 中断标志位
        RXData0 = UCB0RXBUF;                                // 接收数据
    }
}
```

可利用两块 MSP432P401r LaunchPad 实验板硬件平台来调试该程序，硬件连接示意图如图 7-35 所示。

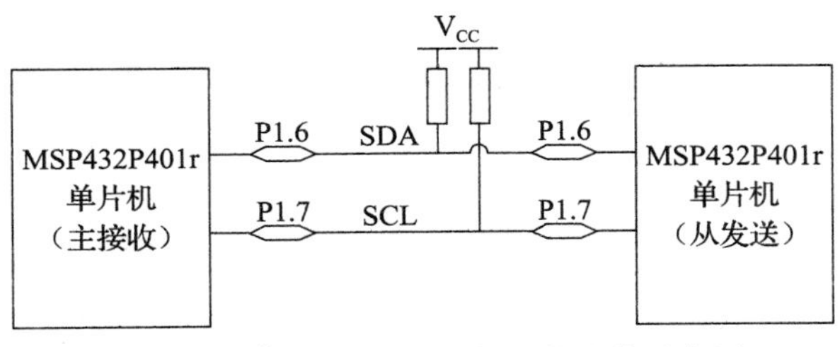

图 7-35　I²C 通信实验实例硬件连接示意图

7.4 本章小结

本章详细讲述了 eUSCI 通信模块的结构、原理及功能。MSP432 单片机的 eUSCI 通信模块支持多种串行通信模式，主要包括 UART 异步通信模式、SPI 同步通信模式和 I^2C 通信模式。通过这些串行通信模式可实现 MSP432 单片机与外部设备之间的信息交换，例如，利用 UART 异步通信模式实现与 PC 的串口通信；利用 SPI 同步通信模式实现 SD 卡内存的读写；利用 I^2C 通信模式调节 ADS1100 增益等。

7.5 思考题与习题

1. eUSCI_Ax 和 eUSCI_Bx 分别支持哪些通信模式?
2. 简述 eUSCI 模块工作在 UART 模式下的初始化步骤。
3. 编写串口发送程序，向上位机（PC）发送 8B 的数据帧。要求数据帧第 1 字节前保留 10bit 以上的线路空闲时间，以便上位机识别数据帧的起始。
4. 编写串口接收程序，如果出现奇偶校验错误，点亮 P1.3 端口的 LED，如果出现接收溢出错误，点亮 P1.4 端口的 LED。
5. 简述 SPI 通信中各线的含义，并说明 SPI 通信的原理。
6. 简述 SPI 的主机模式和从机模式的工作原理。
7. 简述 I^2C 数据通信协议。
8. MSP432 单片机的 I^2C 有哪些寻址方式? 对其格式进行简要说明。
9. MSP432 单片机的 I^2C 如何进行多机仲裁?
10. MSP432 单片机的 I^2C 有哪些工作模式?
11. MSP432 单片机的 I^2C 有哪些状态中断标志? 并简述各状态中断标志产生的条件。

Chapter 8 第8章

MSP432微控制器片内控制模块

片内控制模块是指MSP432单片机中具有内部控制功能且不与外部设备直接相连的内部集成模块，包括Flash控制器和DMA控制器。本章重点讲述Flash控制器和DMA控制器的结构、原理及功能。

8.1 Flash存储器

知识点： Flash存储器，英文全称为Flash EEPROM Memory。它是一种长寿命的非易失性（在断电情况下仍能保持所存储的数据信息）的存储器。数据删除不是以单个的字节为单位而是以固定的区块为单位，区块大小一般为256KB到20 MB。Flash存储器是电子可擦除只读存储器（EEPROM）的变种。EEPROM与Flash存储器不同，它是以字节为单位进行删除和重写的，而不是按区块擦写的。所以，Flash存储器比EEPROM的更新速度快，被称为Flash EEPROM，或简称Flash Memory。Flash存储器不像RAM（随机存取存储器）那样以字节为单位改写数据，因此，不能取代RAM。

MSP432单片机可以通过内置的Flash控制器擦除或改写内部任何一段Flash存储器的内容。由于Flash控制器的操作涉及Flash存储器的物理地址，所以本节首先介绍Flash存储器的结构，再详细介绍Flash控制器的操作原理。

8.1.1 Flash存储器的结构

MSP432单片机的Flash存储器由两个独立的大小相等的存储体组成，每个存储体包含以下区域。

1）主存储区域：作为主代码存储器，用于存储用户应用程序的代码和数据。

2）信息存储区域：主要用于存储TI和用户的代码或数据。某些信息存储区域由TI使用，其他区域可供用户使用。有关信息存储区的详细信息，可参见相关的数据手册。

1. Flash存储器的地址映射

在Flash存储器中，存储区域被两个存储体平均分配。以MSP432P401r单片机为例，其具有256KB的Flash存储器主存储区和16KB的信息存储区。

1）主内存 256KB，映射地址从 0h 到 3_FFFFh。

- 从 0h 到 1_FFFFh 映射到 Bank0。所有 Bank0 的参数可以访问。
- 从 2_0000h 到 3_FFFFh 映射到 Bank1。所有 Bank1 的参数可以访问。

2）信息内存，16KB，映射地址从 20_0000h 到 20_3FFFh。

- 从 20_0000h 到 20_1FFFh 映射到 Bank0。所有 Bank0 的参数可以访问。
- 从 20_2000h 到 20_3FFFh 映射到 Bank1。所有 Bank1 的参数可以访问。

注意：任何不在有效 Flash 存储区域内的访问都会产生总线错误响应。

2. Flash 存储器访问权限

MSP432 单片机上的 Flash 存储器可以由 CPU、DMA 或调试器（JTAG 或 SW）这 3 种方式访问。

（1）CPU（指令和数据总线）

1）CPU 可以向整个 Flash 存储器区域发出读取指令；

2）CPU 可以对整个 Flash 存储器区域发出数据读取和写入指令（除非访问被 SYSCTL 的设备安全体系结构阻止）。

（2）DMA

DMA 对 Flash 存储器可进行有条件的读访问。如果单片机不安全，或基于 JTAG 和 SWD 锁的安全性处于活动状态，则 DMA 对整个 Flash 空间可以访问。如果单片机上的 IP 保护处于活动状态，则 DMA 只能对 Bank1 进行读取和写入。在这种情况下，DMA 对 Bank0 的访问会返回总线错误响应。

（3）调试器

调试器可以启动对 Flash 存储器的访问。如果单片机没有启动安全保护，则允许所有调试器访问。但是，如果单片机启用了任何形式的代码安全性，则单片机安全体系结构会拒绝调试器对 Flash 存储器的访问。

8.1.2 使用 Flash 存储器进行的通用操作

1. 使用 MSP432 单片机驱动程序库进行 Flash 操作

MSP432 单片机驱动程序库允许通过简单易用的界面访问 Flash 模块，用于常用的 Flash 存储器操作，如读、写和擦除。建议将 MSP432 单片机驱动程序库 API 用于所有 Flash 操作，以确保按照规定，安全执行 Flash 程序。

2. Flash 读操作

（1）Flash 存储器读取时序控制和等待状态

Flash 存储器可以根据读命令操作所需的内存总线周期数进行配置，允许 CPU 执行频率高于 Flash 存储器支持的最大读取频率。如果总线时钟高于 Flash 存储器的频率，则对于配置的等待状态数被停止访问，这样可以可靠地访问 Flash 存储器中的数据。

在编程时，需要根据 CPU 的执行频率将等待状态数写入控制寄存器。

可用以下 MSP432 驱动程序库 API 对读取操作的等待状态数进行设置和读取。

- FlashCtl_setWaitState：更改 Flash 存储器用于读取操作的等待状态数。
- FlashCtl_getWaitState：返回给定 Flash 区域的 Flash 等待状态的设置数。

（2）读缓冲

MSP432P 单片机 Flash 存储器的行大小为 128 位。为了在连续的 Flash 存储器访问中实现最佳功耗和性能，Flash 存储器提供“读缓冲”功能。如果启用读缓冲，Flash 存储器总是读取整行的 128 位，而不管访问大小为 8 位、16 位或 32 位。128 位数据及其关联的地址由 Flash 存储器进行内部缓冲，在同一 128 位地址内的后续访问（预期在本质上是连续的）由缓冲区提供服务。因此，Flash 存储器访问只有当越过 128 位数据时才会出现等待状态，而缓冲区范围内的读访问没有任何总线停顿。如果读取缓冲被禁用，则对 Flash 存储器的访问将绕过缓冲区，并且从 Flash 存储器读取的数据被限制访问宽度（8 位、16 位或 32 位）。每个存储体都有独立的读缓冲设置。此外，在每个存储体内，在编程时具有独立的灵活性，可以实现指令和数据读取的读取缓冲。

在存储器的任何程序或擦除操作期间，读缓冲器都被旁路，以确保数据一致性。默认情况下读缓冲被禁用。

可用以下 MSP432 驱动程序库 API 启动或禁止读缓冲。

- FlashCtl_enableReadBuffering：在访问指定的存储体时启用读缓冲。
- FlashCtl_disableReadBuffering：在访问指定的存储体时禁用读缓冲。

（3） Flash 编程

Flash 存储器中的位编程涉及将目标位设置为 0。Flash 存储器支持在一个程序操作中从单个位到最多 4 个存储字宽度（128 位）。

MSP432 单片机驱动程序库 API（FlashCtl_programMemory）可对存储器进行编程。该 API 可用于单个字节到大块的存储块编程。在开始对 Flash 存储器进行编程之前，禁止主中断，使单片机处于阻塞功能。有关此功能如何工作的具体信息，请参阅 MSP432 外围设备驱动程序库用户指南。

（4） Flash 存储器擦除

擦除后 Flash 存储器内的每一位值均为 1，若要在 Flash 存储器中写入数据，只需将相应的位改为 0 即可。但是，要将其重新编程从 0 到 1，则需要进行擦除。主存储区和信息存储区中可以擦除的最小擦除单元是一个扇区（4kB）。Flash 存储器提供两种擦除模式：扇区擦除和块擦除。

1）在扇区擦除模式下，Flash 存储器可以配置为即将被擦除的 Flash 存储器的扇区。该扇区可以是信息存储区或主存储区。

MSP432 单片机驱动程序库 API（FlashCtl_eraseSector）可用于擦除 Flash 存储器扇区。若出现错误，此功能被阻止，并且操作完成前不会退出。执行此功能时应禁用主中断。

2）在块擦除模式下，Flash 存储器设置为擦除整个 Flash 存储器。块擦除对两个存储体都可应用。

MSP432 单片机驱动程序库 API（FlashCtl_performMassErase）可用于 Flash 存储器块擦除操作。同样，若出现错误，此功能被阻止，并且操作完成前不会退出。执行此功能时应禁用主中断。

（5） Flash 存储器程序和擦除保护

Flash 存储器的每个扇区都有一个写和擦除保护位 PROT，如果 PROT 位置为 1，则该扇区为只读型的存储区，对扇区内进行的任何写操作或擦除操作都是无效的。可以对 Flash 存储器的主存储区和信息存储区的 PROT 位进行配置，以保护扇区免受无意的编程或擦除操作。此外，这些位也可用于优化擦除操作。

例如，需要擦除主存储区的一部分，比如 256kB 中的 128kB，在这种情况下，可以选择将 128kB 分为 32 个单独的扇区进行擦除，也可以将需要擦除的存储区域的 PROT 位设置为 0，主存储区和信息存储区的所有其他 PROT 位设置为 1，然后启动块擦除操作，在一个擦除周期内擦除目标，从而节省时间。

可用以下 MSP432 驱动程序库 API 设置程序和擦除保护。

- FlashCtl_protectSector：在给定的扇区上启用程序保护。
- FlashCtl_unprotectSector：在给定的扇区上禁止程序保护。

8.1.3 使用 Flash 存储器进行的高级操作

在使用软件进行 Flash 存储器的编程或擦除操作中，需要了解在写/擦除操作时，编程和擦除 MSP432 单片机 Flash 存储器还需要进行验证阶段。若不能实现所需的验证阶段，并按照 Flash 存储器软件流程列出的确切程序执行，可能导致 MSP432 单片机 Flash 存储器编程或擦除不正确。

1. Flash 存储器的高级读取

MSP432P401r 单片机的 Flash 存储器可以设置不同的读取模式，支持以下读取模式。

1）正常读取：这是最常用的模式。用户必须确保仅在此模式下操作。

2）读取边缘 0/1：边缘读取是主要的测试模式，用于检查 Flash 存储器。该模式在现场设备长时间运行后对于确定编程的边距非常有用。

3）程序验证：该读取模式有助于检查存储器是否有足够的余量编程。用户在程序操作期间看到验证错误后，就可使用此模式。

4）擦除验证：此读取模式有助于检查内存是否有足够的余量擦除。每次擦除操作前都应使用此模式。

可以设置 FLCTL_BANKx_RDCTL 寄存器中的 RD_MODE 位来使能所需的读取模式。

Flash 存储器支持突发读取和比较功能，可以在 Flash 存储器的连续部分进行快速读取和比较操作，Flash 存储器通过一次比较所有 128 位来减少操作时间。

突发读取和比较功能对于擦除存储器的验证是有用的，是在擦除验证读取操作模式下完成的。

可用以下 MSP432 单片机驱动程序库 API 进行高级读取。

FlashCtl_setReadMode：设置 Flash 读取操作使用的 Flash 读取模式。

2. Flash 存储器的高级编程

编程 MSP432 单片机的 Flash 存储器需要将以下阶段并入用户程序：

- 预编程验证
- 启动程序
- 后期程序验证

MSP432 单片机 Flash 存储器要求应用程序根据所使用的编程模式实现如图 8-1 所示的精确例程。不遵循软件流程可能导致 MSP432 单片机的 Flash 存储器编程不正确。

如果应用程序知道要编程的 Flash 存储器位置已经处于被擦除状态，则预编程验证阶段可以不需要。但是，在每个程序操作之后都需要后期程序验证。

Flash 存储器使用自动验证功能，在硬件中实现预编程验证和后期程序验证。Flash 存储器编程阶段可以使用以下列出的任何一种高级程序模式来实现：

- 立即写入模式
- 全字编程模式
- 突发程序模式

（1）自动验证功能

为了防止某一位被意外地过度编程或者检查某一位是否被充分编程，Flash 存储器提供控制位，以在每个编程周期之前和之后实现自动程序验证和比较操作。这些分别称为自动预编程验证和后期程序验证。

启动预编程验证后，Flash 存储器会以编程验证读取模式启动对要编程的地址的读取。然后，Flash 存储器将接收到的数据与要编程的值进行比较。如果要编程的任何位在存储器中为 0，则会发生错误。该错误由 FLCTL_IFG 寄存器中的 AVPRE 标志位标记。

后期编程验证操作在编程完成后启动对地址的读取。该读取操作也在程序验证读取模式下启动。然后，Flash 存储器将接收的数据与要编程的值进行比较，如果编程的任何位在存储器中显示为 1，则会发生错误。该错误由 FLCTL_IFG 寄存器中的 AVPST 标志位标记。

根据使用的编程模式，可以使用表 8-1 所示的寄存器来配置自动验证功能。也可以使用以下 MSP432 驱动程序库 API 配置此功能。

- FlashCtl_setProgramVerification：设置突发和常规 Flash 编程指令的预编程验证或后期验证。
- FlashCtl_clearProgramVerification：清除突发和常规 Flash 编程指令的预编程验证或后期验证。

表 8-1　自动验证模式设置表

编程模式	自动验证功能	寄存器	位
立即和全字模式	预编程验证	FLCTL_PRG_CTLSTAT	VER_PRE
立即和全字模式	后期编程验证	FLCTL_PRG_CTLSTAT	VER_PST
突发程序模式	预编程验证	FLCTL_PRGBRST_CTL	AUTO_PRE
突发程序模式	后期编程验证	FLCTL_PRGBRST_CTL	AUTO_PST

（2）立即和全字模式的 Flash 编程

当配置为立即写入模式时，Flash 存储器在接收到写命令后立即启动程序操作。

为了优化写入延迟和 Flash 程序操作期间的功耗，程序可以配置 Flash 存储器以缓冲来自 CPU 的多次写入，并且仅在组成完整的 128 位 Flash 存储器字之后启动程序操作。在全字编程模式下启用这种编程方式，对于大量字节写入非常有效，并且只有在至少有 16 字节的数据准备好之后才启动写入。

以下步骤说明在程序中如何使用全字节编程模式：

1）需要以递增的地址方式写入数据，从 128 位 LSB 对齐的方式开始。

- 可以写入 4 ×32 位，从最低有效 32 位字开始；
- 可以写入 8 ×16 位，从最低有效 16 位字开始；
- 可以写入 16 ×8 位，从最低有效字节开始；
- 可以写入上述的组合，但是必须从 LSB 第一个加载写入和结束，最高有效字节最后加载写入。

2）当上述操作完成时，有一个完整的 128 位需写入的字，用于程序操作。

立即和全字编程模式的软件流程如图 8-1 所示。

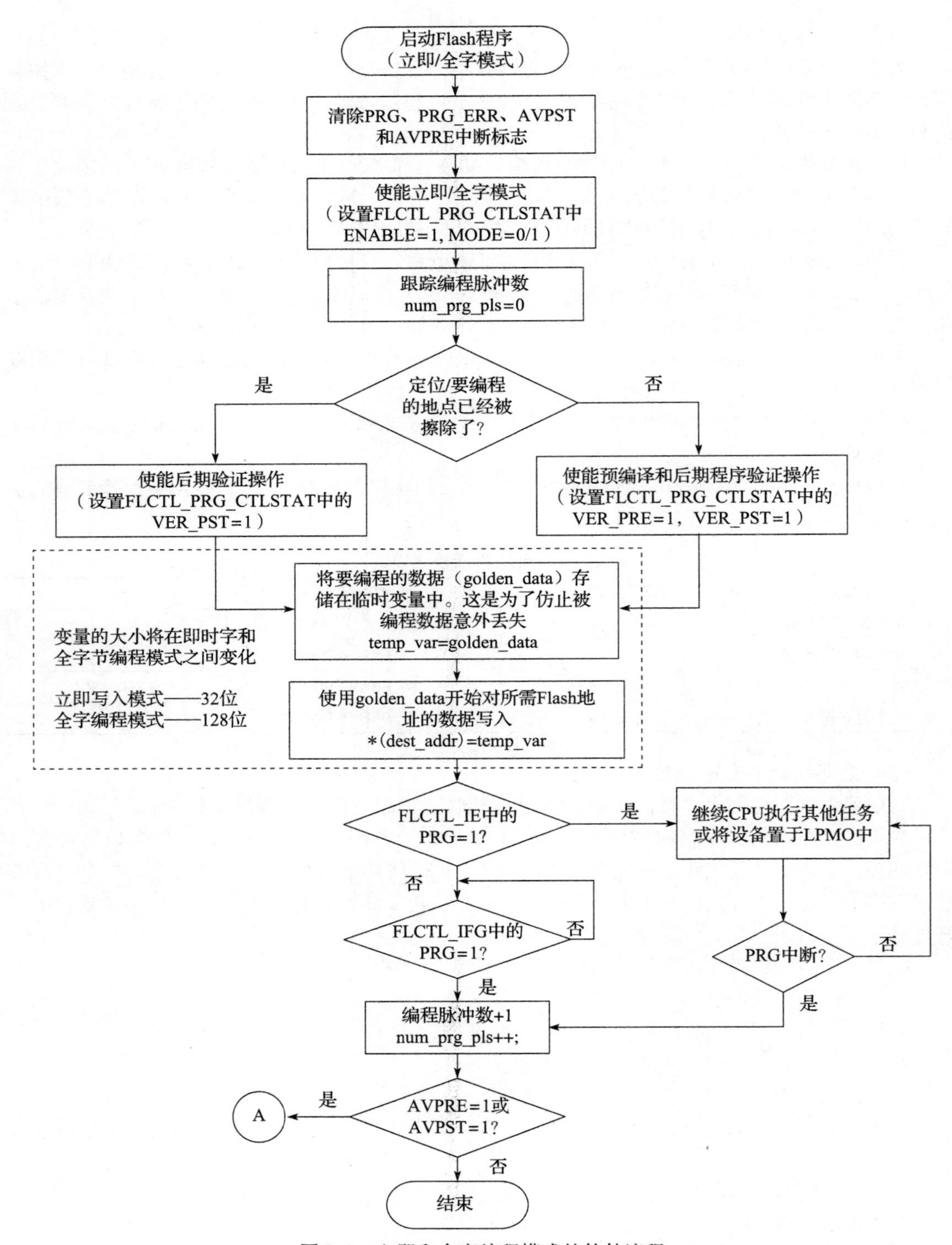

图 8-1　立即和全字编程模式的软件流程

图中，A 为立即和全字编程中预验证错误处理过程，这里不详细介绍。

（3）突发程序模式

突发程序模式的特点就是允许在单个突发命令中写入多个（最多 4 个）128 位字来增强全字节编程操作模式。在需要将大量字节（块数据）快速连续地写到 Flash 中的连续区域时，这种模式是非常有效的。由于建立和保持时间与 Flash 编程操作相关联，在每次操作时不需要重复执行，因此总体写入的延迟时间更少。

要启用突发编程模式，需要用到以下内容。

1）数据输入缓冲区：4 个 128 位宽缓冲区，可以通过应用程序代码或通过 DMA 预加载数据。缓冲区可以是 16 位或 32 位寄存器，以便直接从 CPU 和 DMA 写入。FLCTL_PRGBRST_DATAx_y 寄存器可用于加载突发数据。

2）起始地址寄存器：起始地址在 FLCTL_PRGBRST_STARTADDR 寄存器中配置（必须是 128 位）。

3）突发程序长度：通过设置 FLCTL_PRGBRST_CTLSTAT 中的 LEN 位，来指定要顺序写入 128 位字的个数（最多可以连续写入 4 个字）。

在这种操作模式下，如果所有写入都在相同的扇区内，则程序运行的建立和保持延迟仅在突发中产生一次。如果写入恰好跨越扇区边界，则将该操作分成两个。

突发程序功能由 FLCTL_PRG_CTLSTAT 寄存器中的 ENABLE 位使能。

3. Flash 存储器高级擦除操作

擦除 MSP432 单片机的 Flash 存储器需要启动擦除后期验证。

擦除操作之后必须读取擦除的位置，以确认擦除成功。擦除操作的验证必须由用户应用程序启动，硬件不支持自动验证。

在擦除操作的验证期间，需要使用 FLCTL_BANKx_RDCTL 寄存器中的 RD_MODE 位，将擦除设置为擦除 - 验证 - 读取模式来进行 Flash 存储器读取。

支持以下 Flash 存储器擦除模式：

- 扇区擦除
- 块擦除

在扇区和块擦除模式下，驱动程序库 API 可用于实现推荐的擦除流程。这些 API 也分为阻塞和非阻塞类型，用户可以选择是否使用阻塞（包括擦除验证阶段）或非阻塞版本（只是启动擦除，并依赖于用户代码来执行验证）。

Flash 存储器中的擦除操作必须遵循以下流程：

1）擦除操作之后必须读取擦除的位置，以确认擦除成功。

2）擦除操作的验证应在软件中进行，硬件不支持自动验证。

3）读取擦除操作验证需要将存储区设置为擦除 - 验证 - 读取模式。

4）实现擦除验证的高效率需要使用 FLCTL 的突发读取和比较功能。

5）如果突发读取发生错误，则重新启动擦除直到验证通过。

6）在上述操作中出现擦除故障时，软件应重复上述步骤，直到设备 TLV 中指定的擦除脉冲为最大值。

编程或擦除期间的中断处理：应用程序必须确保在有效的程序或擦除操作期间，中断不会从正在执行程序或擦除的 Flash 存储体进入中断服务程序。可以选择在编程或擦除操作期间禁止中断，或者使用 SRAM 或另一个 Flash 存储体来进行中断处理。

执行 Flash 存储器编程或擦除之前，Flash 存储器读取模式的约束：程序必须确保只有当程序或擦除目标（Flash 存储器存储区）处于正常读操作模式时才会启动 Flash 存储器程序或擦除操作。

下面举例说明在擦除设备上 1 个信息存储扇区之后，如何使用 Flash 存储器的突发读和比较特征来验证擦除操作。此处所选扇区为信息存储体 0 的第 0 个扇区。

下面给出此操作的软件流程：

1）将 Bank0 设置为与擦除验证模式对应的等待状态。

2）使用 FLCTL_BANK0_RDCTL 寄存器的 RD_MODE，将 Bank0 设置为擦除验证模式。

3）对 FLCTL_BANK0_RDCTL 寄存器的 RD_MODE_STATUS 字段进行轮询，以确保存储区 0 处于擦除验证模式。

4）将 FLCTL_RDBRST_STARTADDR 设置为 0（从信息存储空间偏移开始的扇区 0 的起始地址）。

5）将 FLCTL_RDBRST_LEN 赋值为 4096（一个信息存储扇区大小）。

6）设置寄存器 FLCTL_RDBRST_CTLSTAT 的相应位。

- MEM_TYPE：信息存储；
- DATA_CMP：1b 对应于 FFFF_FFFF_FFFF_FFFF_FFFF_FFFF_FFFF_FFFF；
- STOP_FAIL：第一个比较不匹配时停止；
- START：启动突发读取操作。

7）对 FLCTL_RDBRST_CTLSTAT 寄存器的 BRST_STAT 字段进行轮询，以确保读取突发和比较操作完成。

8）检查 ADDR_ERR 和 CMP_ERR 的值，以确保操作完成没有错误。

9）若发生错误：

- 最后一次比较错误的结果需要反映在 FLCTL_RDBRST_FAILADDR 寄存器的 FAIL_ADDRESS 中；
- 错误总数反映在 FLCTL_RDBRST_FAILCNT 中。

8.1.4 Flash 存储器中断

Flash 存储器可以产生以下中断：

- 完成突发模式的操作（PRGB）
- 预编程自动验证错误（AVPRE）
- 后期自动验证错误（AVPST）
- 完成立即/全字操作（PRG）
- 由于全字模式下的错误写入导致数据丢失（PRG_ERR）
- 完成擦除操作（ERASE）
- 完成突发读取和比较操作（也可能是由于比较不匹配）（RDBRST）
- 基准计数器匹配事件（BMRK）

8.1.5 系统复位对 Flash 存储器功能的影响

1. 软件复位

软件复位对 Flash 存储器功能没有任何影响：

1）目前正在进行的任何读取、编程或擦除操作都会继续；

2）正常处理未完成的 Flash 操作；

3）正常进行新的访问或操作。

2. 硬件复位或 POR 复位

硬件复位对 Flash 存储器功能有以下影响：

1）所有当前和未完成的读取操作都终止；

2）所有当前和未完成的编程或擦除操作都终止；

3）Flash 控制寄存器中的所有设置都将复位。

8.1.6 Flash 控制寄存器

Flash 控制寄存器如表 8-2 所示。

表 8-2 Flash 控制寄存器列表（基址：0x4001_1000）

寄存器	缩 写	读写类型	偏移地址
电源状态寄存器	POWER_STAT	读	0x000
Bank0 读控制寄存器	BANK0_RDCTL	读/写	010h
Bank1 读控制寄存器	BANK1_RDCTL	读/写	014h
读突发/比较控制和状态寄存器	RDBRST_CTLSTAT	读/写	020h
读突发/比较起始地址寄存器	RDBRST_STARTADDR	读/写	024h
读突发/比较长度寄存器	RDBRST_LEN	读/写	028h
读突发/比较失败地址寄存器	RDBRST_FAILADDR	读/写	03Ch
读突发/比较失败计数寄存器	RDBRST_FAILCNT	读/写	040h
程序控制和状态寄存器	PRG_CTLSTAT	读/写	050h
程序突发控制和状态寄存器	PRGBRST_CTLSTAT	读/写	054h
程序突发起始地址寄存器	PRGBRST_STARTADDR	读/写	058h
程序突发数据 0 寄存器 0	PRGBRST_DATA0_0	读/写	060h
程序突发数据 0 寄存器 1	PRGBRST_DATA0_1	读	064h
程序突发数据 0 寄存器 2	PRGBRST_DATA0_2	读/写	068h
程序突发数据 0 寄存器 3	PRGBRST_DATA0_3	读/写	06Ch
程序突发数据 1 寄存器 0	PRGBRST_DATA1_0	读/写	070h
程序突发数据 1 寄存器 1	PRGBRST_DATA1_1	读/写	074h
程序突发数据 1 寄存器 2	PRGBRST_DATA1_2	读/写	078h
程序突发数据 1 寄存器 3	PRGBRST_DATA1_3	读/写	07Ch
程序突发数据 2 寄存器 0	PRGBRST_DATA2_0	读/写	080h
程序突发数据 2 寄存器 1	PRGBRST_DATA2_1	读/写	084h

（续）

寄存器	缩　写	读写类型	偏移地址
程序突发数据 2 寄存器 2	PRGBRST_DATA2_2	读/写	088h
程序突发数据 2 寄存器 3	PRGBRST_DATA2_3	读/写	08Ch
程序突发数据 3 寄存器 0	PRGBRST_DATA3_0	读/写	090h
程序突发数据 3 寄存器 1	PRGBRST_DATA3_1	读/写	094h
程序突发数据 3 寄存器 2	PRGBRST_DATA3_2	读/写	098h
程序突发数据 3 寄存器 3	PRGBRST_DATA3_3	读/写	09Ch
擦除控制和状态寄存器	ERASE_CTLSTAT	读/写	0A0h
擦除扇区地址寄存器	ERASE_SECTADDR	读/写	0A4h
信息存储区 Bank0 写/擦除保护寄存器	BANK0_INFO_WEPROT	读/写	0B0h
主存储区 Bank0 写/擦除保护寄存器	BANK0_MAIN_WEPROT	读/写	0B4h
信息存储区 Bank1 写/擦除保护寄存器	BANK1_INFO_WEPROT	读/写	0C0h
主存储区 Bank1 写/擦除保护寄存器	BANK1_MAIN_WEPROT	读/写	0C4h
基准控制和状态寄存器	BMRK_CTLSTAT	读/写	0D0h
基准指令提取计数寄存器	BMRK_IFETCH	读/写	0D4h
基准数据读取计数寄存器	BMRK_DREAD	读/写	0D8h
基准计数比较寄存器	BMRK_CMP	读/写	0DCh
中断标志寄存器	FLCTL_IFG	读	0F0h
中断使能寄存器	FLCTL_IE	读/写	0F4h
清除中断标志寄存器	FLCTL_CLRIFG	读/写	0F8h
设置中断标志寄存器	FLCTL_SETIFG	读/写	0FCh
读定时控制寄存器	READ_TIMCTL	读	100h
读保留时间控制寄存器	READMARGIN_TIMCTL	读	104h
程序验证定时控制寄存器	PRGVER_TIMCTL	读	108h
擦除验证定时控制寄存器	ERSVER_TIMCTL	读	10Ch
程序时序控制寄存器	PROGRAM_TIMCTL	读	114h
擦除定时控制寄存器	ERASE_TIMCTL	读	118h
大容量擦除定时控制寄存器	MASSERASE_TIMCTL	读	11Ch
突发程序时序控制寄存器	BURSTPRG_TIMCTL	读	120h

（1）Flash 电源状态寄存器（FLCTL_POWER_STAT）

31	30	29	28	27	26	25	24	23	22	21	20	19	18	17	16
保留															
15	**14**	**13**	**12**	**11**	**10**	**9**	**8**	**7**	**6**	**5**	**4**	**3**	**2**	**1**	**0**
保留								RD_2T	TRIM STAT	IREF STAT	VREF STAT	LDO STAT	PSTAT		

1）RD_2T：第 7 位，是否在 2T 模式下访问 Flash 指示位。

0：Flash 读取处于 1T 模式；　　1：Flash 读取处于 2T 模式。

2）**TRIMSTAT**：第 6 位，PSS 整理完成状态位。

0：PSS 整理未完成；　　1：PSS 整理完成。

3）**IREFSTAT**：第 5 位，PSS IREF 稳定状态位。

0：IREF 不稳定；　　1：IREF 稳定。

4）**VREFSTAT**：第 4 位，PSS VREF 稳定状态位。

0：Flash LDO 不稳定；　　1：Flash LDO 稳定。

5）**LDOSTAT**：第 3 位，PSS FLDO 状态位。

0：FLDO 不稳定；　　1：FLDO 稳定。

6）**PSTAT**：第 0 ~ 2 位，Flash 电源状态位。

000：掉电模式；　　001：上电中；

010：IREF、VREF 检查中；　　011：SAFE 检查中；

100：Flash 被激活；　　101：Flash 在低频或 LPM0 模式中激活；

110：Flash 待机模式；　　111：Flash 在升压状态中。

（2）Flash Bank_x 读控制寄存器（FLCTL_BANKx_RDCTL）

31	30	29	28	27	26	25	24	23	22	21	20	19	18	17	16
保留												RD_MODE_STATUS			
15	**14**	**13**	**12**	**11**	**10**	**9**	**8**	**7**	**6**	**5**	**4**	**3**	**2**	**1**	**0**
WAIT				保留						BUFD	BUFI	RD_MODE			

1）**RD_MODE_STATUS**：第 16 ~ 19 位，反映 bank 读模式。

0000：正常读模式；　　0001：读边缘 0；

0010：读边缘 1；　　0011：程序验证模式；

0010：擦除验证模式；　　其他：保留。

2）**WAIT**：第 12 ~ 15 位，对 bank 进行读操作所需的等待状态个数。等待状态个数 = WAIT，即当 WAIT 为 0010 时，等待状态个数为 2。

3）**BUFD**：第 5 位，启用读取缓冲功能，用于读取此 bank 的数据。

4）**BUFI**：第 4 位，启用读取缓冲功能，用于向该 bank 提取指令。

5）**RD_MODE**：第 0 ~ 3 位，bank 读模式控制位。

0000：正常读模式；　　0001：读边缘 0；

0010：读边缘 1；　　0011：程序验证模式；

0010：擦除验证模式；　　其他：保留。

（3）Flash 读突发/比较控制和状态寄存器（FLCTL_RDBRST_CTLSTAT）

31	30	29	28	27	26	25	24	23	22	21	20	19	18	17	16
保留								CLR_STAT	保留			ADDR_ERR	CMP_ERR	BRST_STAT	
15	**14**	**13**	**12**	**11**	**10**	**9**	**8**	**7**	**6**	**5**	**4**	**3**	**2**	**1**	**0**
保留										保留	DATA_CMP	STOP_FAIL	MEM_TYPE		START

1）CLR_STAT：第 23 位，写 1 以清除该寄存器的 16～19 状态位，写 0 无效。

2）ADDR_ERR：第 19 位，如果设置为 1，则表示由于访问保留的内存，突发/比较操作终止。

3）CMP_ERR：第 18 位，如果设置为 1，表示突发/比较操作至少遇到一个数据比较错误。

4）BRST_STAT：第 16～17 位，突发/比较操作状态位。

00：空闲；

01：写入突发/比较操作的 START 位，但操作挂起；

10：突发/比较操作进行中；

11：突发完成（该状态一直保持，直到软件清除）。

5）DATA_CMP：第 4 位，用于与存储器读取数据进行比较的数据模式。

0：0000_0000_0000_0000_0000_0000_0000_0000；

1：FFFF_FFFF_FFFF_FFFF_FFFF_FFFF_FFFF_FFFF。

6）STOP_FAIL：第 3 位，如果设置为 1，则会导致突发/比较操作在首次比较不匹配时终止。

7）MEM_TYPE：第 1～2 位，进行突发操作的内存类型。

00：主内存；　　01：信息内存；　　10：保留；　　11：保留。

8）START：第 1 位，写 1 触发突发/比较操作。

（4）Flash 读突发/比较起始地址寄存器（FLCTL_RDBRST_STARTADDR）

31	30	29	28	27	26	25	24	23	22	21	20	19	18	17	16
保留											START_ADDRESS				

15	14	13	12	11	10	9	8	7	6	5	4	3	2	1	0
START_ADDRESS															

START_ADDRESS：第 0～20 位，突发操作的起始地址。从 0h 偏移，0h 作为选择的存储区域的起始地址。0～3 位始终为 0（强制为 128 位边界）。

（5）Flash 读突发/比较长度寄存器（FLCTL_RDBRST_LEN）

31	30	29	28	27	26	25	24	23	22	21	20	19	18	17	16
保留											BURST_LENGTH				

15	14	13	12	11	10	9	8	7	6	5	4	3	2	1	0
BURST_LENGTH															

BURST_LENGTH：第 0～20 位，突发操作长度（以字节为单位）。0～3 位始终为 0（强制为 128 位边界）。

（6）Flash 读突发/比较失败地址寄存器（FLCTL_RDBRST_FAILADDR）

31	30	29	28	27	26	25	24	23	22	21	20	19	18	17	16
保留											FAIL_ADDRESS				

15	14	13	12	11	10	9	8	7	6	5	4	3	2	1	0
FAIL_ADDRESS															

FAIL_ADDRESS：第 0～20 位，存储上次比较失败的地址。从 0h 偏移，0h 作为选择的存储区域的起始地址。0～3 位始终为 0（强制为 128 位边界）。

（7）Flash 读突发/比较失败计数寄存器（FLCTL_RDBRST_FAILCNT）

31	30	29	28	27	26	25	24	23	22	21	20	19	18	17	16
保留															FAIL_COUNT
15	**14**	**13**	**12**	**11**	**10**	**9**	**8**	**7**	**6**	**5**	**4**	**3**	**2**	**1**	**0**
FAIL_COUNT															

FAIL_COUNT：第 0 ~ 16 位，存储突发操作中遇到的故障次数。

（8）Flash 程序控制和状态寄存器（FLCTL_PRG_CTLSTAT）

31	30	29	28	27	26	25	24	23	22	21	20	19	18	17	16
保留													BNK_ACT	STATUS	
15	**14**	**13**	**12**	**11**	**10**	**9**	**8**	**7**	**6**	**5**	**4**	**3**	**2**	**1**	**0**
保留												VER_PST	VER_PRE	MODE	ENABLE

1）BNK_ACT：第 18 位，表明哪个 Bank 正在进行程序操作（只有当第 16 ~ 17 位不为空闲时才有效）。

0：Bank0 中的字被编程；　　1：Bank1 中的字被编程。

2）STATUS：第 16 ~ 17 位，反映 Flash 中程序操作的状态。

00：空闲（目前没有程序运行）；　　01：触发单字程序操作，但待处理；

10：单字程序正在进行中；　　11：保留（空闲）。

3）VER_PST：第 3 位，自动控制后期程序验证操作。

0：没有程序验证；　　1：为每次写操作自动调用后期验证功能。

4）VER_PRE：第 2 位，自动控制预编程验证操作。

0：无程序验证；　　1：为每次写入操作自动调用预验证功能。

5）MODE：第 1 位，选择应用程序的写入模式。

0：立即写入模式，每次写入 Flash 存储器时立即开始编程操作；

1：全字写入模式，Flash 存储器通过多次写入对数据进行整理，以在启动程序操作之前组成完整的 128 位字。

6）ENABLE：第 0 位，对所有字编程操作控制位。

0：禁用字编程操作；　　1：启用字编程操作。

（9）Flash 程序突发控制和状态寄存器（FLCTL_PRGBRST_CTLSTAT）

31	30	29	28	27	26	25	24	23	22	21	20	19	18	17	16
保留								CLR_STAT	保留	ADDR_ERR	PST_ERR	PRE_ERR	BURST_STATUS		
15	**14**	**13**	**12**	**11**	**10**	**9**	**8**	**7**	**6**	**5**	**4**	**3**	**2**	**1**	**0**
保留								AUTO_PST	AUTO_PRE	LEN			TYPE		START

1）CLR_STAT：第 23 位，写 1 以清除该寄存器的 16 ~ 21 状态位，写 0 无效。

2）ADDR_ERR：第 21 位，如果为 1，表示由于尝试编程保留内存，突发操作被终止。

3）PST_ERR：第 20 位，如果为 1，表示突发操作遇到后期程序自动验证错误。

4）PRE_ERR：第 19 位，如果为 1，表示突发操作遇到前期程序自动验证错误。

5）BURST_STATUS：第 16 ~ 18 位，反映突发操作的状态。

000：空闲；　　001：突发程序启动但未决；

010：突发激活，第 1 个 128 位字写入闪存；

011：突发激活，第 2 个 128 位字被写入闪存；

100：突发激活，第 3 个 128 位字写入闪存；

101：突发激活，第 4 个 128 位字被写入闪存；

110：保留；　　111：突发完成（该状态一直保持，直到软件清除）。

6）AUTO_PST：第 7 位，突发程序后自动验证操作控制位。

0：未执行程序验证操作；　　1：在突发程序操作后自动突发程序验证。

7）AUTO_PRE：第 6 位，突发程序前自动验证操作控制位。

0：未执行程序验证操作；　　1：在突发程序操作前自动突发程序验证。

8）LEN：第 3 ~ 5 位，突发操作长度（128 位粒度）。

000：没有突发操作；

001：1 × 128 位突发写入，从 FLCTL_PRGBRST_STARTADDR 寄存器中的地址开始；

010：2 × 128 位突发写入，从 FLCTL_PRGBRST_STARTADDR 寄存器中的地址开始；

011：3 × 128 位突发写入，从 FLCTL_PRGBRST_STARTADDR 寄存器中的地址开始；

100：4 × 128 位突发写入，从 FLCTL_PRGBRST_STARTADDR 寄存器中的地址开始；

101：保留；　　110：保留；　　111：保留。

9）TYPE：第 1 ~ 2 位，进行突发程序的内存类型。

00：主内存；　　01：信息内存；　　10：保留；　　11：保留。

10）START：第 0 位，写入 1 触发突发程序操作。

（10）Flash 程序突发起始地址寄存器（FLCTL_PRGBRST_STARTADDR）

31	30	29	28	27	26	25	24	23	22	21	20	19	18	17	16
保留										START_ADDRESS					
15	**14**	**13**	**12**	**11**	**10**	**9**	**8**	**7**	**6**	**5**	**4**	**3**	**2**	**1**	**0**
START_ADDRESS															

START_ADDRESS：第 0 ~ 21 位，程序突发操作的起始地址。从 0h 偏移，0h 作为选择的存储区域的起始地址。0 ~ 3 位始终为 0（强制为 128 位边界）。

（11）Flash 程序突发数据 x 寄存器 x（FLCTL_PRGBRST_DATAx_x）

31	30	29	28	27	26	25	24	23	22	21	20	19	18	17	16
DATAIN															
15	**14**	**13**	**12**	**11**	**10**	**9**	**8**	**7**	**6**	**5**	**4**	**3**	**2**	**1**	**0**
DATAIN															

DATAIN：第 0 ~ 31 位，程序突发 128 位数据字（(32 × (x + 1) − 1) 到 (32 × x)，其中 x = 0，1，2，3。

（12）Flash 中断标志寄存器（FLCTL_IFG）

31	30	29	28	27	26	25	24	23	22	21	20	19	18	17	16
保留															

15	14	13	12	11	10	9	8	7	6	5	4	3	2	1	0
保留						PRG_ERR	BMRK	保留		ERASE	PRGB	PRG	AVPST	AVPRE	RDBRST

1）PRG_ERR：第 9 位，如果设置为 1，则表示全字写入模式中的单字组成错误（由于在组合完整字之前写入过渡到新的 128 位边界时可能的数据丢失）。

2）BMRK：第 8 位，如果设置为 1，表示发生了基准比较匹配。

3）ERASE：第 5 位，如果设置为 1，表示擦除操作完成。

4）PRGB：第 4 位，如果设置为 1，表示已配置的突发程序操作已完成。

5）PRG：第 3 位，如果设置为 1，则表示字程序操作完成。

6）AVPST：第 2 位，如果设置为 1，表示程序后期验证操作失败。

7）AVPRE：第 1 位，如果设置为 1，表示预编程验证操作已检测到错误。

8）RDBRST：第 0 位，如果设置为 1，表示读取突发/比较操作完成。

8.2 DMA 控制器

8.2.1 DMA 控制器介绍

> **知识点：** DMA（Direct Memory Access）控制器是一种快速传输数据机制，MSP432 单片机 DMA 控制器的主要作用是将数据从一个地址传输到另外一个地址而无须 CPU 的干预，这种方式可提高执行应用程序的效率。例如：DMA 控制器可在无须 CPU 的干预下，反 ADC14 的转换结果传输到 RAM 中。使用 DMA 控制器不仅可以提高外设模块的处理效率，还可以减少系统的功耗，即使 CPU 处于低功耗模式，DMA 控制器也可使外围模块之间进行数据传输。

uDMA——直接存储器存取控制器 micro DMA，是针对 Cortex-M4 内核设计的灵活的可配置的 DMA 控制器。它支持多种数据类型和地址增量方案，DMA 通道中有多种优先级，并且考虑到复杂的数据传输的传输模式。其具有的优点是：按照 DMA 相关协议配置后，不再需要 CPU 干预的情况下完成协议所要求的操作，提高系统数据传输的效率。DMA 适合用于大数据量高速交换的场合。

DMA 控制器使用总线服从于内核，所以，不会影响内核使用总线。因为 uDMA 只在总线空闲时使用，所以，数据传输宽度规定是自由的，在系统空闲时不会产生冲突。总线在内核和 uDMA 控制器间做了优化设计，使二者的冲突降到最低，因此提高了性能。优化包括 RAM 分块和外部总线分割，在很多情况下允许内核和 uDMA 控制器同时使用总线进行数据传输。

uDMA 控制器的 8 个通道中，每一个支持 DMA 的外设都有专用的通道，通过编程自动地在内部存储器和外设之间完成数据的传输，这些外设包括 ADC、UART 和 USB。这些通道既可以实现内存间数据的传输，也可以实现内存和外设之间的传输。借助这一极为灵活且高度可配置的 uDMA 模块，通过配置 DMA，可实现不同模式的高速传输，例如，基本模式、自动请求模式、乒乓模式、存储器分散集中和外设分散集中模式。

MSP432 单片机与 MSP430 单片机相比，一个重大的改进便是 uDMA 功能。借助此功能，每个 DMA 通道都可拥有一个独立的可编程优先级（即便在运行时）。此后若需改变任一 DMA 通道的优先级，都可以通过 uDMA 提供的功能轻松实现。需要注意的是，uDMA 的访问优先级高于 CPU，因此，若需访问共享的资源，DMA 可在 CPU 之前率先获取相关资源的访问权限。

DMA 控制器的特性包括：

1）多达 8 个独立的传输通道。

2）支持多种传输模式。

- 基本模式，用于简单传输情形。
- 乒乓模式，用于外设间连续数据流的传输。
- 分散聚集模式，根据可编程的任务表通过单次请求启动任意传输。

3）支持外设专用通道。

4）每个外设通道都有发送和接收的双向路径。

5）支持软件传输请求的专用通道。

6）各通道可以独立配置、独立工作。

7）可配置的通道总线仲裁。

8）两种优先权传输模式。

9）内核总线与 uDMA 控制器之间最优化设计。

- uDMA 控制器服从内核。
- RAM 分区。
- 外设总线分割。

10）数据类型分为 8 位，16 位和 32 位。

11）源地址和目的地址增量支持字节、半字和字。

12）可屏蔽 CPU 请求。

13）任意通道可以用于软件传输请求。

14）传输完成，有各自独立的中断。

DMA 控制器的结构框图如图 8-2 所示。

8.2.2 DMA 控制器操作

1. 仲裁数目

这里所说的“仲裁”是指 uDMA 通道优先级的仲裁，而非总线的仲裁。在竞争总线时，处理器内核始终优于 uDMA 控制器。此外，只要 CPU 需要在同一总线上执行总线交互，uDMA 控制器都将失去总线控制权；即便在突发传输的过程中，uDMA 控制器也将被暂时中断。

当某个 uDMA 通道请求传输时，uDMA 控制器将对所有发出请求的通道进行仲裁，并且向其中优先级最高的通道提供服务。一旦开始传输后，将持续传输一定数量的数据，之后再对发出请求的通道进行仲裁。每个通道的仲裁数目都是可设置的，其有效范围为 1 ~ 1024 个数据单元。当 uDMA 控制器按照仲裁数目传输了若干个数据单元之后，随后将检查所有发出请求的通道，并向其中优先级最高的通道提供服务。

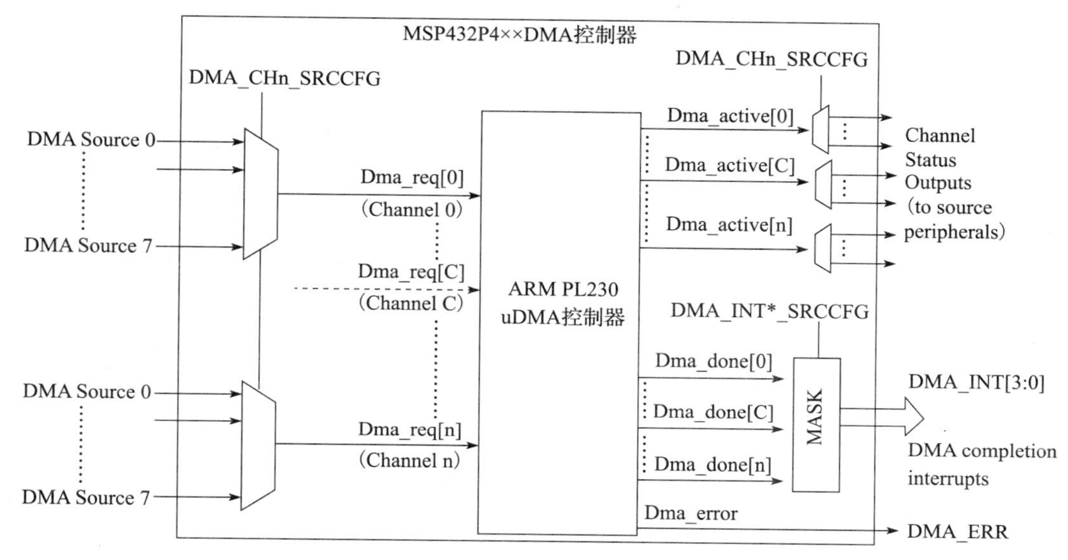

图 8-2 DMA 控制器结构框图

如果某个优先级较低的 uDMA 通道仲裁数目设置得太大，那么高优先级通道的传输延迟将可能增加，因为 uDMA 控制器需要等待低优先级的突发传输完全结束之后才会重新进行仲裁，检查是否存在更高优先级的请求。基于以上原因，建议低优先级通道的仲裁数目不应设得太大，这样可以充分保障单片机对高优先级 uDMA 通道的响应速度。仲裁数目就是获得控制权后以突发形式连续传输的数据单元数。

2. 优先级

每个通道 uDMA 的优先级由通道的序号以及通道的优先级标志位所决定。第 0 号 uDMA 通道的优先级最高；通道的序号越大，其优先级越低。每个 uDMA 通道都有一个可设置的优先级标志位，由此可分为默认优先级和高优先级。若某个通道的优先级位置位，则该通道将具有高优先级，其优先于所有未将此标志位置位的通道。假如有多个通道都设为高优先级，那么，仍将按照通道序号区分它们的优先级。

3. 主控制结构和备用控制结构

uDMA 控制器使用单片机内存的一个区域来存储通道控制结构表。每一个 DMA 通道有一个或者两个控制表。表结构中的条目包含源地址、目的地址，传输字和传输模式。控制表可以在系统内存中的任何位置，但是必须是相邻的 1024 字节。

控制结构在内存中的分布情况如表 8-3 所示。每个通道在控制表中都有一个或者两个控制结

表 8-3 控制结构内存映射

偏移地址	通　道
0x00	通道 0 主控制结构
0x10	通道 1 主控制结构
…	…
0x1F0	通道 31 主控制结构
0x200	通道 0 备用控制结构
0x210	通道 1 备用控制结构
…	…
0x3F0	通道 31 备用控制结构

构，主控制结构和备用控制结构。控制表中前一半为主控制结构，后一半为备用控制结构。主通道控制结构在控制表里的偏移地址为 0x00、0x10、0x20 等，备用通道控制结构在控制表里的偏移地址为 0x200、0x210、0x220 等。主控制结构用于简单的传输模式，在每次传输完成后能够重新装载和重新启动。这种情况下，备用控制结构不被使用，因此只有控制表的前半部分在内存中被分配。若备用控制结构没有被使用，这部分存储空间可以用作他用。如果一些复杂的传输模式，如乒乓模式和分散聚集模式，则备用控制结构也被使用，并且内存空间将分配全部的控制表。

控制表中任何没用使用的内存都可以被应用程序使用，包括任何没应用通道的控制结构，也包括每个通道不使用的控制字。

控制表中一个单独控制结构的入口如表 8-4 所示。每个入口都有一个源地址和目的地址尾指针。这个指针指向传输的尾地址。如果源地址和目的地址没有增量，则指向传输地址。

表 8-4 通道控制结构

偏移地址	描 述
0x000	源地址尾指针
0x004	目的地址尾指针
0x008	控制字
0x00C	未使用

4. 工作模式

DMA 的工作模式包括停止模式、基本模式、自动模式、乒乓模式、存储器分散聚集模式和外设分散聚集模式。前两种模式支持简单的单次传输。后面几种复杂的模式能够实现持续数据流传输。

（1）停止模式

它实质上不属于传输模式，只是控制字中模式区域的一个值。当模式区域为该值时则 DMA 传输通道被禁止。当传输结束，uDMA 控制器将控制字更新为停止模式。

（2）基本模式

多用于外设触发 DMA 传输请求的简单的模式，基本模式不适用突发请求模式的 DMA 传输，适用单次请求的 DMA 传输。

在此模式下，控制器使用主数据结构或备用数据结构。在通道被使能并且控制器接收到请求之后，该 DMA 的周期流程如下。

1）控制器执行 2^R 传输，如果剩余的传输次数为零，则继续执行步骤 3）。

2）控制仲裁：

- 如果较高优先级的通道正在请求，则控制器为该通道提供服务；
- 如果外设或软件在该通道上向控制器发出请求，则在步骤 1）继续执行。

3）控制器将 DMA_done C 设置为一个时钟周期的高电平。如果通道使能中断，则 DMA 根据中断配置进入中断。

（3）自动模式

与基本模式相似，不同点是它还会响应突发请求模式。这种模式更适合软件触发传输请求，自动模式不适合外设触发请求。

当控制器在此模式下工作时，只需要接收单个请求即可完成整个 DMA 周期。这使得单片机能够进行大量数据传输，而且不会显著增加用于服务较高优先级请求的延迟，或需要来自处理器或外设的多个请求。

控制器可以使用主数据结构或备用数据结构。通道启用后，控制器接收到该通道的请求，此 DMA 周期的流程为：

1）控制器对该通道执行 2^R 传输。如果剩余的传输次数为零，则继续执行步骤 3）。

2）控制仲裁。

- 如果较高优先级的通道正在请求，则控制器为该通道提供服务；
- 当该通道具有最高优先级时，DMA 循环在步骤 1）继续执行。

3）控制器将 DMA_done C 设置为一个时钟周期的高电平。如果通道使能中断，则 DMA 根据中断配置进入中断。

（4）乒乓模式

乒乓模式支持连续数据流传输到外设或者从外设接收连续的数据流。使用乒乓模式，主数据结构和备用数据结构都将被使用。通过设置两种数据结构，可使数据在内存和外设之间传输。传输开始使用主控制结构，当使用主控制结构完成传输时，uDMA 控制将读该通道的备用控制结构并使用备用控制结构继续完成传输。此时，将产生一个中断并且控制器会重新装载控制结构。数据流会以这种方式继续传输，主控制结构和备用控制结构互相切换，数据在两个外设的数据缓冲区之间流动。乒乓模式的运行过程如图 8-3 所示。

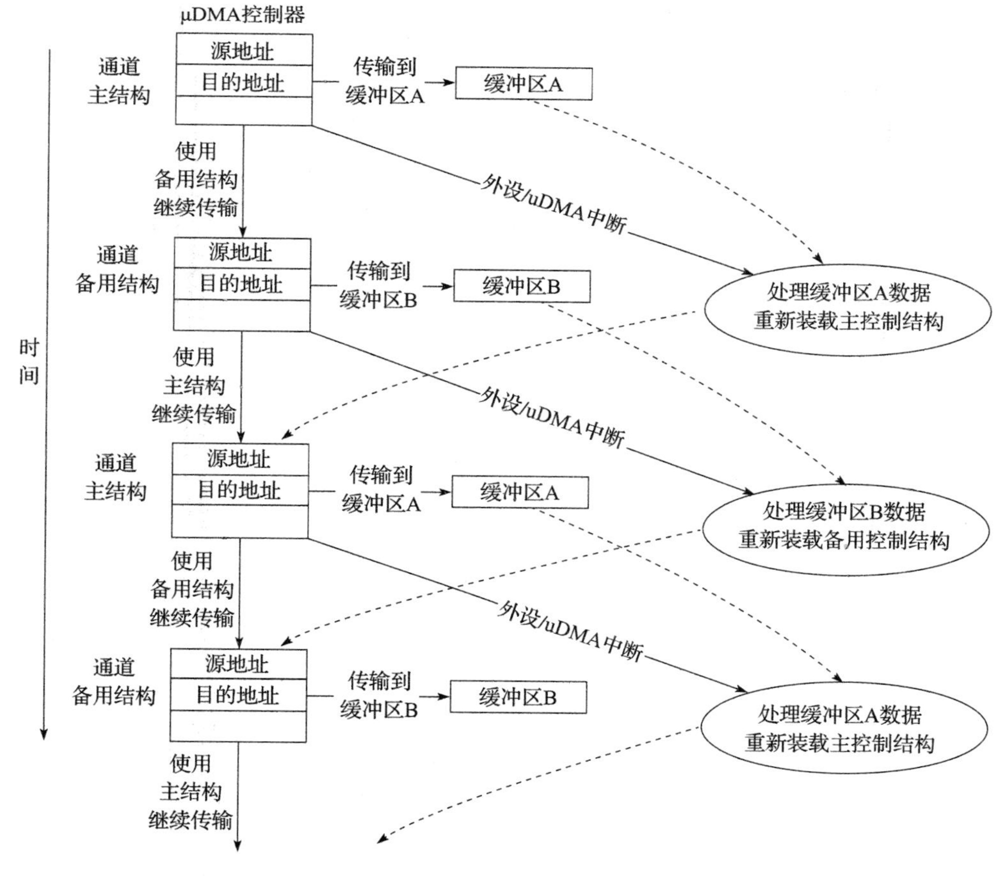

图 8-3 乒乓模式的运行过程

乒乓球循环应用示例：当高速生成数据（例如，具有快速采样速率的 ADC）时，乒乓模式是首选，而 DMA 仍然在处理较早的数据块时数据。

在许多应用中，ADC 输出数据以块为单位处理。考虑当 DMA 将块数据复制到存储器并中断 CPU 以处理数据时的情况。CPU 开始处理数据，同时 ADC 可以进行另一次转换，并触发 DMA。由于 CPU 尚未完成先前的数据处理，DMA 无法复制到较早的目标地址。乒乓模式允许 DMA 将数据复制到由替代数据结构定义的新位置。因此，当 CPU 正在处理复制使用主数据结构的数据时，DMA 使用备用数据结构开始填充新块。当 CPU 从备用数据结构处理数据时，DMA 将基于主数据结构开始填充存储器。通过使用乒乓模式，应用程序可以防止任何数据丢失，以达到高数据速率要求。

（5）存储器分散聚集模式

存储器分散聚集模式是一种复杂模式，用于把不同位置数据块传输到一个连续的数据块；或者把一个连续的数据块传输到不同位置数据块。在分散聚集模式下，先要建立一个控制表，再建立一个任务列表。任务列表里装载的是要转移数据块用到的信息，包括数据块的源地址、目的地址和 DMA 控制字。其中主控制结构的功能是将任务列表里的配置信息复制到备用控制结构中，由备用控制结构完成数据块的传输，如图 8-4 所示。

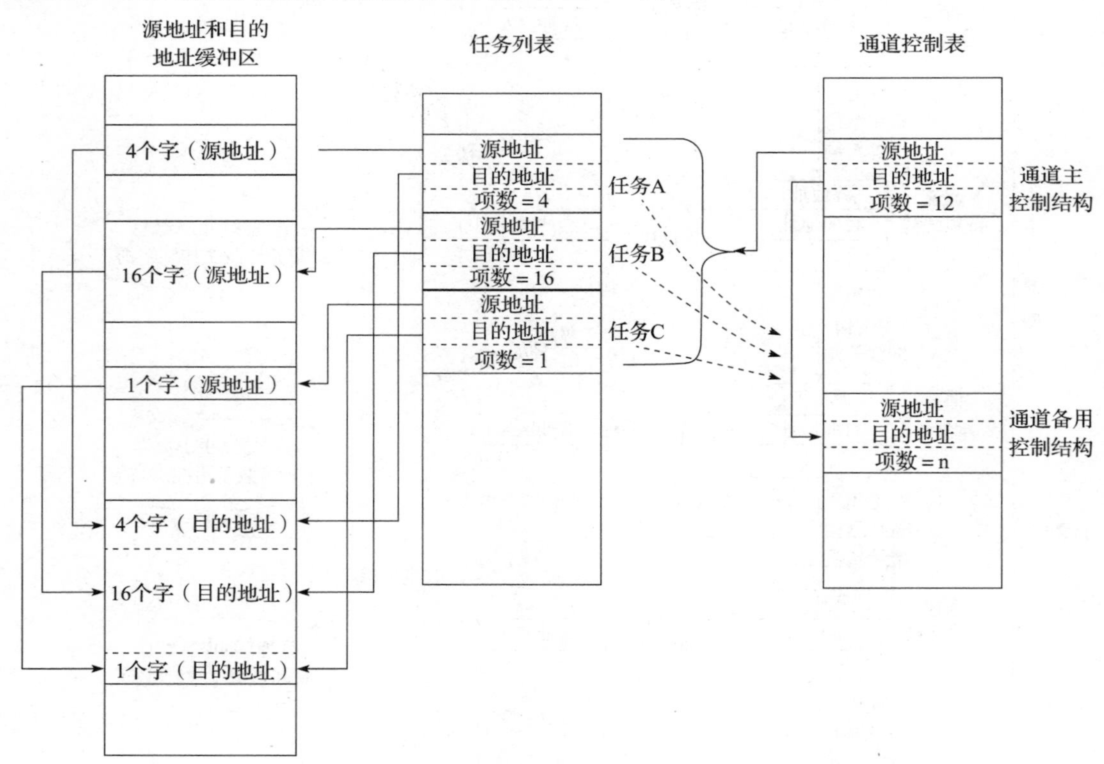

图 8-4　内存分散聚集模式设置与结构

例如：将 3 个不连续的数据转移到 1 个连续的存储空间中。3 个不连续的数据块要建立 3 个任务列表，如图 8-5 所示。第 1 步将控制表中主控制结构的源地址设为任务列表 A，目的地址为控制表的备用控制结构，启动 DMA 传输将任务列表 A 中的控制信息复制到备用控制结构中，此时备用控制结构的源地址为要转移的数据块 A 的首地址，而备用控制结构的目的地址为目的地址 A。启动 DMA 传输将数据块 A 复制到目的地址所指向的存储空间。

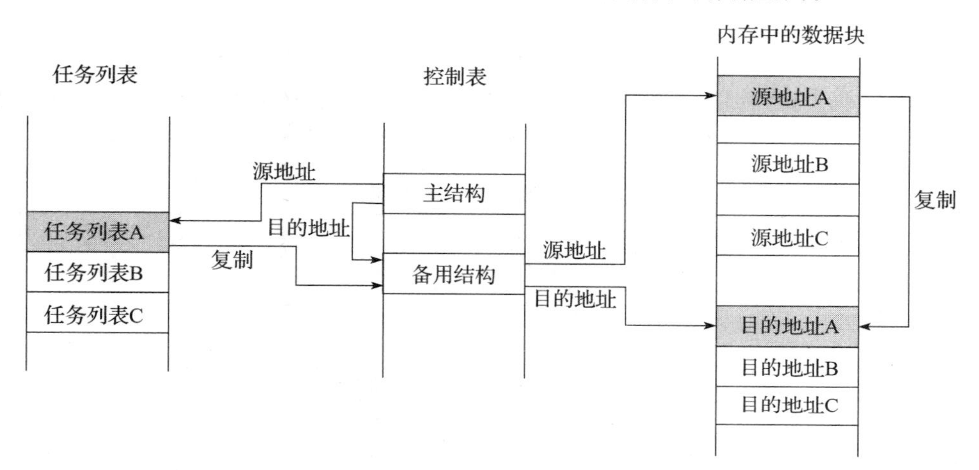

图 8-5　数据块 A 复制到目标存储区

第 1 步完成后将主控制结构的源地址指向任务列表 B，而目的地址不变，如图 8-6 所示。启动 DMA 传输将任务列表 B 中的控制信息复制到备用控制结构中，此时备用控制结构的源地址为要转移的数据块 B 的首地址，而备用控制结构的目的地址为目的地址 B。启动 DMA 传输将数据块 B 复制到目的地址所指向的存储空间。

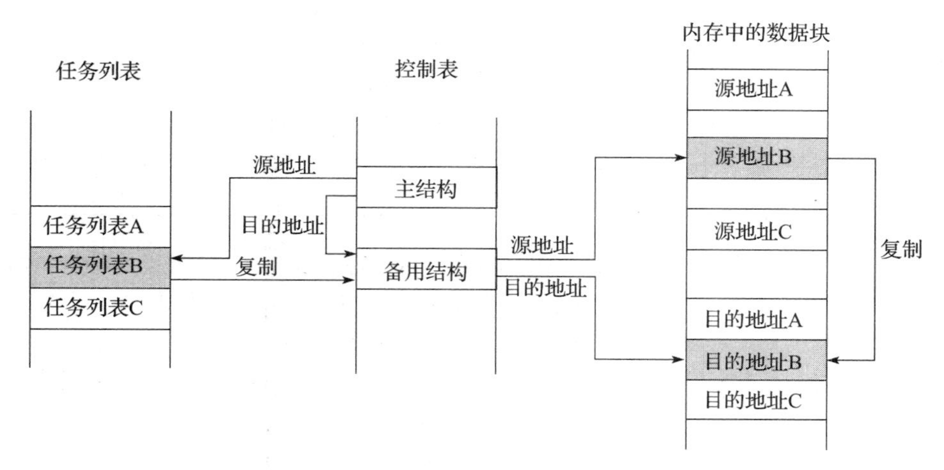

图 8-6　数据块 B 复制到目标存储区

第 2 步完成后，将主控制结构的源地址指向任务列表 C，而目的地址不变。启动 DMA 传输将任务列表 C 中的控制信息复制到备用控制结构中，此时备用控制结构的源地址为要转移的数据块 C 的首地址，而备用控制结构的目的地址为目的地址 C。启动 DMA 传输将数据块 C 复制到目的地址所指向的存储空间。

（6）外设分散聚集模式

外设的分散聚集模式与存储器分散聚集模式大致相同，不同点是此模式 DMA 传输请求由外设产生，任务列表里存放的目的地址为外设的数据寄存器地址。

5. DMA 传输初始化

每个 DMA 通道都可通过 DMAxTSEL 控制位独立配置触发源，DMA 控制器触发源如表 8-5 所示。当相应的触发源置位时，将会触发 DMA 操作。只有当 DMACTLx 寄存器中的 DMAEN 控制位为 0 时，才可以修改 DMAxTSEL 位，否则可能会产生不可预料的 DMA 触发事件。

表 8-5　DMA 控制器触发源

	SRCCFG = 0	SRCCFG = 1	SRCCFG = 2	SRCCFG = 3
通道 0	保留	eUSCI_A0 TX	eUSCI_B0 TX0	eUSCI_B3 TX1
通道 1	保留	eUSCI_A0 RX	eUSCI_B0 RX0	eUSCI_B3 RX1
通道 2	保留	eUSCI_A1 TX	eUSCI_B1 TX0	eUSCI_B0 TX1
通道 3	保留	eUSCI_A1 RX	eUSCI_B1 RX0	eUSCI_B0 RX1
通道 4	保留	eUSCI_A2 TX	eUSCI_B2 TX0	eUSCI_B1 TX1
通道 5	保留	eUSCI_A2 RX	eUSCI_B2 RX0	eUSCI_B1 RX1
通道 6	保留	eUSCI_A3 TX	eUSCI_B3 TX0	eUSCI_B2 TX1
通道 7	保留	eUSCI_A3 RX	eUSCI_B3 RX0	eUSCI_B2 RX1
	SRCCFG = 4	SRCCFG = 5	SRCCFG = 6	SRCCFG = 7
通道 0	eUSCI_B2 TX2	eUSCI_B1 TX3	TA0CCR0	AES256_Trigger0
通道 1	eUSCI_B2 RX2	eUSCI_B1 RX3	TA0CCR2	AES256_Trigger1
通道 2	eUSCI_B3 TX2	eUSCI_B2 TX3	TA1CCR0	AES256_Trigger2
通道 3	eUSCI_B3 RX2	eUSCI_B2 RX3	TA1CCR2	保留
通道 4	eUSCI_B0 TX2	eUSCI_B3 TX3	TA2CCR0	保留
通道 5	eUSCI_B0 RX2	eUSCI_B3 RX3	TA2CCR2	保留
通道 6	eUSCI_B1 TX2	eUSCI_B0 TX3	TA3CCR0	DMAE0（外部引脚）
通道 7	eUSCI_B1 RX2	eUSCI_B0 RX3	TA3CCR2	ADC14

MSP432 单片机不仅提供了灵活的 uDMA 功能，而且还围绕 MSP432 外设所特有的各类源和触发来部署整个 DMA 系统。如表 8-5 所示，它提供了可与 MSP432 单片机 DMA 上每个通道关联的多个通道和触发器。触发源不仅包括串行通信、UART、SPI、I²C、ADC、定时器和 AES 在内的各类源，还包括某些外部引脚。凭借这些灵活的资源配备，可以通过 DMA 模块来构建一些复杂的数据传输链。

例如，可以配置 ADC 模块，对 ADC 通道所对应的信号进行采样，当转换完成后，DMA 便可直接将 ADC 寄存器中的转换结果传输到 SPI 模块的传输缓冲区，而无须 CPU 的干预。反过来，同样也可以配置 DMA 模块，将 I²C 接收缓冲区中的数据直接传输到 RAM 存储器中。

8.2.3　DMA 控制器寄存器

Flash 寄存器如表 8-6 所示。

表 8-6　DMA 寄存器列表（基址：0x4000_E000）

寄存器	缩　写	读写类型	偏移地址
设备配置状态寄存器	DMA_DEVICE_CFG	读	000h
软件通道触发寄存器	DMA_SW_CHTRIG	读/写	004h
通道 n 源配置寄存器	DMA_CHn_SRCCFG	读/写	010h
中断 1 源通道配置寄存器	DMA_INT1_SRCCFG	读/写	100h
中断 2 源通道配置寄存器	DMA_INT2_SRCCFG	读/写	104h
中断 3 源通道配置寄存器	DMA_INT3_SRCCFG	读/写	108h
中断 0 源通道标志寄存器	DMA_INT0_SRCFLG	读/写	110h
中断 0 源通道清除标志寄存器	DMA_INT0_CLRFLG	写	114h
状态寄存器	DMA_STAT	读	1000h
配置寄存器	DMA_CFG	写	1004h
通道控制数据库指针寄存器	DMA_CTLBASE	读/写	1008h
通道选择控制数据库指针寄存器	DMA_ALTBASE	读	100Ch
通道等待请求状态寄存器	DMA_WAITSTAT	读	1010h
通道软件请求寄存器	DMA_SWREQ	写	1014h
通道使用峰值设置寄存器	DMA_USEBURSTSET	读/写	1018h
通道使用峰值清除寄存器	DMA_USEBURSTCLR	写	101Ch
通道请求掩码设置寄存器	DMA_REQMASKSET	读/写	1020h
通道请求掩码清除寄存器	DMA_REQMASKCLR	写	1024h
通道使能设置寄存器	DMA_ENASET	读/写	1028h
通道使能清除寄存器	DMA_ENACLR	写	102Ch
通道主替代设置寄存器	DMA_ALTSET	读/写	1030h
通道主替代清除寄存器	DMA_ALTCLR	写	1034h
通道优先级设置寄存器	DMA_PRIOSET	读/写	1038h
通道优先级清除寄存器	DMA_PRIOCLR	写	103Ch
总线错误清除寄存器	DMA_ERRCLR	读/写	104Ch

（1）DMA 设备配置状态寄存器（DMA_DEVICE_CFG）

31	30	29	28	27	26	25	24	23	22	21	20	19	18	17	16
保留															

15	14	13	12	11	10	9	8	7	6	5	4	3	2	1	0
NUM_SRC_PER_CHANNEL								NUM_DMA_CHANNELS							

1）NUM_SRC_PER_CHANNEL：第 8 ~ 15 位，反映每个通道的 DMA 触发源。

2）NUM_DMA_CHANNELS：第 0 ~ 7 位，反映设备上可用的 DMA 通道数。

(2) DMA 软件通道触发寄存器 (DMA_SW_CHTRIG)

31	30	29	28	27	26	25	24	23	22	21	20	19	18	17	16
CH31	CH30	…	…	…	…	…	…	…	…	…	…	…	…	CH17	CH16
15	**14**	**13**	**12**	**11**	**10**	**9**	**8**	**7**	**6**	**5**	**4**	**3**	**2**	**1**	**0**
CH15	CH14	…	…	…	…	…	…	…	…	…	…	…	…	CH1	CH0

CHn：第 n 位，写 1 触发 DMA_CHANNELn。当通道激活时，该位自动清零。

(3) DMA 通道 n 源配置寄存器 (DMA_CHn_SRCCFG)

31	30	29	28	27	26	25	24	23	22	21	20	19	18	17	16
保留															
15	**14**	**13**	**12**	**11**	**10**	**9**	**8**	**7**	**6**	**5**	**4**	**3**	**2**	**1**	**0**
保留								DMA_SRC							

DMA_SRC：第 0 ~ 7 位，控制哪个 DMA 源映射到通道输入。

(4) DMA 中断 n 源通道配置寄存器 (DMA_INTx_SRCCFG)

31	30	29	28	27	26	25	24	23	22	21	20	19	18	17	16
保留															
15	**14**	**13**	**12**	**11**	**10**	**9**	**8**	**7**	**6**	**5**	**4**	**3**	**2**	**1**	**0**
保留										EN	INT_SRC				

1) EN：第 5 位，当为 1 时，启用 DMA_INTn 映射。

2) INT_SRC：第 0 ~ 4 位，控制完成任务的通道映射为相应的中断源。

(5) DMA 中断 0 源通道标志寄存器 (DMA_INT0_SRCFLG)

31	30	29	28	27	26	25	24	23	22	21	20	19	18	17	16
CH31	CH30	…	…	…	…	…	…	…	…	…	…	…	…	CH17	CH16
15	**14**	**13**	**12**	**11**	**10**	**9**	**8**	**7**	**6**	**5**	**4**	**3**	**2**	**1**	**0**
CH15	CH14	…	…	…	…	…	…	…	…	…	…	…	…	CH1	CH0

CHn：第 n 位，如果为 1，表示通道 n 是 DMA_INT0 的源。

(6) DMA 状态寄存器 (DMA_STAT)

31	30	29	28	27	26	25	24	23	22	21	20	19	18	17	16
TESTSTAT				保留							DMACHANS				
15	**14**	**13**	**12**	**11**	**10**	**9**	**8**	**7**	**6**	**5**	**4**	**3**	**2**	**1**	**0**
保留								STATE			保留				MASTEN

1) TESTSTAT：第 28 ~ 31 位，配置控制器是否排除集成测试逻辑。

0：控制器不包括集成测试逻辑；　　1：控制器包括集成测试逻辑；

2~15：保留。

2）DMACHANS：第 16~20 位，可用 DMA 通道数减 1。

0000：控制器配置为使用 1DMA 通道；　0001：控制器配置为使用 2DMA 通道；

……

1110：控制器配置为使用 31DMA 通道；　1111：控制器配置为使用 32DMA 通道。

3）STATE：第 4~7 位，控制状态机的当前状态。

0000：空闲；　0001：读通道控制器数据；

0010：读取数据结束指针；　0011：读取目标数据结束指针；

0100：读取源数据；　0101：写入目的地数据；

0110：等待 DMA 请求清除；　0111：写通道控制器数据；

1000：停滞；　1001：完成；

1010：外设散射聚集过渡；　1011~1111：保留。

4）MASTEN：第 0 位，启用控制器的状态。

0：禁用控制器；　1：控制器使能。

（7）DMA 配置寄存器（DMA_CFG）

31	30	29	28	27	26	25	24	23	22	21	20	19	18	17	16
保留															

15	14	13	12	11	10	9	8	7	6	5	4	3	2	1	0
保留								CHPROTCTRL			保留				MASTEN

1）CHPROTCTRL：第 5~7 位，通过控制 HPROT[1:3]信号电平来设置 AHB-Lite 保护，如下所示：

- 第 7 位控制 HPROT 3 以指示是否发生可缓存访问。
- 第 6 位控制 HPROT 2 以指示是否发生可缓冲访问。
- 第 5 位控制 HPROT 1 以指示是否发生特权访问。

注意：当第 5~7 位为 1 时，相应的 HPROT 为高电平。当第 5~7 位为 0 时，相应的 HPROT 为低电平。

2）MASTEN：第 0 位，启用控制器的状态。

0：禁用控制器；　1：控制器使能。

8.3　本章小结

本章详细讲解了 MSP432 单片机各片内控制模块的结构、原理及功能，主要包含 Flash 控制器和 DMA 控制器。

MSP432 单片机的 Flash 控制器主要用来实现对 Flash 存储器的烧写程序、写入数据和擦除功能，可对 Flash 存储器进行字节/字/长字（32 位）的寻址和编程。

MSP432 单片机的 DMA 控制器主要用来将数据从一个地址传输到另外一个地址而无须 CPU 的干预。这种方式可提高单片机执行应用程序的效率，而且，使用 DMA 控制器还可以降低功耗，即使 CPU 处于低功耗模式，DMA 控制器也可使外围模块之间进行数据传输。

8.4 思考题与习题

1. 简述 Flash 控制器的作用。
2. 编程实现 MSP432 单片机 Flash 的读操作。
3. Flash 存储器具有哪些操作？并对各操作进行简要说明。
4. Flash 锁死后，该怎么操作？
5. 请编写程序，首先将从 0 开始的递增数据写入从 0x10000 到 0x10100 的扇区 1 内，然后采用扇区擦除方式擦除扇区 1。在扇区擦除的过程中，反转 P1.0 引脚电平状态，并通过示波器进行观察。
6. 请编写程序，首先擦除 D 段 Flash 空间，之后采用高级编程模式将一个 128 位的数据写入 0x1800 地址空间。
7. Flash 烧录的程序必须是连续的吗？
8. DMA 控制器具有哪些特性？
9. DMA 控制器具有哪些寻址方式？
10. DMA 控制器具有哪些传输模式？并对各传输模式进行描述。
11. 简单解释 MSP432 DMA 乒乓模式。
12. MSP432 单片机 DMA 传输数据长度可以超过 1024 吗？

MSP432微控制器应用设计实例——口袋实验套件

本章介绍作者实验室自行研制的基于MSP432P401r单片机的口袋实验套件。该套件由MSP432P401r LaunchPad（最小系统）和口袋实验套件组成，可完成检测、综合和互动三大类实验。该套件大小为95mm×58mm，便于携带，既可以在实验室中实验，也可以带到其他地方实验。因此，取名为“口袋实验套件”。口袋实验套件中的口袋实验套件硬件结构如图9-1所示。口袋实验套件中的口袋实验套件PCB 3D图如图9-2所示。

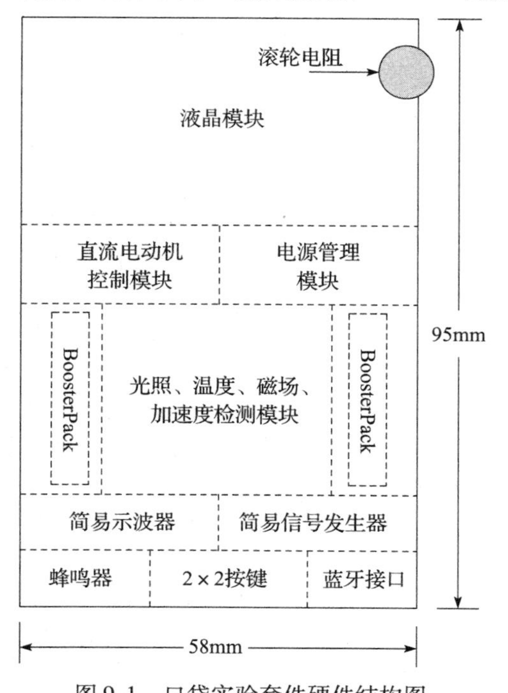

图9-1 口袋实验套件硬件结构图

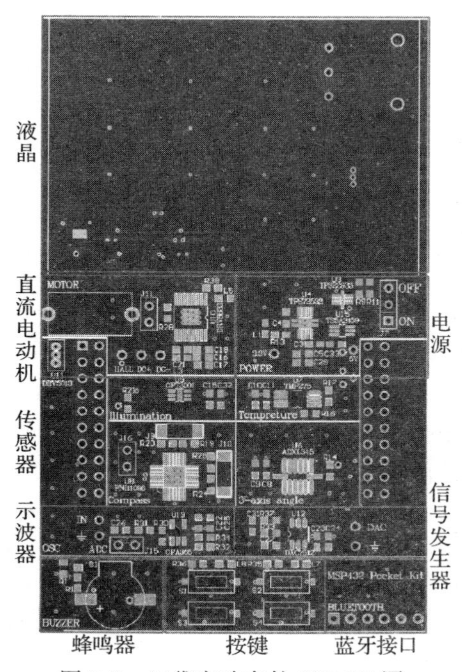

图9-2 口袋实验套件PCB 3D图

9.1 口袋实验套件概述

口袋实验套件分为人机交互模块、电源模块、直流电动机模块、传感器模块、信号输入输出模块 5 部分，如图 9-3 所示。

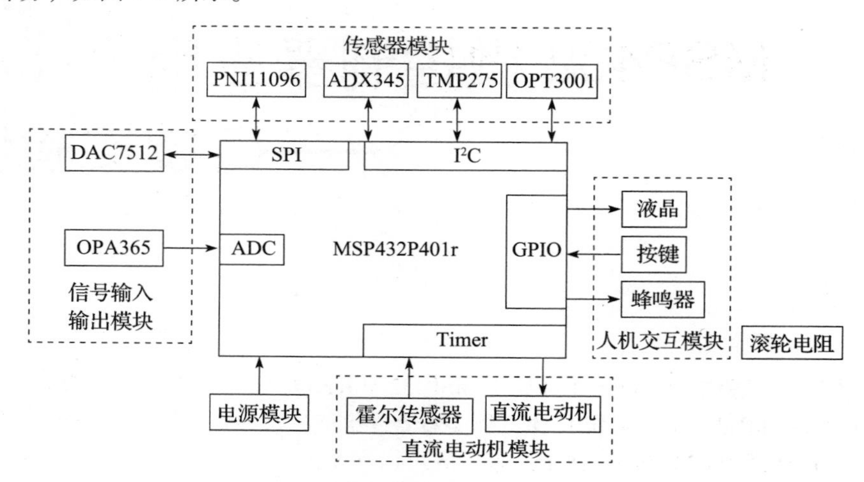

图 9-3 口袋实验套件模块图

1）电源模块完成对整个实验板的供电功能。实验时，实验板既可由 MSP432P401r LaunchPad 上的 USB 5V 接口供电，也可由口袋实验板上的锂电池供电。通过电源选择芯片 TPS22933，对两路电源输入进行选择，优先级为：USB 5V 最高，电池输入次之。从 CAP 端输出选择后的电源经过 LDO（TPS73533）后产生 3.3V 电压，为实验板上器件供电。

2）传感器模块由光照（OPT3001）、温度（TMP275）、磁场（PNI11096）、三轴加速度（ADX345）4 个数字式传感器构成，可同时检测实验板的光照、温度、朝向和姿态等物理量。

3）直流电动机模块由电动机驱动芯片 DRV8833、霍尔传感器 DRV5013-Q1 与空心杯直流电动机组成，可完成对直流电动机的开环调速和测速实验。其中，选用大电流电动机驱动芯片 DRV8833 驱动直流电动机，选用霍尔传感器测量直流电动机的转速。

4）输入输出模块可完成简易示波器和简易信号发生器的实验。其中，可输入幅值为 ±1.6V、任意频率的正弦信号，经运放 OPA365 组成的信号调理电路后由 MSP432 单片机内部 ADC 采集，并实时计算输入信号幅值、频率等物理量，并将其波形在 TFT 屏上实时显示；输出部分根据设定的信号幅值与频率等相关参数，由 MSP432 单片机控制外部 DAC 芯片 DAC7512 输出正弦信号，其输出信号幅值范围为 ±1.6V，与输入信号幅值对应。

5）人机交互模块包括 TFT 液晶、按键、滚轮电阻以及蜂鸣器 4 部分。学生可通过该模块实现与实验板的互动操作。

口袋实验套件可完成检测、综合和互动三大类实验，其中，检测类实验包括光照、温度、电子指南针（磁场）和倾角（加速度）检测实验；综合类实验包括简易示波器、简易信号发生器和电动机调速实验；互动实验利用按键和液晶完成“2048 游戏”实验，如表 9-1 所示。本章将对这三大类实验进行详细介绍。

表 9-1　三类具体实验

实验类别	实验名称	实验用到硬件资源	实验用到 MSP432 资源
测量	光照检测	OPT3001	I^2C
	温度检测	TMP275	I^2C
	倾角检测	ADX345	I^2C
	电子指南针	PNI11096	SPI
互动	游戏（2048）	按键、液晶	GPIO
综合	电动机开环调速	霍尔传感器、DRV8833	Timer
	简易示波器	片内 ADC	ADC
	简易信号发生器	DAC7512	SPI

9.2　测量类实验

9.2.1　光照检测

1. OPT3001 工作原理

OPT3001 是一款可如人眼般测量光强的单芯片照度计。OPT3001 器件兼具精密的频谱响应和较强的 IR 阻隔功能，因此，能够如人眼般准确地测量光强且不受光源影响。测量范围为 0.01lux ~ 83klux，且内置有满量程设置功能，无须手动选择满量程范围。此功能允许在 23 位有效动态范围内进行光强测量。测量既可连续进行，也可单次触发进行。控制和中断系统可自主操作，允许 CPU 进入休眠状态；同时，传感器能够产生中断唤醒事件，并通过中断引脚报告。OPT3001 通过 I^2C 总线与单片机通信。OPT3001 的内部结构如图 9-4 所示，OPT3001 的工作原理图如图 9-5 所示。

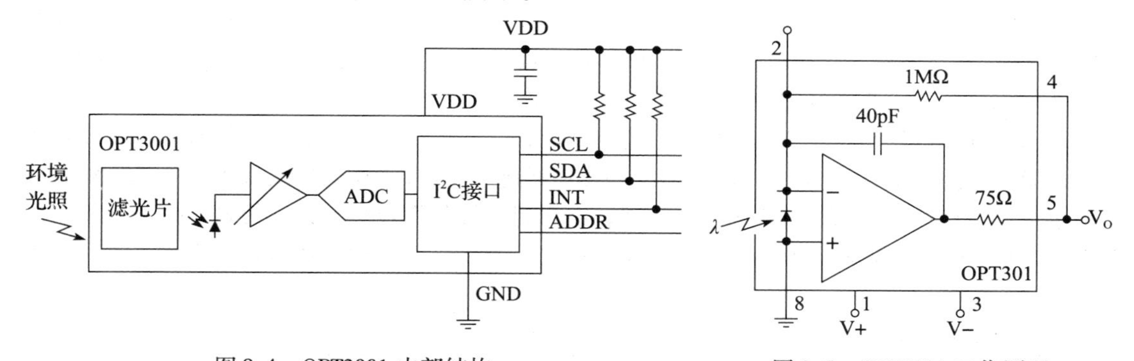

图 9-4　OPT3001 内部结构　　　　图 9-5　OPT3001 工作原理

由于 OPT3001 与 MSP432P401r 单片机采用 I^2C 的通信方式，MSP432P401r 单片机读取到 OPT3001 内部寄存器 Low-Limit 的内容，如表 9-2 所示。

表 9-2　Low-Limit 寄存器

15	14	13	12	11	10	9	8
LE3	LE2	LE1	LE0	TL11	TL10	TL9	TL8
7	6	5	4	3	2	1	0
TL7	TL6	TL5	TL4	TL3	TL2	TL1	TL0

LE[3:0]表示光照值的指数位，TL[11:0]为光照值直接二进制编码（零到满量程），由 LE 和 TL 可得当前的光照值 lux，如式（9-1）所示。

$$lux = 0.01 \times (2^{\mathrm{LE}[3:0]}) \times \mathrm{TL}[11:0] \tag{9-1}$$

2. 硬件电路

硬件电路的连接较为简单，因为光照传感器 OPT3001 是集成度较高的数字芯片，无须外部调理电路，其与 MSP432P401r 单片机的硬件电路连接如图 9-6 所示。将 SDA 和 SCL 上拉，并与 MSP432P401r 单片机连接即可。

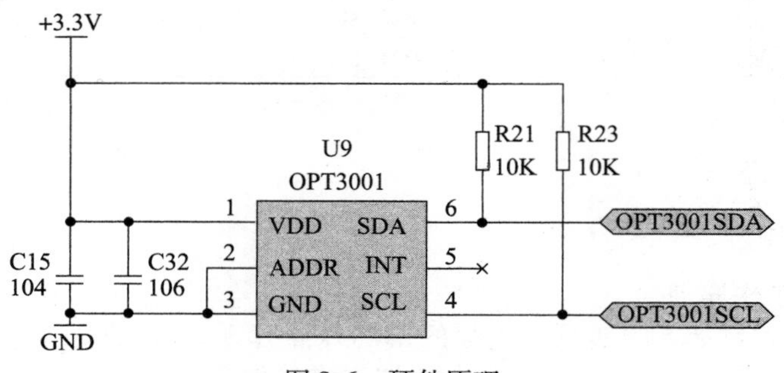

图 9-6　硬件原理

值得一提的是，I^2C 接口通常采用开漏（Open Drain）机制，器件本身只能输出低电平，无法主动输出高电平，只能通过外部上拉电阻将信号线拉至高电平。因此，I^2C 总线上的上拉电阻是必需的。

对于上拉电阻阻值的选择，若阻值过小，VDD 灌入端口的电流将较大，这可能会损坏端口，并导致端口输出的低电平值增大（I^2C 协议规定，端口输出低电平的最高允许值为 0.4V）；反之，上拉电阻也不能过大。通常，上拉电阻的选取一般不低于 1kΩ，不高于 15kΩ，在这里选择的是 10kΩ。

在实际绘制 PCB 时，按照芯片的手册推荐布局，如图 9-7 所示。将电源的退耦电容、芯片上拉电阻等外围器件与传感器本身保持一定的距离，这样可减小周围器件对传感器测量光照时产生的影响，并按推荐布局将芯片导热片与 GND 相连。另外，I^2C 信号线属于低速控制线，按一般信号线对待即可，无须特别的保护设计，不用担心受到噪声源干扰。但是，在一些特定的情况下，I^2C 两条信号线（SDA、SCL）应等长度地平行走线，两边加地线进行保护，避免临近层出现高速信号线等。

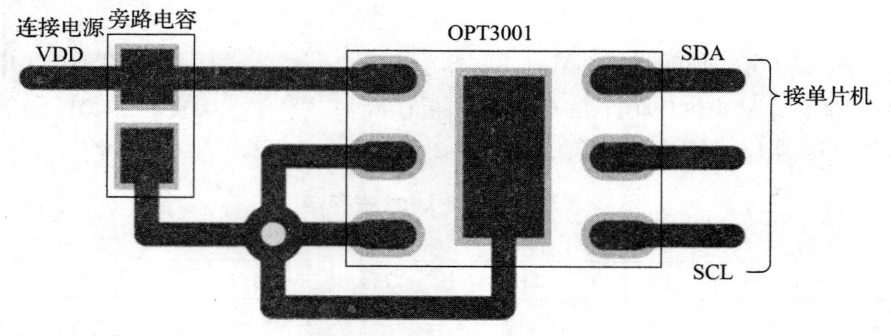

图 9-7　手册推荐布局

3. 程序设计

（1）光照检测主程序函数

光照检测主程序函数 LightIntensity() 流程如图 9-8 所示。在该程序中，首先进行初始化，包括 MSP432P401r 单片机的 P6.6、P6.7 引脚的初始化和液晶界面的设置。其次，以初始状态启动 I^2C，设置 OPT3001 的 Configuration 寄存器为 0xc410，使 OPT3001 工作在满量程范围，转换时间为 800ms。接着，通过 MSP432P401r 单片机与 OPT3001 进行 I^2C 通信，读取 OPT3001 的测量结果，并通过式（9-1）计算，得到测量的光照值。计算 10 次测量结果的平均值，作为最后的输出结果，并显示在液晶上。最后，判断是否退出实验。若退出，则返回；若不退出，则继续进行光照检测。

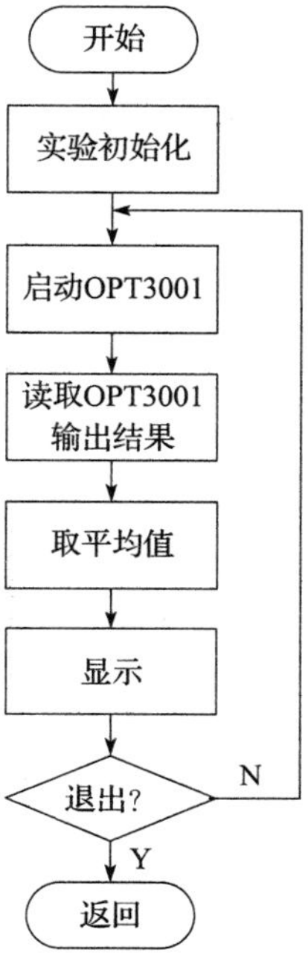

开始
实验初始化
启动OPT3001
读取OPT3001输出结果
取平均值
显示
退出?
N
Y
返回

图 9-8 主程序流程图

（2）向 OPT3001 写命令函数

向 OPT3001 写命令函数，首先发送起始信号，然后发送从机设备地址和写信号，再发送内部寄存器地址，并发送 2 字节给内部寄存器，最后发送停止信号。

```
OPT3001_Start();                              // 起始信号
OPT3001_SendByte(SlaveAddress);               // 发送设备地址 + 写信号
OPT3001_SendByte(0x01);                       // 内部寄存器地址
OPT3001_SendByte(0xc4);                       // 内部寄存器数据
OPT3001_SendByte(0x10);                       // 内部寄存器数据
OPT3001_Stop();                               // 发送停止信号
```

（3）读取 OPT3001 的光照值测量结果

由于在上一步配置寄存器时，写入的内部寄存器地址为 0x01，而输出结果放在地址为 0x00 的内部寄存器中，因此，需要重新设定访问的内部寄存器。然后发送从机设备地址 + 读信号，再从 OPT3001 中读取 2 字节。

```
OPT3001_Start();                              // 起始信号
OPT3001_SendByte(SlaveAddress);               // 发送设备地址 + 写信号
OPT3001_SendByte(0x00);                       // 发送存储单元地址
OPT3001_Stop(),                               // 停止信号
OPT3001_Start();                              // 起始信号
OPT3001_SendByte(SlaveAddress +1);            // 发送设备地址 + 读信号
RXBuffer0 =OPT3001_RecvByte();                // 读出寄存器数据
OPT3001_SendACK(0);                           // 回应 ACK
RXBuffer1 =OPT3001_RecvByte();                // 读出寄存器数据
OPT3001_SendACK(1);                           // 回应 NOACK
OPT3001_Stop();                               // 停止信号
```

9.2.2 温度检测

1. TMP275 工作原理

TMP275 是一个精度为 0.5℃、两线制、串行输出的温度传感器。它采用 MSOP-8 或 SO-8 的封装。TMP275 与 SMBus 兼容，并支持在一条总线上使用多达 8 台器件。它是在各种通信、计

算机、消费电子、环保、工业和仪器仪表应用中扩展温度测量的理想器件。TMP275 的温度测量范围为 -40℃ ~ +125℃。

TMP275 的感测器件是芯片本身，为了在要求对环境或者表面温度进行测量的应用中保持准确度，应该注意将封装和引线与周围环境温度隔离。最好用热传导黏合剂，有助于实现精确表面温度测量。

TMP275 的内部框图如图 9-9 所示。通过二极管温度传感器测量温度，此时检测得到的是模拟量，需要经过 A/D，将模拟量转化为数字量，最后通过串行接口与 MSP432P401r 单片机通信。

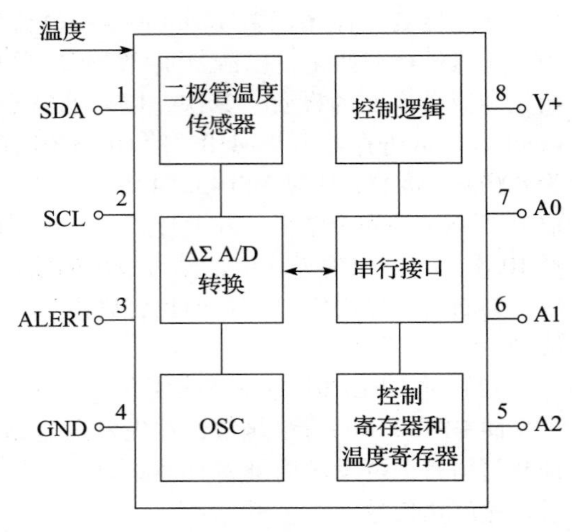

图 9-9　TMP275 内部框图

TMP275 温度寄存器是一个 12 位的、用于存储最近转换输出的只读寄存器。必须读取两次以获得数据，读取结果如表 9-3 和表 9-4 所示。字节 1 是最高有效字节，之后是字节 2，为最低有效字节。第 1 个 12 位用来指示温度，其余的所有位为 0。如果不需要精确测量，那么，没有必要读取最低有效字节。在表 9-5 中，对温度的数据格式进行了汇总。加电或者复位后，在首次转换完成前，温度寄存器读取结果为 0℃。

表 9-3　温度寄存器的字节 1

D7	D6	D5	D4	D3	D2	D1	D0
T11	T10	T9	T8	T7	T6	T5	T4

表 9-4　温度寄存器的字节 2

D7	D6	D5	D4	D3	D2	D1	D0
T3	T2	T1	T0	0	0	0	0

表 9-5　温度数据格式

温度℃	数字输出（二进制）	数字输出（十六进制）
128	0111 1111 1111	7FF
127. 9375	0111 1111 1111	7FF
100	0110 0100 0000	640
80	0101 0000 0000	500
75	0100 1011 0000	4B0
50	0011 0010 0000	320
25	0001 1001 0000	190
0. 25	0000 0000 0100	004
0	0000 0000 0000	000
-0. 25	1111 1111 1100	FFC
-25	1110 0111 0000	E70
-55	1100 1001 0000	C90

温度寄存器的字节 1 用 RXBuffer[0] 表示，温度寄存器的字节 2 用 RXBuffer[1] 表示，则测量得到的温度值如式（9-2）所示。

$$temperature = RXBuffer[0] + (RXBuffer[1]/16) \tag{9-2}$$

2. 硬件电路

硬件电路的连接较为简单，因为温度传感器 TMP275 是集成度较高的数字芯片，无须外部调理电路，其与 MSP432P401r 单片机的硬件电路连接如图 9-10 所示。将 SDA 和 SCL 上拉，并与 MSP432P401r 连接即可。

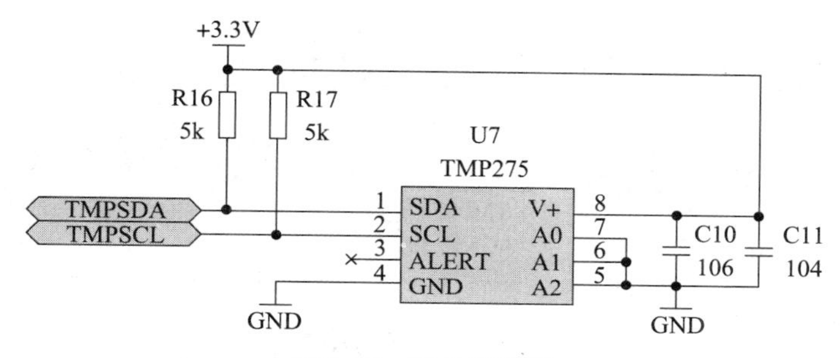

图 9-10　硬件原理图

3. 程序设计

（1）TMP275 读/写原理

TMP275 内部有输出寄存器和配置寄存器。关于寄存器的详细描述请查阅 TMP275 数据手册，下面仅介绍 TMP275 的读/写操作。

为了与 TMP275 通信，主机必须首先通过一个从机地址字节来寻找从机的地址。从机地址包含 7 个地址位与一个表明希望执行读取还是写入操作的方向位。

TMP275 有 3 个地址引脚，能够允许在每条总线上连接多达 8 个器件。在表 9-6 中对引脚的逻辑电平做出了描述。在通信开始时，或者在响应一个两线的地址获取请求时，TMP275 的地址引脚复位后被读取。TMP275 读取引脚的状态后，地址被锁存以使相关检测的功耗降至最低。

表 9-6　TMP275 的地址引脚和从机地址

A2	A1	A0	从机地址
0	0	0	1001000
0	0	1	1001001
0	1	0	1001010
0	1	1	1001011
1	0	0	1001100
1	0	1	1001101
1	1	0	1001110
1	1	1	1001111

1）TMP275 的写操作：在写新的内容至配置寄存器之前，要对 TMP275 寻址。寻址后，发送寄存器地址，然后发送需要写入的内容。对 TMP275 的写操作时序图如图 9-11 所示。通过为寄存器指针写入适当的值，可实现到 TMP275 上特定寄存器的访问。指针寄存器的值是 R/W 位为低电平的从机地址字节之后被发送的第 1 字节。

2）TMP275 的读操作：从 TMP275 中读出寄存器的内容，要对 TMP275 寻址并写入需要读取的寄存器，然后，从相应的寄存器中读出 2 字节，即输出寄存器的内容。对 TMP275 的读操作时序图如图 9-12 所示。

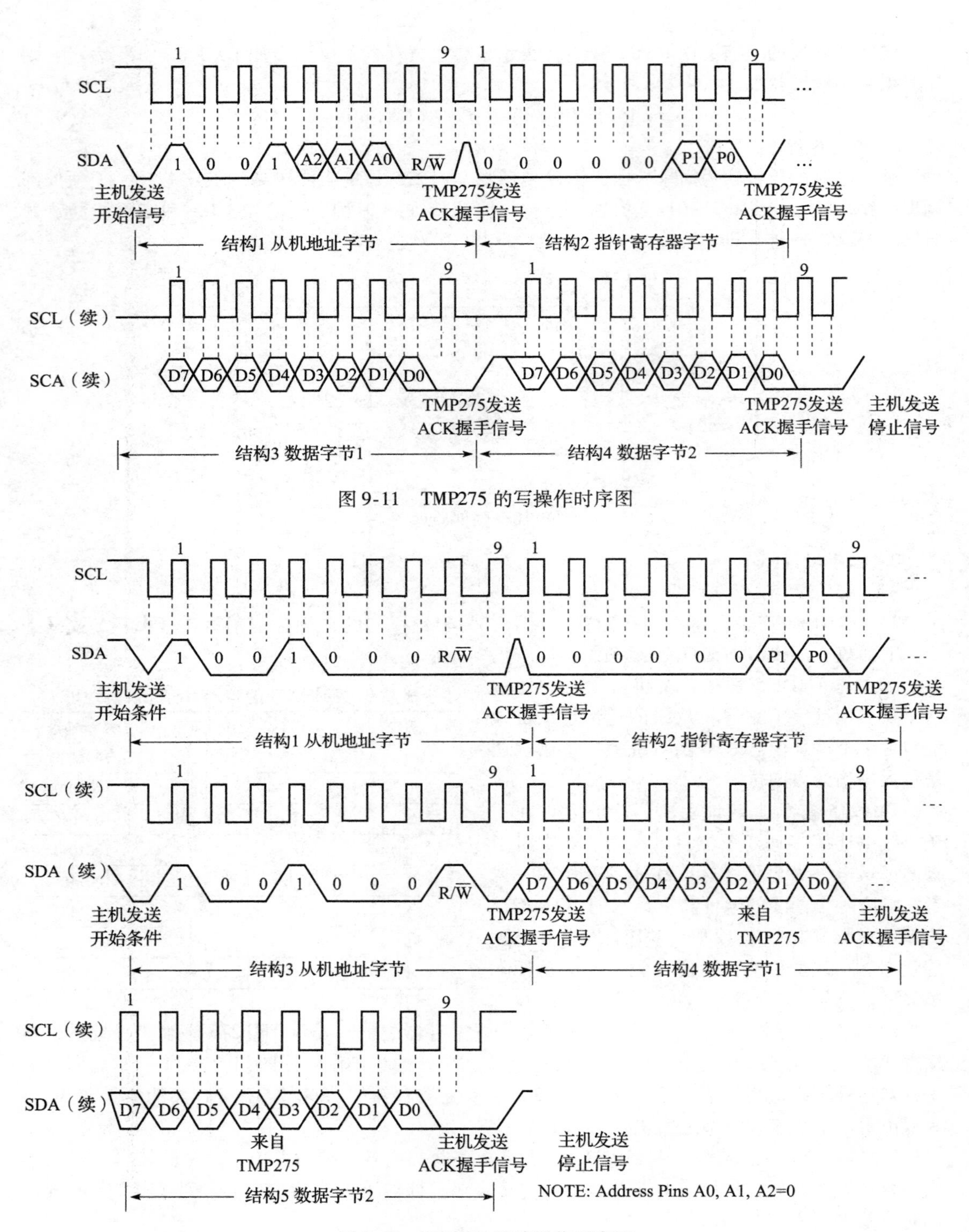

图 9-11　TMP275 的写操作时序图

图 9-12　TMP275 的读操作时序图

注意，首先发出的寄存器字节为最高有效字节，之后是最低有效字节。

（2）温度检测程序

1）温度检测主程序函数 temperature() 流程图如图 9-13 所示。在该程序中，首先进行初始化，包括 MSP432P401r 单片机的 P6.4、P6.5 引脚的初始化和液晶界面的设置。其次，以初始状态启动 I^2C，设置 TMP275 的配置寄存器为 0x60，设置 TMP275 的转换器分辨率为 12 位，达到 0.0625℃，转换时间为 110ms。接着，通过 MSP432P401r 单片机与 TMP275 进行 I^2C 通信，读取 TMP275 的测量结果，并通过式（9-2）计算，得到测量的温度值。计算 10 次测量结果的平均值，作为最后输出结果，并显示在液晶上。最后，判断是否退出实验。若退出，则返回；若不退出，则继续进行温度检测。

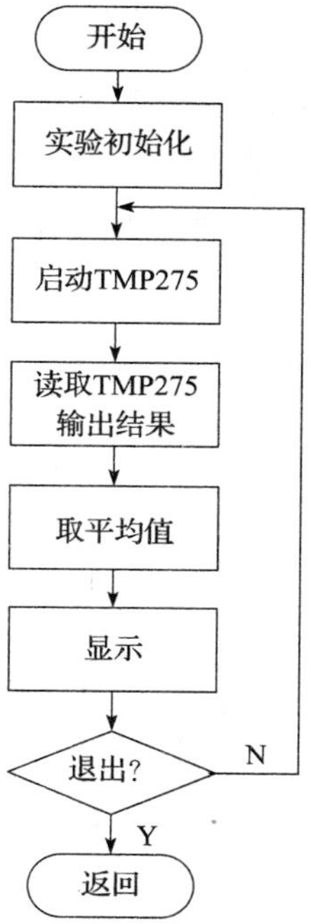

开始
实验初始化
启动TMP275
读取TMP275输出结果
取平均值
显示
退出?
N
Y
返回

图 9-13　主程序流程图

2）向 TMP275 写命令函数。首先发送起始信号，然后发送从机设备地址和写信号，再发送内部寄存器地址，并发送 1 字节给内部寄存器，最后发送停止信号。

```
TMP275_Start();                              // 起始信号
TMP275_SendByte(TMPSlaveAddress);            // 发送设备地址 + 写信号
TMP275_SendByte(0x01);                       // 内部寄存器地址
TMP275_SendByte(0x60);                       // 内部寄存器数据
TMP275_Stop();                               // 发送停止信号
```

3）读取 TMP275 的测量结果。由于在上一步中，配置寄存器时，写入的内部寄存器地址为 0x01，而输出结果放在地址为 0x00 内部寄存器中，因此，需要从新设定访问的内部寄存器。然后发送从机设备地址 + 读信号，再从 TMP275 中读取 2 字节。首先读出的寄存器字节为最高有效字节，为温度值的整数部分；之后是最低有效字节，为温度值的小数部分。

```
PRxData = (unsigned char *)RXBuffer;
RXByteCtr = 0;
TMP275_Start();                              // 起始信号
TMP275_SendByte(TMPSlaveAddress);            // 发送设备地址 + 写信号
TMP275_SendByte(0x00);                       // 发送存储单元地址
TMP275_Start();                              // 起始信号
TMP275_SendByte(TMPSlaveAddress +1);         // 发送设备地址 + 读信号
*PRxData ++= TMP275_RecvByte();              // 读出寄存器数据
TMP275_SendACK(0);                           // 回应 ACK
RXByteCtr ++;
*PRxData ++= TMP275_RecvByte();              // 读出寄存器数据
TMP275_SendACK(1);                           // 回应 NOACK
RXByteCtr ++;
TMP275_Stop();                               // 停止信号
average_temperature = RXBuffer[1];
temperature = temperature + RXBuffer[0] + (average_temperature/16);
```

9.2.3 倾角检测

1. ADX345 工作原理

ADX345 是一款小而薄的超低功耗 3 轴加速度计，分辨率高（13 位），测量范围达 ±16g。数字输出数据为 16 位二进制补码格式，可通过 SPI（3 线或 4 线）或 I^2C 数字接口访问。ADX345 非常适合于移动设备应用，它可以在倾斜检测应用中测量静态重力加速度，还可以测量运动或冲击导致的动态加速度。其高分辨率（3.9mg/LSB），能够测量小于 1.0°的倾斜角度变化。

ADX345 加速度传感器首先由前端感应器件感测加速度的大小，然后由感应电信号器件转为可识别的电信号，这个信号是模拟信号。ADX345 中集成了 AD 转换器，可以将此模拟信号数字化。AD 转换器输出的是 16 位的二进制补码。ADX345 的内部结构示意图如图 9-14 所示。

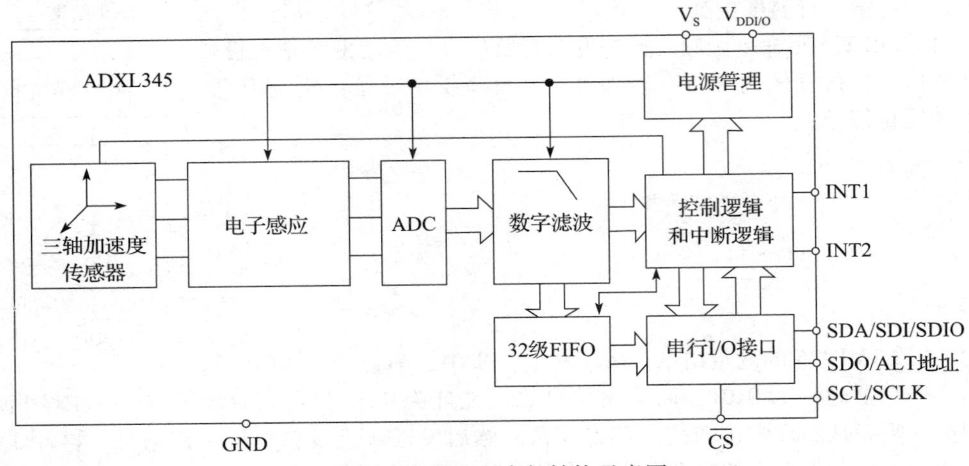

图 9-14 ADX345 内部结构示意图

ADX345 是一款完整的 3 轴加速度测量系统，可选择的测量范围有 ±2g、±4g、±8g 或 ±16g。它既能测量运动或冲击导致的动态加速度，也能测量静止加速度，例如重力加速度，这使得器件可作为倾斜传感器使用。该传感器为多晶硅表面微加工结构，置于晶体圆顶部。由于应用加速度，多晶硅弹簧悬挂于晶圆表面的结构之上，提供阻尼。差分电容由独立固定板和活动连接板组成，能对结构偏转进行测量。加速度使惯性质量偏转、差分电容失衡，从而传感器输出的幅度与加速度成正比。相敏解调用于确定加速度的幅度和极性。

寄存器 0x32 ~ 寄存器 0x37——DATAX0、DATAX1、DATAY0、DATAY1、DATAZ0 和 DATAZ1（只读）为结果寄存器，这 6 字节（寄存器 0x32 至寄存器 0x37）都为 8 位字节，保存各轴的输出数据。寄存器 0x32 和 0x33 保存 x 轴输出数据，寄存器 0x34 和 0x35 保存 y 轴输出数据，寄存器 0x36 和 0x37 保存 z 轴输出数据。输出数据为二进制补码，DATAx0 为最低有效字节，DATAx1 为最高有效字节，其中 x 代表 X、Y 或 Z。DATA_FORMAT 寄存器（地址 0x31）控制数据格式。建议所有寄存器执行多字节读取，以防止相继寄存器读取之间的数据变化。

2. 硬件电路

硬件电路的连接较为简单，因为倾角传感器 ADX345 是集成度较高的数字芯片，无须外部调理电路，其与 MSP432P401r 的硬件电路连接如图 9-15 所示。将 SDA 和 SCL 上拉，并与

MSP432P401r 单片机连接即可。

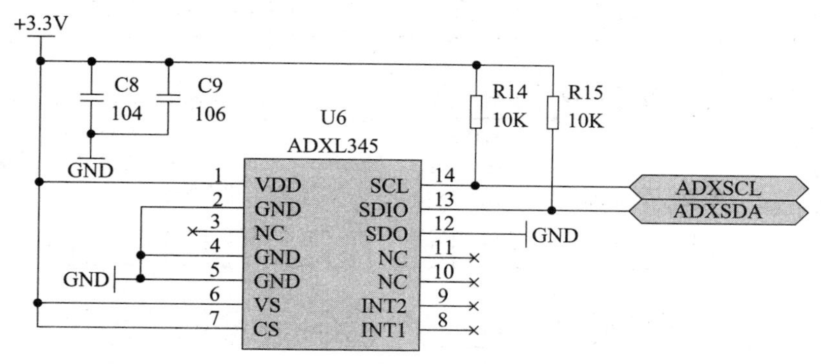

图 9-15　硬件原理图

3. 程序设计

（1）ADX345 读/写原理

如图 9-16 所示，CS 引脚拉高至 VDD I/O，ADX345 处于 I^2C 模式，需要简单 2 线式连接。ADX345 符合《UM10204 I^2C 总线规范和用户手册》03 版（2007 年 6 月 19 日，NXP Semiconductors 提供）。如果满足其中表 11 和表 12 列出的总线参数，便能支持标准（100kHz）和快速（400kHz）数据传输模式，支持单个或多个字节的读取/写入。ALT ADDRESS 引脚处于高电平，器件的 7 位 I^2C 地址是 0x1D，随后为 R/W 位，即 0x3A 为写入，0x3B 为读取。通过 ALT ADDRESS 引脚（引脚 12）接地，可以选择备用 I^2C 地址 0x53（随后为 R/W 位）。这转化为 0xA6 写入，0xA7 读取。

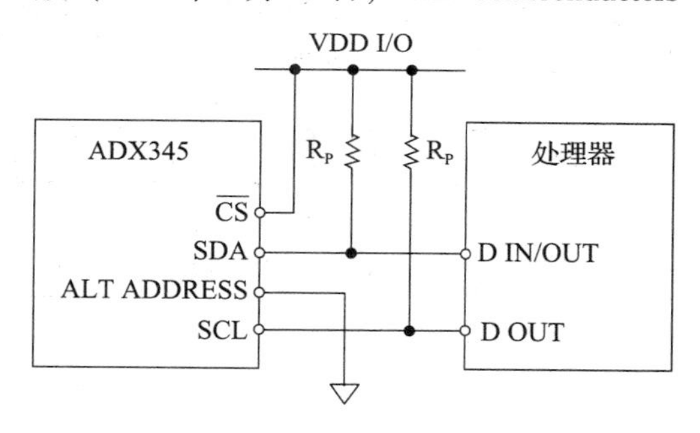

图 9-16　I^2C 连接图

由于通信速度限制，使用 400kHz I^2C 时，最大输出数据速率为 800Hz，与 I^2C 通信速度按比例呈线性变化。例如，使用 100kHz I^2C 时，ODR 最大限值为 200Hz。以高于推荐的最大值和最小值范围的输出数据速率运行，可能会对加速度数据产生不良影响，包括采样丢失或额外噪声，如图 9-17 所示。

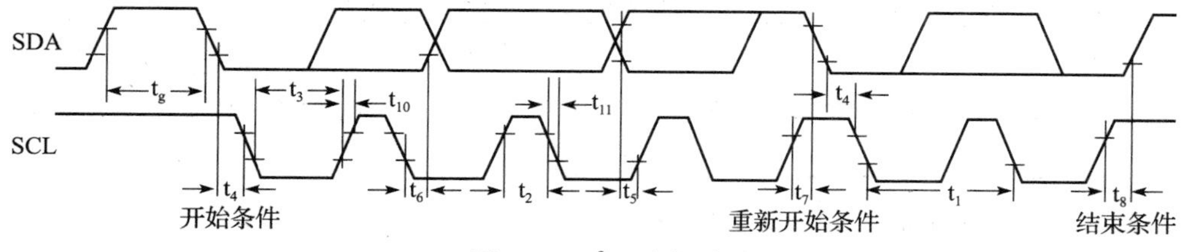

图 9-17　I^2C 时序图

1）ADX345 的写操作：写新的内容至配置寄存器，要对 ADX345 寻址。寻址后，发送寄存器地址，然后发送需要写入的内容。对 ADX345 的写操作时序图如图 9-18 所示。通过为寄存器指针写入适当的值，可实现对 ADX345 上特定寄存器的访问。指针寄存器的值是 R/W 位为低电平的从机地址字节之后被发送的第 1 字节。

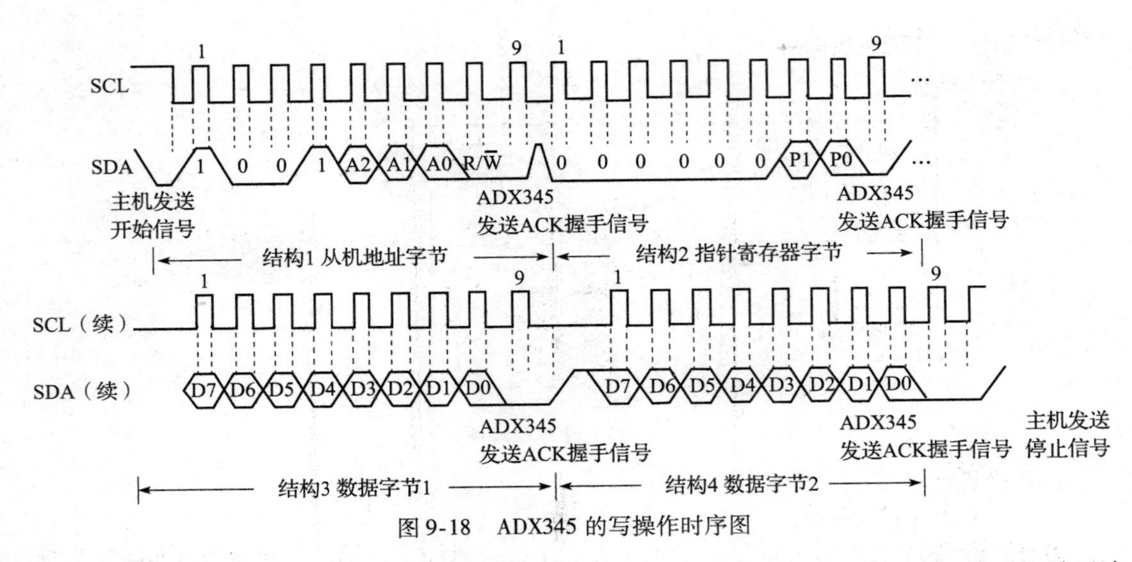

图 9-18　ADX345 的写操作时序图

2）ADX345 的读操作：从 ADX345 中读出寄存器的内容，要对 ADX345 寻址并写入需要读取的寄存器，然后再对 ADX345 寻址从中读出 2 字节，即输出寄存器的内容。对 ADX345 的读操作时序图如图 9-19 所示。

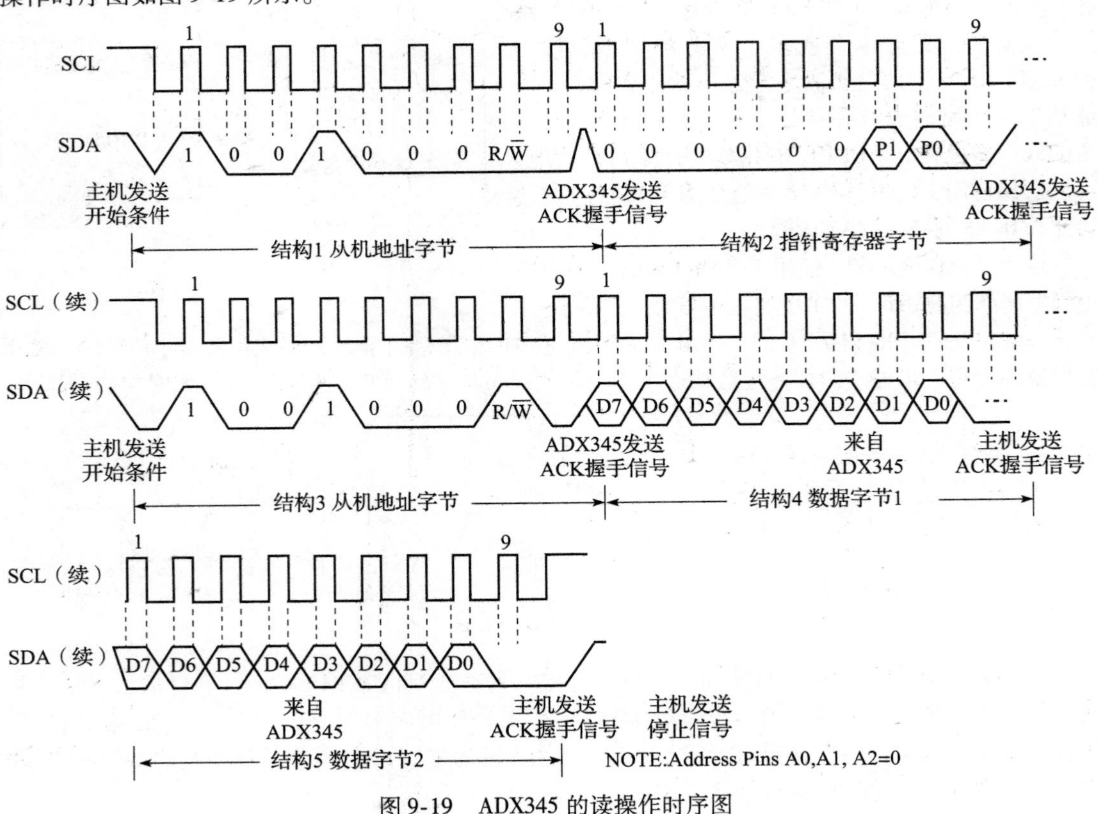

图 9-19　ADX345 的读操作时序图

注意，首先发出的寄存器字节为最低有效字节，之后是最高有效字节。

（2）倾角检测程序

1）倾角检测主程序函数 Acceleration() 流程图如图 9-20 所示。在该程序中，首先进行初始化，包括 MSP432P401r 单片机的 P6.4、P6.5 引脚的初始化和液晶界面的设置。其次，以初始状态启动 I^{2}C，设置 ADX345 的数据格式寄存器 0x31 为 0x0B，设置 ADX345 的转换器分辨率为 13 位，测量范围为 ±16g；设置 ADX345 的速率寄存器 0x2C 为 0x08，设置 ADX345 的速率为 12.5Hz；设置 ADX345 的电源寄存器 0x2D 为 0x08，使器件工作于测量模式；寄存器 0x1E、0x1F、0x20—OFSX、OFSY 和 OFSZ 都为 8 位寄存器，在二进制补码格式中提供用户设置偏移调整，比例因子为 15.6mg/LSB（即 0x7F = 2g）。偏移寄存器的存储值自动添加到加速度数据，结果值存储在输出数据寄存器中。

进行测量前需要进行水平校正，练到口袋实验板的初始位置，以便测量姿态变化。通过 MSP432P401r 与 ADX345 进行 I^{2}C 通信，读取 ADX345 的测量结果，计算得到测量的倾角值。计算 16 次测量结果，通过中位值平滑滤波，得到最后输出结果，并显示在液晶上。最后，判断是否退出实验。若退出，则返回；若不退出，则继续进行倾角检测。

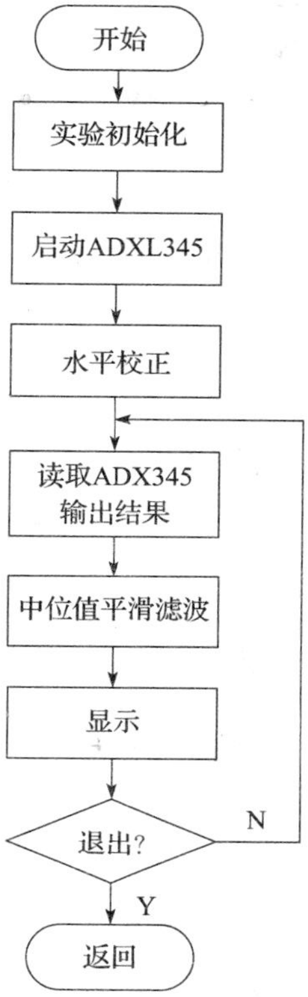

开始
实验初始化
启动ADXL345
水平校正
读取ADX345输出结果
中位值平滑滤波
显示
退出?
N
Y
返回

图 9-20　主程序流程图

2）向 ADX345 写命令函数。首先发送起始信号，然后发送从机设备地址和写信号，再发送内部寄存器地址，并发送一个字节给内部寄存器，最后发送停止信号。

```
//****** 单字节写入*************************************
void Single_Write_ADX345(char REG_Address,char REG_data)
{
ADX345_Start();                              // 起始信号
ADX345_SendByte(ADXSlaveAddress);            // 发送设备地址 + 写信号
ADX345_SendByte(REG_Address);                // 内部寄存器地址
ADX345_SendByte(REG_data);                   // 内部寄存器数据
ADX345_Stop();                               // 发送停止信号
}
```

3）配置 ADX345 的寄存器，使 ADX345 工作在需要的模式下。

```
// 初始化 ADX345,根据需要请参考 pdf 进行修改************************
void Init_ADX345()
{
Single_Write_ADX345(0x31,0x0B);          // 测量范围,正负 16g,13 位模式
Single_Write_ADX345(0x2C,0x08);          // 速率设定为 12.5 参考 pdf13 页
Single_Write_ADX345(0x2D,0x08);          // 选择电源模式 参考 pdf24 页
Single_Write_ADX345(0x2E,0x80);          // 使能 DATA_READY 中断
Single_Write_ADX345(0x1E,0x00);          // X 偏移量
Single_Write_ADX345(0x1F,0x00);          // Y 偏移量
Single_Write_ADX345(0x20,0x05);          // Z 偏移量
}
```

4）读取 ADX345 的测量结果。由于在上一步中，配置寄存器时，写入的内部寄存器地址为 0x31，而输出结果放在地址为 0x00 内部寄存器中，因此，需要重新设定访问的内部寄存器。然后发送从机设备地址 + 读信号，再从 ADX345 中读取 2 字节。首先读出的寄存器字节为最高有效字节，为倾角值的整数部分；之后是最低有效字节，为倾角值的小数部分。

```
// 连续读出 ADX345 内部加速度数据,地址范围 0x32 ~0x37
void Multiple_Read_ADX345(void)
{
char i;
ADX345_Start();                              // 起始信号
ADX345_SendByte(ADXSlaveAddress);            // 发送设备地址 + 写信号
ADX345_SendByte(0x32);                       // 发送存储单元地址,从 0x32 开始
ADX345_Start();                              // 起始信号
ADX345_SendByte(ADXSlaveAddress +1);         // 发送设备地址 + 读信号
for (i =0; i <6; i ++)                       // 连续读取 6 个地址数据,存储至 BUF
{
BUF[i] = ADX345_RecvByte();                  // BUF[0]中存储 0x32 地址中的数据
if (i == 5)
{
ADX345_SendACK(1);                           // 最后一个数据需要回应 NOACK
}
else
{
ADX345_SendACK(0);                           // 回应 ACK
}
}
ADX345_Stop();                               // 停止信号
}
```

9.2.4　电子指南针

1. 磁场测量原理

1）地球磁场向量：如图 9-21 所示为地球某一点的地球磁场向量 He 的三维图，其中，x 轴和 y 轴与地球表面平行，z 轴垂直指向下。指南针的基本任务就是测量磁场北极（图 9-21 中的 He，即地球磁场的水平分量）与前进方向的夹角（方位角 α）。在图 9-21 中，α 是从磁场的北极顺时针计算的（东是 90°，西是 270°）。

2）磁阻传感器 SEN-R65：传统的磁场测量采用电感线圈，但在地球磁场产生的感应电流非常微弱，不便于 A/D 采样，增加了测量难度。在口袋实验套件中采用的磁阻传感器为 SEN-R65，根据电场和磁场原理，当在铁磁合金薄带的长度方向施加一个电流时，如果在垂直于电流的方向再施加磁场，铁磁性材料中就有磁阻的非均质现象出现，从而引起合金带自身的阻值变化。SEN-R65 传感器为固态元件，体积小，测量精度高，最小分辨率可达 0.00015 高斯，非常适合于测量地球磁场。注：两个 SEN-R65 磁阻传感器在实际焊接时要垂直摆放。

3）磁场测量芯片 PNI11096 通过磁阻效应可以把磁场的变化转换成对应变化的电流，但所

得到的电流比较微弱，很难进行 A/D 转换，因此要经过信号放大电路进行放大，再通过 A/D 转换就可以得到对应的数字量，这样才能让单片机识别。PNI11096 芯片能够同时对 3 轴磁场强度（即 x，y，z 轴）进行测量，且集成了放大和模数转换电路。在整个 PNI11096 信号处理流程中包含 3 个主要的部分，如图 9-22 所示。

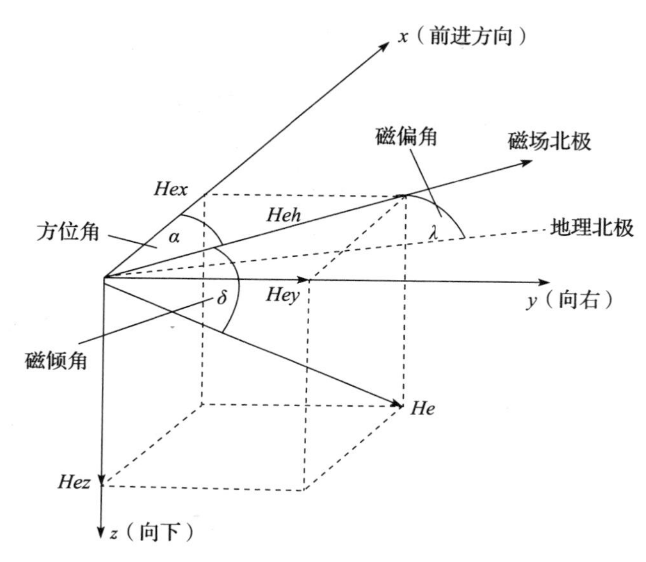

图 9-21　地球磁场向量图

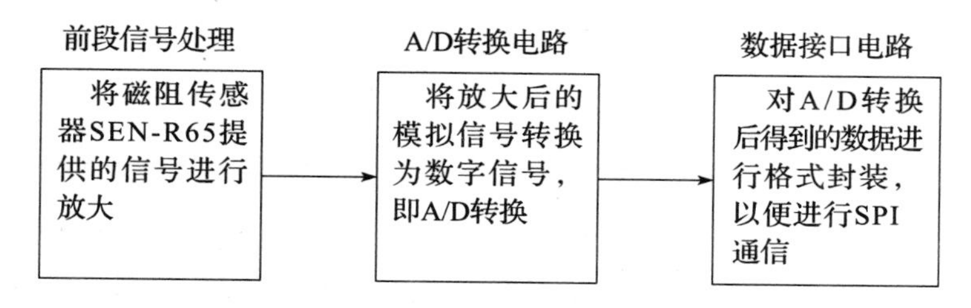

图 9-22　PNI11096 信号处理流程图

2. 硬件电路

硬件电路的连接较为简单。因为 PNI11096 是集成度较高的数字芯片，无须再外加外部调理电路，其与 MSP432P401r 单片机的硬件电路连接如图 9-23 所示。将 SPI 通信及所需片选信号与 MSP432P401r 引脚资源直接连接即可。

3. 程序设计

（1）PNI11096 读/写原理

PNI11096 的 SPI 总线的时序如图 9-24 所示，比通常的 SPI 总线多了 DRDY 和 RESET。读取数据的步骤为：

1）拉低 SSNOT。

2）复位一次 11096，即把 RESET 拉高 5μs 再拉低，每次测量都要复位一次，复位后 DRDY 自动变为低。

3）DRDY 变低后，指令（读 x 轴为 0X41，y 轴为 0X42）从 MOSI 传入 11096。

4）传入指令后等待 DRDY 变高，表示 11096 已经准备好数据，在 MISO 读取数据即可。

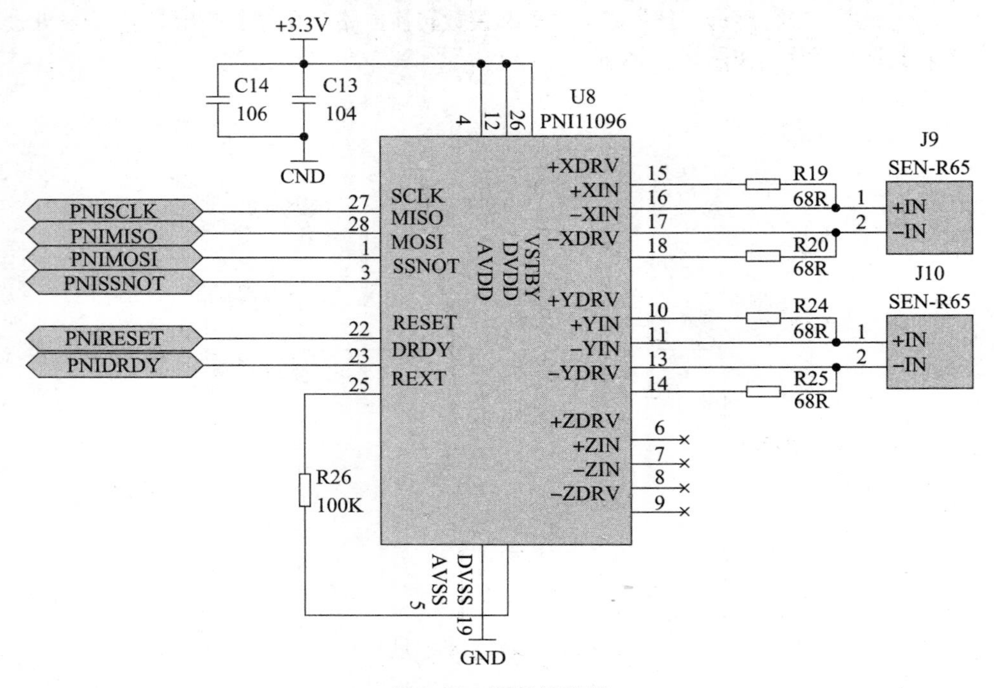

图 9-23　硬件原理图

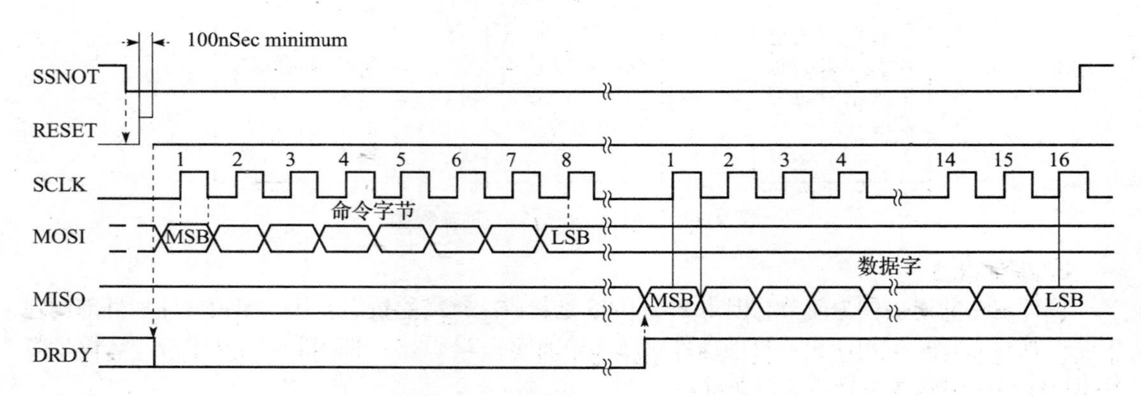

图 9-24　PNI11096 SPI 总线时序图

（2）电子指南针程序

电子指南针主程序函数 MagneticFieldSensors() 流程图如图 9-25 所示。在该程序中，首先进行初始化，包括 MSP432P401r 单片机的 P3.5、P3.6、P3.7、P5.0、P5.1、P5.2 引脚的初始化和液晶界面的设置（注意：由于 P5.0 引脚在简易示波器实验中复用为 AD 采样功能，需要先操作“P5SEL1&= ~ BIT0；P5SEL0&= ~BIT0；”两条语句将 P5.0 恢复为 I/O 功能）。

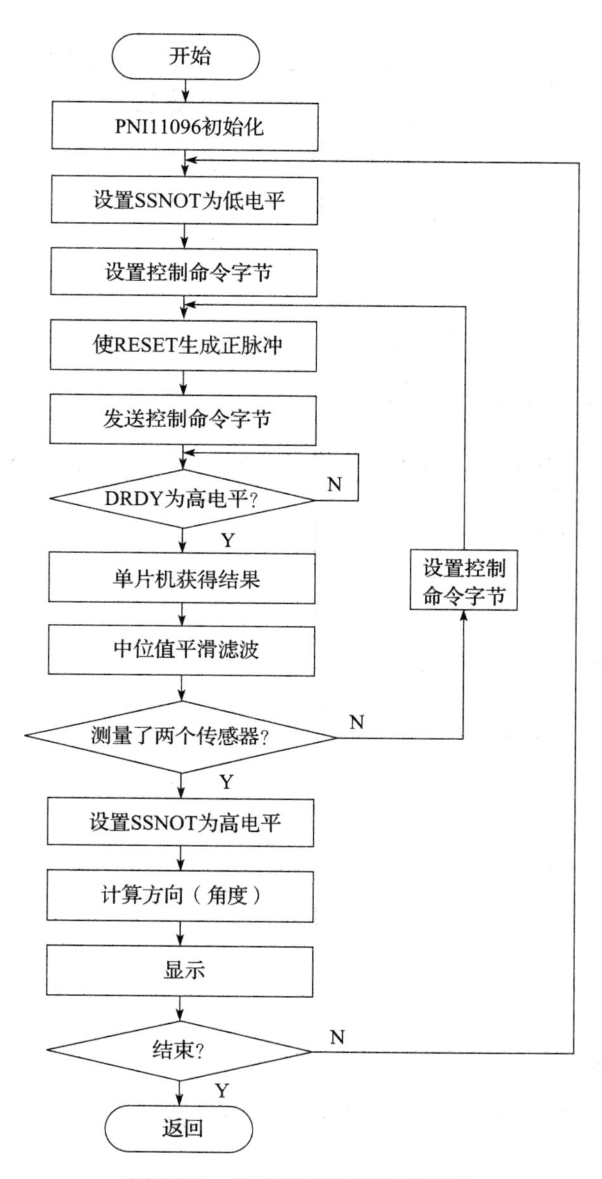

图 9-25　电子指南针程序流程图

PNI11096 的控制命令字如表 9-7 所示。在程序中有两个控制命令，0x41 和 0x42，设置周期的分频比为 512。控制命令 0x41 对应 x 轴，控制命令 0x42 对应 y 轴，如表 9-8 和 9-9 所示。

表 9-7　PNI11096 的控制命令字

Position	7	6	5	4	3	2	1	0
Bit	DHST	PS2	PS1	PS0	ODIR	MOT	ASI	ASO
RESET	0	0	0	0	0	0	0	0

表 9-8 周期选择

PS2	PS1	PS0	Ratio
0	0	0	/32
0	0	1	/64
0	1	0	/128
0	1	1	/256
1	0	0	/512
1	0	1	/1024
1	1	0	/2048
1	1	1	/4096

表 9-9 ASO 和 ASI Axis 选择

Function	AS1	AS0
2MHz 缩放	0	0
X 轴	0	1
Y 轴	1	0
Z 轴	1	1

通过 MSP432P401r 单片机与 PNI11096 进行 SPI 通信，读取 PNI11096 的测量结果，测得 x、y 值，然后计算方向角，并在液晶上显示。

电子指南针主程序函数如下：

```
PNI11096_init();
x = PNI_READ(0X41);
_delay_us(50);
y = PNI_READ(0X42);
angle[i] = GET_ANGLE(x,y);
```

PNI11096 初始化函数如下：

```
void PNI11096_init(void)
{
    P5SEL1 &= ~ BIT0;
    P5SEL0 &= ~ BIT0;
    P3DIR |= BIT5 + BIT6;
    P5DIR |= BIT0 + BIT2;
    P3DIR &= ~ BIT7;
    P5DIR &= ~ BIT1;
}
```

方位角计算函数如下：

```
unsigned short GET_ANGLE(float x,float y)   // 计算方位角
{
int angle = 0;
angle = fabs(atan(y/x)*180/3.14);           // 可以不取绝对值,在各象限时的计算全部必为" +angle"
if(x >=0 && y >=0)                          // 第 4 象限
{
return 360 - angle;
}
else if(x <0 && y >=0)                      // 第 3 象限
{
return 180 + angle;
}
else if(x <0 && y <0)                       // 第 2 象限
```

```
{
return 180 - angle;
}
else if(x >=0 && y <0)                    // 第 1 象限
{
return angle;
}
return 999;
}
```

读取 PNI11096 的测量结果如下：

```
short int PNI_READ(unsigned char command)
{
char i;
short int dat = 0;
PNI_SCLK_L;
PNI_SSNOT_L;
_delay_us(50);
PNI_RESET_H;
_delay_us(50);
PNI_RESET_L;
_delay_us(50);
for(i =0;i <8;i ++)
{
    if(command& (1 << (7 - i)))
    {
        PNI_MOSI_H;
    }
    else
    {
        PNI_MOSI_L;
    }
    _delay_us(20);
    PNI_SCLK_H;
    _delay_us(20);
    PNI_SCLK_L;
}
while(! (PNI_READ_READY));
for(i =0; i < =15; i ++)
{
    _delay_us(20);
    if(PNI_MISO)
    {
        dat |= 1 << (15 - i);
    }
    PNI_SCLK_H;
    _delay_us(20);
    PNI_SCLK_L;
}
```

```
PNI_SSNOT_H;
return dat;
}
```

9.3 综合类实验

9.3.1 电动机开环调速

1. 基于 PWM 的电动机控制原理

(1) 直流电动机介绍

直流电动机（Direct Current Motor）是指能将直流电能转换成机械能的旋转电动机。它是能实现直流电能和机械能互相转换的电动机。当它用作电动机运行时是直流电动机，将电能转换为机械能。直流电动机的结构由定子和转子两大部分组成。直流电动机运行时静止不动的部分称为定子，定子的主要作用是产生磁场，由机座、主磁极、换向极、端盖、轴承和电刷装置等组成。运行时转动的部分称为转子，其主要作用是产生电磁转矩和感应电动势，是直流电进行能量转换的枢纽，所以通常又称为电枢，由转轴、电枢铁心、电枢绕组、换向器等组成。

(2) 直流电动机控制原理

控制电路使用 TI DRV8833 低电压电动机驱动芯片，该芯片为电动玩具、打印机及其他机电一体化应用提供了一款双通道桥式电动机驱动器解决方案。它能驱动两个直流电动机或一个步进电动机。nSLEEP 引脚为高电平时表示使能设备，为低电平时表示进入低功耗睡眠模式。输入端控制 H 桥逻辑如表 9-10 所示，表中 x 表示 A 和 B。对直流电动机的控制编程，只需要简单地控制 nSLEEP、xIN1 、xIN2 引脚输出相应的电平即可。

表 9-10 直流电动机功能选择

xIN1	xIN2	xOUT1	xOUT2	功能
0	0	Z	Z	制动
0	1	L	H	反转
1	0	H	L	正转
1	1	L	L	自由旋转

直流电动机的 PWM 调速原理与交流电动机调速原理不同，它不是通过调频方式去调节电动机的转速，而是通过调节驱动电压脉冲宽度的方式，并与电路中一些相应的储能元件配合，改变了输送到电枢电压的幅值，从而达到改变直流电动机转速的目的。

在 PWM 调速时，占空比 α 是一个重要参数。以下 3 种方法都可以改变占空比的值。

1）定宽调频法：这种方法是保持 t1 不变，只改变 t2，这样使周期 T（或频率）也随之改变。

2）调频调宽法：这种方法是保持 t2 不变，只改变 t1，这样使周期 T（或频率）也随之改变。

3）定频调宽法：这种方法是使周期 T（或频率）保持不变，而同时改变 t1 和 t2。

前两种方法由于在调速时改变了控制脉冲的周期（或频率），当控制脉冲的频率与所设计应用系统的固有频率接近时，将会引起振荡，因此这两种方法用得很少。目前，在直流电动机的控制中，主要使用定频调宽法。

（3）霍尔测速原理

霍尔效应是电磁效应的一种，这一现象是美国物理学家霍尔（A. H. Hall）于1879年在研究金属的导电动机制时发现的。当电流垂直于外磁场通过导体时，载流子发生偏转，垂直于电流和磁场的方向会产生一附加电场，从而在导体的两端产生电势差，这一现象就是霍尔效应。这个电势差也被称为霍尔电势差，如图9-26所示。霍尔效应应使用左手定则判断。

DRV5013-Q1器件是一款斩波稳定霍尔效应传感器，能够在整个温度范围内提供具有出色灵敏度稳定性和集成保护特性的磁场感测解决方案。

磁场由数字双极锁存输出表示。集成电路（IC）有一个灌电流能力为30mA的开漏输出端。反向极性保护高达-22V的宽工作电压范围（2.7V至38V），提供针对反向电源情况、负载和输出短路或者过流的内部保护功能。

如图9-27所示，013-Q1器件标记侧附近一个南极（S）被定义为正磁场。

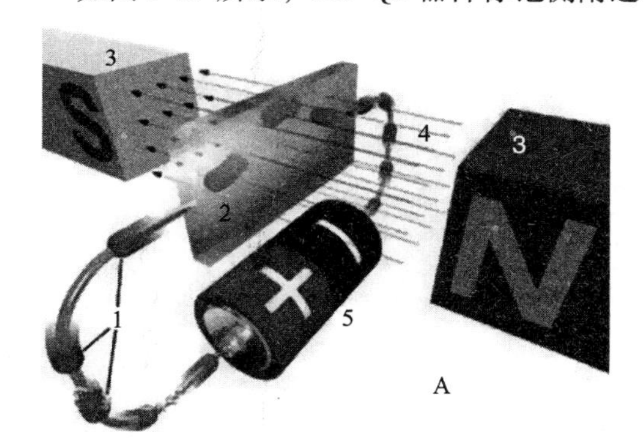

图9-26 霍尔效应

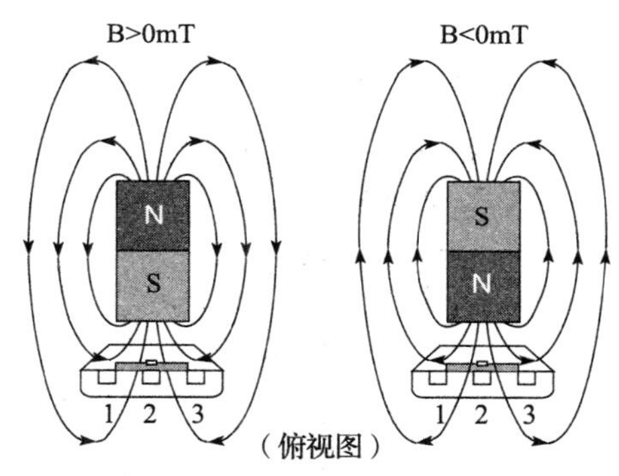

图9-27 磁场定义图

如果该装置将B_{RP}和B_{OP}连接，则设备的输出是不确定的，可以是高阻或低。如果该场强高于B_{OP}，则输出被上拉低。如果该场强小于B_{RP}，则输出被释放，如图9-28所示。

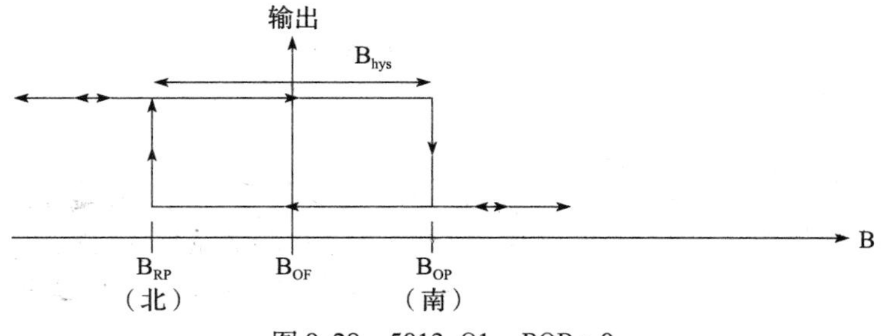

图9-28 5013-Q1—BOP>0

2. 硬件电路

直流电动机由电动机驱动芯片DRV8833、霍尔传感器DRV5013-Q1和空心杯直流电动机3部分组成，可完成对直流电动机的开环调速和测速实验。其中，通过大电流电动机驱动芯片DRV8833驱动直流电动机，芯片内含两个H桥驱动器，能够为电动机提供足够的驱动电流。

通过霍尔传感器DRV5013-Q1测量直流电动机的转速。该芯片为数字式输出，无须外部整形电路，通过感应磁极可对应输出高低电平，用于后续测量。图 9-29 为电动机开环调速实验的硬件原理图。

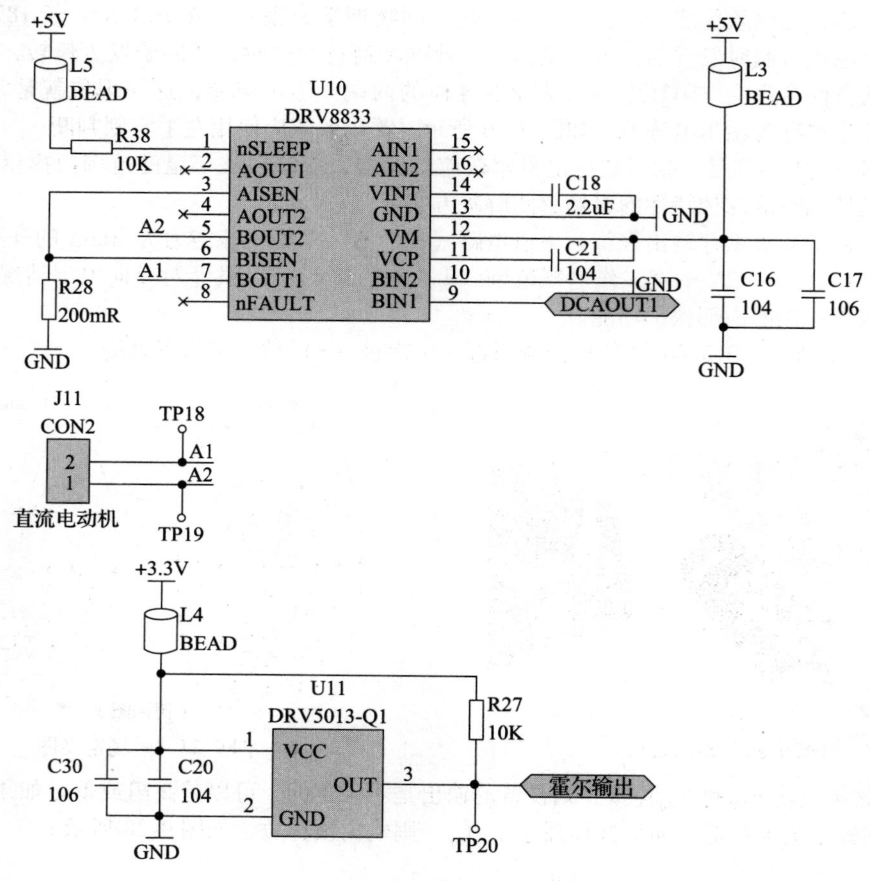

图 9-29 硬件原理图

3. 程序设计

(1) 电动机开环调速主程序函数

电动机开环调速主程函数 Motor_speed() 流程图如图 9-30 所示。在该程序中，首先进行初始化，包括 MSP432P401r 单片机的 P2.4、P2.5 引脚的初始化和液晶界面的设置；设置 P2.4 为定时器比较功能，输出 PWM 波；设置 P2.5 为定时器捕获功能，捕获霍尔传感器输出信号。

```
void DC_Motor(void){
int AVE_speed;
SPEED =0;
speed[s_cap] = speeddetect();
ADC14CTL0 |= ADC14ENC |ADC14SC;                // 开始转换
__no_operation();                              // 用于移动调试时设置断点
TA0CCR1 = (A15results)/10 ;                    // 滚轮采样结果作为 TA0CCR1
if(s_cap ==13)
```

```
{
SPEED = averagespeed();
s_cap=0;
AVE_speed=SPEED;
// AVE_speed=(sum/num-1.65)*1000;
tft_AVE_speed_char[0] = (AVE_speed/1000)%10 + 48;
tft_AVE_speed_char[1] = (AVE_speed/100)%10 + 48;
tft_AVE_speed_char[2] = (AVE_speed/10)%10 + 48;
tft_AVE_speed_char[3] = (AVE_speed)%10 + 48;
if (tft_AVE_speed_char[0]==48)
{
tft_AVE_speed_char[0]=' ';
if (tft_AVE_speed_char[1]==48)
{
tft_AVE_speed_char[1]=' ';
if (tft_AVE_speed_char[2]==48)
{
tft_AVE_speed_char[2]=' ';
}
}
}
DisplayString(tft_AVE_speed_char,31,8);
}
}
```

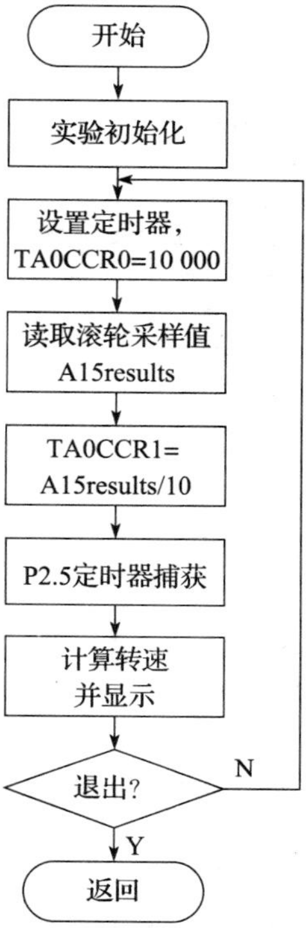

图 9-30 电动机开环调速程序流程图

(2) PWM 调速函数

利用定时器产生 PWM，通过滚轮采样值改变 TA0CCR1，达到调速的目的。

```
P2DIR |= BIT4;
P2SEL0 |= BIT4;
/******* Compare******/
TA0CTL = TASSEL_2 |ID_0 |MC_1 |TACLR |TAIE ;        // ACLK,连续计数模式,清除 TAR,使能中断
TA0CCR0 = 10000;
TA0CCR1 = 100;
TA0CCTL1 = OUTMOD_6;
```

(3) 霍尔测速函数

利用霍尔传感器检测到磁极变化，并利用定时器的捕获功能，捕获跳变。

设置 P2. 5 为定时器捕获功能：

```
P2DIR &= ~ BIT5;
P2SEL0 |= BIT5;
/******* Capture*****/
TA0CCTL2 =CM_1 + CCIS_0 + SCS + CAP + CCIE;
NVIC_ISER0 = 1 << ((INT_TA0_N - 16) & 31);
__enable_interrupt();
```

设置定时器捕获中断：

```
void TimerA0_NIsrHandler(void)
{
switch(TA0IV)
{
case 2:break;
case 4:
__no_operation();
Avarage_period1 =Overflow_counter1*10000 - Input_one_capture1 +TA0CCR2;
// 计算相邻跳变沿间隔
Input_one_capture1 = TA0CCR2;                          // 保存捕获值,供下一次使用
Overflow_counter1 = 0;                                 // 溢出次数清零
CapFlag1 ++;
TA0CCTL2 &= ~CCIFG;
break;
case 6: break;
case 8: break;
case 10: break;
case 12: break;
case 14:
Overflow_counter1 ++;
break;
}
}
```

计算速度:

```
float averagespeed(void)
{
int i =0;
int j =0;
float s =0.0,temp =0;
for(i =0;i <13;i ++)
{
for(j =0;j <13 - i;j ++)
{
if(speed[i] >speed[j +1])
{
temp = speed[j];
speed[j] =speed[j +1];
speed[j +1] =temp;
}
}
}
for(i =4;i <9;i ++)
{
s =s +speed[i];
}
ave2 =s*1.0/5;
return ave2;
}
```

9.3.2　简易示波器

1. 简易示波器原理

（1）频率计算方法

在本实验中，输入信号为正弦信号，可通过计算信号的周期，得到其频率，计算公式为（9-3）。

$$f = 1/T \tag{9-3}$$

在大多数情况下，计算信号的频率可采用快速傅里叶变换的方法得到频谱，从而得到信号的频率。在本实验中，采样频率为 $f_s = 15.7\text{kHz}$，采样点数为 $N = 1024$，根据傅里叶变换原理，其频率分辨率为 $f_s/N = 15.363\text{Hz}$。采用这种方法计算得到的频率精度不够高，因此采用式（9-3）计算频率。但是，为了得到输入信号的频谱图，仍然需要进行 FFT 变换。

（2）FFT 简介

FFT 是一种 DFT 的高效算法，称为快速傅立叶变换（Fast Fourier transform），它是根据离散傅氏变换的奇、偶、虚、实等特性，对离散傅立叶变换的算法进行改进获得的。FFT 算法可分为按时间抽取算法和按频率抽取算法。先简要介绍 FFT 的基本原理，从 DFT 运算开始，说明 FFT 的基本原理。

DFT 的运算如下：

$$X(k) = \sum_{n=0}^{N-1} x(n) W_N^{nk}, \quad k = 0, \cdots, N-1 \tag{9-4}$$

$$X(n) = \frac{1}{N} \sum_{k=0}^{N-1} X(k) W_N^{-nk}, \quad n = 0, \cdots, N-1 \tag{9-5}$$

由这种方法计算 DFT 对于 $X(k)$ 的每个 K 值，需要进行 $4N$ 次实数相乘和 $(4N-2)$ 次相加，对于 N 个 k 值，共需 $4N*4N$ 次实数相乘及 $(4N-2)(4N-2)$ 次实数相加。改进 DFT 算法，减小它的运算量，利用 DFT 中 W_N^{nk} 的周期性和对称性，使整个 DFT 的计算变成一系列迭代运算，可大幅度提高运算过程和运算量，这就是 FFT 的基本思想，如图 9-31 所示。

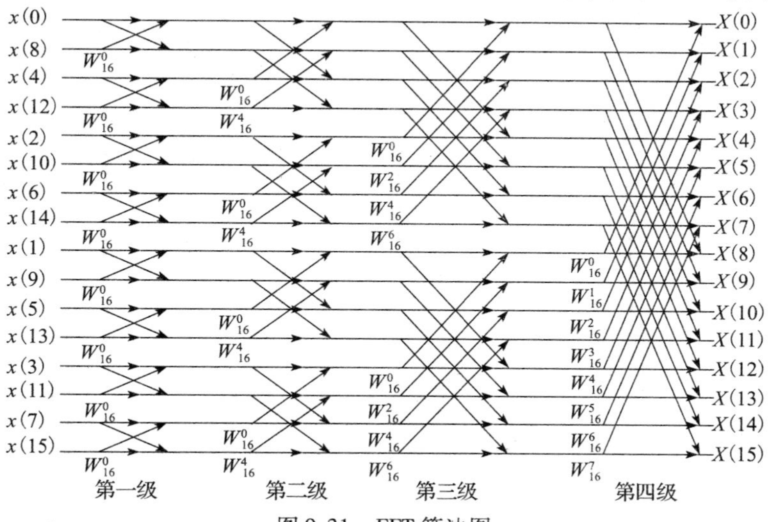

图 9-31　FFT 算法图

2. 硬件电路

简易示波器的硬件电路原理图如图 9-32 所示。通过运放 OPA365 对输入信号进行调理。其中电容 C26 为隔直电容，其目的是滤除输入信号的直流分量，经过隔直后的输入信号，在叠加 1.65V（Vcc/2）的直流电平后，送入 MSP432 单片机的 ADC 输入引脚完成信号采集。

3. 程序设计

1）简易示波器主程序函数 Oscilloscope()流程图如图 9-33 所示。在该程序中，首先进行初始化，包括 MSP432P401r 单片机的 P5.0 引脚的初始化和液晶界面的设置；将 P5.0 设置为 AD 功能，并实时采集信号，计算信号的幅值和频率；对信号做 FFT 变换，显示实时波形和频谱图。

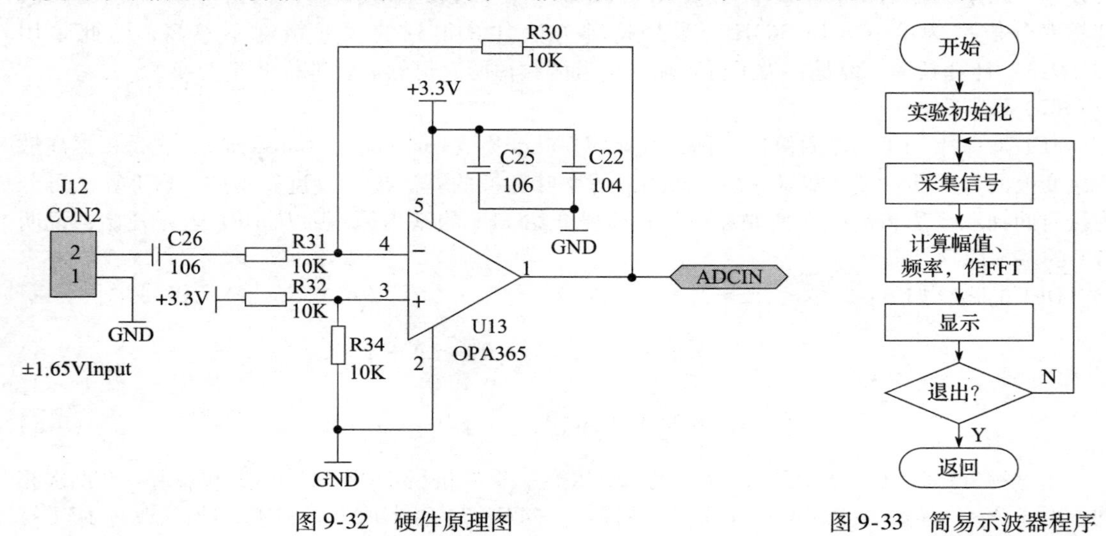

图 9-32　硬件原理图　　　　图 9-33　简易示波器程序流程图

2）频率检测函数如下：

```
for(j=7;j<FFT_NUM-7;j++){
if (AdcResult[j]>AdcResult[j-7]&&AdcResult[j]>AdcResult[j+7]&&
AdcResult[j]>AdcResult[j-5]&&AdcResult[j]>AdcResult[j+5]&&
AdcResult[j]>AdcResult[j-3]&&AdcResult[j]>AdcResult[j+3]&&AdcResult[j]>1.75)
{
fuzhi[num]=AdcResult[j];
fuzhi_t[num]=j;
num=num+1;
j=j+5;
if (num>9)break;
}
}
if (num>=3){
sum=0;
for(count=0;count<num;count++){
sum +=fuzhi[count];
}
AVE_fuzhi=(sum/num-1.65)*1000;
```

```
tft_AVE_fuzhi_char[0] = (AVE_fuzhi/1000)%10 + 48;
tft_AVE_fuzhi_char[1] = '.';
tft_AVE_fuzhi_char[2] = (AVE_fuzhi/100)%10 + 48;
tft_AVE_fuzhi_char[3] = (AVE_fuzhi/10)%10 + 48;
tft_AVE_fuzhi_char[4] = (AVE_fuzhi)%10 + 48;
DisplayString(tft_AVE_fuzhi_char,34,2);
pinlv =100*157/((fuzhi_t[num -1] - fuzhi_t[0])/(num -1));
tft_pinlv_char[0] = (pinlv/1000)%10 + 48;
tft_pinlv_char[1] = (pinlv/100)%10 + 48;
tft_pinlv_char[2] = (pinlv/10)% 10 + 48;
tft_pinlv_char[3] = (pinlv)% 10 + 48;
DisplayString(tft_pinlv_char,33,5);
}
```

3）FFT 函数如下：

```
void FFT_DIT(volatile COMPLEX sig[])
{
uint16_t i =0,j =0;
uint16_t SubFftNum = 2;                    // 每个子 fft 模块所做 fft 的点数 uint16_t
FftPointer =0;                             // 当前做 fft 的点的位置
uint16_t SubFftPointer =0;                 // 当前做 fft 的点在 fft 子模块中的位置
uint16_t WNPointer =0;                     // 当前做 fft 所用的旋转因子所在位置
COMPLEX x1,x2,temp;                        // 中间变量
// 首先码位倒置
for(i =0;i <FFT_NUM;i ++)
{
j =ReverseBit(i);                          // 调用码位倒置程序
if(j >i)                                   // 若 j >i 再倒置,防止重复倒置
{
temp = sig[i] ;
sig[i] = sig[j];
sig[j] = temp;
}
}
// 开始做 FFT
while(SubFftNum < = FFT_NUM )              // SubFftNum 为 2 ~ FFT_NUM
{
FftPointer = 0;
while(FftPointer <FFT_NUM)                 // 计算所有点的 FFT 系数
{
for(SubFftPointer =0;SubFftPointer <SubFftNum/2;SubFftPointer ++)
// 计算子模块的 FFT
{
x1 = sig[FftPointer +SubFftPointer];
x2 = sig[FftPointer +SubFftPointer +SubFftNum/2];
WNPointer = FFT_NUM/SubFftNum*SubFftPointer;
temp.real = x2.real*WN[WNPointer].real - x2.imag*WN[WNPointer].imag;
temp.imag = x2.real*WN[WNPointer].imag + x2.imag*WN[WNPointer].real;
sig[FftPointer +SubFftPointer].real = x1.real +temp.real;
```

```
sig[FftPointer + SubFftPointer].imag = x1.imag + temp.imag;
sig[FftPointer + SubFftPointer + SubFftNum/2].real = x1.real - temp.real;
sig[FftPointer + SubFftPointer + SubFftNum/2].imag =
x1.imag - temp.imag ;
}
FftPointer += SubFftNum;                    // FftPointer 指向下一个子 FFT 模块位置
}
SubFftNum += SubFftNum;                     // 子 FFT 点数乘 2,进行下一轮运算
}
// 计算幅值谱
for(i = 0;i < FFT_NUM;i ++)
{
SpectrumResult[i] = sqrt(sig[i].real * sig[i].real + sig[i].imag*sig[i].imag)*2/FFT_NUM;
}
SpectrumResult[0] = SpectrumResult[1];
for( i = 0;i < FFT_NUM/4;i ++){
Dogs102x6_lineDraw(240 - SpectrumResult[i]*107,i +1,240 - SpectrumResult[i +1]*107,i +2,0xF800);
}
// ------------------------------------------ 码位倒置程序
uint16_t ReverseBit (uint16_t i)
{
uint16_t j;
// 根据做 FFT 的点数,定义相应的码位倒置程序,即最高位和最低位值互换,次高位与次低位
// 值互换,以此类推,互换所有位值
j = (i&0x200) >>9 |(i&0x100) >>7 |(i&0x080) >>5 |(i&0x040) >>3 |(i&0x020) >>1
|(i&0x010) <<1 |(i&0x008) <<3 |(i&0x004) <<5 |(i&0x002) <<7 |(i&0x001) <<9;
return(j);
}
```

9.3.3 简易信号发生器

1. DAC7512 工作原理

DAC7512 是 TI 公司生产的具有内置缓冲放大器低功耗单片 12 位数模转换器。其片内高精度输出放大器可获得满幅（供电电源电压与地电压间）任意输出。DAC7512 带有一个时钟为 30MHz 的通用三线串行接口，因而可接入高速 DSP。其接口与 SPI、QSPI、Microwire 及 DSP 接口兼容，因而可与 Intel 系列单片机、Motorola 系列单片机直接连接，而无须任何其他接口电路。

由于 DAC7512 串行数模转换器可选择供电电源作为参考电压，因而具有很宽的动态输出范围。此外，DAC7512 数模转换器还具有 3 种关断工作模式。正常工作状态下，DAC7512 在 5V 电压下功耗仅为 0.7mW，而省电状态下功耗为 1μW。因此，低功耗 DAC7512 无疑是便携式电池供电设备理想器件。

DAC7512 组成框图如图 9-34 所示。图中输入控制逻辑用于控制 DAC 寄存器写操作，掉电控制逻辑与电阻网络一起用来设置器件工作模式，即选择正常输出还是把输出端与缓冲放大器断开，而接入固定电阻。芯片内缓冲放大器具有满幅输出特性，可驱动 2kΩ 及 1000pF 并联负载。

2. 硬件电路

简易信号发生器的硬件电路原理图如图 9-35 所示。其中，由 MSP432 控制外部 DAC 芯片

DAC7512 可输出正弦信号，输出后的信号经过二阶无源低通滤波后，可用示波器进行观察。

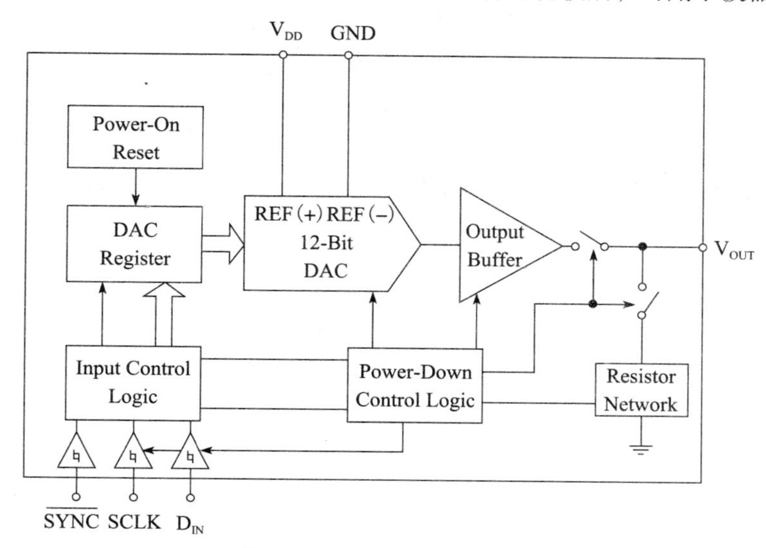

图 9-34　DAC7512 组成框图

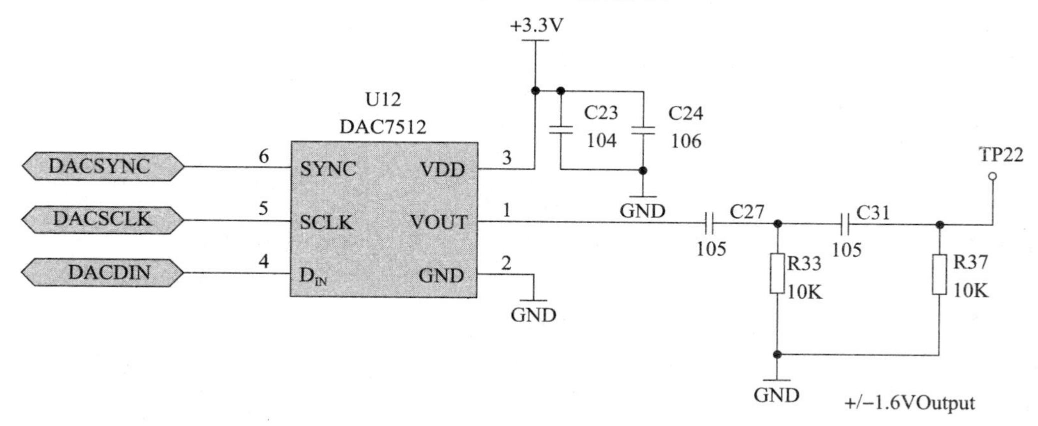

图 9-35　硬件原理图

3. 程序设计

(1) DAC7512 读/写原理

DAC7512 采用三线制（$\overline{\mathrm{SYNC}}$、SCLK 及 Din）串行接口。其串行写操作时序如图 9-36 所示。写操作开始前，$\overline{\mathrm{SYNC}}$要置低，Din 数据在串行时钟$\overline{\mathrm{SYNC}}$下降沿依次移入 16 位寄存器。在串行时钟第 16 个下降沿到来时，将最后一位移入寄存器，可实现对工作模式设置及 DAC 内容刷新，从而完成一个写周期操作。此时，$\overline{\mathrm{SYNC}}$可保持低电平或置高，但在下一个写周期开始前，$\overline{\mathrm{SYNC}}$必须转为高电平并至少保持 33ns，以便$\overline{\mathrm{SYNC}}$有时间产生下降沿来启动下一个写周期。若$\overline{\mathrm{SYNC}}$在一个写周期内转为高电平，则本次写操作失败，寄存器强行复位。由于施密特缓冲器在$\overline{\mathrm{SYNC}}$高电平时电流消耗大于低电平时电流消耗，因此，在两次写操作之间，应把$\overline{\mathrm{SYNC}}$置低以降低功耗。

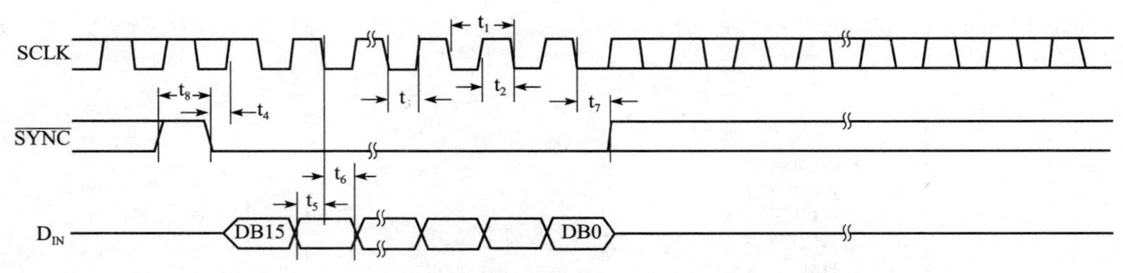

图 9-36　DAC7512 串行写操作时序

DAC7512 片内移位寄存器宽度为 16 位，其中，DB15、DB14 是空闲位，DB13、DB12 是工作模式选择位，DB11 ~ DB0 是数据位。器件内部带有上电复位电路。上电后，寄存器置 0，所以 DAC7512 处于正常工作模式，模拟输出电压为 0V。

DAC7512 4 种工作模式可由寄存器内 DB13、DB12 来控制。其控制关系如表 9-11 所示。

表 9-11　DAC7512 工作模式

DB13	DB12	操作模式
0	0	普通操作模式
		掉电模式
0	1	输出 1kΩ 到 GND
1	0	输出 100kΩ 到 GND
1	1	High-Z

由于一次只能传输 8 位数据，因此，在一个写周期内，应当用 8 个时钟在其下降沿把数据写入 DAC7512。写数据时，MSB 在前。由于 DAC7512 内有 16 位寄存器，故在写完第 1 字节后，P3.3 仍然要保持低电平，以便传输第 2 字节。

（2）简易信号发生器主程序函数

简易信号发生器主程序函数 SignalGenerator() 流程图如图 9-37 所示。在该程序中，首先进行初始化，包括 MSP432P401r 单片机的 P4.7、P5.4、P5.5 引脚的初始化和液晶界面的设置。然后通过按键与滚轮的配合，设定输出正弦信号的幅值和频率，根据幅值和频率，计算出正弦表。最后通过 SPI 与 DAC7512 通信，实现简易信号发生器的功能。

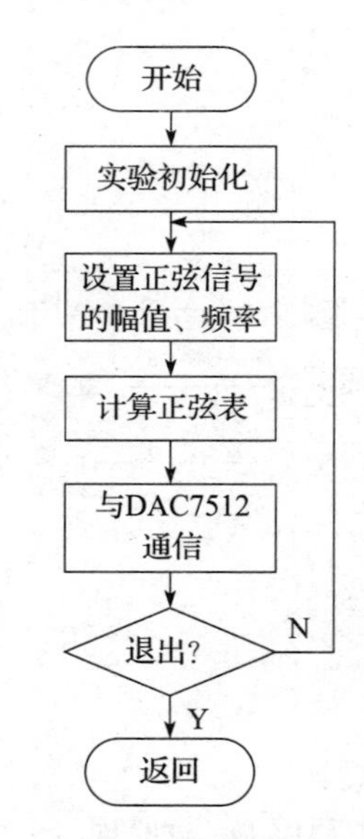

图 9-37　简易信号发生器程序流程图

（3）波形输出函数

```
if (button3Pressed ==1){
button3Pressed =0;
while (!(button2Pressed ==1))
{
ADC14CTL0 |= ADC14ENC | ADC14SC;            // 开始转换
__sleep();
__no_operation();                          // 用于程序调试时设置断点
SG_fuzhi =1.65*A15results/16383;
SG_fuzhi1 =SG_fuzhi*100;
tft_SG_fuzhi_char[0] = (SG_fuzhi1/100)%10 + 48;
```

```
tft_SG_fuzhi_char[1] = '.';
tft_SG_fuzhi_char[2] = (SG_fuzhi1/10)%10 + 48;
tft_SG_fuzhi_char[3] = (SG_fuzhi1)%10 + 48;
DisplayString(tft_SG_fuzhi_char,10,2);
}
for(i =0;i <sin_Table_N;i ++){
sin_biao[i] =SG_fuzhi/1.65*sin(2*3.14159*i/sin_Table_N)*2047 +2048;
}
button2Pressed =0;
}
for (i =0;i <sin_Table_N;i ++){
Dac_send_2byte(sin_biao[i]);
}
void Dac_send_2byte( int Dac_val)
{
unsigned char i;
Dac_sy_H;                               // 起始信号
Dac_sy_L;
for(i =0;i <16;i ++)
{
if(Dac_val&0x00008000)
Dac_send_1();                           // Dac_temp_buf[i] = 1;
else
Dac_send_0();                           // Dac_temp_buf[i] = 0;}
Dac_val = Dac_val <<1;
}
}
```

9.4　本章小结

本章详细介绍作者实验室自行研制的基于 MSP432P401r 单片机的口袋实验套件。这一实验套件由 MSP432P401r LaunchPad（最小系统）和口袋实验套件组成，可完成检测、综合和互动三大类实验。本章对各个模块的实验原理及操作进行了详细的讲解。通过本章的学习，读者可以进一步深入理解 MSP432 单片机的结构和片内外设，熟练掌握 MSP432 单片机开发的常用软件及相应硬件电路原理，为基于 MSP432 单片机的产品开发做必要的准备。

9.5　思考题与习题

1. MSP432 单片机中的硬件 SPI 接口与 I/O 模拟的 SPI 有什么区别，各有什么优缺点？
2. 根据图 9-6 确定 OPT3001 的从机地址？
3. 根据图 9-10 确定 TMP275 的从机地址？
4. 简述 9.3.1 节中电动机测速原理？
5. 将现有的平滑滤波方法改为中位值滤波方法。
6. 对 TMP275 的配置寄存器进行设置，修改转换器分辨率等参数。
7. 修改 PNI1096 的控制命令字，设置周期的分频比。
8. 将现有的定时器生成 PWM 方法改为用软件延时语句（如 for 语句）实现。

第 10 章 Chapter 10

基于 MSP432 微控制器的参考设计

10.1 IWR1443 77GHz 级发射机的功率优化参考设计

10.1.1 IWR1443 77GHz 级发射机介绍

IWR1443 77GHz 毫米波雷达传感器使用的是毫米波，毫米波的波长介于厘米波和光波之间，因此，毫米波兼有微波制导和光电制导的优点。与厘米波雷达相比，毫米波雷达具有体积小、易集成和空间分辨率高的特点。与摄像头、红外、激光等光学传感器相比，毫米波雷达穿透雾、烟、灰尘的能力强，抗干扰能力强，具有全天候（大雨天除外），全天时的特点。由于雷达技术的发展与进步，现在的毫米波雷达传感器开始应用于汽车电子、安防、无人机和智能交通等多种产品中。伴随汽车高级辅助驾驶（ADAS）在过去几年的飞速发展，紧急刹车和行人探测等新功能在未来的新车型中将日渐普及，车辆中雷达传感器的数量也显著增加。相比微波雷达，毫米波雷达尺寸更小巧；相比激光雷达，毫米波雷达传感器受气候影响更小，可以在大雾等低能见度环境下实现辅助驾驶、自动巡航控制，甚至在高速公路上的自动驾驶。根据预测，到 2020 年，全球毫米波雷达出货量将达到 7200 万颗，平均年增长率为 24%。

毫米波传感器的主要特性和优势如下。

1）高度集成：借助全集成式 CMOS 单芯片（集成同类产品中最佳的数字信号处理器（DSP）和微控制器（MCU）或只有一个 MCU 或 DSP），设计人员可以根据需要选择最佳的处理能力。每个芯片都能够提供智能、高精度的测量，具有小于 4 厘米的距离分辨率，距离精度可达 50 微米，范围达到 300 米。

2）全面的产品系列：由 5 款器件组成的产品组合让设计人员能够选择合适的解决方案来满足其设计需求，同时，功耗和电路板面积均减少 50%。

3）高度智能化：TI 的毫米波 76 ~ 81GHz 单芯片传感器可以动态地适应不断变化的情况与条件，支持多种功能模式，以避免误报，并为多种应用提供大范围的测量。

4）环境灵活性：IWR1x 毫米波传感器可以透过塑料、干燥墙壁、衣服、玻璃和很多其他材料，并且能够穿过光照、降雨、扬尘、下雾或霜冻等环境条件进行测量。

5）立即开始工作：TI 全新的毫米波软件开发套件（SDK）包括示例算法和软件库，它们通过不到 20 个简单应用编程接口（API）简化 RF 设计。利用 TI 的 mmWave SDK 平台，工程师可以在不到 30 分钟开始应用设计工作。

10.1.2　参考设计系统介绍

1. 参考设计系统介绍

在 TIDEP-0091 中，MSP432 LaunchPad 是主控制器，通过标准 LaunchPad 的 40 引脚与 IWR1443 EVM 相连。采用标准的 3 线串行外设接口（SPI）用作通信协议，通用 IO(GPIO) 用于控制和测量标记。通过 USB 线与 PC 通信，采用 URAT 异步串行通信的方式将数据传给 PC。参考设计的硬件框图如图 10-1 所示。

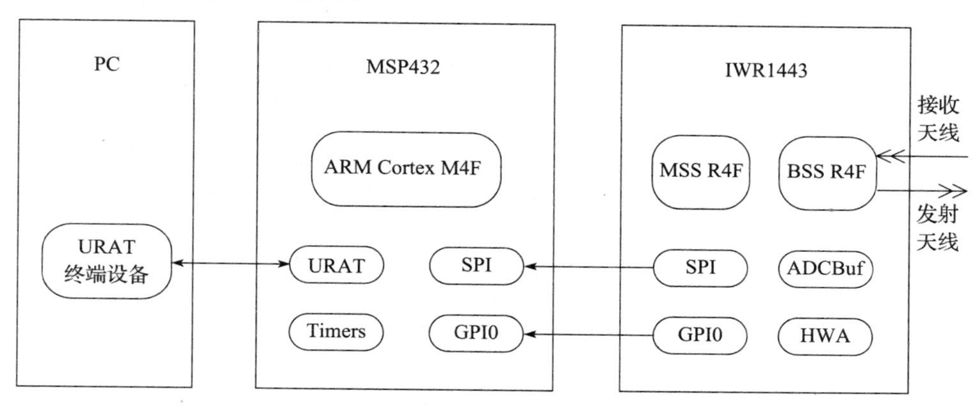

图 10-1　IWR1443 77GHz 级发射机的功率优化硬件框图

在这个参考设计中使用了两个 ARM 内核。

1）IWR1443 MSS R4F：用户编程和控制 BSS 雷达子系统（雷达前端）的 200MHz ARM 内核。该内核的应用程序加载到 RAM，并通过引导执行程序。

2）MSP432Cortex M4F：作为系统主控制器的 48MHz ARM 内核。通过程序控制 IWR1443 的电源循环，并将测量数据传送给 UART 终端设备。

MSP432 单片机响应 PC 的 UART 命令给 IWR1443 上电，并通过 SPI 方式获取 IWR1443 的测量结果，在不使用时关闭 IWR1443 的电源。工作循环的关键是降低平均功率以满足功率输入限制。通过 MSP432 单片机周期性地控制 IWR1443 来实现功率优化。此外，TIDEP-0091 还提供了一维范围检测的样品配置。当不处理测量或没有 UART 命令时，MSP432 单片机将保持低功耗模式。

2. IWR1443 参考设计介绍

IWR1443 是基于 FMCW 雷达技术的集成单芯片毫米波传感器，能够在高达 76 至 81GHz 频带内工作。该器件采用 TI 低功耗 45nm RFCMOS 工艺生产，这样，可以以极小的外形实现前所未有的集成度。IWR1443 是建筑自动化、工厂自动化、无人机、物料搬运、交通监控和监控等工业应用中低功耗、自监控、超精准雷达系统的理想解决方案。

IWR1443 具有内置 PLL 和 A2D 转换器的 3TX、4RX 系统。该器件包括完全可配置的硬件加速器，支持复杂的 FFT 和 CFAR 检测。此外，它还包括两个基于 ARM R4F 的处理器子系统：一个处理器子系统用于主控制和其他算法；另一个处理器子系统负责前端配置，控制和校准，如图 10-2 所示。只需简单更改程序便可以实现多种传感器的检测。

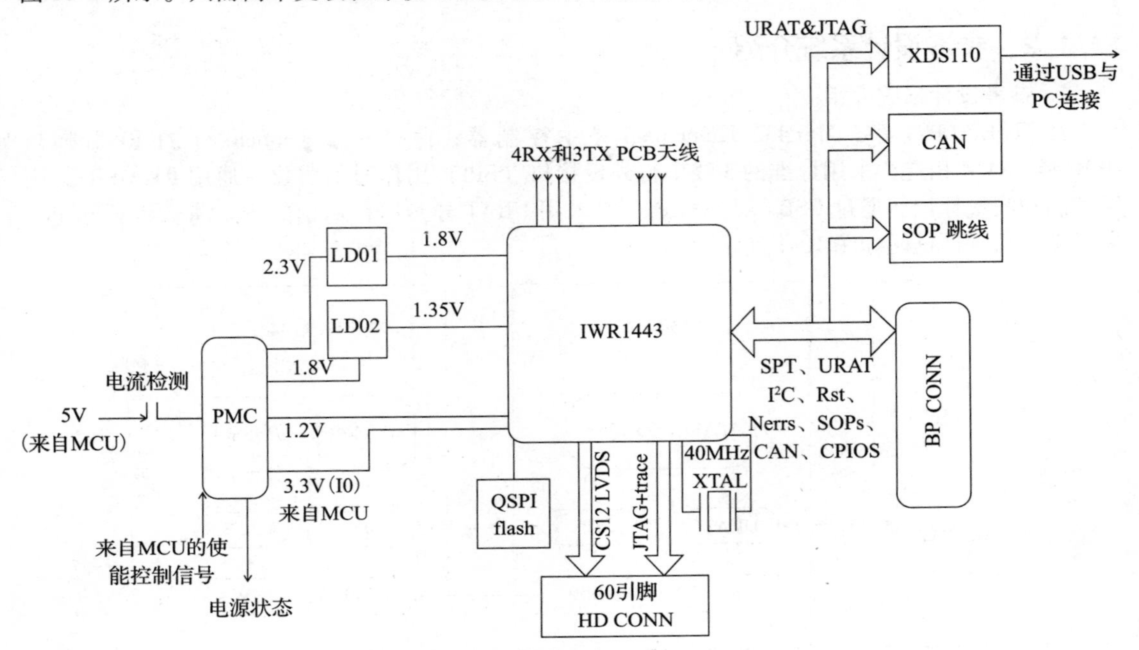

图 10-2　IWR1443 参考设计硬件框图

在 IWR1443 中，用户应用程序主要通过 mmWave 应用程序接口（API）与 mmWave 软件开发工具包（SDK）进行通信，该接口是一个简单、非常高级的 API，具有 MMWave_init、MMWave_config 和 MMWave_execute 等的调用。这些呼叫与下层通信，包括与周边设备通信的 mmWave 驱动程序，如 ADCBuf 和 HWA 以及通过外设与 BSS 固件进行通信的 mmWave 链路 API。

10.1.3　参考设计运行结果

通过 CCS 将程序分别下载到 MSP432 单片机和 IWR1443 中。图 10-3 显示了用于运行演示的电路板的正确连接。请注意：Tx 天线将垂直投影到 EVM 的前面，因此将 EVM 置于面向要测量对象的位置。

硬件连接的操作步骤如下：

1）使用 40 针 LaunchPad 接头将 IWR1443 连接到 MSP432 单片机。

2）用 USB 将 MSP432 单片机连接到 PC 或其他 UART 终端主机。

3）将 5V 电源线连接到 IWR1443。

4）打开 TeraTerm 窗口（或类似的串行终端），并连接到 XDS110。

在应用程序/用户的 COM 端口进行设置，Baud =115200，8 位数据，无奇偶校验，1 位停止位。

5）按照 TeraTerm 窗口中的命令字符操作。

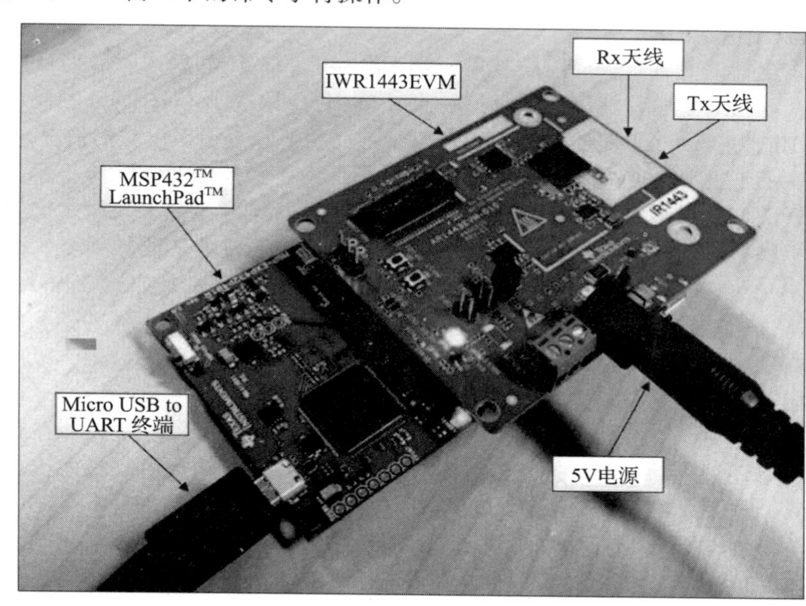

图 10-3　演示硬件的正确连接

由于 IWR1443 的范围测量的准确性已在其他地方得到证实，因此，本测试只是为了表明内置的线性调频配置正常运行。实验测试结果如表 10-1 所示。

表 10-1　实验测试结果

实际值（米）	测量值（米）
1	1. 078
2	2. 117
3	3. 080
4	4. 158
5	5. 159
9	9. 163
10	10. 087

10. 2　电容式触摸 MCU 和 LCD 的参考设计

10. 2. 1　CapTIvate 技术简介

通常而言，电容式触控面板有时会比较难以处理，尤其是在下雨的时候，落下的雨滴与指尖的触感十分相似，而当用干毛巾擦拭面板时，还可能导致少部分微控制器（MCU）失控。对于开启和关闭公寓大门的电子锁（e-lock）或户外安防面板等应用来说，这个问题往往会造成很多麻烦。除了下雨，此类应用还会受到高温和潮湿等其他恶劣天气环境的影响。而且在某些地区，诸如壁虎等昆虫和小动物也会引发错误触碰，甚至有时某些特定装置还会受到由附近电动机所发出的电噪声的干扰。

为此，一款全新的电容式触控前端被集成到 MSP430 FRAM MCU 中，从而产生了一个针对广泛电容式触控应用的单芯片解决方案。这种全新的 MCU 集成了 CapTIvate 触控技术，具有超高的区分和识别能力，因此，能够感测疾风暴雨，并成功消除了错误读数的情况。

CapTIvate 触控技术更高的灵敏度意味着设计人员可以将触控面板、电极传感器和其他电子元器件密封在厚玻璃、半透明塑料、甚至是金属材料内，以隔绝湿气；同时，仍然能够区分出水滴和实际手指触碰之间的差异。CapTIvate 技术非常灵敏，不仅能够测量小至 0.01pf 的电容值变化和高达 300pf 的宽动态电容范围，还能透过 60mm 厚的玻璃罩和最厚达 25mm 的塑料罩来测量触碰，而其特殊的防护通道能够探测下雨等天气变化，并根据特定环境进行相应的调节。此外，触控软件模块库还能够帮助开发人员更轻松地对所设计的系统进行微调，以应对应用和其所在区域可能出现的环境变化。

对于电子锁等某些应用，因为是由电池供电来运行的，所以，这就意味着低功耗不可或缺。而诸如位于电动机驱动大门附近的安防面板，则会对供电线路或电动机发出的电噪声十分敏感。在这两种情况下，CapTIvate 技术都能成功应对。像 MSP430FR2633 等具有 CapTIvate 技术的 MCU，其所消耗的电池电量仅为同类 MCU 耗电量的 1/10，从而将纽扣电池的使用寿命延长了至少 30%。而一个基于铁电随机访问存储器（FRAM）的存储器架构为设计人员提供了大量的数据日志记录空间，例如用来开启房门或大门的入口代码。由于开发人员能够在配置时决定多少空间专门用于程序存储，多少空间用于数据存储，FRAM 得以为设计人员提供更大的灵活性。

对于长引线上出现的电噪声或串扰，电容式触控技术在测量电容值上特有一个基于十分稳健耐用的积分电路的电荷转移方法。此外，采用一个独立的振荡器能够使 CapTIvate 触控子系统执行采样和跳频，以增加其测量值的可靠性。另外，由于具有一个 1.5V 低压降稳压器，这个电容传感器可以由 1.5V 电压驱动，而无须更高电压，因此相对于其他同类 MCU，这个电容传感器具有更低的电噪声散射。借助在这些方面取得的成功，具有 CapTIvate 技术的 MSP430 MCU 达到了 IEC6100-4-4、IEC6100-4-6 和 IEC6100-4-2 等电磁兼容性标准中的技术要求。

支持 CapTIvate 技术的 MSP430 MCU 具有内置在芯片内的多种特性，具有以下优势：

1）它能够在 500μs 的时间内测量 4 个并联的电容传感器，从而使其能够检测电容场内的快速移动变化。

2）由于能够检测到 0.01pf 以下的电容变化，从而能够非常灵敏地测量触碰。

3）“触摸唤醒”状态机使得传感器能够与完全关闭的微控制器 CPU 一同工作，从而使应用可由电池供电运行数年。

4）诸如跳频、过采样、去抖动和噪声过滤等特性可实现嘈杂环境中的稳健耐用检测。

有了以上特性，用户就再也不用担心因为像雨滴那样的小东西落在触控式面板阵列上而造成无法挽回的结果了。

10.2.2 参考设计系统介绍

此参考设计展示了如何使用 CapTIvate 软件库通信模块，将采用 CapTIvate 技术的 MSP430

MCU 与 MSP432 MCU 主机微控制器相连。该设计将电容式触控技术与人体触觉融为一体，即采用 MSP432 MCU 作主机，驱动 QVGA LCD 彩屏，如图 10-4 所示为参考设计实物图。

电容式触摸 MCU 在本参考设计中承担两种不同的作用。该 MCU 是应用处理器或作为专用的人机交互（HMI）。专用电容触摸 HMI 可以从电容式触摸传感器中解析可用的信息，通过接口与 MSP432 MCU 主机处理器连接，使用专用电容式触摸式 HMI 与 MSP432 MCU 可让开发人员将多种技术集成到一个设计中，同时增加可用的应用带宽并降低功耗。该参考设计展示了将具有 CapTIvate 触摸技术的 MSP430 MCU 通过接口与 MSP432 MCU 连接。

图 10-4　参考设计实物图

10.3　近场通信（NFC）读/写器参考设计

10.3.1　TRF7970A 介绍

TRF7970A 是一款高性能 13.56MHz 高频（HF）RFID/NFC 收发器芯片，此芯片由一个集成的模拟前端（AFE）和一个针对 ISO15693、ISO14443A、ISO14443B 和 FeliCa 的内置数据组帧引擎组成。这包括针对 ISO14443 的高达 848kbps 的数据速率，以及板上全部组帧和同步任务（在默认模式下）。TRF7970A 也支持 NFC 标签类型 1、2、3 和 4 操作。这个架构使得用户能够建立一个完整且划算而又高性能的多协议 13.56MHz RFID/NFC/NFC 系统和一个低成本微控制器（例如，MSP432 单片机）。

通过使用 TRF7970A 提供的两个直接模式，可执行其他标准，甚至定制的协议。这些直接模式（0 和 1）使得用户能够完全控制模拟前端（AFE）并获得到原始副载波数据或者非成帧数据（但已经是 ISO 格式数据）和相关（被提取的）时钟信号的存取权限。

接收器系统有一个双输入接收器架构。此接收器还包括多种自动和手动增益控制选项。接收到的输入带宽可被选择来包含广泛范围的输入副载波信号选项。

通过 RSSI 寄存器可获得接收到的来自应答机、周围信号源或者内部电平的信号强度。接收器输出可在一个数字化副载波信号和任一集成型副载波解码器间进行选择。所选择的副载波解码器将数据比特流和数据时钟作为输出发送。

TRF7970A 还包括一个接收器组帧引擎。这个接收器组帧引擎执行 CRC 或者奇偶校验，移除 EOF 和 SOF 设置，并且将数据组织成用于 ISO14443-A/B、ISO15693 和 FeliCa 协议的字节格式。然后，通过一个 128 字节 FIFO 寄存器，微控制器可访问已组帧的数据。如图 10-5 所示为 TRF7970A 的应用实例。

10.3.2　参考设计系统介绍

此近场通信（NFC）参考设计提供了使用 TRF7970ANFC 收发器实现 NFC 读/写器应用的固件示例。此参考设计提供了大量易于使用的应用编程接口（API），可使用户快速实现 NFC 读/

写器功能。该参考设计包含的文档、硬件和示例 C 代码，允许设计人员使用超低功耗 MSP432MCU 开发 NFC 读/写器应用或轻松移植到其他精心挑选的 MCU 中。参考设计的实物图如图 10-6 所示。

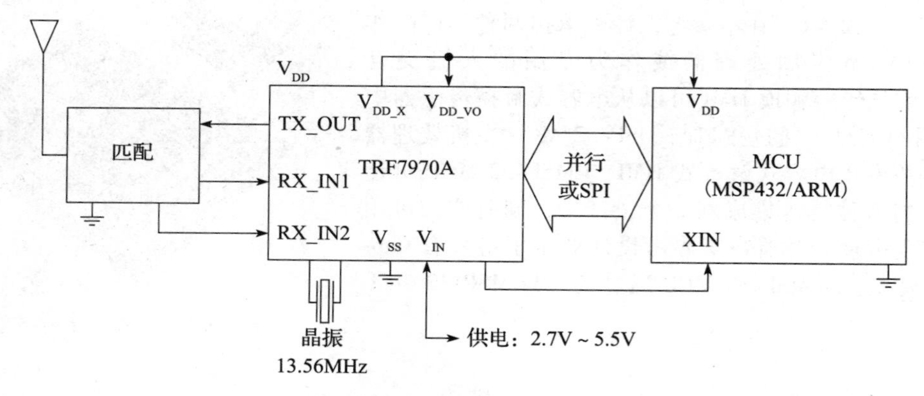

图 10-5　TRF7970A 应用实例

MSP432P401r 单片机通过 UART 与上位机进行通信，通过 SPI 与 TRF7970A 通信，如图 10-7 所示。

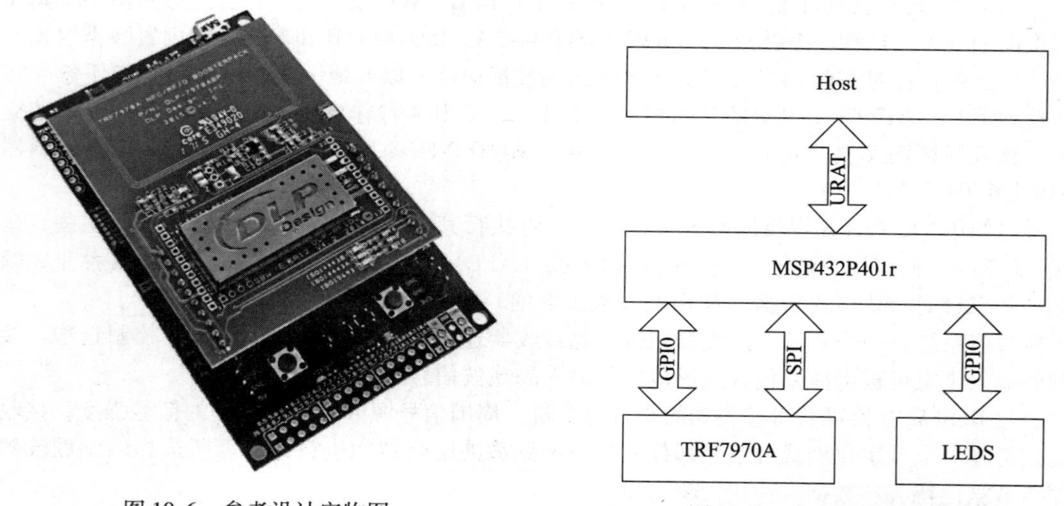

图 10-6　参考设计实物图　　　　图 10-7　参考设计硬件框图

本参考设计重点介绍如何在读写器模式下使用 TRF7970A。此模式允许 NFC 系统激活和读取或写入 NFC 标签平台。支持读写模式的 NFC 收发器通常以轮询方式检查每隔 500ms 是否存在标签或 NFC 对等体。这个时间被称为周期时间，其包括收发器轮询（搜索标签）的时间加上收发器等待被接收器打开的时间（如果它正在模拟标签或处于对等体中对等目标模式）。收发器首先轮询 Active A 和 F 技术（Active Peer-to-Peer）。在对 NFC-A(ISO 14443A-3)、NFC-B(ISO 14443B-3)、NFC-F(ISO 18092) 进行轮询之后，对 NFC-V(ISO 15693) 进行轮询。对于 NFC-A 和 NFC-B 必须以 106 kbps 的速率发送，这样可以在冲突之后提高运行效率。

10.4　本章小结

在对 MSP432 单片机的基本结构和外围模块掌握的基础上，本章侧重 MSP432 单片机的具体参考设计。主要介绍了 IWR1443 77GHz 级发射机的功率优化、电容式触摸 MCU 和 LCD、近场通信（NFC）读/写器，体现了 MSP432 单片机极低功耗和高性能的特点。读者可依据参考设计，编写相应的程序，进一步深入理解 MSP432 单片机的结构和片内外设，熟练掌握 MSP432 单片机开发的常用软件及相应硬件电路原理。

10.5　思考题与习题

1. 简述毫米波传感器的优势？
2. 简述 CapTIvate 技术？

参考文献

[1] 任保宏，徐科军．MSP430 单片机原理与应用［M］．北京：电子工业出版社，2014.

[2] 沈建华，杨艳琴．MSP430 系列 16 位超低功耗单片机原理与实践［M］．北京：北京航空航天大学出版社，2008.

[3] 谢楷，赵建．MSP430 系列单片机系统工程设计与实践［M］．北京：机械工业出版社，2011.

[4] 洪利，章扬，李世宝．MSP430 单片机原理与应用实例详解［M］．北京：北京航空航天大学出版，2010.

[5] 胡大可．MSP430 系列单片机 C 语言程序设计与开发［M］．北京：北京航空航天大学出版社，2003.

推荐阅读

信号、系统及推理

作者：(美) Alan V. Oppenheim　George C.Verghese 译者：李玉柏 等

中文版 ISBN：978-7-111-57390-6 英文版 ISBN：978-7-111-57082-0 定价：99.00元

本书是美国麻省理工学院著名教授奥本海姆的最新力作，详细阐述了确定性信号与系统的性质和表示形式，包括群延迟和状态空间模型的结构与行为；引入了相关函数和功率谱密度来描述和处理随机信号。本书涉及的应用实例包括脉冲幅度调制，基于观测器的反馈控制，最小均方误差估计下的最佳线性滤波器，以及匹配滤波；强调了基于模型的推理方法，特别是针对状态估计、信号估计和信号检测的应用。本书融合并扩展了信号与系统时频域分析的基本素材，以及与此相关且重要的概率论知识，这些都是许多工程和应用科学领域的分析基础，如信号处理、控制、通信、金融工程、生物医学等领域。

离散时间信号处理（原书第3版·精编版）

作者：(美) Alan V. Oppenheim　Ronald W. Schafer 译者：李玉柏　潘晔 等

ISBN：978-7-111-55959-7 定价：119.00元

本书是我国数字信号处理相关课程使用的最经典的教材之一，为了更好地适应国内数字信号处理相关课程开设的具体情况，本书对英文原书《离散时间信号处理（第3版）》进行缩编。英文原书第3版是美国麻省理工学院Alan V. Oppenheim教授等经过十年的教学实践，对2009年出版的《离散时间信号处理（第2版）》进行的修订，第3版注重揭示一个学科的基础知识、基本理论、基本方法，内容更加丰富，将滤波器参数设计法、倒谱分析又重新引入到教材中。同时增加了信号的参数模型方法和谱分析，以及新的量化噪声仿真的例子和基于样条推导内插滤波器的讨论。特别是例题和习题的设计十分丰富，增加了130多道精选的例题和习题，习题总数达到700多道，分为基础题、深入题和提高题，可提升学生和工程师们解决问题的能力。

数字视频和高清：算法和接口（原书第2版）

作者：(加) Charles Poynton 译者：刘开华 褚晶辉 等ISBN：978-7-111-56650-2 定价：99.00元

本书精辟阐述了数字视频系统工程理论，涵盖了标准清晰度电视（SDTV）、高清晰度电视（HDTV）和压缩系统，并包含了大量的插图。内容主要包括了：基本概念的数字化、采样、量化和过滤，图像采集与显示，SDTV和HDTV编码，彩色视频编码，模拟NTSC和PAL，压缩技术。本书第2版涵盖新兴的压缩系统，包括NTSC、PAL、H.264和VP8 / WebM，增强JPEG，详细的信息编码及MPEG-2系统、数字视频处理中的元数据。适合作为高等院校电子与信息工程、通信工程、计算机、数字媒体等相关专业高年级本科生和研究生的“数字视频技术”课程教材或教学参考书，也可供从事视频开发的工程技师参考。